西门子

S7-1500 PLC
完全精通教程

向晓汉　主　编
曹英强　副主编
林　伟　主　审

化学工业出版社
·北京·

本书从基础和实用出发，全面系统介绍了西门子 S7-1500 PLC 编程及应用。全书内容共分两部分：第一部分为基础入门篇，主要介绍西门子 S7-1500 PLC 的硬件和接线，TIA 博途软件的使用，PLC 的编程语言、程序结构、编程方法与调试；第二部分为应用精通篇，包括西门子 S7-1500 PLC 的通信及其应用，西门子 S7-1500 PLC 的 SCL 和 GRAPH 编程，西门子人机界面（HMI）应用，西门子 S7-1500 PLC 的故障诊断技术，西门子 S7-1500 PLC 工程应用，TIA 博途软件的其他常用功能。

本书内容全面、知识系统、结构清晰、案例丰富，且大部分实例都有详细的软硬件配置清单，并配有接线图和程序，供读者学习并模仿。同时，对复杂和重点内容还专门配有操作视频和程序源文件，读者用手机扫描书中二维码即可观看和下载，辅助学习书本内容。

本书可供从事西门子 PLC 技术学习和应用的人员使用，也可作为高等院校相关专业的教材。

图书在版编目（CIP）数据

西门子 S7-1500 PLC 完全精通教程／向晓汉主编.
北京：化学工业出版社，2018.3（2024.1重印）
ISBN 978-7-122-31320-1

Ⅰ.①西…　Ⅱ.①向…　Ⅲ.①PLC 技术-教材
Ⅳ.①TM571.61

中国版本图书馆 CIP 数据核字（2018）第 001525 号

责任编辑：李军亮　徐卿华　　　　　　　　装帧设计：刘丽华
责任校对：边　涛

出版发行：化学工业出版社（北京市东城区青年湖南街 13 号　邮政编码 100011）
印　　装：北京科印技术咨询服务有限公司数码印刷分部
787mm×1092mm　1/16　印张 30¾　字数 809 千字　　2024 年 1 月北京第 1 版第 9 次印刷

购书咨询：010-64518888　　　　　　　　　售后服务：010-64518899
网　　址：http:∥www.cip.com.cn
凡购买本书，如有缺损质量问题，本社销售中心负责调换。

定　　价：108.00 元

前言

随着计算机技术的发展，以可编程控制器、变频器调速、计算机通信和组态软件等技术为主体的新型电气控制系统已经逐渐取代传统的继电器电气控制系统，并广泛应用于各行业。德国的西门子（SIEMENS）公司是欧洲最大的电子和电气设备制造商之一，生产的 SIMATIC（西门子自动化）可编程控制器在欧洲处于领先地位，西门子 PLC 具有卓越的性能，因此在工控市场占有非常大的份额，应用十分广泛。SIMATIC S7-1500 PLC 是西门子公司推出的一款中高端控制系统的 PLC，除了包含多种创新技术之外，还设定了新标准，最大程度提高生产效率。无论是小型设备还是对速度和准确性要求较高的复杂设备装置，都一一适用。SIMATIC S7-1500 PLC 无缝集成到 TIA 博途中，极大地提高了工程组态的效率。

SIMATIC S7-1500 PLC 控制系统相对比较复杂，想要入门并熟练掌握 PLC 的技术应用，对技术人员来说相对比较困难。为帮助读者系统掌握 SIMATIC S7-1500 PLC 编程及实际应用，我们在总结教学经验和工程实践的基础上，联合生产企业的相关技术人员，共同编写了本书。

我们在编写过程中，除了全面系统地介绍西门子 PLC 技术的基础知识外，还结合实际应用，将一些生动的操作实例融入到书中，以提高读者的学习兴趣。本书具有以下特点。

（1）内容由浅入深、由基础到应用，理论联系实际，既适合初学者学习使用，也可以供有一定基础的人结合书中大量的实例，深入学习西门子 S7-1500 PLC 的工程应用。

（2）用实例引导读者学习。本书的内容全部用精选的例子来讲解，例如，用例子说明现场总线通信的实现全过程。同时，所有的例子都包含软硬件的配置方案图、接线图和程序，而且为确保程序的正确性，程序已经在 PLC 上运行通过。

（3）二维码视频学习。对于比较复杂的例子，均配有学习资源，包含视频和程序源文件。读者可以用手机扫描书中的二维码观看相关视频（视频为案例的操作步骤演示，无音频解说，只为辅助学习使用），同时读者可以扫描此处二维码下载书中所讲案例的程序源文件，对读者学习书本知识起到辅助作用。

本书由向晓汉主编，曹英强副主编。全书共分 12 章，第 1 章由唐克彬编写；第 2 章由无锡雷华科技有限公司的欧阳思惠和陆彬编写；第 3 章由无锡雪浪环保科技有限公司的刘摇摇编写；第 4~7 章由无锡职业技术学院的向晓汉编写；第 8 章由无锡雪浪环保科技有限公司的王飞飞编写；第 9 章由无锡雪浪环保科技有限公司的曹英强编写；第 10、11 章由桂林电子科技大学的向定汉编写；第 12 章由苏高峰编写；付东升也参与了本书部分章节内容的编写工作。本书由无锡职业技术学院的林伟任主审。

由于编者水平有限，不妥之处在所难免，敬请读者批评指正，编者将万分感激！

编　者

目 录

第1篇

基础入门篇

第1章

可编程序控制器（PLC）基础

本章介绍可编程序控制器的历史、功能、特点、应用范围、发展趋势、在我国的使用情况、结构和工作原理等知识，使读者初步了解可编程序控制器，这是学习本书后续内容的必要准备。

1.1 概述

可编程序控制器（Programmable Logic Controller简称 PLC，国际电工委员会（IEC）于 1985 年对可编程序控制器作了如下定义：可编程序控制器是一种数字运算操作的电子系统，专为在工业环境下应用而设计。它采用可编程序的存储器，用来在其内部存储执行逻辑运算、顺序控制、定时、计数和算术运算等操作的指令，并通过数字、模拟的输入和输出，控制各种类型的机械或生产过程。可编程序控制器及其有关设备，都应按易于与工业控制系统连成一个整体，易于扩充功能的原则设计。PLC 是一种工业计算机，其种类繁多，不同厂家的产品有各自的特点，但作为工业标准设备，可编程序控制器又有一定的共性。

1.1.1 PLC 的发展历史

20 世纪 60 年代以前，汽车生产线的自动控制系统基本上都由继电器控制装置构成。当时每次改型都直接导致继电器控制装置的重新设计和安装，福特汽车公司的老板曾经说："不管顾客需要什么，我生产的汽车都是黑色的"，从侧面反映汽车改型和升级换代比较困难。为了改变这一现状，1969 年，美国的通用汽车公司（GM）公开招标，要求用新的装置取代继电器控制装置，并提出十项招标指标，要求编程方便、现场可修改程序、维修方便、采用模块化设计、体积小以及可与计算机通信等。同一年，美国数字设备公司（DEC）研制出了世界上第一台可编程序控制器 PDP-14，在美国通用汽车公司的生产线上试用成功，并取得了满意的效果，可编程序控制器从此诞生。由于当时的 PLC 只能取代继电器接触器控制，功能仅限于逻辑运算、计时以及计数等，所以称为"可编程逻辑控制器"。伴随着微电子技术、控制技术与信息技术的不断发展，可编程序控制器的功能不断增强。美国电气制造商协会（NEMA）于 1980 年正式将其命名为"可编程序控制器"，简称 PC，由于这个名称和个人计算机的简称相同，容易混淆，因此在我国，很多人仍然习惯称可编程序控制器为 PLC。可以说 PLC 是在继电器控制系统基础上发展起来。

由于 PLC 具有易学易用、操作方便、可靠性高、体积小、通用灵活和使用寿命长等一系列优点，因此，PLC 很快就在工业中得到了广泛的应用。同时，这一新技术也受到其他国家的重视。1971 年日本引进这项技术，很快研制出日本第一台 PLC，欧洲于 1973 年研制出第一台 PLC，我国从 1974 年开始研制，1977 年国产 PLC 正式投入工业应用。

进入 20 世纪 80 年代以来，随着电子技术的迅猛发展，以 16 位和 32 位微处理器构成的微机化 PLC 得到快速发展（例如 GE 的 RX7i，使用的是赛扬 CPU，其主频达 1GHz，其信息处理能力几乎和个人电脑相当），使得 PLC 在设计、性能价格比以及应用方面有了突破，不仅控制功能增强，功耗和体积减小，成本下降，可靠性提高，编程和故障检测更为灵活方便，而且随着远程 I/O 和通信网络、数据处理和图像显示的发展，已经使得 PLC 普遍用于控制复杂生产过程。PLC 已经成为工厂自动化的三大支柱（PLC、机器人和 CAD/CAM）之一。

1.1.2 PLC 的主要特点

PLC 之所以高速发展，除了工业自动化的客观需要外，还有许多适合工业控制的独特优点，它较好地解决了工业控制领域中普遍关心的可靠、安全、灵活、方便、经济等问题，其主要特点如下。

（1）抗干扰能力强，可靠性高

在传统的继电器控制系统中，使用了大量的中间继电器、时间继电器，由于器件的固有缺点，如器件老化、接触不良、触点抖动等现象，大大降低了系统的可靠性。而在 PLC 控制系统中大量的开关动作由无触点的半导体电路完成，因此故障大大减少。

此外，PLC 的硬件和软件方面采取了措施，提高了其可靠性。在硬件方面，所有的 I/O 接口都采用了光电隔离，使得外部电路与 PLC 内部电路实现了物理隔离。各模块都采用了屏蔽措施，以防止辐射干扰。电路中采用了滤波技术，以防止或抑制高频干扰。在软件方面，PLC 具有良好的自诊断功能，一旦系统的软硬件发生异常情况，CPU 会立即采取有效措施，以防止故障扩大。通常 PLC 具有看门狗功能。

对于大型的 PLC 系统，还可以采用双 CPU 构成冗余系统或者三 CPU 构成表决系统，使系统的可靠性进一步提高。

（2）程序简单易学，系统的设计调试周期短

PLC 是面向用户的设备，PLC 的生产厂家充分考虑到现场技术人员的技能和习惯，可采用梯形图或面向工业控制的简单指令形式。梯形图与继电器原理图很相似，直观、易懂、易掌握，不需要学习专门的计算机知识和语言。设计人员可以在设计室设计、修改和模拟调试程序，非常方便。

（3）安装简单，维修方便

PLC 不需要专门的机房，可以在各种工业环境下直接运行，使用时只需将现场的各种设备与 PLC 相应的 I/O 端相连接，即可投入运行。各种模块上均有运行和故障指示装置，便于用户了解运行情况和查找故障。

（4）采用模块化结构，体积小，重量轻

为了适应工业控制需求，除了整体式 PLC 外，绝大多数 PLC 采用模块化结构。PLC 的各部件，包括 CPU、电源以及 I/O 模块等都采用模块化设计。此外，PLC 相对于通用工控机，其体积和重量要小得多。

（5）丰富的 I/O 接口模块，扩展能力强

PLC 针对不同的工业现场信号（如交流或直流、开关量或模拟量、电压或电流、脉冲或电位、强电或弱电等）有相应的 I/O 模块与工业现场的器件或设备（如按钮、行程开关、接近开关、传感器及变送器、电磁线圈以及控制阀等）直接连接。另外，为了提高操作性能，它还有多种人-机对话的接口模块，为了组成工业局部网络，它还有多种通信联网的接口模块等。

1.1.3 PLC 的应用范围

目前，PLC 在国内外已广泛应用于机床、控制系统、自动化楼宇、钢铁、石油、化工、电力、建材、汽车、纺织机械、交通运输、环保以及文化娱乐等各行各业。随着 PLC 性能价格比的不断提高，其应用范围还将不断扩大，其应用场合可以说是无处不在，具体应用大致可归纳为如下几类。

（1）顺序控制

这是 PLC 最基本、最广泛应用的领域，它取代传统的继电器顺序控制，PLC 用于单机控制、多机群控制、自动化生产线的控制。例如数控机床、注塑机、印刷机械、电梯控制和纺织机械等。

（2）计数和定时控制

PLC 为用户提供了足够的定时器和计数器，并设置相关的定时和计数指令，PLC 的计数器和定时器精度高、使用方便，可以取代继电器系统中的时间继电器和计数器。

（3）位置控制

大多数的 PLC 制造商，目前都提供拖动步进电动机或伺服电动机的单轴或多轴位置控制模块，这一功能可广泛用于各种机械，如金属切削机床、装配机械和包装机等。

（4）模拟量处理

PLC 通过模拟量的输入/输出模块，实现模拟量与数字量的转换，并对模拟量进行控制，有的还具有 PID 控制功能。例如用于锅炉的水位、压力和温度控制。

（5）数据处理

现代的 PLC 具有数学运算、数据传递、转换、排序和查表等功能，也能完成数据的采集、分析和处理。

（6）通信联网

PLC 的通信包括 PLC 相互之间、PLC 与上位计算机以及 PLC 和其他智能设备之间的通信。PLC 系统与通用计算机可以直接或通过通信处理单元、通信转接器相连构成网络，以实现信息的交换，并可构成"集中管理、分散控制"的分布式控制系统，满足工厂自动化系统的需要。

1.1.4　PLC 的分类与性能指标

（1）PLC 的分类

1）从组成结构形式分类　可以将 PLC 分为两类：一类是整体式 PLC（也称单元式），其特点是电源、中央处理单元以及 I/O 接口都集成在一个机壳内；另一类是标准模板式结构化的 PLC（也称组合式），其特点是电源模板、中央处理单元模板以及 I/O 模板等在结构上是相互独立的，可根据具体的应用要求，选择合适的模块，安装在固定的机架或导轨上，构成一个完整的 PLC 应用系统。

2）按 I/O 点容量分类

① 小型 PLC。小型 PLC 的 I/O 点数一般在 128 点以下，如西门子的 S7-200 SMART PLC

② 中型 PLC。中型 PLC 采用模块化结构，其 I/O 点数一般在 256～1024 点之间，如西门子的 S7-300 PLC

③ 大型 PLC。一般 I/O 点数在 1024 点以上的称为大型 PLC，如西门子的 S7-400 PLC

（2）PLC 的性能指标

各厂家的 PLC 虽然各有特色，但其主要性能指标是相同的。

① 输入/输出(I/O)点数　输入/输出(I/O)点数是最重要的一项技术指标，是指 PLC 的面板

上连接外部输入、输出端子数，常称为"点数"，用输入与输出点数的和表示。点数越多表示 PLC 可接入的输入器件和输出器件越多，控制规模越大。点数是 PLC 选型时最重要的指标之一。

② 扫描速度　扫描速度是指 PLC 执行程序的速度。以 ms / K 为单位，即执行 1K 步指令所需的时间。1 步占 1 个地址单元。

③ 存储容量　存储容量通常用 K 字(KW)或 K 字节(KB)、K 位来表示。这里 1K＝1024。有的 PLC 用"步"来衡量，一步占用一个地址单元。存储容量表示 PLC 能存放多少用户程序。例如，三菱型号为 FX2N-48MR 的 PLC 存储容量为 8000 步。有的 PLC 的存储容量可以根据需要配置，有的 PLC 的存储器可以扩展。

④ 指令系统　指令系统表示该 PLC 软件功能的强弱。指令越多，编程功能就越强。

⑤ 内部寄存器（继电器）　PLC内部有许多寄存器用来存放变量、中间结果、数据等，还有许多辅助寄存器可供用户使用。因此寄存器的配置也是衡量 PLC 功能的一项指标。

⑥ 扩展能力　扩展能力是反映 PLC 性能的重要指标之一。PLC 除了主控模块外，还可配置实现各种特殊功能的高功能模块。例如 A/D 模块、D/A 模块、高速计数模块、远程通信模块等。

1.1.5　PLC 与继电器系统的比较

在 PLC 出现以前，继电器硬接线电路是逻辑、顺序控制的唯一执行者，它结构简单、价格低廉，一直被广泛应用。PLC 出现后，几乎所有的方面都超过继电器控制系统，两者的性能比较见表 1-1。

表 1-1　可编程序控制器与继电器控制系统的比较

序号	比较项目	继电器控制	可编程序控制器控制
1	控制逻辑	硬接线多、体积大、连线多	软逻辑、体积小、接线少、控制灵活
2	控制速度	通过触点开关实现控制，动作受继电器硬件限制，通常超过 10ms	由半导体电路实现控制，指令执行时间段，一般为微秒级
3	定时控制	由时间继电器控制，精度差	由集成电路的定时器完成，精度高
4	设计与施工	设计、施工、调试必须按照顺序进行，周期长	系统设计完成后，施工与程序设计同时进行，周期短
5	可靠性与维护	继电器的触点寿命短，可靠性和维护性差	无触点，寿命长，可靠性高，有自诊断功能
6	价格	价格低	价格高

1.1.6　PLC 与微机的比较

采用微电子技术制造的可编程序控制器与微机一样，也由 CPU、ROM （或者 FLASH）、RAM、I/O 接口等组成，但又不同于一般的微机，可编程序控制器采用了特殊的抗干扰技术，是一种特殊的工业控制计算机，更加适合工业控制。两者的性能比较见表 1-2。

表 1-2　PLC 与微机的比较

序号	比较项目	可编程序控制器控制	微机控制
1	应用范围	工业控制	科学计算、数据处理、计算机通信
2	使用环境	工业现场	具有一定温度和湿度的机房
3	输入/输出	控制强电设备，需要隔离	与主机弱电联系，不隔离
4	程序设计	一般使用梯形图语言，易学易用	编程语言丰富，如 C、BASIC 等
5	系统功能	自诊断、监控	使用操作系统
6	工作方式	循环扫描方式和中断方式	中断方式

1.1.7　PLC 的发展趋势

PLC 的发展趋势有如下几个方面。

① 向高性能、高速度以及大容量发展。

② 网络化。强化通信能力和网络化，向下将多个可编程序控制器或者多个 I/O 框架相连；向上与工业计算机、以太网等相连，构成整个工厂的自动化控制系统。即便是微型的 S7-200 系列 PLC 也能组成多种网络，通信功能十分强大。

③ 小型化、低成本以及简单易用。目前，有的小型 PLC 的价格只需几百元人民币。

④ 不断提高编程软件的功能。编程软件可以对 PLC 控制系统的硬件组态，在屏幕上可以直接生成和编辑梯形图、指令表、功能块图和顺序功能图程序，并可以实现不同编程语言的相互转换。程序可以下载、存盘和打印，通过网络或电话线，还可以实现远程编程。

⑤ 适合 PLC 应用的新模块。随着科技的发展，对工业控制领域将提出更高的、更特殊的要求，因此，必须开发特殊功能模块来满足这些要求。

⑥ PLC的软件化与 PC 化。目前已有多家厂商推出了在 PC 上运行的可实现 PLC 功能的软件包，也称为"软 PLC"，"软 PLC"的性能价格比比传统的"硬 PLC"更高，是 PLC 的一个发展方向。

PC 化的 PLC 类似于 PLC，但它采用了 PC 的 CPU，功能十分强大，如 GE 的 RX7i 和 RX3i 使用的就是工控机用的赛扬 CPU，主频已经达到 1GHz。

1.1.8　国内 PLC 的应用

（1）国外 PLC 品牌

目前 PLC 在我国得到了广泛的应用，很多知名厂家的 PLC 在我国都有应用。

① 美国是 PLC 生产大国，有一百多家 PLC 生产厂家。其中 A-B 公司的 PLC 产品规格比较齐全，主推大中型 PLC，主要产品系列是 PLC-5。通用电气也是知名 PLC 生产厂商，大中型 PLC 产品系列有 RX3i 和 RX7i 等。得州仪器也生产大、中、小全系列 PLC 产品。

② 欧洲的 PLC 产品也久负盛名。德国的西门子公司、AEG 公司和法国的 TE 公司都是欧洲著名的 PLC 制造商。其中西门子公司的 PLC 产品与美国 A-B 公司的 PLC 产品齐名。

③ 日本的小型 PLC 具有一定的特色，性价比较高，比较有名的品牌有三菱、欧姆龙、松下、富士、日立和东芝等，在小型机市场，日系 PLC 的市场份额曾经高达 70%。

（2）国产 PLC 品牌

我国自主品牌的 PLC 生产厂家有三十余家。在目前已经上市的众多 PLC 产品中，还没有形成规模化的生产和名牌产品，甚至还有一部分是以仿制、来件组装或"贴牌"方式生产。单从技术角度来看，国产小型 PLC 与国际知名品牌小型 PLC 差距正在缩小，使用越来越多。例如和利时、深圳汇川和无锡信捷等公司生产的小型 PLC 已经比较成熟，其可靠性在许多低端应用中得到了验证，但其知名度与世界先进水平还有相当的差距。

总的来说，我国使用的小型可编程序控制器主要以日本的品牌为主，而大中型可编程序控制器主要以欧美的品牌为主。目前 95% 以上的 PLC 市场被国外品牌所占领。

1.2　可编程序控制器的结构和工作原理

1.2.1　可编程序控制器的硬件组成

可编程序控制器种类繁多，但其基本结构和工作原理相同。可编程序控制器的功能结构区由 CPU（中央处理器）、存储器和输入接口/输出接口三部分组成，如图 1-1 所示。

1.2.1.1 CPU（中央处理器）

CPU 的功能是完成 PLC 内所有的控制和监视操作。中央处理器一般由控制器、运算器和寄存器组成。CPU 通过数据总线、地址总线和控制总线与存储器、输入输出接口电路连接。

1.2.1.2 存储器

在 PLC 中使用两种类型的存储器：一种是只读类型的存储器，如 EPROM 和 EEPROM，另一种是可读/写的随机存储器 RAM。PLC 的存储器分为 5 个区域，如图 1-2 所示。

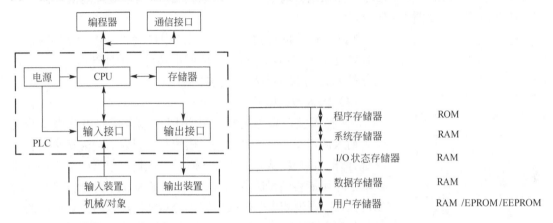

图 1-1　可编程序控制器结构框图　　　　　图 1-2　存储器的区域划分

程序存储器的类型是只读存储器（ROM），PLC 的操作系统存放在这里，程序由制造商固化，通常不能修改。也有的 PLC 允许用户对其操作系统进行升级，例如西门子 S7-200SMART 和 S7-1200。存储器中的程序负责解释和编译用户编写的程序、监控 I/O 口的状态、对 PLC 进行自诊断、扫描 PLC 中的程序等。系统存储器属于随机存储器（RAM），主要用于存储中间计算结果和数据、系统管理，有的 PLC 厂家用系统存储器存储一些系统信息，如错误代码等，系统存储器，不对用户开放。I/O 状态存储器属于随机存储器，用于存储 I/O 装置的状态信息，每个输入接口和输出接口都在 I/O 映像表中分配一个地址，而且这个地址是唯一的。数据存储器属于随机存储器，主要用于数据处理功能，为计数器、定时器、算术计算和过程参数提供数据存储。有的厂家将数据存储器细分为固定数据存储器和可变数据存储器。用户编程存储器，其类型可以是随机存储器、可擦除存储器（EPROM）和电擦除存储器（EEPROM），高档的 PLC 还可以用 FLASH。用户编程存储器主要用于存放用户编写的程序。存储器的关系如图 1-3 所示。

只读存储器可以用来存放系统程序，PLC 断电后再上电，系统内容不变且重新执行。只读存储器也可用来固化用户程序和一些重要参数，以免因偶然操作失误而造成程

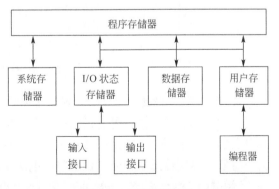

图 1-3　存储器的关系

序和数据的破坏或丢失。随机存储器中一般存放用户程序和系统参数。当 PLC 处于编程工作

时，CPU 从 RAM 中取指令并执行。用户程序执行过程中产生的中间结果也在 RAM 中暂时存放。RAM 通常由 CMOS 型集成电路组成，功耗小，但断电时内容消失，所以一般使用大电容或后备锂电池保证掉电后 PLC 的内容在一定时间内不丢失。

1.2.1.3　输入/输出接口

可编程序控制器的输入和输出信号可以是开关量或模拟量。输入/输出接口是 PLC 内部弱电（low power）信号和工业现场强电（high power）信号联系的桥梁。输入/输出接口主要有两个作用，一是利用内部的电隔离电路将工业现场和 PLC 内部进行隔离，起保护作用；二是调理信号，可以把不同的信号（如强电、弱电信号）调理成 CPU 可以处理的信号（5V、3.3V 或 2.7V 等），如图 1-4 所示。

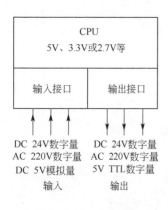

图 1-4　输入/输出接口

输入/输出接口模块是 PLC 系统中最大的部分，输入/输出接口模块通常需要电源，输入电路的电源可以由外部提供，对于模块化的 PLC 还需要背板（安装机架）。

（1）输入接口电路

① 输入接口电路的组成和作用　输入接口电路由接线端子、输入调理和电平转换电路、模块状态显示、电隔离电路和多路选择开关模块组成，如图 1-5 所示。现场的信号必须连接在输入端子才可能将信号输入到 CPU 中，它提供了外部信号输入的物理接口；调理和电平转换电路十分重要，可以将工业现场的信号（如强电 220V AC信号）转化成电信号（CPU 可以识别的弱电信号）；电隔离电路主要利用电隔离器件将工业现场的机械或者电输入信号和 PLC 的 CPU 的信号隔开，它能确保过高的电干扰信号和浪涌不串入 PLC 的微处理器，起保护作用，有三种隔离方式，用得最多的是光电隔离，其次是变压器隔离和干簧继电器隔离；当外部有信号输入时，输入模块上有指示灯显示，这个电路比较简单，当线路中有故障时，它帮助用户查找故障，由于氖灯或 LED 灯的寿命比较长，所以这个灯通常是氖灯或 LED 灯；多路选择开关接受调理完成的输入信号，并存储在多路开关模块中，当输入循环扫描时，多路开关模块中信号输送到 I/O 状态寄存器中。PLC 在设计过程中就考虑到了电磁兼容（EMC）。

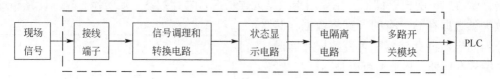

图 1-5　输入接口的结构

② 输入信号的设备的种类　输入信号可以是离散信号和模拟信号。当输入端是离散信号时，输入端的设备类型可以是限位开关、按钮、压力继电器、继电器触点、接近开关、选择开关以及光电开关等，如图 1-6 所示。当输入为模拟量输入时，输入设备的类型可以是压力传感器、温度传感器、流量传感器、电压传感器、电流传感器以及力传感器等。

▶【关键点】PLC 的输入和输出信号的控制电压通常是 DC 24V，DC 24V电压在工业控制中最为常见。

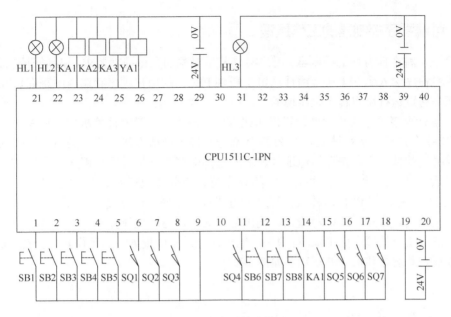

图 1-6　输入/输出接口

（2）输出接口电路

① 输出接口电路的组成和作用　输出接口电路由多路选择开关模块、信号锁存器、电隔离电路、模块状态显示、输出电平转换电路和接线端子组成，如图 1-7 所示。在输出扫描期间，多路选择开关模块接受来自映像表中的输出信号，并对这个信号的状态和目标地址进行译码，最后将信息送给锁存器；信号锁存器是将多路选择开关模块的信号保存起来，直到下一次更新；输出接口的电隔离电路作用和输入模块的一样，但是由于输出模块输出的信号比输入信号要强得多，因此要求隔离电磁干扰和浪涌的能力更高；输出电平转换电路将隔离电路送来的信号放大成足够驱动现场设备的信号，放大器件可以是双向晶闸管、三极管和干簧继电器等；输出端的接线端子用于将输出模块与现场设备相连接。

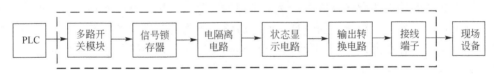

图 1-7　输出接口的结构

可编程序控制器有三种输出接口形式，即继电器输出、晶体管输出和晶闸管输出形式。继电器输出形式的 PLC 的负载电源可以是直流电源或交流电源，但其输出频率响应较慢。晶体管输出的 PLC 负载电源是直流电源，其输出频率响应较快。晶闸管输出形式的 PLC 的负载电源是交流电源。选型时要特别注意 PLC 的输出形式。

② 输出信号的设备的种类　输出信号可以是离散信号和模拟信号。当输出端是离散信号时，输出端的设备类型可以是电磁阀的线圈、电动机启动器、控制柜的指示器、接触器线圈、LED 灯、指示灯、继电器线圈、报警器和蜂鸣器等，如图 1-6 所示。当输出为模拟量输出时，输出设备的类型可以是流量阀、AC 驱动器（如交流伺服驱动器）、DC 驱动器、模拟量仪表、温度控制器和流量控制器等。

1.2.2 可编程序控制器的工作原理

PLC 是一种存储程序的控制器。用户根据某一对象的具体控制要求，编制好控制程序后，用编程器将程序输入到 PLC（或用计算机下载到 PLC）的用户程序存储器中寄存。PLC 的控制功能就是通过运行用户程序来实现的。

PLC 运行程序的方式与微型计算机相比有较大的不同，微型计算机运行程序时，一旦执行到 END 指令，程序运行结束。而 PLC 从 0 号存储地址所存放的第一条用户程序开始，在无中断或跳转的情况下，按存储地址号递增的方向顺序逐条执行用户程序，直到 END 指令结束。然后再从头开始执行，并周而复始地重复，直到停机或从运行（RUN）切换到停止（STOP）工作状态。把 PLC 这种执行程序的方式称为扫描工作方式。每扫描完一次程序就构成一个扫描周期。另外，PLC 对输入、输出信号的处理与微型计算机不同。微型计算机对输入、输出信号实时处理，而 PLC 对输入、输出信号是集中批处理。下面具体介绍 PLC 的扫描工作过程。其运行和信号处理示意如图 1-8 所示。

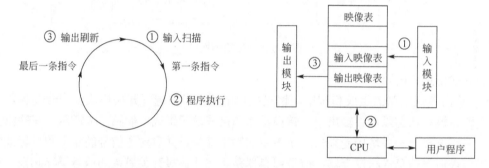

图 1-8　PLC 内部运行和信号处理示意图

PLC 扫描工作方式主要分为三个阶段：输入扫描、程序执行、输出刷新。

（1）输入扫描

PLC 在开始执行程序之前，首先扫描输入端子，按顺序将所有输入信号，读入到寄存器——输入状态的输入映像寄存器中，这个过程称为输入扫描。PLC 在运行程序时，所需的输入信号不是现时取输入端子上的信息，而是取输入映像寄存器中的信息。在本工作周期内这个采样结果的内容不会改变，只有到下一个扫描周期输入扫描阶段才被刷新。PLC 的扫描速度很快，取决于 CPU 的时钟速度。

（2）程序执行

PLC 完成了输入扫描工作后，按顺序从 0 号地址开始的程序进行逐条扫描执行，并分别从输入映像寄存器、输出映像寄存器以及辅助继电器中获得所需的数据进行运算处理。再将程序执行的结果写入输出映像寄存器中保存。但这个结果在全部程序未被执行完毕之前不会送到输出端子上，也就是物理输出是不会改变的。扫描时间取决于程序的长度、复杂程度和 CPU 的功能。

（3）输出刷新

在执行到 END 指令，即执行完用户所有程序后，PLC 上将输出映像寄存器中的内容送到输出锁存器中进行输出，驱动用户设备。扫描时间取决于输出模块的数量。

从以上的介绍可以知道，PLC 程序扫描特性决定了 PLC 的输入和输出状态并不能在扫描的同时改变，例如一个按钮开关的输入信号的输入刚好在输入扫描之后，那么这个信号只有在下一个扫描周期才能被读入。

上述三个步骤是 PLC 的软件处理过程，可以认为就是程序扫描时间。扫描时间通常由三个因素决定，一是 CPU 的时钟速度，越高档的 CPU，时钟速度越高，扫描时间越短；二是 I/O 模块的数量，模块数量越少，扫描时间越短；三是程序的长度，程序长度越短，扫描时间越短。一般的 PLC 执行容量为 1K 的程序需要的扫描时间是 1～10ms。

1.2.3　可编程序控制器的立即输入、输出功能

比较高档的 PLC 都有立即输入、输出功能。

（1）立即输出功能

所谓立即输出功能就是输出模块在处理用户程序时，能立即被刷新。PLC 临时挂起（中断）正常运行的程序，将输出映像表中的信息输送到输出模块，立即进行输出刷新，然后再回到程序中继续运行，立即输出的示意图如图 1-9 所示。注意，立即输出功能并不能立即刷新所有的输出模块。

（2）立即输入功能

立即输入适用于要求对反应速度很严格的场合，例如几毫秒的时间对于控制来说十分关键的情况下。立即输入时，PLC 立即挂起正在执行的程序，扫描输入模块，然后更新特定的输入状态到输入映像表，最后继续执行剩余的程序，立即输入的示意图如图 1-10 所示。

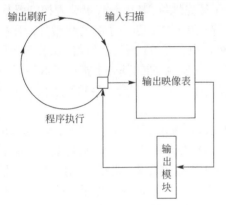

图 1-9　立即输出过程

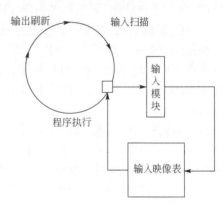

图 1-10　立即输入过程

第2章

SIMATIC S7-1500 PLC 的硬件

本章主要介绍 SIMATIC S7-1500 PLC的 CPU 模块及其扩展模块的技术性能和接线方法。本章的内容非常重要。

2.1 SIMATIC S7-1500 PLC 定位和性能特点

2.1.1 西门子 SIMATIC 控制器简介

德国的西门子（SIEMENS）公司是欧洲最大的电子和电气设备制造商之一，生产的 SIMATIC（西门子自动化）可编程控制器在欧洲处于领先地位。其第一代可编程控制器是 1975 年投放市场的 SIMATIC S3系列的控制系统。之后在 1979 年，西门子公司将微处理器技术应用到可编程控制器中，研制出了 SIMATIC S5系列，取代了 S3 系列，目前 S5 系列产品仍然有小部分在工业现场使用，在 20 世纪末，西门子又在 S5 系列的基础上推出了 S7 系列产品。最新的 SIMATIC 产品为 SIMATIC S7和 C7 等几大系列。C7 是基于 S7-300 系列 PLC 性能，同时集成了 HMI。

SIMATIC系列控制器产品分为：通用逻辑模块（LOGO!）、S7-200/S7-200CN 系列、S7-200 SMART 系列、S7-1200 系列、S7-300 系列、S7-400 系列和 S7-1500 系列七个产品系列。S7-200/S7-200CN 是在西门子收购的小型 PLC 的基础上发展而来，因此其指令系统、程序结构和编程软件和 S7-300/400 有较大的区别，在西门子 PLC 产品系列中是一个特殊的产品，S7-200/S7-200CN 均已停产，仅有配件销售。S7-200 SMART是 S7-200 的升级版本，是西门子家族的新成员，于 2012 年发布，其绝大多数的指令和使用方法与 S7-200 类似，其编程软件也和 S7-200 的类似，而且在 S7-200 运行的程序，大部分可以在 S7-200 SMART中运行。S7-1200 系列是在 2009 年才推出的新型小型 PLC，定位于 S7-200 和 S7-300 产品之间，其发展势头良好。S7-300/400 是由西门子的 S5 系列发展而来，是西门子公司最具竞争力的 PLC 产品。2013 年西门子公司又推出了新品 S7-1500 系列产品。西门子的 PLC 产品系列的定位见表 2-1。

表 2-1　SIMATIC 控制器的定位

序号	控 制 器	定　位	主要任务和性能特征
1	LOGO!	低端独立自动化系统中简单的开关量解决方案和智能逻辑控制器	简单自动化 作为时间继电器、计数器和辅助接触器的替代开关设备 模块化设计，柔性应用 有数字量、模拟量和通信模块 用户界面友好，配置简单 使用拖放功能和智能电路开发

续表

序号	控制器	定　位	主要任务和性能特征
2	S7-200/ S7-200CN	低端的离散自动化系统和独立自动化系统中使用的紧凑型控制器模块 注：S7-200CN 是中国产，S7-200 国外产	串行模块结构、模块化扩展 紧凑设计，CPU 集成 I/O 实时处理能力，高速计数器和报警输入和中断 易学易用的软件 多种通信选项
3	S7-200 SMART	低端的离散自动化系统和独立自动化系统中使用的紧凑型控制器模块，是 S7-200 的升级版本	串行模块结构、模块化扩展 紧凑设计，CPU 集成 I/O 集成了 PROFINET 接口 实时处理能力，高速计数器和报警输入和中断 易学易用的软件 多种通信选项
4	S7-1200	低端的离散自动化系统和独立自动化系统中使用的小型控制器模块	可升级及灵活的设计 集成了 PROFINET 接口 集成了强大的计数、测量、闭环控制及运动控制功能 直观高效的 STEP7 Basic 工程系统可以直接组态控制器和 HMI
5	S7-300	中端的离散自动化系统中使用的控制器模块	通用型应用和丰富的 CPU 模块种类 高性能 模块化设计，紧凑设计 由于使用 MMC 存储程序和数据，系统免维护
6	S7-400	高端的离散和过程自动化系统中使用的控制器模块	特别高的通信和处理能力 定点加法或乘法的指令执行速度最快为 0.03μs 大型 I/O 框架和最高 20MB 的主内存 快速响应，实时性强，垂直集成 支持热插拔和在线 I/O 配置，避免重启 具备等时模式，可以通过 PROFIBUS 控制高速机器
7	S7-1500	中高端系统	SIMATIC S7-1500 PLC 控制器除了包含多种创新技术之外，还设定了新标准，最大程度提高生产效率。无论是小型设备还是对速度和准确性要求较高的复杂设备装置，都一一适用。SIMATIC S7-1500 PLC 无缝集成到 TIA 博途中，极大地提高了工程组态的效率

　　西门子 S7 系列控制器只是不包括以上表格中的 LOGO! 模块。

2.1.2　SIMATIC S7-1500 PLC 的性能特点

　　SIMATIC S7-1500 PLC 是对 SIMATIC S7-300/400 进行进一步开发的自动化系统。其新的性能特点具体描述如下。

　　（1）提高了系统性能

　　① 降低响应时间，提高生产效率。

　　② 降低程序扫描周期。

　　③ CPU 位指令处理时间最短可达 1ns。

　　④ 集成运动控制，可控制高达 128 轴。

　　（2）CPU 配置显示面板

　　① 统一纯文本诊断信息，缩短停机和诊断时间。

　　② 即插即用，无需编程。

③ 可设置操作密码。

④ 可设置 CPU 的 IP 地址。

（3）配置 PROFINET 标准接口

① 具有 PN IRT 功能，可确保精准的响应时间以及工厂设备的高精度操作。

② 集成具有不同 IP 地址的标准以太网口和 PROFINET 网口。

③ 集成网络服务器，可通过网页浏览器快速浏览诊断信息。

（4）优化的诊断机制

① STEP7、HMI、Web server 以及 CPU 显示面板支持统一数据显示，可进行高效故障分析。

② 集成系统诊断功能，模块系统诊断功能支持即插即用模式。

③ 即便 CPU 处于停止模式，也不会丢失系统故障和报警消息。

SIMATIC S7-1500 PLC 配置标准的通信接口是 PROFINET 接口（PN 接口），取消了 S7-300/400 标准配置的 MPI 口，SIMATIC S7-1500 PLC 在少数的 CPU 上配置了 PROFIBUS-DP 接口，因此用户如需要进行 PROFIBUS-DP 通信，则需要配置相应的通信模块。

2.2 SIMATIC S7-1500 PLC 常用模块及其接线

SIMATIC S7-1500 PLC 的硬件系统主要包括电源模块、CPU 模块、信号模块、通信模块、工艺模块和分布式模块（如 ET200SP 和 ET200MP）。SIMATIC S7-1500 PLC 的中央机架上最多可以安装 32 个模块，而 S7-300 最多只能安装 11 个。

2.2.1 电源模块

SIMATIC S7-1500 PLC 电源模块是 SIMATIC S7-1500 PLC 系统中的一员。SIMATIC S7-1500 PLC 有两种电源：系统电源（PS）和负载电源（PM）。

（1）系统电源（PS）

系统电源（PS）通过 U 型连接器连接到背板总线，并专门为背板总线提供内部所需的系统电源，这种系统电源可为模块电子元件和 LED 指示灯供电。当 CPU 模块、PROFIBUS 通信模块、Ethernet 通信模块以及接口模块等模块，没有连接到 DC 24V 电源上，系统电源可为这些模块供电。系统电源的特点如下。

① 总线电气隔离和安全电气隔离符合 EN 61131-2 标准。

② 支持固件更新、标识数据 I&M0 到 I&M4、在 RUN 模式下组态、诊断报警和诊断中断。

到目前为止系统电源有三种规格，其技术参数见表 2-2。

表 2-2　系统电源的技术参数

电源型号	PS 25W 24 VDC	PS 60W 24/48/60V DC	PS 60W 120/230V AC/DC
订货号	6ES7505-0KA00-0AB0	6ES7505-0RA00-0AB0	6ES7507-0RA00-0AB0
尺寸（$W \times H \times D$）/mm	35×147×129	70×147×129	
额定输入电压（DC）	24 V：SELV	24 V / 48 V / 60 V	120 V / 230 V
范围，下限（DC）	静态 19.2 V，动态 18.5 V	静态 19.2 V，动态 18.5 V	88 V
范围，上限（DC）	静态 28.8 V，动态 30.2 V	静态 72 V，动态 75.5 V	300 V
短路保护	是		
输出电流短路保护	是		
背板总线上的馈电功率	25 W	60 W	

（2）负载电源（PM）

负载电源（PM）与背板总线没有连接，负载电源为 CPU 模块、IM 模块、I/O 模块、PS 电源等提供高效、稳定、可靠的 DC 24 V 供电，其输入电源是 120～230V AC，不需要调节，可以自适应世界各地供电网络。负载电源的特点如下。

① 具有输入抗过压性能和输出过压保护功能，有效提高了系统的运行安全。

② 具有启动和缓冲能力，增强了系统的稳定性。

③ 符合 SELV，提高了 SIMATIC S7-1500 PLC 的应用安全。

④ 具有 EMC 兼容性能，符合 SIMATIC S7-1500 PLC 系统的 TIA 集成测试要求。

到目前为止负载电源有两种规格，其技术参数见表 2-3。

表 2-3　负载电源的技术参数

产品	PM1507	PM1507
电源型号	24 V/3 A	24 V/8 A
订货号	6EP1 332-4BA00	6EP1 333-4BA00
尺寸（$W \times H \times D$）/mm	50×147×129	75×147×129
额定输入电压	120 / 230 V AC　自适应	
范围	85～132/170～264V AC	

2.2.2　SIMATIC S7-1500 PLC 模块及其附件

SIMATIC S7-1500 PLC 有二十多个型号，分为标准 CPU（如 CPU1511-1PN）、紧凑型 CPU（如 CPU1512C-1PN）、分布式模块 CPU（如 CPU1510SP-1PN）、工艺型 CPU（如 CPU1511T-1PN）、故障安全 CPU 模块（如 CPU1511F-1PN）和开放式控制器（如 CPU 1515SP PC）等。

2.2.2.1　SIMATIC S7-1500 PLC 的外观及显示面板

SIMATIC S7-1500 PLC 的外观如图 2-1 所示。SIMATIC S7-1500 PLC 的 CPU 都配有显示面板，可以拆卸，CPU1516-3PN/DP 配置的显示面板如图 2-2 所示。三盏 LED 灯，分别是运行状态指示灯、错误指示灯和维修指示灯。显示屏显示 CPU 的信息。操作按钮与显示屏配合使用，可以查看 CPU 内部的故障、设置 IP 地址等。

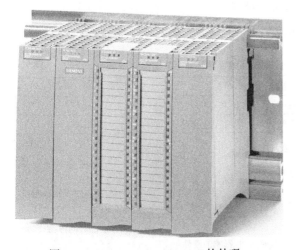

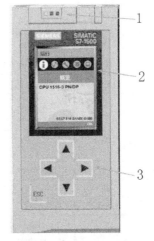

图 2-1　SIMATIC S7-1500 PLC 的外观　　　图 2-2　SIMATIC S7-1500 PLC 的显示面板

1—LED 指示灯；2—显示屏；3—操作员操作按钮

将显示面板拆下，其 CPU 模块的前视图如图 2-3 所示，后视图如图 2-4 所示。

2.2.2.2　SIMATIC S7-1500 PLC 的指示灯

如图 2-5 所示为 SIMATIC S7-1500 PLC的指示灯，上面的分别是运行状态指示灯（RUN/STOP LED、错误指示灯（ERROR LED 和维修指示灯（MAINT LED，中间的是网络端口指示灯（P1 端口和 P2 端口指示灯）。

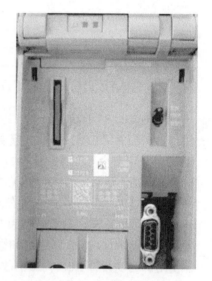

图 2-3　　CPU 模块的前视图　　　　图 2-4　　　CPU 模块的后视图　　　　　图 2-5　　指示灯

SIMATIC S7-1500 PLC的操作模式和诊断状态 LED 指示灯的含义见表 2-4。

表 2-4　SIMATIC S7-1500 PLC 的操作模式和诊断状态 LED 指示灯的含义

RUN/STOP 指示灯	ERROR指示灯	MAINT指示灯	含　义
指示灯熄灭	指示灯熄灭	指示灯熄灭	CPU电源缺失或不足
指示灯熄灭	红色指示灯闪烁	指示灯熄灭	发生错误
绿色指示灯点亮	指示灯熄灭	指示灯熄灭	CPU处于 RUN模式
绿色指示灯点亮	红色指示灯闪烁	指示灯熄灭	诊断事件未决
绿色指示灯点亮	指示灯熄灭	黄色指示灯点亮	设备需要维护。必须在短时间内更换受影响的硬件
绿色指示灯点亮	指示灯熄灭	黄色指示灯闪烁	设备需要维护。必须在合理的时间内 更换受影响的硬件
			固件更新已成功完成
黄色指示灯点亮	指示灯熄灭	指示灯熄灭	CPU处于 STOP模式

续表

RUN/STOP 指示灯	ERROR指示灯	MAINT指示灯	含 义
黄色指示灯点亮	红色指示灯闪烁	黄色指示灯闪烁	SIMATIC 存储卡上的程序出错
			CPU 故障
黄色指示灯闪烁	指示灯熄灭	指示灯熄灭	CPU 处于 STOP状态时，将执行内部活动，如 STOP之后启动
			装载用户程序
黄色/绿色指示灯闪烁	指示灯熄灭	指示灯熄灭	启动（从 RUN转为 STOP）
黄色/绿色指示灯闪烁	红色指示灯闪烁	黄色指示灯闪烁	启动（CPU 正在启动）
			启动、插入模块时测试 指示灯
			指示灯闪烁测试

SIMATIC S7-1500 PLC的每个端口都有 LINK RX/TX LED，其 LED 指示灯的含义见表 2-5。

表 2-5 SIMATIC S7-1500 PLC 的 LINK RX/TX LED 指示灯的含义

LINK RX/TX LED	含 义
指示灯熄灭	PROFINET 设备的 PROFINET 接口与通信伙伴之间没有以太网连接
	当前未通过 PROFINET 接口收发任何数据
	没有 LINK连接
绿色指示灯闪烁	已执行"LED 指示灯闪烁测试"
绿色指示灯点亮	PROFINET设备的 PROFINET 接口与通信伙伴之间没有以太网连接
黄色指示灯闪烁	当前正在通过 PROFINET 设备的 PROFINET 接口从以太网上的通信伙伴接收数据

2.2.2.3 SIMATIC S7-1500 PLC 的技术参数

目前 SIMATIC S7-1500 PLC已经推出的有二十多个型号，部分 SIMATIC S7-1500 PLC 的技术参数见表 2-6。

表 2-6 SIMATIC S7-1500 PLC 的技术参数

标准型 CPU	CPU1511-1PN	CPU1513-1PN	CPU1515-2PN	CPU1518-4PN/DP
	LAD，FBD，STL，SCL，GRAPH			
工作温度	θ~60℃（水平安装）；0~40℃（垂直安装）			
典型功耗	5.7 W		6.3 W	24W
中央机架最大模块数量	32个			
分布式 I/O 模块	通过 PROFINET（CPU 上集成的 PN）或 CM）连接，或 PROFIBUS（通过 CM/CP）连接			
位运算指令执行时间	60 ns	40 ns	30 ns	1ns
浮点运算指令执行时间	384 ns	256 ns	192 ns	6 ns
工作存储器 集成程序内存	150 KB	300 KB	500 KB	4MB
集成数据存储	1 MB	1.5 MB	3 MB	20MB
装载存储器插槽式（SIMATIC 存储卡）	最大 32G			
块总计	2000	2000	6000	10000
DB 大小（最大）	1 MB	1.5 MB	3 MB	10MB
FB 大小（最大）	150 KB	300 KB	500 KB	512KB
FC 大小（最大）	150 KB	300 KB	500 KB	512KB

续表

标准型 CPU	CPU1511-1PN	CPU1513-1PN	CPU1515-2PN	CPU1518-4PN/DP
OB 大小（最大）	150 KB	300 KB	500 KB	512KB
最大模块/子模块数量	1024	2048	8192	16384
I/O 地址区域：输入/输出	输入输出各 32 KB所有输入/输出均在过程映像中			
转速轴数量/定位轴数量	6/6	6/6	30/30	128/128
同步轴数量/外部编码器数量	3/6	3/6	15/30	64/128
通信				
扩展通信模块 CM/CP数量（DP、PN、以太网）	最多4个	最多6个	最多8个	
S7 路由连接资源数	16	16	16	64
集成的以太网接口数量	×1PROFINET（2 端口交换机）		×1PROFINET（2端口交换机）×1ETHERNET	×1PROFINET（2端口交换机）×2ETHERNET
X1/X2 支持的 SIMATIC 通信	通信，服务器/客户端			
X1/X2 支持的开放式IE通信	TCP/IP，ISO-on-TCP（RFC1006），UDP，DHCP，SNMP，DCP，LLDP			
X1/X2 支持的 Web 服务器	HTTP，HTTPS			
X1/X2 支持的其他协议	MODBUS TCP			
DP 口	无			PROFIBUS-DP主站,SIMATIC 通信

2.2.2.4 SIMATIC S7-1500 PLC 的分类

（1）标准型 CPU

标准型 CPU 最为常用，目前已经推出的产品分别是：CPU1511-1PN、CPU1513-1PN、CPU1515-2PN、CPU1516-3PN/DP、CPU1517-3PN/DP、CPU1518-4PN/DP 和 CPU1518-4PN/DP ODK。

CPU1511-1PN、CPU1513-1PN 和 CPU1515-2PN 只集成了 PROFINET 或以太网通信口。没有集成 PROFIBUS-DP 通信口，但可以扩展 PROFIBUS-DP 通信模块。

CPU1516-3PN/DP、CPU1517-3PN/DP、CPU1518-4PN/DP 和 CPU1518-4PN/DP ODK除集成了 PROFINET 或以太网通信口外，还集成了 PROFIBUS-DP 通信口。CPU1516-3PN/DP 的外观如图 2-6 所示。

CPU 的应用范围见表 2-7。

图 2-6 CPU1516-3PN/DP的外观

表 2-7 CPU 的应用范围

CPU	性 能 特 性	工作存储器	位运算的处理时间
CPU1511-1PN	适用于中小型应用的标准 CPU	1.23 MB	60 ns
CPU1513-1PN	适用于中等应用的标准 CPU	1.95 MB	40 ns
CPU1515-2PN	适用于大中型应用的标准 CPU	3.75 MB	30 ns
CPU1516-3PN/DP	适用于高要求应用和通信任务的标准 CPU	6.5 MB	10 ns
CPU1517-3PN/DP	适用于高要求应用和通信任务的标准 CPU	11 MB	2 ns
CPU1518-4PN/DP CPU1518-4PN/DP ODK	适用于高性能应用、高要求通信任务和超短响应时间的标准 CPU	26 MB	1 ns

（2）紧凑型 CPU

目前紧凑型 CPU 只有 2 个型号，分别是 CPU1511C-1PN 和 CPU1512C-1PN。

紧凑型 CPU 基于标准型控制器，集成了离散量、模拟量输入输出和高达 400　kHz(4 倍频) 的高速计数功能。还可以如标准型控制器一样扩展 25mm 和 35mm 的 IO 模块。

（3）分布式模块 CPU

分布式模块 CPU 是一款兼备 SIMATIC　S7-1500　PLC 的突出性能与　ET　200SP 的简单易用，身形小巧于一身的控制器。对机柜空间大小要求的机器制造商或者分布式控制应用提供了完美解决方案。

分布式模块 CPU 分为 CPU　1510SP-1　PN 和 CPU　1512SP-1　PN。

（4）开放式控制器（CPU 1515 SP PC）

开放式控制器（CPU　1515　SP　PC）是将 PC-based 平台与 ET　200SP 控制器功能相结合的可靠、紧凑的控制系统。可以用于特定的 OEM 设备以及工厂的分布式控制。控制器右侧可直接扩展 ET　200SP　I/O 模块。

CPU　1515　SP　PC 开放式控制器使用双核 1　GHz, AMD　G　Series　APU 处理器,2G/4G 内存，使用 8G/16G　Cfast 卡作为硬盘，Windows　7 嵌入版 32 位或 64 位操作系统。

目前 CPU　1515　SP　PC 开放式控制器有多个订货号供选择。

（5）SIMATIC S7-1500 PLC 软控制器

SIMATIC　S7-1500　PLC 软件控制器采用 Hypervisor 技术，在安装到 SIEMENS 工控机后，将工控机的硬件资源虚拟成两套硬件，其中一套运行 Windows 系统，另一套运行 SIMATIC　S7-1500　PLC 实时系统，两套系统并行运行，通过 SIMATIC 通信的方式交换数据。软　PLC 与　SIMATIC　S7-1500　PLC 硬 PLC 代码 100% 兼容，其运行独立于 Windows 系统，可以在软 PLC 运行时重启 Windows。

目前 SIMATIC　S7-1500　PLC 软控制器只有两个型号，分别是 CPU1505S 和 CPU1507S。

（6）SIMATIC S7-1500 PLC 故障安全 CPU

故障安全自动化系统（F 系统）用于具有较高安全要求的系统。F 系统用于控制过程，确保中断后这些过程可立即处于安全状态。也就是说，F 系统用于控制过程，在这些过程中发生即时中断不会危害人身或环境。

故障安全 CPU 除了拥有 SIMATIC　S7-1500　PLC 所有特点外，还集成了安全功能，支持到 SIL3 安全完整性等级，其将安全技术轻松地和标准自动化无缝集成在一起。

故障安全 CPU 目前已经推出两大类，分别如下。

① SIMATIC　S7-1500　F　CPU（故障安全 CPU 模块）目前推出产品规格，分别是 CPU1511F-1PN、CPU1513F-1PN、CPU1515F-2PN、CPU1516F-3PN/DP、CPU1517F-3PN/DP、CPU1517TF-3PN/DP 、CPU1518F-4PN/DP 和 CPU1518F-4PN/DP　ODK。

② ET　200　SP　F（故障安全 CPU 模块）目前推出产品规格，分别是 CPU　1510SP　F-1　PN 和 CPU　1512SP　F-1　PN。

（7）SIMATIC S7-1500 PLC 工艺型 CPU

SIMATIC　S7-1500　均可通过工艺对象控制速度轴、定位轴、同步轴、外部编码器、凸轮、凸轮轨迹和测量输入，支持标准 Motion　Control(运动控制) 功能。

目前推出的工艺型 CPU 有 CPU1511T-1　PN、CPU1515T-2　PN、CPU1517T-3　PN/DP 和 CPU1517TF-3PN/DP 等型号。SIMATIC　S7-1500　PLC　T CPU 外观如图 2-7 所示。

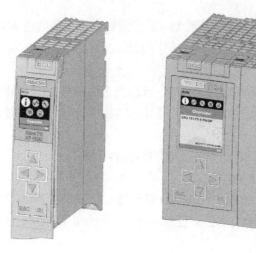

图 2-7　　SIMATIC　S7-1500　PLC　的外观

2.2.2.5　SIMATIC S7-1500 PLC 的接线

（1）SIMATIC S7-1500 PLC 的电源接线

标准的 SIMATIC　S7-1500　PLC 模块只有电源接线端子，SIMATIC　S7-1500　PLC 模块接线如图 2-8 所示，1L+和 2L+端子与电源 24　V　DC 相连接，1M 和 2M 与电源 0V 相连接，同时 0V 与接地相连接。

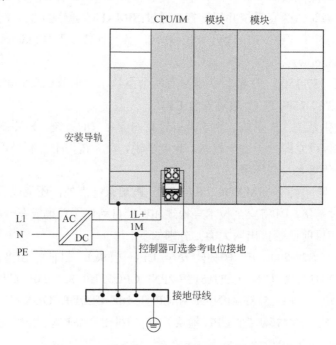

图 2-8　　SIMATIC　S7-1500　电源接线端子的接线

（2）紧凑型 SIMATIC S7-1500 PLC 的模拟量端子的接线

以 CPU1511C 的接线为例介绍。CPU1511C 有 5 个模拟量输入通道，0~3 通道可以接受电流或电压信号，第 4 通道只能和热电阻连接。CPU1511C 有 2 个模拟量输出通道，可以输出电流或电压信号。模拟量输入/输出（电压型）接线如图 2-9 所示，模拟量输入是电压型，模拟量输出也是电压型，热电阻是四线式（也可以连接二线和三线式）。41 和 43 端子用于屏蔽。

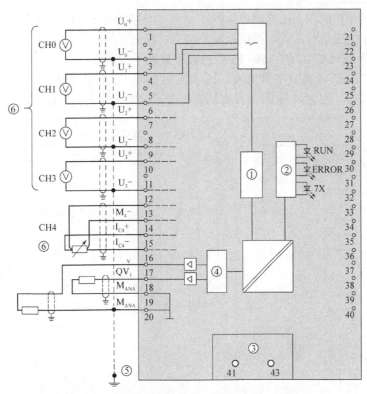

图 2-9　模拟量输入/输出（电压型）接线

模拟量输入/输出（电流型）接线如图 2-10 所示，模拟量输入是电流型，模拟量输出也是电流型，热电阻是二线式（也可以连接三线和四线式）。

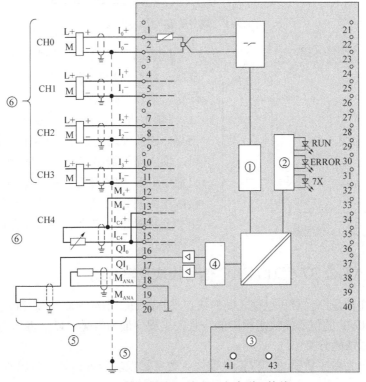

图 2-10　模拟量输入/输出（电流型）接线

可见：信号是电流和电压虽然占用同一通道，但接线端子不同，这点必须注意，此外，同一通道接入了电压信号，就不能接入电流信号，反之亦然。

（3）紧凑型 SIMATIC S7-1500 PLC 的数字量端子的接线

CPU1511C 自带 16 点数字量输入，16 点数字量输出，接线如图 2-11 所示。左侧是输入端子，高电平有效，为 PNP 输入。右侧是输出端子，输出的高电平信号，为 PNP 输出。

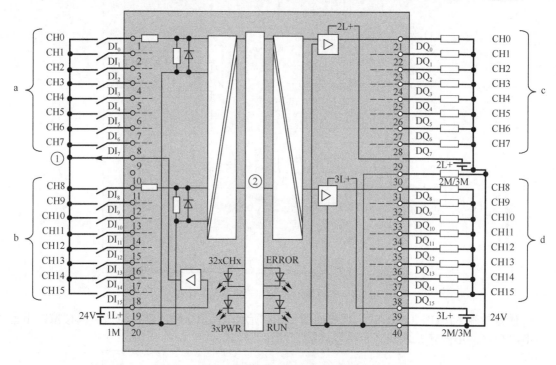

图 2-11　数字量输入/输出接线

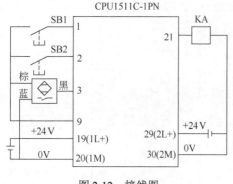

图 2-12　接线图

【例 2-1】某设备的控制器为 CPU1511C-1PN，控制三相交流电动机的启停，并有一只接近开关限位，请设计接线图。

【解】根据题意，只需要 3 个输入点和 1 个输出点，因此使用 CPU1511C-1PN 上集成的 I/O 即可，输入端和输出端都是 PNP 型，因此接近开关只能用 PNP 型的接近开关（不用转换电路时），接线图如图 2-12 所示。交流电动机的启停一般要用交流接触器，交流回路由读者自行设计，在此不作赘述。

2.2.3　SIMATIC S7-1500 PLC 信号模块及其接线

信号模块通常是控制器和过程之间的接口。SIMATIC S7-1500 PLC 标准型 CPU 连接的信号模块和 ET200MP 的信号模块是相同的，且在工程中最为常见，以下将作为重点介绍。

（1）信号模块的分类

信号模块分为数字量模块和模拟量模块。数字量模块分为：数字量输入模块（DI）、数字量输出模块（DQ）和数字量输入/输出混合模块（DI/DQ）。模拟量模块分为模拟量输入模块（AI）、模拟量输出模块（AQ）和模拟量输入/输出混合模块（AI/AQ）。

同时，其模块还有 35mm 和 25mm 宽之分。25mm 模块自带前连接器，而 35mm 模块的前连接器需要另行购买。

（2）数字量输入模块

数字量输入模块将现场的数字量信号转换成 SIMATIC S7-1500 PLC 可以接收的信号，SIMATIC S7-1500 PLC 的 DI 有直流 16 点、直流 32 点以及交流 16 点。直流输入模块（6ES7521-1BH00-0AB0）的外形如图 2-13 所示。数字量输入模块的技术参数见表 2-8。

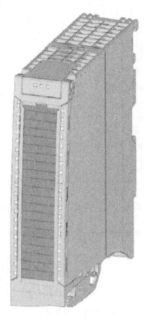

图 2-13　直流输入模块（6ES7521-1BH00-0AB0）的外形

表 2-8　数字量输入模块的技术参数

数字量输入模块	16DI，DC 24V 高性能型	16DI，DC 24V 基本型	16DI，AC 230V 基本型	16DI，DC 24V SRC 基本型
订货号	6ES7521-1BH00-0AB0	6ES7521-1BH10-0AA0	6ES7521-1FH00-0AA0	6ES7521-1BH50-0AA0
输入通道数	16	16	16	16
输入额定电压	DC 24V	DC 24V	120/230V AC	DC 24V
是否包含前连接器	否	是	否	否
硬件中断	√	—	—	—
诊断中断	√	—	—	—
诊断功能	√；通道级	—	√	—
模块宽度/mm	35	25	35	35

① 典型的直流输入模块（6ES7521-1BH00-0AB0）的接线如图 2-14 所示，目前仅有 PNP 型输入模块，即输入为高电平有效。

② 交流模块一般用于强干扰场合。典型的交流输入模块（6ES7521-1FH00-0AA0）的接线如图 2-15 所示。注意：交流模块的电源电压是 120/230V AC，其公共端子 8、18、28、38

与交流电源的零线 N 相连接。

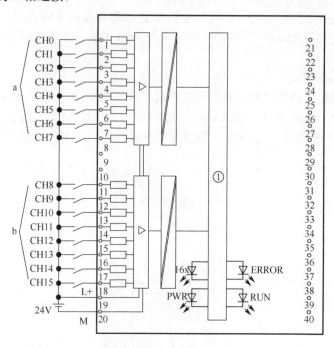

图 2-14　直流输入模块（6ES7521-1BH00-0AB0）的接线（PNP）

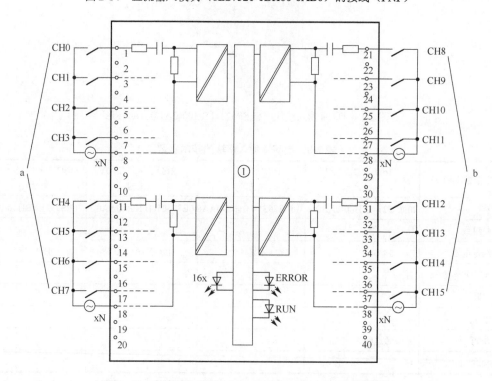

图 2-15　交流输入模块（6ES7521-1FH00-0AA0）的接线

（3）数字量输出模块

数字量输出模块将 SIMATIC　S7-1500　PLC内部的信号转换成过程需要的电平信号输出，

直流输出模块（6ES7 522-1BF00-0AB0 的技术参数见表 2-9。

表 2-9 数字量输出模块的技术参数

数字量输出模块	8DQ，230V AC/标准型	8DQ，DC 24V/高性能型	8RQ，230V AC/标准型
订货号	6ES7 522-5FF00-0AB0	6ES7522-1BF00-0AB0	6ES7522-5HF00-0AB0
输出通道数	8	8	8
输出类型	晶闸管	晶体管 源型输出	继电器输出
额定输出电压	AC 120/230V	DC 24V	DC 24V-AC 230V
额定输出电流	2A	2A	5 A
硬件中断	—	√	—
诊断中断	—	√	√
诊断功能	√；模块级	√；通道级	√；模块级
模块宽度/mm	35	35	35

数字量输出模块可以驱动继电器、电磁阀和信号灯等负载，主要有三类。

① 晶体管输出 只能接直流负载，响应速度最快。晶体管输出的数字量模块（6ES7522-1BF00-0AB0）的接线如图 2-16 所示，有 8 个点输出，4 个点为一组，输出信号为高电平有效，即 PNP 输出。负载电源只能是直流电。

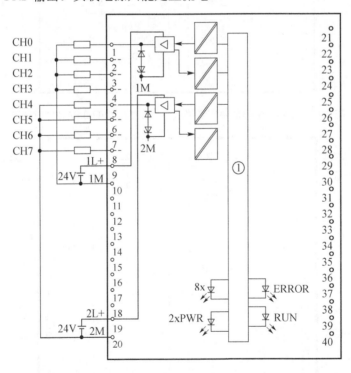

图 2-16 晶体管输出的数字量模块（6ES7522-1BF00-0AB0）的接线

② 晶闸管输出（可控硅） 接交流负载，响应速度较快，应用较少；晶闸管输出的数字量模块（6ES7522-5FF00-0AB0）的接线如图 2-17 所示，有 8 个点输出，每个点为单组一组，输出信号为交流信号，即负载电源只能是交流电。

③ 继电器输出 接交流和直流负载，响应速度最慢，但应用最广泛。继电器输出的数字量模块（6ES7522-5HF00-0AB0）的接线如图 2-18 所示，有 8 个点输出，每个点为单组一

组，输出信号为继电器的开关触点，所以其负载电源可以是直流电或交流电。通常交流电压不大于230V。

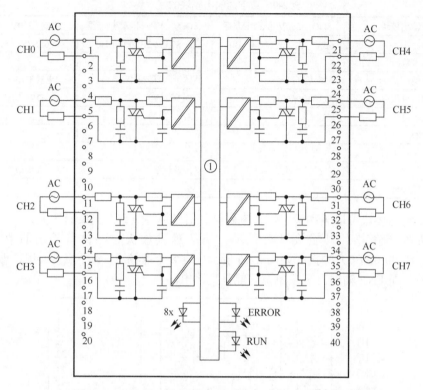

图2-17　晶闸管输出的数字量模块（6ES7522-5FF00-0AB0）的接线

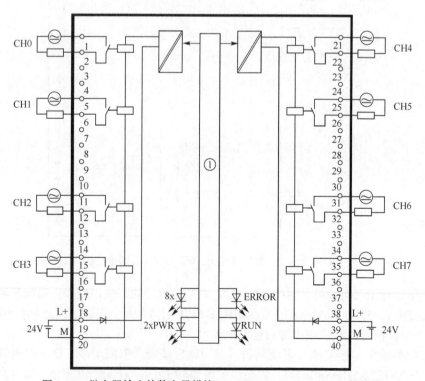

图2-18　继电器输出的数字量模块（6ES7522-5HF00-0AB0）的接线

注意：此模块的供电电源是直流 24V。

（4）数字量输入/输出混合模块

数字量输入/输出混合模块就是一个模块上既有数字量输入点也有数字量输出点。典型的数字量输入/输出混合模块（6ES7523-1BL00-0AA0）的接线如图 2-19 所示。16 点的数字量输入为直流输入，高电平信号有效，即 PNP 型输入。16 点的数字量输出为直流输出，高电平信号有效，即 PNP 型输出。

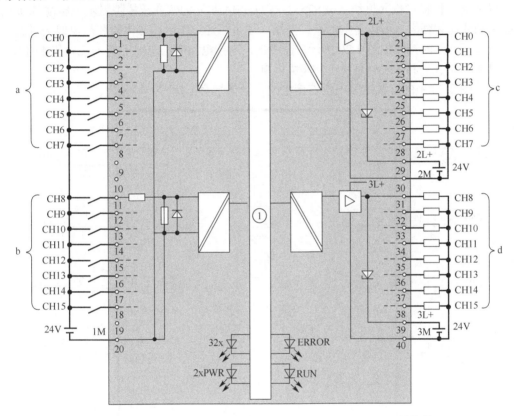

图 2-19　数字量输入/输出混合模块（6ES7523-1BL00-0AA0）的接线

（5）模拟量输入模块

SIMATIC S7-1500 PLC 的模拟量输入模块是将采集模拟量（如电压、电流、温度等）转换成 CPU 可以识别的数字量的模块，一般传感器或变送器相连接。部分 SIMATIC S7-1500 PLC 的模拟量输入模块技术参数见表 2-10。

表 2-10　SIMATIC S7-1500 PLC 的模拟量输入模块技术参数

模拟量输入模块	4AI，U/I/RTD/TC 标准型	8AI，U/I/RTD/TC 标准型	8AI，U 高速型
订货号	6ES7531-7QD00-0AB0	6ES7531-7KF00-0AB0	6ES7531-7NF10-0AB0
输入通道数	4（用作电阻、热电阻测量时 2 通道）	8	8
输入信号类型	电流、电压、热电阻、热电偶和电阻	电流、电压、热电阻、热电偶和电阻	电流和电压
分辨率（最高）	16 位	16 位	16 位
转换时间（每通道）	9 / 23 / 27 / 107 ms	9 / 23 / 27 / 107 ms	所有通道 62.5 μs
等时模式	—	—	√
屏蔽电缆长度（最大）	U/I 800 m；R/RTD 200 m；TC 50 m	U/I 800 m；R/RTD 200 m；TC 50m	800 m
是否包含前连接器	是	否	否

续表

模拟量输入模块	4AI, U/I/RTD/TC标准型	8AI, U/I/RTD/TC标准型	8AI, U高速型
限制中断	√	√	√
诊断中断	√	√	√
诊断功能	√; 通道级	√; 通道级	√; 通道级
模块宽度/mm	25	35	35

以下仅以模拟量输入模块（6ES7531-7KF00-0AB0）为例介绍模拟量输入模块的接线。此模块功能比较强大，可以测量电流、电压，还可以通过电阻、热电阻和热电偶测量温度。其测量电压信号的接线如图 2-20 所示，图中的，连接电源电压与端子是 41(L+)和 44(M)，然后通过端子 42(L+)和 43(M)为下一个模块供电。

注：图 2-20 中的虚线是等电位连接电缆，当信号有干扰时，可采用。

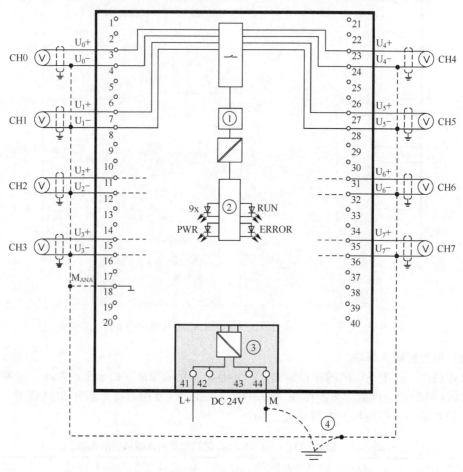

图 2-20　模拟量输入模块（6ES7531-7KF00-0AB0）的接线（电压）

测量电流信号的四线式接线如图 2-21 所示，二线式如图 2-22 所示。标记⑤表示等电位接线。

测量温度的二线式、三线式和四线式热电阻接线如图 2-23 所示。注：此模块来测量电压和电流信号是 8 通道，但用热电阻测量温度只有 4 通道。标记①是四线式热电阻接法，标记②是三线式热电阻接法，标记③是二线式热电阻接法。标记⑦表示等电位接线。

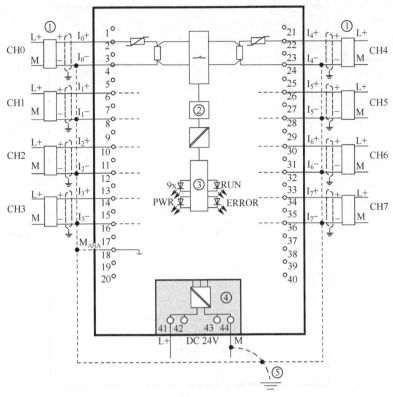

图 2-21 模拟量输入模块（6ES7531-7KF00-0AB0）的接线（四线式电流）

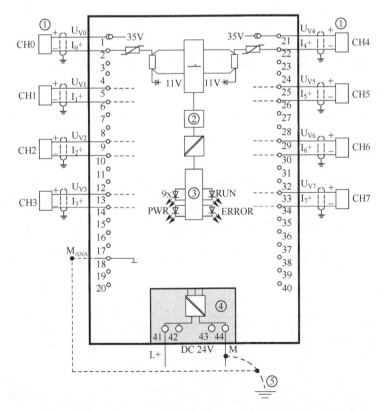

图 2-22 模拟量输入模块（6ES7531-7KF00-0AB0）的接线（二线式电流）

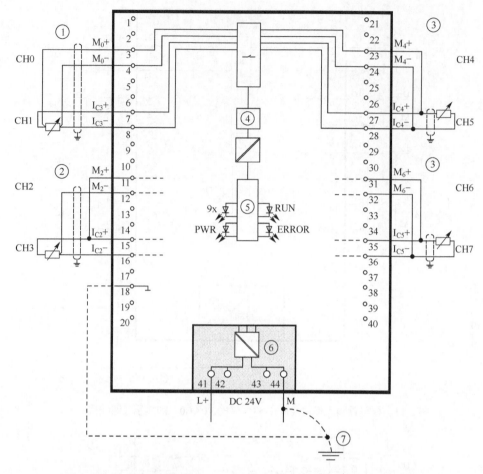

图 2-23　模拟量输入模块（6ES7531-7KF00-0AB0）的接线（热电阻）

（6）模拟量输出模块

SIMATIC S7-1500 PLC模拟量输出模块是将 CPU 传来的数字量转换成模拟量(电流和电压信号)，一般用于控制阀门的开度或者变频器的频率给定等。SIMATIC S7-1500 PLC常用的模拟量输出模块技术参数见表 2-11。

表 2-11　SIMATIC S7-1500 PLC 常用的模拟量输出模块技术参数

模拟量输出模块	2AQ, U/I标准型	4AQ, U/I标准型	8AQ, U/I高速型
订货号	6ES7532-5NB00-0AB0	6ES7532-5HD00-0AB0	6ES7532-5HF00-0AB0
输出通道数	2	4	8
输出信号类型	电流，电压	电流，电压	电流，电压
分辨率（最高）	16 位	16 位	16 位
转换时间（每通道）	0.5 ms	0.5 ms	所有通道 50 μs
等时模式	—	—	√
屏蔽电缆长度（最大）	电流 800m;电压 200m	电流 800m;电压 200m	200m
是否包含前连接器	是	否	否
硬件中断	—	—	—
诊断中断	√	√	√
诊断功能	√；通道级	√；通道级	√；通道级
模块宽度/mm	25	35	35

　　模拟量输出模块（6ES7 532-5HD00-0AB0 电压输出的接线如图 2-24 所示，标记①是电压输出二线式接法，无电阻补偿，精度相对低些，标记②是电压输出四线式接法，有电阻补偿，精度比二线式接法高。

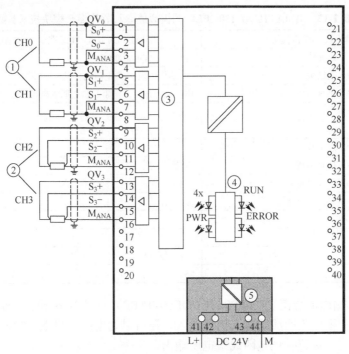

图 2-24　模拟量输出模块（6ES7532-5HD00-0AB0）电压输出的接线

　　模拟量输出模块（6ES7532-5HD00-0AB0）电流输出的接线如图 2-25 所示。

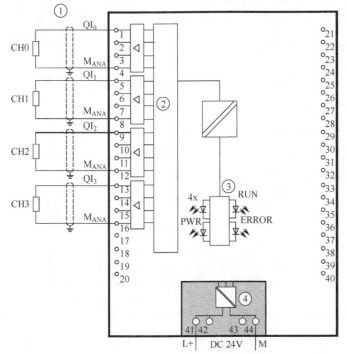

图 2-25　模拟量输出模块（6ES7532-5HD00-0AB0）电流输出的接线

（7）模拟量输入/输出混合模块

SIMATIC S7-1500 PLC模拟量输入/输出混合模块就是一个模块上有模拟量输入通道和模拟量输出通道。SIMATIC S7-1500 PLC常用的模拟量输入/输出模块的技术参数见表2-12。

表2-12 SIMATIC S7-1500 PLC 的模拟量输入/输出混合模块技术参数

模拟量输入 /输出模块		4AI, U/I/RTD/TC标准型 / 2AQ, U/I标准型
订货号		6ES7534-7QE00-0AB0
输入通道	输入通道数	4（用作电阻 /热电阻测量时 2通道）
	输入信号类型	电流、电压、热电阻、热电偶或电阻
	分辨率，最高	16位
	转换时间（每通道）	9 / 23 / 27 / 107 ms
输出通道	输出通道数	2
	输出信号类型	电流或电压
	分辨率（最高）	16位
	转换时间（每通道）	0.5 ms
硬件中断		—
诊断中断		√
诊断功能		√；通道级
模块宽度/mm		25

模拟量输入/输出混合模块（6ES7534-7QE00-0AB0）如图2-26所示，标记⑥处是4个通道的模拟量输入，图中为四线式电流信号输入，还可以为电压、热电阻输入信号。标记⑦处是二线式电压输出，标记⑧处是四线式电压输出。

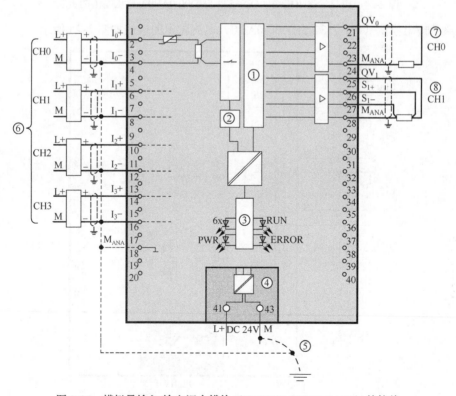

图2-26 模拟量输入/输出混合模块（6ES7534-7QE00-0AB0）的接线

2.2.4　SIMATIC S7-1500 PLC 通信模块

通信模块集成有各种接口，可与不同接口类型设备进行通信，而具有安全功能的工业以太网模块，可以极大提高连接的安全性。

（1）通信模块的分类

SIMATIC S7-1500 PLC的通信模块包括 CM 通信模块和 CP 通信处理器模块。CM 通信模块主要用于小数据量通信场合，而 CP 通信处理器模块主要用于大数据量的通信场合。

通信模块按照通信协议分，主要有 PROFIBUS 模块（如 CM1542-5）、点对点连接串行通信模块（如 CM PtP RS232 BA）以太网通信模块（如 CP1543-1）和 PROFINET 通信模块（如 CM1542-1）等。

（2）通信模块的技术参数

常见的 SIMATIC S7-1500 PLC的通信模块的技术参数见表 2-13。

表 2-13　SIMATIC S7-1500 PLC 通信模块的技术参数

通信模块	S7-1500-PROFIBUS CM1542-5	S7-1500-PROFIBUS CP1542-5	S7-1500-Ethernet CP1543-1	S7-1500-PROFINET CM1542-1
订货号	6GK7542-5DX00-0XE0	6GK7542-5FX00-0XE0	6GK7543-1AX00-0XE0	6GK7542-1AX00-0XE0
连接接口	RS485（母头）	RS485（母头）	RJ45	RJ45
通信接口数量	1个 PROFIBUS		1个以太网	2个 PROFINET
通信协议	DPV1 主/从 S7 通信 PG/OP 通信		开放式通信 —　ISO传输 —　TCP ISO-on-TCP、UDP —　基于 UDP连接组播 S7 通信 IT 功能 —　FTP —　SMTP —　WebServer —　NTP —SNMP	PROFINET IO —　RT —　IRT —　MRP —　设备更换无需可交换存储介质 —　IO控制器 —　等时实时 开放式通信 —　ISO传输 —　TCPISO-on-TCP、UDP —　基于 UDP 连接组播 S7 通信 其他如 NTP，SNMP代理，WebServer（详情参考手册）
通信速率	9.6Kbps~12Mbps		10/100/1000 Mbps	10/100 Mbps
最多连接从站数量	125	32	—	128
VPN	否	否	是	否
防火墙功能	否		否	是
模块宽度/mm	35			

2.2.5　SIMATIC S7-1500 PLC 工艺模块及接线

工艺模块具有硬件级的信号处理功能，可对各种传感器进行快速计数、测量和位置记录。

支持定位增量式编码器和 SSI 绝对值编码器，支持集中和分布式操作。SIMATIC S7-1500 PLC 工艺模块目前有 TM Count 计数模块和 TM PosInput 定位模块两种。工艺模块的技术参数见表 2-14。

表 2-14 SIMATIC S7-1500 PLC 工艺模块的技术参数

工艺模块	TM Count 2×24V	TM PosInput 2
订货号	6ES7550-1AA00-0AB0	6ES7551-1AB00-0AB0
供电电压	24V DC（20.4～28.8V DC）	
可连接的编码器数量	2	
可连接的编码器种类	— 带和不带信号 N 的 24 V 增量编码器 — 具有方向信号的 24 V 脉冲编码器 — 不具有方向信号的 24 V 脉冲编码器 — 用于向上和向下计数脉冲的 24 V 脉冲编码器	SSI 绝对编码器 — 带和不带信号 N 的 RS422/TTL 增量编码器 — 具有方向信号的 RS422/TTL 脉冲编码器 — 不具有方向信号的 RS422/TTL 脉冲编码器 — 用于向上和向下计数脉冲的 RS422/TTL 脉冲编码器
最大计数频率	200 kHz 800 kHz（4 倍脉冲评估）	1 MHz 4 MHz（4 倍脉冲评估）
计数功能	2 个计数器；最大计数频率 800 kHz（4 倍脉冲评估）	2 个计数器；最大计数频率 4 MHz（4 倍脉冲评估）
比较器	√	√
测量功能	频率，周期，速度	频率，周期，速度
位置检测	绝对位置和相对位置	绝对位置和相对位置
数字量输入通道数	6 每个计数通道 3 个	4 每个通道 2 个
数字量输出通道数	4 每个计数通道 2 个	4 每个通道 2 个
等时模式	√	√
是否包含前连接器	否	否
硬件中断	√	√
诊断中断	√	√
诊断功能	√；模块级	√；模块级
模块宽度/mm	35	

高速计数模块（6ES7550-1AA00-0AB0）有 2 个高速计数通道，即可以连接 2 台光电编码器，其接线如图 2-27 所示，接线端子的 1、2、3 分别与光电编码器的 A、B、N 相连，端子 9 和 10 是电源，与光电编码器的电源相连。端子 4、5、6 是数字量输入，端子 7、8 是数字量输出，可以不用。

2.2.6 SIMATIC S7-1500 PLC 分布式模块

SIMATIC S7-1500 PLC 支持的分布式模块分为 ET200MP 和 ET200SP。ET200MP 是一个可扩展且高度灵活的分布式 I/O 系统，用于通过现场总线（PROFINET 或 PROFIBUS）将过程信号连接到中央控制器。相较于 S7-300/400 的分布式模块 ET200M 和 ET200S，ET200MP 和 ET200SP 的功能更加强大。

（1）ET200MP 模块

ET200MP 模块包含 IM 接口模块和 I/O 模块。ET200MP 的 IM 接口模块将 ET200MP 连接到 PROFINET 或 PROFIBUS 总线，与 SIMATIC S7-1500 PLC 通信，实现 SIMATIC S7-1500

PLC 的扩展。ET200MP 模块的 I/O 模块与 SIMATIC　S7-1500　PLC本机上的 I/O 模块通用，前面已经介绍，在此不再重复介绍。ET200MP 的 IM 接口模块的技术参数见表 2-15。

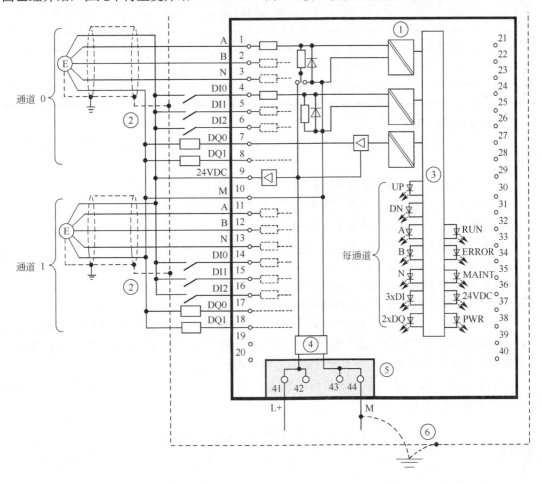

图 2-27　高速计数模块（6ES7550-1AA00-0AB0）的接线

表 2-15　ET200MP 的 IM 接口模块的技术参数

通信模块	IM155-5 PN标准型		IM155-5 PN高性能型	IM155-5 DP标准型
订货号	6ES7155-5AA00-0AB0		6ES7155-5AA00-0AC0	6ES7155-5BA00-0AB0
供电电压	24V DC（20.4～28.8V DC）			
通信方式	PROFINET IO		PROFINET IO	PROFIBUS-DP
接口类型	2×RJ45（共享一个 IP 地址，集成交换机功能）			RS485, D型接头
支持 I/O模块数量	30			12
S7-400H 冗余系统	—		PROFINET系统冗余	—
支持等时同步模式	√（最短周期 25μs）		√（最短周期 25μs）	
IRT	√		√	
MRP	√		√	
MRPD	—		√	
优先化启动	√		√	
共享设备	√；2 个 IO 控制器		√；4 个 IO 控制器	
TCP/IP	√		√	—

通信模块	IM155-5 P标准型	IM155-5 P高性能型	IM155-5 D标准型
SNMP	√	√	—
LLDP	√	√	
硬件中断	√	√	√
诊断中断	√	√	√
诊断功能	√	√	√
模块宽度/mm	35		

（2）ET200SP 模块

SIMATIC ET200SP是新一代分布式 I/O 系统，具有体积小，使用灵活，性能突出的特点，具体如下。

① 防护等级 IP20，支持 PROFINET 和 PROFIBUS。

② 更加紧凑的设计，单个模块最多支持 16 通道。

③ 直插式端子，无需工具单手可以完成接线。

④ 模块和基座的组装更方便。

⑤ 各种模块可任意组合。

⑥ 各个负载电势组的形成无需 PM-E 电源模块。

⑦ 运行中可以更换模块（支持热插拔）。

SIMATIC ET200SP安装于标准 DIN 导轨，一个站点基本配置包括支持 PROFINET 或 PROFIBUS 的 IM 通信接口模块、各种 I/O 模块，功能模块以及所对应的基座单元和最右侧用于完成配置的服务模块（无需单独订购，随接口模块附带）。

每个 ET200SP 接口通信模块最多可以扩展 32 个或者 64 个模块。ET200SP 的 IM 接口模块的技术参数见表 2-16。

表 2-16　ET200SP 的 IM 接口模块的技术参数

接口模块	IM155-6 P基本型	IM155-6 P标准型	IM155-6 P高性能型	IM155-6 D高性能型
电源电压	24 V			
功耗（典型值）	1.7 W	1.9 W	2.4 W	1.5 W
通信方式	PROFINET IO			PROFIBUS-DP
总线连接	集成 2×RJ45	总线适配器	总线适配器	PROFIBUS-DP接头
编程环境 STEP 7 TIA Portal STEP 7 V5.5	V13 SP1以上 SP4 以上	V12 以上 SP3 以上	V12 SP1以上 SP3 以上	V12 以上 SP3 以上
支持模块数量	12	32	64	32
Profisafe 故障安全	—	√	√	—
S7-400 H冗余系统	—	—	PROFINET系统冗余	可以通过-Ylink
扩展连接 ET 200AL	—	√	√	√
PROFINET RT/IRT	√ /—	√ /√	√ /√	n.a.
PROFINET 共享设备	—	√	√	n.a.
状态显示	√	√	√	√
中断	√	√	√	√
诊断功能	√	√	√	√
尺寸（$W×H×D$）/mm	35×117×74	50×117×74	50×117×74	50×117×74

ET 200SP的 I/O 模块非常丰富，包括数字量输入模块、数字量输出模块、模拟量输入模块、模拟量输出模块、工艺模块和通信模块等。

2.3　SIMATIC S7-1500 PLC 的硬件安装

SIMATIC S7-1500 PLC自动化系统应按照系统手册的要求和规范进行安装，安装前应依照安装清单检查是否准备好系统所有的硬件，并按照要求安装导轨、电源、CPU 模块、接口模块和 I/O 模块等。

2.3.1　硬件配置

（1）SIMATIC S7-1500 PLC 自动化系统的硬件配置

SIMATIC S7-1500 PLC自动化系统采用单排配置，所有模块都安装在同一根安装导轨上。这些模块通过 U 形连接器连接在一起，形成了一个自装配的背板总线。SIMATIC S7-1500 PLC 本机的最大配置是 32 个模块，槽号范围是 0~31，安装电源和 CPU 模块需要占用 2 个槽位，除此之外，最多可以安装 I/O 模块 30 个，如图 2-28 所示。

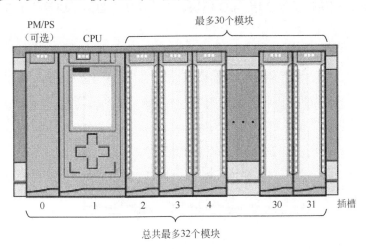

图 2-28　SIMATIC S7-1500 最大配置

SIMATIC S7-1500 PLC安装在特制的铝型材导轨上，负载电源只能安装在 0 号槽位，CPU 模块安装在 1 号槽位上，且都只能组态一个。系统电源可以组态在 0 号槽位和 2~31 槽位，最多可以组态 3 个。其他模块只能位于 2~31 槽位，数字量 I/O 模块、模拟量 I/O 模块、工艺模块和点对点通信模块可以组态 30 个，而 PROFINET/以太网和 PROFIBUS 通信模块最多组态 4~8 个，具体参考相关手册。

（2）带 PROFINET 接口模块的 ET200MP 分布式 I/O 系统的硬件配置

带 PROFINET 接口模块的 ET 200MP分布式 I/O 系统的硬件配置与 SIMATIC S7-1500 PLC 本机上的配置方法类似，其最大配置如图 2-29 所示。

最多支持三个系统电源(PS)，其中一个插入接口模块的左侧，其他两个可插入接口模块的右侧，每个电源模块占一个槽位。如果在接口模块的左侧插入一个系统电源 (PS) 则将生成总共 32 个模块的最大组态（接口模块右侧最多 30 个模块）。

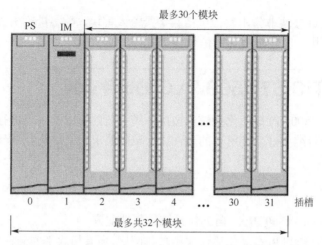

图 2-29　带 PROFINET 接口模块的 ET 200MP分布式 I/O 系统的最大配置

（3）带 PROFIBUS 接口模块的 ET200MP 分布式 I/O 系统的硬件配置

带 PROFIBUS 接口模块的 ET200MP 分布式 I/O 系统最多配置 13 个模块，其最大配置如图 2-30 所示。接口模块位于第 2 槽，I/O 模块、工艺模块、通信模块等位于 3~14 槽，最多配置 12 个。

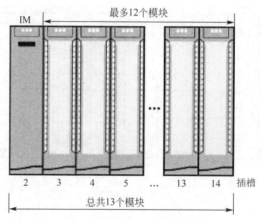

图 2-30　带 PROFIBUS 接口模块的 ET 200MP分布式 I/O 系统的最大配置

一个带电源的完整系统配置如图 2-31 所示。

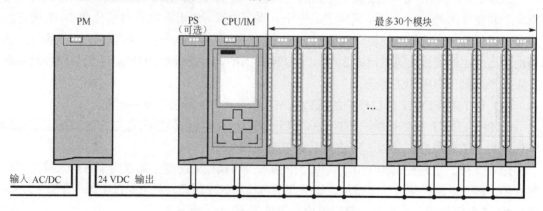

图 2-31　带电源的完整系统配置

2.3.2　硬件安装

SIMATIC S7-1500 PLC自动化系统、ET 200MP分布式 I/O 系统的所有模块都是开放式设备。该系统只能安装室内、控制柜或电气操作区中。

（1）安装导轨

SIMATIC S7-1500 PLC自动化系统、ET200MP 分布式 I/O 系统，采用水平安装时，可安装在最高 60℃的环境温度中，采用垂直安装时，最高环境温度为 40℃。水平安装有利于散热，比较常见。

西门子有 6 种长度的安装导轨可被选用，长度范围是 160~2000mm。安装导轨需要预留合适的间隙，以利于模块的散热，一般顶部和底部离开导轨边缘需要预留至少 25mm 的间隙，如图 2-32 所示。

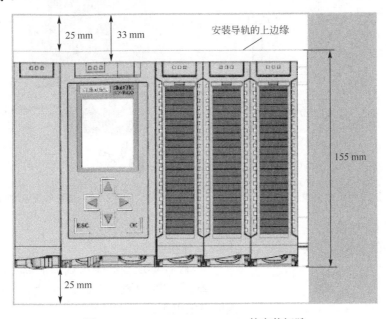

图 2-32　　SIMATIC S7-1500 的安装间隙

SIMATIC S7-1500 PLC自动化系统、ET 200MP分布式 I/O 系统必须连接到电气系统的保护导线系统，以确保电气安全。将导轨附带的 M6 的螺钉插入导轨下部的 T 形槽中，再将垫片、带接地连接器的环形端子（已经压上了线径为 10mm² 的导线）、扁平垫圈和锁定垫圈插入螺栓。旋转六角头螺母，通过该螺母将组件拧紧到位。最后将接地电缆的另一端连接到中央接地点/保护性母线 (PE) 连接保护性导线示意如图 2-33 所示。

（2）安装电源模块

SIMATIC S7-1500 PLC的电源分为系统电源和负载电源，负载电源的安装与系统电源安装类似，而且更简单，因此仅介绍安装系统电源，具体步骤如下。

① 将 U 形连接器插入系统电源背面。

② 将系统电源挂在安装导轨上。

③ 向后旋动系统电源。

④ 打开前盖。

⑤ 从系统电源断开电源线连接器的连接。

⑥ 拧紧系统电源（扭矩 1.5 Nm）。

⑦ 将已经接好线的电源线连接器插入系统电源模块。

安装系统电源的示意图如图 2-34 所示。

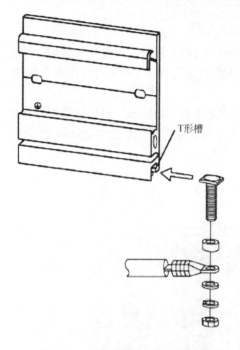

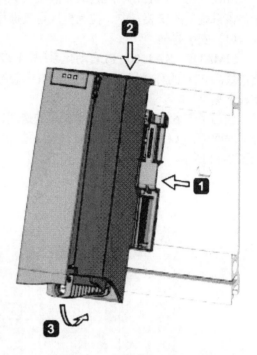

图 2-33　连接保护性导线示意图　　　　　图 2-34　安装系统电源的示意图

（3）安装 CPU 模块

电源模块的安装与安装系统电源类似，具体操作步骤如下。

① 将 U 形连接器插入 CPU 后部的右侧。

② 将 CPU 钩挂在安装导轨上，并将其滑动至左侧的系统电源。

③ 确保 U 形连接器插入系统电源，向后旋动 CPU。

④ 拧紧 CPU 的螺钉（扭矩为 1.5 Nm）。

安装 CPU 模块的示意图如图 2-35 所示。I/O 模块、工艺模块和通信模块的安装方法与安装 CPU 模块基本相同，在此不作介绍。

2.3.3　接线

导轨和模块安装完毕后，就需要安装 I/O 模块和工艺模块的前连接器（实际为接线端子排），最后接线。

SIMATIC S7-1500 PLC 的前连接器分为三种，分别是：带螺钉型端子的 35 mm 前连接器、带推入式端子的 25 mm 前连接器和带推入式端子的 35 mm 前连接

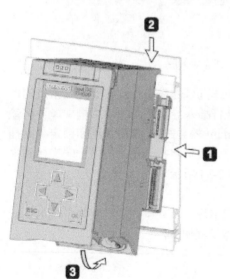

图 2-35　安装 CPU 模块的示意图

器，如图 2-36 所示。都是 40 针的连接器，不同于 S7-300 前连接器有 20 针的规格。

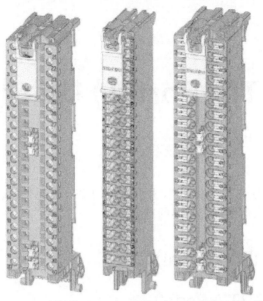

（a）35mm 螺钉型　　（b）25 mm推入式　　（c）35 mm推入式

图 2-36　前连接器外观

前连接器的安装如下。

不同模块的前连接器的安装大致类似，仅以 I/O 模块前连接器的安装为例进行说明，其安装步骤如下。

① 根据需要，关闭负载电流电源。

② 将电缆束上附带的电缆固定夹（电缆扎带）放置在前连接器上。

③ 向上旋转已接线的 I/O模块前盖直至其锁定。

④ 将前连接器接入预接线位置。需将前连接器挂到 I/O 模块底部，然后将其向上旋转直至前连接器锁上如图 2-37 所示。

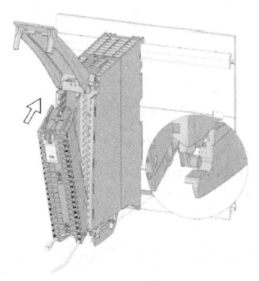

图 2-37　安装前连接器

之后的工作是接线，接线按照电工接线规范完成。

第3章

TIA 博途（TIA Portal）软件使用入门

本章介绍 TIA 博途软件的使用方法，并介绍使用 TIA 博途软件编译一个简单程序完整过程的例子，这是学习本书后续内容必要的准备。

3.1 TIA 博途（TIA Portal)简介

3.1.1 初识 TIA 博途（TIA Portal)

TIA 博途（TIA Portal)是西门子新推出的，面向工业自动化领域的新一代工程软件平台，主要包括三个部分：SIMATIC STEP 7、SIMATIC WinCC 和 SINAMICS StartDrive。TIA 博途的软件体系结构如图 3-1 所示。

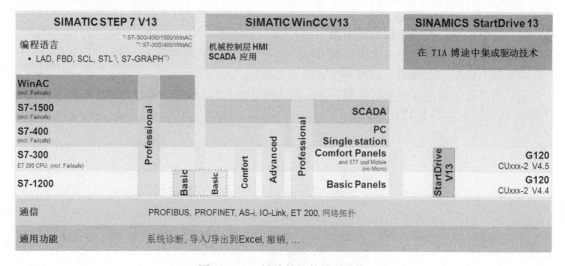

图 3-1   TIA 博途的软件体系结构

（1）SIMATIC STEP 7 (TIA Portal)

STEP 7 (TIA Portal)是用于组态 SIMATIC S7-1200、S7-1500、S7-300/400 和 WinAC 控制器系列的工程组态软件。STEP 7 (TIA Portal)有 2 种版本，具体使用取决于可组态的控制器系列，分别介绍如下。

① STEP 7 Basic 主要用于组态 S7-1200，并且自带 WinCC Basic 用于 Basic 面板的组态。

② STEP 7 Professional 用于组态 S7-1200、S7-1500、S7-300/400 和 WinAC，且也自带 WinCC Basic 用于 Basic 面板的组态。

（2）SIMATIC WinCC (TIA Portal)

WinCC (TIA Portal)是使用 WinCC Runtime Advanced 或 SCADA 系统 WinCC Runtime Professional 可视化软件，组态 SIMATIC 面板、SIMATIC 工业 PC 以及标准 PC 的工程组态软件。

WinCC (TIA Portal)有 4 种版本，具体使用取决于可组态的操作员控制系统，分别介绍如下。

① WinCC Basic 用于组态精简系列面板，WinCC Basic 包含在每款 STEP 7 Basic 和 STEP 7 Professional 产品中。

② WinCC Comfort 用于组态包括精智面板和移动面板的所有面板。

③ WinCC Advanced 用于通过 WinCC Runtime Advanced 可视化软件，组态所有面板和 PC。WinCC Runtime Advanced 是基于 PC 单站系统的可视化软件。WinCC Runtime Advanced 外部变量许可根据个数购买，有 128、512、2k、4k 以及 8k 个外部变量许可出售。

④ WinCC Professional 用于使用 WinCC Runtime Advanced 或 SCADA 系统 WinCC Runtime Professional 组态面板和 PC。WinCC Professional 有以下版本：带有 512 和 4096 个外部变量的 WinCC Professional 以及 WinCC Professional（最大外部变量）。

WinCC Runtime Professional 是一种用于构建组态范围从单站系统到多站系统（包括标准客户端或 Web 客户端）的 SCADA 系统。可以购买带有 128、512、2k、4k、8k 和 64k 个外部变量许可的 WinCC Runtime Professional

通过 WinCC (TIA Portal)可以使用 WinCC Runtime Advanced 或 WinCC Runtime Professional 组态 SINUMERIK PC 以及使用 SINUMERIK HMI Pro sl 或 SINUMERIK Operate WinCC RT Basic 组态 HMI 设备。

（3）SINAMICS StartDrive (TIA Portal)

SINAMICS StartDrive 软件能够直观地将 SINAMICS 变频器集成到自动化环境中。由于具有相同操作概念，消除了接口瓶颈，并且具有较高的用户友好性，因此可将 SINAMICS 变频器快速集成到自动化环境中，并使用 TIA 博途对它们进行调试。

1）SINAMICS StartDrive 的用户友好性

① 直观的参数设置：可借助于用户友好的向导和屏幕画面进行最佳设置。

② 可根据具体任务，实现结构化变频器组态。

③ 可对配套 SIMOTICS 电机进行简便组态。

2）SINAMICS StartDrive 具有的出色特点

① 所有强大的 TIA 博途功能都可支持变频器的工程组态。

② 无需附加工具即可实现高性能跟踪。

③ 可通过变频器消息进行集成系统诊断。

3）支持的 SINAMICS 变频器

① SINAMICS G120 模块化单机传动系统，适用于中低端应用。

② SINAMICS G120C 紧凑型单机传动系统，额定功率较低，具有相关功能。

③ SINAMICS G120D 分布式变频器，采用无机柜式设计。

④ SINAMICS G120P 适用于泵、风机和压缩机的专用变频器。

3.1.2　安装 TIA 博途的软硬件条件

（1）硬件要求

TIA 博途软件对计算机系统的硬件的要求比较高，计算机最好配置固态硬盘（SSD）。

安装"SIMATIC STEP 7 Professional"软件包对硬件的最低要求和推荐要求见表3-1。

表3-1 安装"SIMATIC STEP 7 Professional"对硬件要求

项　　目	最低配置要求	推　荐　配　置
RAM	4 GB	8 GB或更大
硬盘	5 GB	300 GB 固态硬盘
CPU	Intel Celeron Dual Core 2.2 GHz	® Intel™ i5-3320M 3.3 GHz
屏幕分辨率	1024×768	15.6"宽屏显示器 (1920×1080)

（2）操作系统要求

西门子 TIA 博途软件对计算机系统的操作系统的要求比较高。专业版、企业版或者旗舰版的操作系统是必备的条件，不支持家庭版操作系统，Windows 7(32 位）的专业版、企业版或者旗舰版都可以安装 TIA 博途软件，但由于 32 位操作系统只支持不到 4GB 内存，所以不推荐安装，推荐安装 64 位的操作系统。安装"SIMATIC STEP 7 Professional"软件包对操作系统的最低要求和推荐要求见表3-2。

表3-2 安装"SIMATIC STEP 7 Professional"对操作系统要求

可以安装的操作系统	推荐操作系统
Windows 7(32 位)	Windows 7(64 位)
• Windows 7 Professional SP1	• Windows 7 Professional SP1
• Windows 7 Enterprise SP1	• Windows 7 Enterprise SP1
• Windows 7 Ultimate SP1	• Windows 7 Ultimate SP1
Windows 7(64 位)	Windows 8.1(64 位)
• Windows 7 Professional SP1	• Windows 8.1
• Windows 7 Enterprise SP1	• Windows 8.1 Professional
• Windows 7 Ultimate SP1	• Windows 8.1 Enterprise
Windows 8.1(64 位)	Windows Server(64 位)
• Windows 8.1 Professional	• Windows Server 2008 R2 StdE（完全安装）
• Windows 8.1 Enterprise	• Windows Server 2012 R2 StdE（完全安装）
Windows Server(64 位)	
• Windows Server 2008 R2 StdE（完全安装）	
• Windows Server 2012 R2 StdE（完全安装）	

可在虚拟机上安装"SIMATIC STEP 7 Professional"软件包。推荐选择使用下面指定版本或较新版本的虚拟平台：

- VMware vSphere Hypervisor (ESXi) 5.5
- VMware Workstation 10
- VMware Player 6.0
- Microsoft Windows Server 2012 R2 Hyper-V

3.1.3 安装 TIA 博途软件的注意事项

① 无论是 Windows 7 还是 Windows 8.1 系统的家庭（HOME）版，都不能安装西门子的 TIA 博途软件。32 位的专业版不支持安装 TIA 博途软件 V14。32 位的专业版 Windows 7虽

然支持安装 TIA 博途软件 V13，但不被推荐。

② 安装 TIA 博途软件时，最好关闭监控和杀毒软件。

③ 安装软件时，软件的存放目录中不能有汉字，此时可弹出"SSF 文件错误"的信息，表明目录中有不能识别的字符。例如将软件存放在"C:/软件/STEP 7"目录中就不能安装。

④ 在安装 TIA 博途的过程中出现提示"请重新启动 Windows"字样。这可能是 360 安全软件作用的结果，重启电脑有时是可行的方案，有时计算机会重复提示重启电脑，在这种情况下解决方案：

在 Windows 的菜单命令下，单击"开始"→"运行"，在运行对话框中输入"regedit"，打开注册表编辑器。选中注册表中的"HKEY_LOCAL_MACHINE\System\CurrentControlset\Control"中的"Session manager"，删除右侧窗口的"PendingFileRenameOperations"选项。重新安装，就不会出现重启计算机的提示了。

⑤ 允许在同一台计算机的同一个操作系统中安装 STEP7 V5.5、STEP7 V12和 STEP7 V13，早期的 STEP7 V5.5和 STEP7 V5.4不能安装在同一个操作系统中。

3.1.4　安装和卸载 TIA 博途软件

（1）安装 TIA 博途软件

安装软件的前提是计算机的操作系统和硬件符合安装 TIA 博途的条件，当满足安装条件时，首先要关闭正在运行的其他程序，如 Word 等软件，然后将 TIA 博途软件安装光盘插入计算机的光驱中，安装程序会自动启动。如安装程序没有自动启动，则双击安装盘中的可执行文件"Start.exe"，手动启动。具体安装顺序如下。

① 初始化。当安装开始进行时，首先初始化，这需要一段时间，如图 3-2 所示。

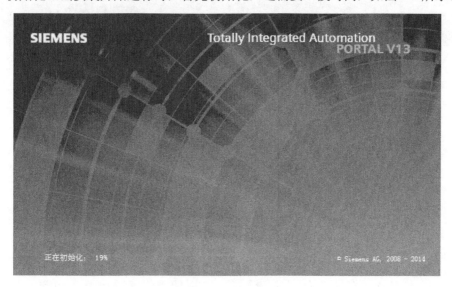

图 3-2　安装初始化

② 选择安装语言。TIA 博途提供了英语、德语、中文、法语、西班牙语和意大利语，供选择安装，本例选择"中文"，如图 3-3 所示，单击"下一步"按钮，弹出需要安装的软件的界面。

③ 选择需要安装的软件。如图 3-4 所示，有三个选项可供选择，本例选择"用户自定义"选项卡，选择需要安装的软件，这需要根据购买的授权确定，本例选择所有选项。

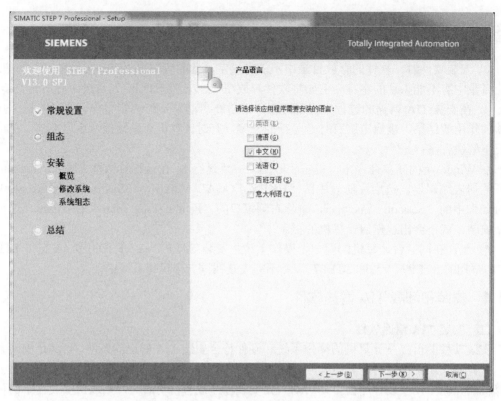

图 3-3 选择安装语言

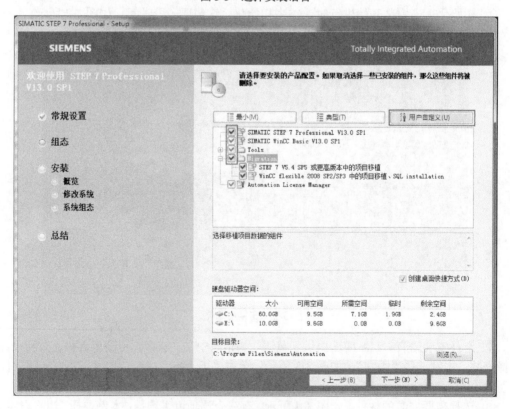

图 3-4 选择需要安装的软件

④ 选择许可条款。如图 3-5 所示，勾选两个选项，同意许可条款，单击"下一步"按钮。

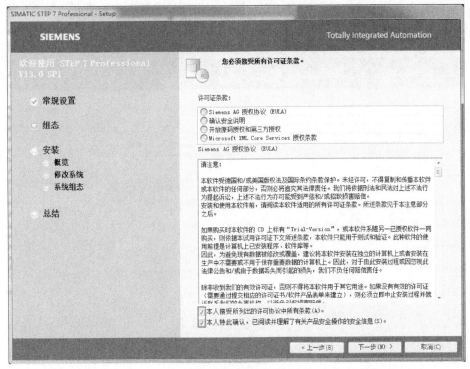

图 3-5　选择许可条款

⑤ 安全控制。如图 3-6 所示，勾选"我接受此计算机上的安全和权限设置"，单击"下一步"按钮。

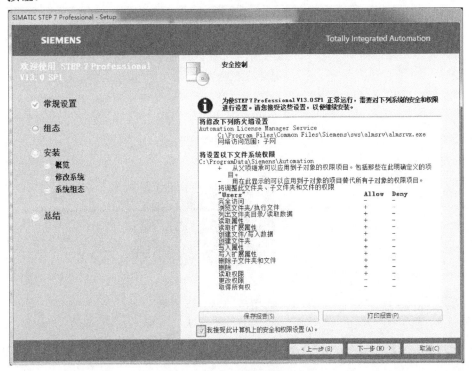

图 3-6　安全控制

　　⑥ 预览安装和安装。如图 3-7 所示是预览界面，显示要安装产品的具体位置。如确认需要安装 TIA 博途，单击"安装"按钮，TIA 博途程序开始安装，安装界面如图 3-8 所示。安装完成后，选择"重新启动计算机"选项。重新启动计算机后，TIA 博途程序安装完成。

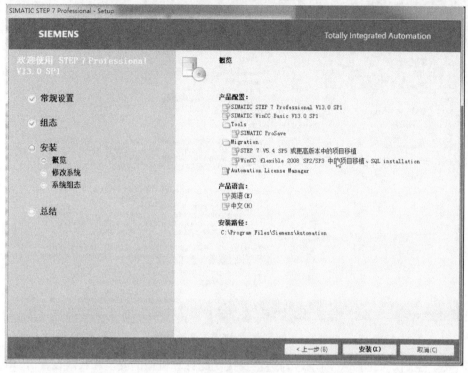

图 3-7　预览

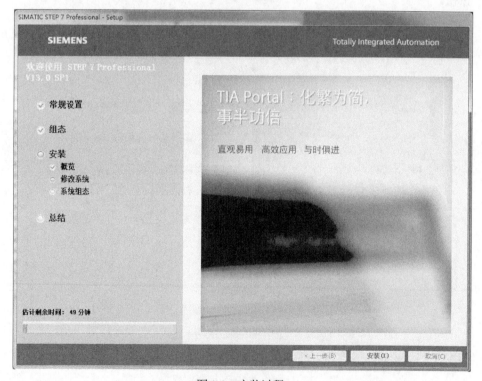

图 3-8　安装过程

（2）卸载 TIA 博途软件

卸载 TIA 博途软件和卸载其他软件比较类似，具体操作过程如下。

① 打开控制面板的"程序和功能"界面。先打开控制面板，再在控制面板中，双击并打开"程序和功能"界面，如图 3-9 所示，单击"卸载"按钮，弹出初始化界面。

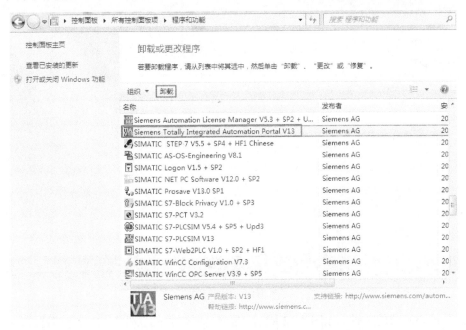

图 3-9　程序和功能

② 卸载 TIA 博途软件的初始化界面。如图 3-10 显示的是卸载前的初始化界面，需要一定的时间完成。

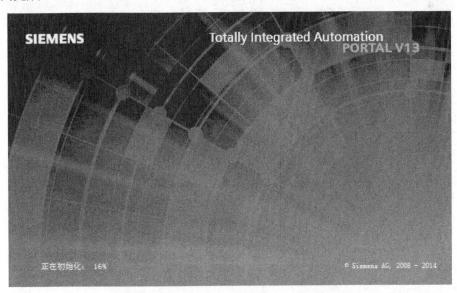

图 3-10　卸载 TIA 博途软件的初始化界面

③ 卸载 TIA 博途软件时，选择语言。如图 3-11 所示，选择"安装语言：中文"，单击"下一步"按钮，弹出"选择要卸载的软件"的界面。

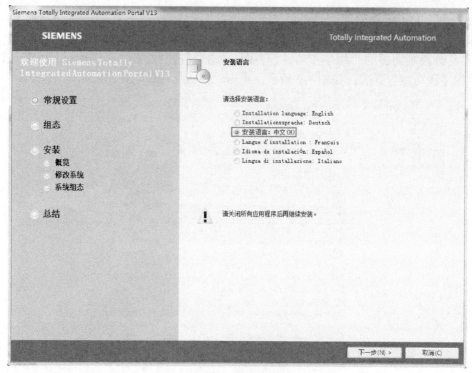

图 3-11　选择语言

④ 选择要卸载的软件。如图 3-12 所示，选择"要卸载的软件"，本例全部选择，单击"下一步"按钮，弹出卸载预览界面，如图 3-13 所示，单击"卸载"按钮，卸载开始进行，直到完成后，重新启动计算机即可。

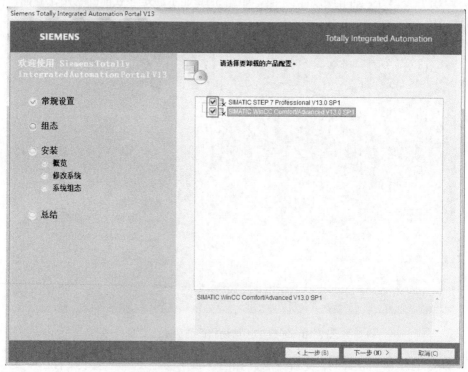

图 3-12　选择要卸载的软件

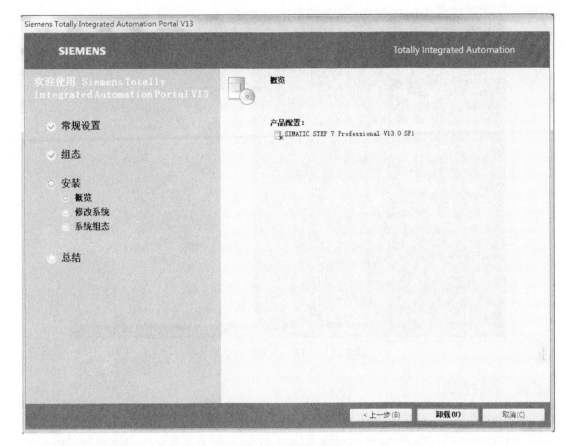

图 3-13　卸载程序

3.2　TIA Portal 视图与项目视图

3.2.1　TIA Portal 视图结构

TIA Portal视图的结构如图 3-14 所示，以下分别对各个主要部分进行说明。

（1）登录选项

如图 3-14 所示的序号"1"，登录选项为各个任务区提供了基本功能。在 Portal 视图中提供的登录选项取决于所安装的产品。

（2）所选登录选项对应的操作

如图 3-14 所示的序号"2"，此处提供了在所选登录选项中可使用的操作。可在每个登录选项中调用上下文相关的帮助功能。

（3）所选操作的选择面板

如图 3-14 所示的序号"3"，所有登录选项中都提供了选择面板。该面板的内容取决于操作者的当前选择。

（4）切换到项目视图

如图 3-14 所示的序号"4"，可以使用"项目视图"链接切换到项目视图。

（5）当前打开的项目的显示区域

如图 3-14 所示的序号"5"，在此处可了解当前打开的是哪个项目。

图 3-14 TIA Portal 视图的结构

3.2.2 项目视图

项目视图是项目所有组件的结构化视图, 如图 3-15 所示, 项目视图是项目组态和编程的界面。

图 3-15 项目视图的组件

单击如图 3-14 所示 TIA Portal 视图界面的"项目视图"按钮，可以打开项目视图界面，界面中包含如下区域。

（1）标题栏

项目名称显示在标题栏中，如图 3-15 所示的"1"处的"项目 1_V13_SP1"。

（2）菜单栏

菜单栏如图 3-15 所示的"2"处所示，包含工作所需的全部命令。

（3）工具栏

工具栏如图 3-15 所示的"3"处所示，工具栏提供了常用命令的按钮。可以更快地访问"复制"、"粘贴"、"上传"和"下载"等命令。

（4）项目树

项目树如图 3-15 所示的"4"处所示，使用项目树功能，可以访问所有组件和项目数据。可在项目树中执行以下任务：

① 添加新组件；

② 辑现有组件；

③ 扫描和修改现有组件的属性。

（5）工作区

工作区如图 3-15 的"5"处所示，在工作区内显示打开的对象。例如，这些对象包括：编辑器、视图和表格。

在工作区可以打开若干个对象。但通常每次在工作区中只能看到其中一个对象。在编辑器栏中，所有其他对象均显示为选项卡。如果在执行某些任务时要同时查看两个对象，则可以水平或垂直方式平铺工作区，或浮动停靠工作区的元素。如果没有打开任何对象，则工作区是空的。

（6）任务卡

任务卡如图 3-15 中"6"处所示，根据所编辑对象或所选对象，提供了用于执行附加操作的任务卡。这些操作包括：

① 从库中或者从硬件目录中选择对象；

② 在项目中搜索和替换对象；

③ 将预定义的对象拖拽到工作区。

在屏幕右侧的条形栏中可以找到可用的任务卡。可以随时折叠和重新打开这些任务卡。哪些任务卡可用取决于所安装的产品。比较复杂的任务卡会划分为多个窗格，这些窗格也可以折叠和重新打开。

（7）详细视图

详细视图如图 3-15 "7"处所示，详细视图中显示总览窗口或项目树中所选对象的特定内容。其中可以包含文本列表或变量。但不显示文件夹的内容。要显示文件夹的内容，可使用项目树或巡视窗口。

（8）巡视窗口

巡视窗口如图 3-15 "8"处所示，对象或所执行操作的附加信息均显示在巡视窗口中。巡视窗口有三个选项卡：属性、信息和诊断。

①"属性"选项卡　此选项卡显示所选对象的属性。可以在此处更改可编辑的属性。属性的内容非常丰富，读者应重点掌握。

②"信息"选项卡　此选项卡显示有关所选对象的附加信息以及执行操作（例如编译）时发出的报警。

③"诊断"选项卡　此选项卡中将提供有关系统诊断事件，已组态消息事件以及连接诊断的信息。

（9）切换到 Portal 视图

点击如图 3-15 所示 "9"处的"Portal 视图"按钮，可从项目视图切换到 Portal 视图。

（10）编辑器栏

编辑器栏如图 3-15"10"处所示，编辑器栏显示打开的编辑器。如果已打开多个编辑器，它们将组合在一起显示。可以使用编辑器栏在打开的元素之间进行快速切换。

（11）带有进度显示的状态栏

状态栏如图 3-15"11"处所示，在状态栏中，显示当前正在后台运行的过程的进度条。其中还包括一个图形方式显示的进度条。将鼠标指针放置在进度条上，系统将显示一个工具提示，描述正在后台运行的过程的其他信息。单击进度条边上的按钮，可以取消后台正在运行的过程。

如果当前没有任何过程在后台运行，则状态栏中显示最新生成的报警。

图 3-16　项目树

3.2.3　项目树

在项目视图左侧项目树界面中主要包括的区域如图 3-16 所示。

（1）标题栏

项目树的标题栏有两个按钮，可以自动▥和手动◀折叠项目树。手动折叠项目树时，此按钮将"缩小"到左边界。它此时会从指向左侧的箭头变为指向右侧的箭头，并可用于重新打开项目树。在不需要时，可以使用"自动折叠"▥按钮自动折叠到项目树。

（2）工具栏

可以在项目树的工具栏中执行以下任务。

① 用▧按钮，创建新的用户文件夹；例如，为了组合"程序块"文件夹中的块。

② 用◀按钮向前浏览到链接的源，用▶按钮，往回浏览到链接本身。项目树中有两个用于链接的按钮。可使用这两个按钮从链接浏览到源，然后再往回浏览。

③ 用▥按钮，在工作区中显示所选对象的总览。

显示总览时，将隐藏项目树中元素的更低级别的对象和操作。

（3）项目

在"项目"文件夹中，可以找到与项目相关的所有对象和操作，例如：

① 设备；

② 语言和资源；

③ 在线访问。

（4）设备

项目中的每个设备都有一个单独的文件夹，该文件夹具有内部的项目名称。属于该设备的对象和操作都排列在此文件夹中。

（5）公共数据

此文件夹包含可跨多个设备使用的数据，例如公用消息类、日志、脚本和文本列表。

（6）文档设置

在此文件夹中，可以指定要在以后打印的项目文档的布局。

（7）语言和资源

可在此文件夹中确定项目语言和文本。

（8）在线访问

该文件夹包含了 PG/PC 的所有接口，即使未用于与模块通信的接口也包括在其中。

（9）读卡器/USB 存储器

该文件夹用于管理连接到 PG/PC 的所有读卡器和其他 USB 存储介质。

3.3　创建和编辑项目

3.3.1　创建项目

新建博途项目的方法如下。

① 方法 1：打开 TIA 博途软件，如图 3-17 所示，选中"启动"→"创建新项目"，在"项目名称"中输入新建的项目名称（本例为 LAMP），单击"创建"按钮，完成新建项目。此处用手机扫描二维码可观看视频"创建新项目"。

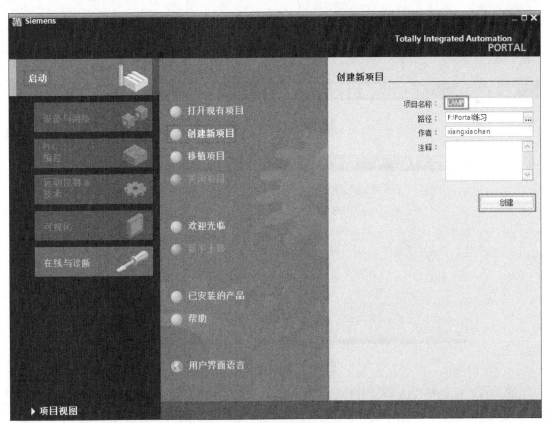

图 3-17　新建项目

② 方法2：如果 TIA 博途软件处于打开状态，在项目视图中，选中菜单栏中"项目"，单击"新建"命令，如图 3-18 所示，弹出如图 3-19 所示的界面，在"项目名称"中输入新建的项目名称（本例为 LAMP），单击"创建"按钮，完成新建项目。

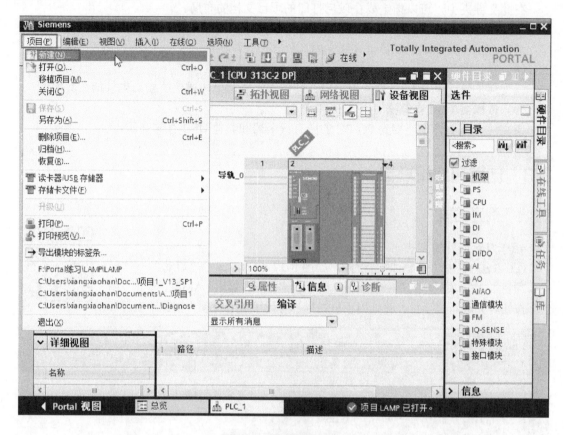

图 3-18　新建项目（1）

图 3-19　新建项目（2）

③ 方法3：如果 TIA 博途软件处于打开状态，而且在项目视图中，单击工具栏中"新建"按钮，弹出如图 3-19 所示的界面，在"项目名称"中输入新建的项目名称（本例为 LAMP），单击"创建"按钮，完成新建项目。

3.3.2　添加设备

项目视图是 TIA 博途软件的硬件组态和编程的主窗口，在项目树的设备栏中，双击"添加新设备"选项卡栏，然后弹出"添加新设备"对话框，如图 3-20 所示。可以修改设备名称，也可保持系统默认名称。选择需要的设备，本例为：6ES7　511-1AK00-0AB0 勾选"打开设备视图"，单击"确定"按钮，完成新设备添加，并打开设备视图，如图 3-21 所示。

图 3-20　添加新设备（1）

3.3.3　编辑项目（打开，保存，另存为，关闭，删除）

（1）打开项目

打开已有的项目有如下方法。

① 方法 1：打开 TIA 博途软件，如图 3-22 所示，选中"启动"→"打开现有项目"，再选中要打开的项目，本例为"LAMP"，单击"打开"按钮，选中的项目即可打开。此处用手机扫描二维码可观看视频"打开已有项目"。

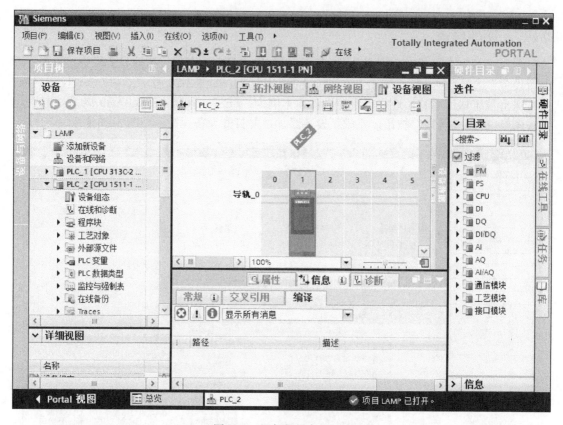

图 3-21　添加新设备（2）

图 3-22　打开项目（1）

② 方法 2：如果 TIA 博途软件处于打开状态，而且在项目视图中，选中菜单栏中"项目"，单击"打开"命令，弹出如图 3-23 所示的界面，再选中要打开的项目，本例为"LAMP"，单击"打开"按钮，现有的项目即可打开。

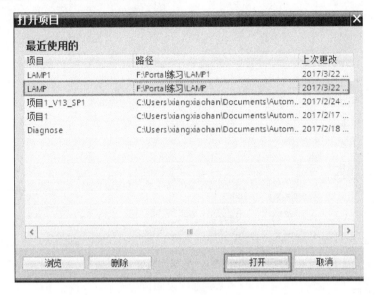

图 3-23　打开项目（2）

③ 方法 3：打开博途项目程序的存放目录，如图 3-24 所示，双击"LAMP"，现有的项目即可打开。

图 3-24　打开项目（3）

（2）保存项目

保存项目的方法如下。

① 方法 1：在项目视图中，选中菜单栏中"项目"，单击"保存"命令，现有的项目即可保存。

② 方法 2：在项目视图中，选中工具栏中"保存"按钮🖫，现有的项目即可保存。

（3）另存为项目

保存项目的方法：在项目视图中，选中菜单栏中"项目"，单击"另存为（A）…"命令，弹出如图 3-25 所示，在"文件名"中输入新的文件名（本例为 LAMP2），单击"保存"按钮，另存为项目完成。

（4）关闭项目

关闭项目的方法如下。

① 方法 1：在项目视图中，选中菜单栏中"项目"，单击"退出"命令，现有的项目即可退出。

② 方法 2：在项目视图中，单击如图 3-21 所示的"退出"按钮⊠即可退出项目。

图 3-25 另存为项目

（5）删除项目

删除项目的方法如下。

① 方法 1：在项目视图中，选中菜单栏中"项目"，单击"删除项目"命令，弹出如图 3-26 所示的界面，选中要删除的项目（本例为 LAMP2），单击"删除"按钮，现有的项目即可删除。

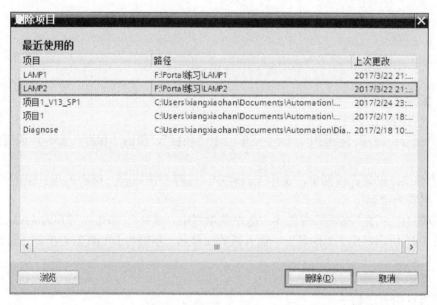

图 3-26 删除项目（1）

② 方法 2：打开博途项目程序的存放目录，如图 3-27 所示，选中并删除"LAMP2"文件夹。

LAMP　　　　　　　　LAMP.backup　　　　　　　LAMP1
LAMP2

图 3-27　删除项目（2）

3.4　CPU 参数配置

单击机架中的 CPU，可以看到 TIA 博途软件底部 CPU 的属性视图，在此可以配置 CPU 的各种参数，如 CPU 的启动特性、组织块（OB）以及存储区的设置等。以下主要以 CPU1511-1PN 为例介绍 CPU 的参数设置。

3.4.1　常规

单击属性视图中的"常规"选项卡，在属性视图的右侧的常规界面中可见 CPU 的项目信息、目录信息与标识和维护。用户可以浏览 CPU 的简单特性描述，也可以在"名称"、"注释"等空白处作提示性的标注。对于设备名称和位置标识符，用户可以用于识别设备和设备所处的位置，如图 3-28 所示。

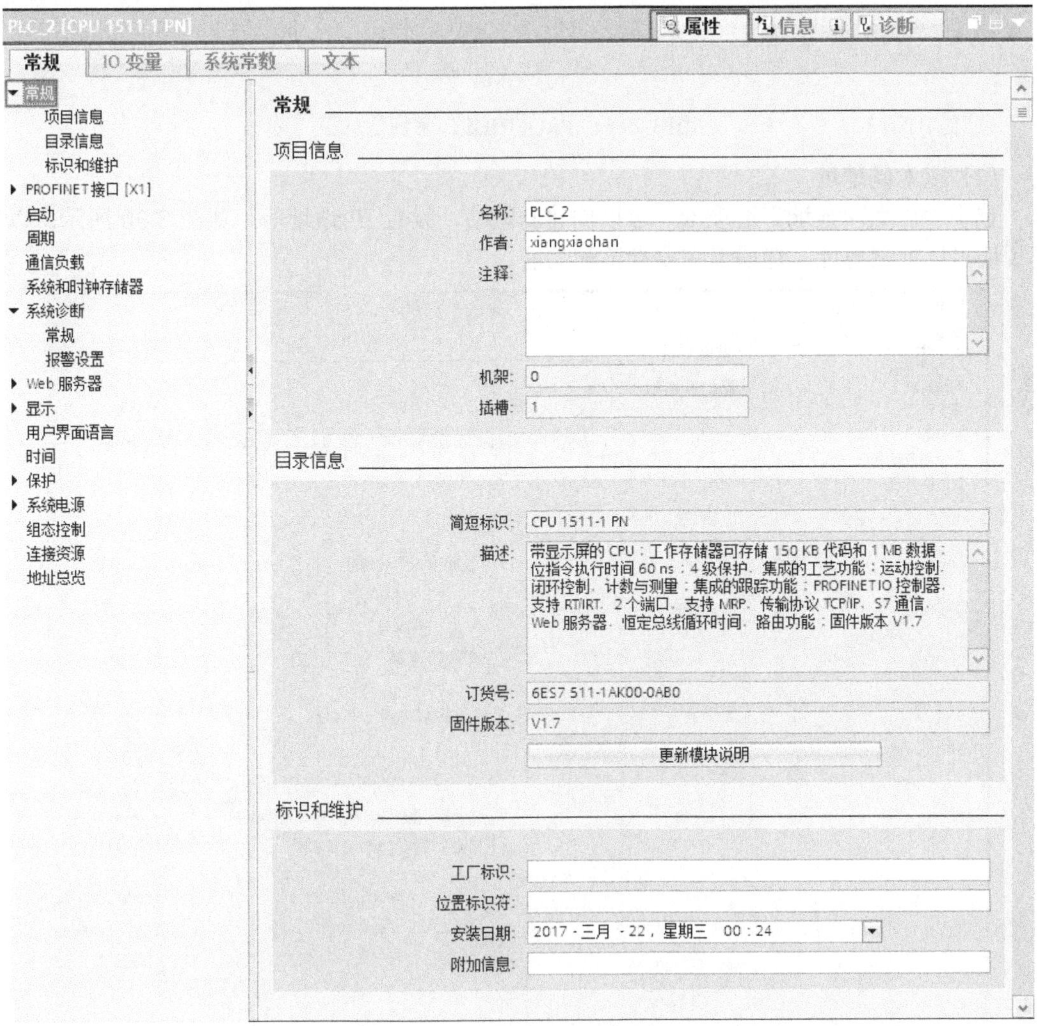

图 3-28　CP属性常规信息

3.4.2 PROFINET 接口

PROFINET 接口中包含常规、以太网地址、时间同步、操作模式、高级选项、Web 服务器访问和硬件标识，以下分别介绍。

（1）常规

在 PROFINET 接口选项卡中，单击"常规"选项，如图 3-29 所示，在属性视图的右侧的常规界面中可见 PROFINET 接口的常规信息和目录信息。用户可在"名称"、"作者"和"注释"中作一些提示性的标注。

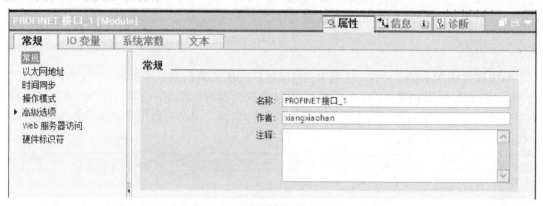

图 3-29　　PROFINET接口常规信息

（2）以太网地址

选中"以太网地址"选项卡，可以创建新网络，设置 IP 地址等，如图 3-30 所示。以下将说明"以太网地址"选项卡主要参数和功能。

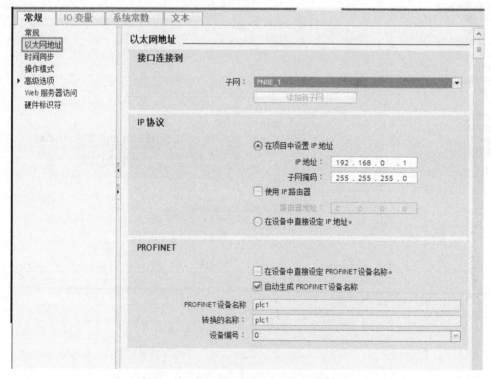

图 3-30　　PROFINET接口以太网地址信息

① 接口连接到　单击"添加新子网"按钮，可为该接口添加新的以太网网络，新添加的以太网的子网名称默认为 PN/IE_1。

② IP协议　可根据实际情况设置 IP 地址和子网掩码，如图 3-30 中，默认 IP 地址为"192.168.0.1"，默认子网掩码为"255.255.255.0"。如果该设备需要和非同一网段的设备通信，那么还需要激活"使用 IP 路由器"选项，并输入路由器的 IP 地址。

③ PROFINET　PROFINET设备名称：表示对于 PROFINET 接口的模块，每个接口都有各自的设备名称，且此名称可以在项目树中修改。

转换的名称：表示此 PROFINET 设备名称转换成符合 DNS 习惯的名称。

设备编号：表示 PROFINET IO设备的编号，IO 控制器的编号是无法修改的，为默认值"0"。

（3）时间同步

PROFINET 的时间同步参数设置界面如图 3-31 所示。

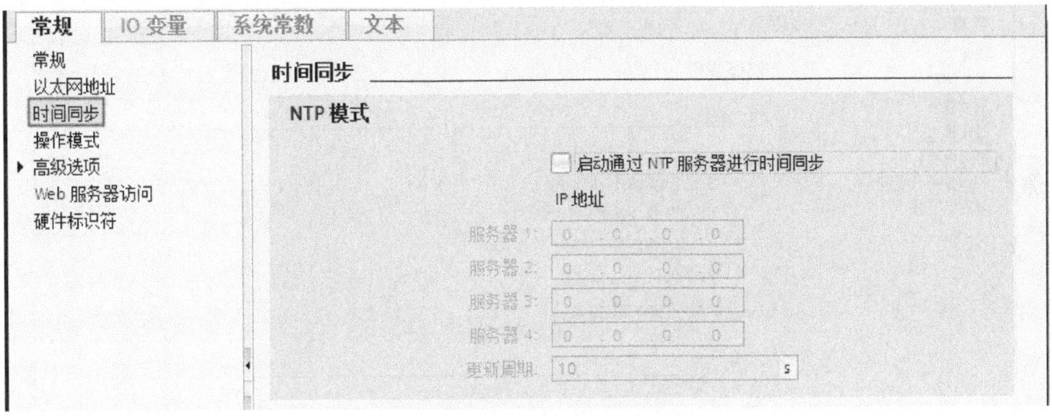

图 3-31　　PROFINET接口时间同步信息

NTP 模式表示该 PLC 可以通过 NTP（Network Time Protocol）服务器上获取的时间以同步自己的时间。如激活"启动通过 NTP 服务器进行时间同步"选项，表示 PLC 从 NTP 服务器上获取的时间以同步自己的时钟，然后添加 NTP 服务器的 IP 地址，最多可以添加 4 个 NTP 服务器。

更新周期表示 PLC 每次请求更新时间的时间间隔。

（4）操作模式

PROFINET 的操作模式参数设置界面如图 3-32 所示，其主要参数及选项功能介绍如下。

PROFINET 的操作模式表示 PLC 可以通过该接口作为 PROFINET IO的控制器或者 IO 设备。

默认时，"IO 控制器"选项是使能的，如果组态了 PROFINET IO设备，那么会出现 PROFINET 系统名称。如果该 PLC 作为智能设备，则需要激活"IO 设备"选项，并选择"已分配的 IO 控制器"。如果需要"已分配的 IO 控制器"给智能设备分配参数时，选择"此 IO 控制器对 PROFINET 接口的参数化"。

（5）高级选项

PROFINET 的高级选项参数设置界面如图 3-33 所示。其主要参数及选项功能介绍如下。

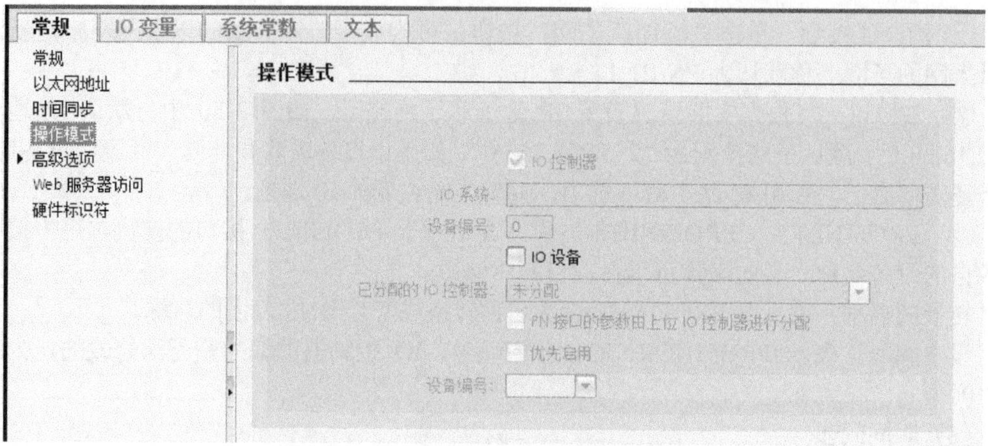

图 3-32 PROFINET接口操作模式信息

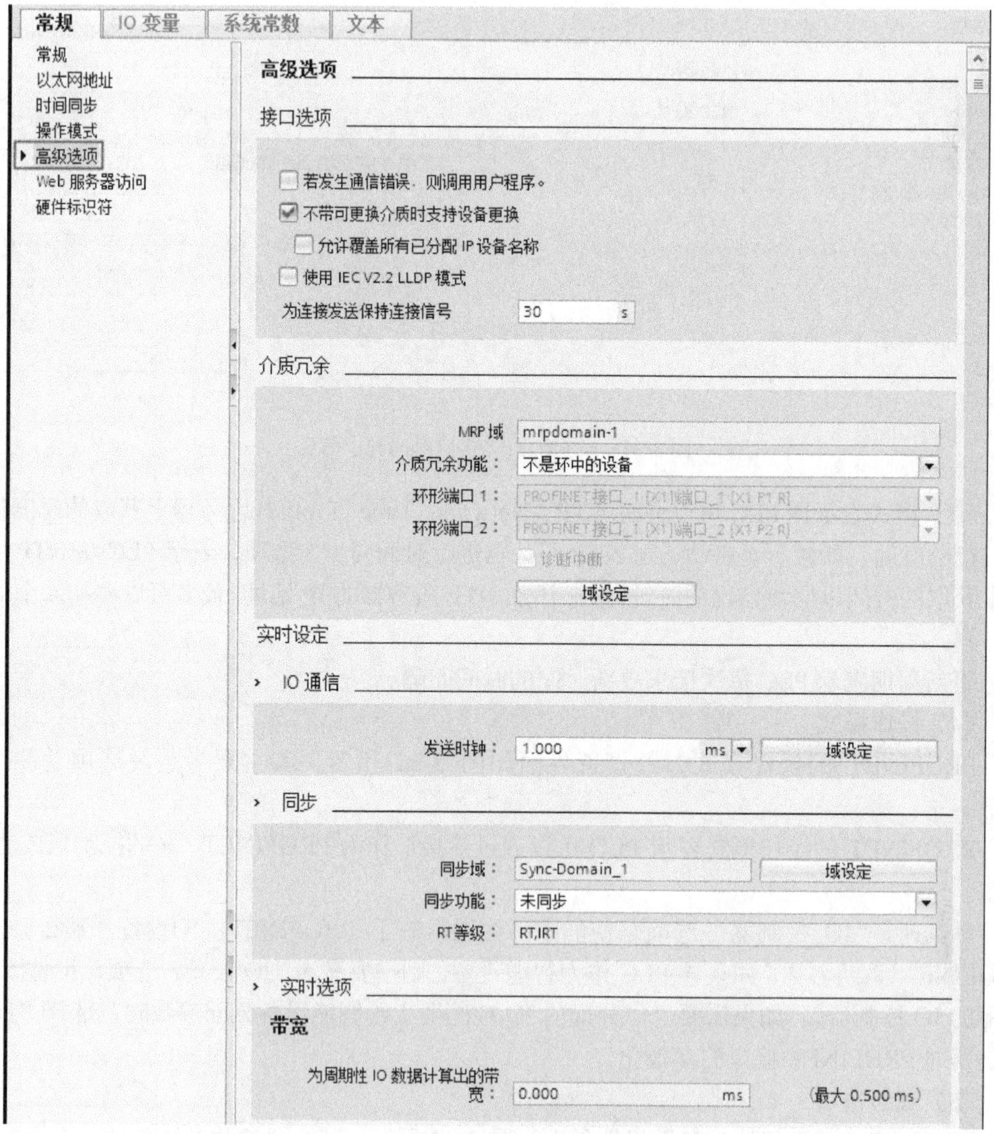

图 3-33 PROFINET接口高级选项信息

1）接口选项　　PROFINET接口的通信事件，例如维护信息等，能在 CPU 的诊断缓冲区读出，但不会调用用户程序，如激活"若发生通信错误，则调用用户程序"选项，则可调用用户程序。

"为连接（如 TCP、S7 等）发送保持连接信号"选项的默认值为 30s，表示该服务用于面向连接的协议（如 TCP、S7 等），周期性（30s）地发送 Keep-alive（保持激活）报文检测伙伴的连接状态和可达性，并用于故障检测。

2）介质冗余　　PROFINET接口的模块支持 MRP 协议，即介质冗余协议，也就是 PROFINET 接口的设备可以通过 MRP 协议实现环网连接。

"介质冗余功能"中有三个选项，即管理器、客户端和不是环网中的设备。环网管理器发送报文检测网络连接状态，而客户端只能传递检测报文。选择了"管理器"选项，则还要选取哪两个端口连接 MRP 环网。

3）实时设定　　实时设定中有 IO 通信、同步和实时选项三个选项，以下分别介绍。

"IO 通信"，可以选择"发送时钟"为"1ms"，范围是 0.25～4ms。此参数的含义是 IO 控制器和 IO 设备交换数据的时间间隔。

"带宽"，表示软件根据 IO 设备的数量和 IO 字节，自动计算"为周期 IO 数据计算的带宽"大小，最大带宽为"可能最短的时间间隔"的一半。

4）Port1[XP1 R]（PROFINET 端口）　　Port1[XP1 R]（PROFINET 端口）参数设置如图 3-34 所示。其具体参数介绍如下。

① 在"常规"部分，用户可以在"名称"、"作者"和"注释"等空白处作一些提示性的标注，支持汉字字符。

② 在"端口互连"中，有"本地端口"和"伙伴端口"两个选项，在"本地端口"中，有介质的类型显示，默认为"铜"，"电缆名称"显示为"--"，即无。

在"伙伴端口"中的"伙伴端口"的下拉选项中，选择需要的伙伴端口。

"介质"选项中的"电缆长度"和"信号延时"参数仅仅适用于 PROFINET IRT通信。

③ 端口选项

端口选项中有三个选项，激活、连接和界限。

a. 激活。激活"启用该端口以使用"，表示该端口可以使用，否则处于禁止状态。

b. 连接。"传输速率/双工"选项中，有"自动"和"TP　100Mbit/s"两个选项，默认为"自动"，表示 PLC 和连接伙伴自动协商传输速率和全双工模式，选择此模式时，不能取消激活"启用自动协商协议"选项。"监视"表示端口的连接状态处于监控之中，一旦出现故障，则向 CPU 报警。

如选择"TP　100Mbit/s，会自动激活"监视"选项，且不能取消激活"监视"选项。同时默认激活"启用自动协商协议"选项，但该选项可取消激活。

c. "界限"。表示传输某种以太网报文的边界限制。

"可访问节点检测结束"表示该接口是检测可访问节点的 DCP 协议报文不能被该端口转发。这就意味着该端口的下游设备不能显示在可访问节点的列表中。

"拓扑识别结束"表示拓扑发现 LLDP 协议报文不会被该端口转发。

Port1[XP2 R]是第二个端口，与 Port1[XP1 R]类似，在此不作赘述。

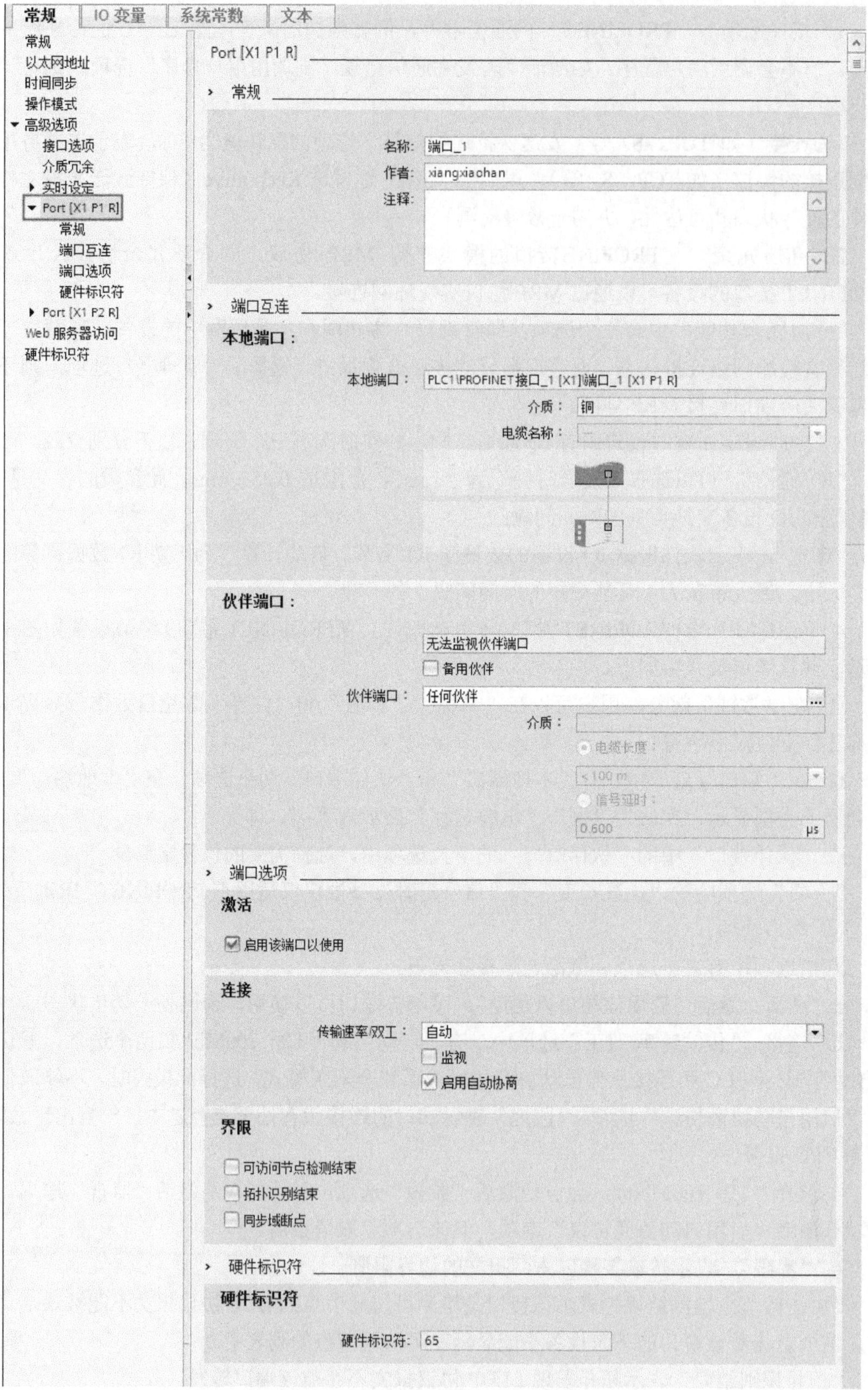

| 常规 | IO 变量 | 系统常数 | 文本 |

常规
以太网地址
时间同步
操作模式
▼ 高级选项
　　接口选项
　　介质冗余
　▶ 实时设定
　▼ Port [X1 P1 R]
　　　常规
　　　端口互连
　　　端口选项
　　　硬件标识符
　▶ Port [X1 P2 R]
Web 服务器访问
硬件标识符

Port [X1 P1 R]

　› 常规

　　名称: 端口_1
　　作者: xiangxiaohan
　　注释:

　› 端口互连

　　本地端口:

　　　本地端口: PLC1\PROFINET接口_1 [X1]\端口_1 [X1 P1 R]
　　　　介质: 铜
　　　电缆名称: --

　　伙伴端口:

　　　无法监视伙伴端口
　　　☐ 备用伙伴
　　伙伴端口: 任何伙伴 ...
　　　介质:
　　　◉ 电缆长度:
　　　< 100 m
　　　◯ 信号延时:
　　　0.600 μs

　› 端口选项

　　激活

　　☑ 启用该端口以使用

　　连接

　　传输速率/双工: 自动
　　☐ 监视
　　☑ 启用自动协商

　　界限

　　☐ 可访问节点检测结束
　　☐ 拓扑识别结束
　　☐ 同步域断点

　› 硬件标识符

　　硬件标识符

　　硬件标识符: 65

图 3-34　　PROFINE接口- Port1[XP1 R]

（6）Web 服务器访问

CUP 的存储区中存储了一些含有 CUP 信息和诊断功能的 HTML 页面。Web 服务器功能使得用户可通过　Web 浏览器执行访问此功能。

激活"启用使用该接口访问 Web 服务器"，则意味着可以通过 Web 浏览器访问该 CPU，如图 3-35 所示。本节内容前述部分已经设定 CPU 的 IP 地址为：192.168.0.1。如打开 Web 浏览器（例如 Internet　Explorer，并输入"http://192.168.0.1"（CPU 的 IP 地址），刷新 Internet Explorer，即可浏览访问该 CPU 了。具体使用方法参见 10.4 章节。

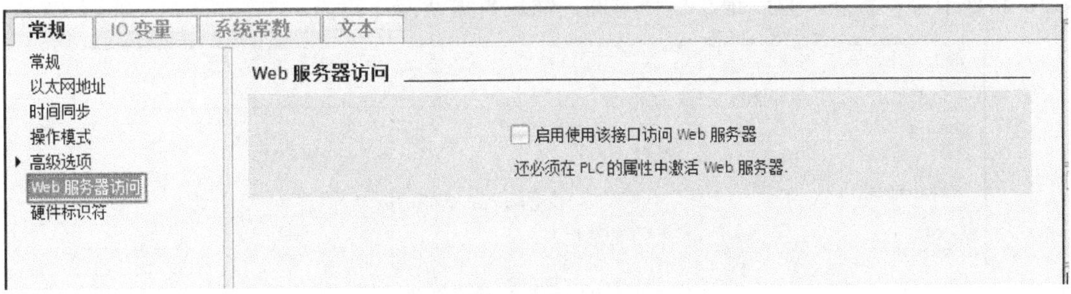

图 3-35　启用使用该接口访问 Web 服务器

（7）硬件标识符

模块除了 I 地址和　Q 地址外，还将自动分配一个硬件标识符　(HW　ID) 用于寻址和识别模块。硬件标识符为一个整数，并与诊断报警一起由系统输出，以便定位故障模块或故障子模块，如图 3-36 所示。

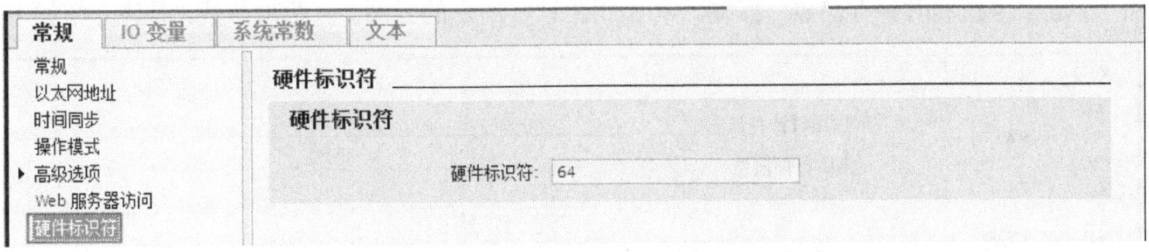

图 3-36　硬件标识符

3.4.3　启动

单击"启动"选项，弹出"启动"参数设置界面，如图 3-37 所示。

图 3-37　"启动"参数设置界面

CPU 的"上电后启动"有三个选项：未启动（仍处于 STOP 模式）、暖启动-断电源之前的操作模式和暖启动-RUN。

"将比较预设为实际组态"有两个选项：即便不兼容仍然启动和仅兼容时启动。如选择第一个选项表示不管组态预设和实际组态是否一致 CPU 均启动,如选择第二项则组态预设和实际组态一致 CPU 才启动。

3.4.4 周期

"周期"标签页如图 3-38 所示,其中有两个参数：最大循环时间和最小循环时间。如 CPU 的循环时间超出最大循环时间,CPU 将转入 STOP 模式。如果循环时间小于最小循环时间,CPU 将处于等待状态,直到最小循环时间,然后再重新循环扫描。

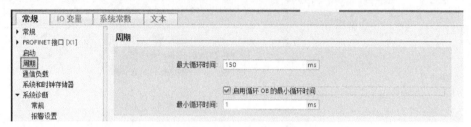

图 3-38 "周期"参数设置界面

3.4.5 通信负载

在该标签页中设置通信时间占循环扫描时间的最大比例,默认为 50%。

3.4.6 系统和时钟存储器

点击"系统和时钟存储器"标签,弹出如图 3-39 所示的界面。有两项参数,具体介绍如下。

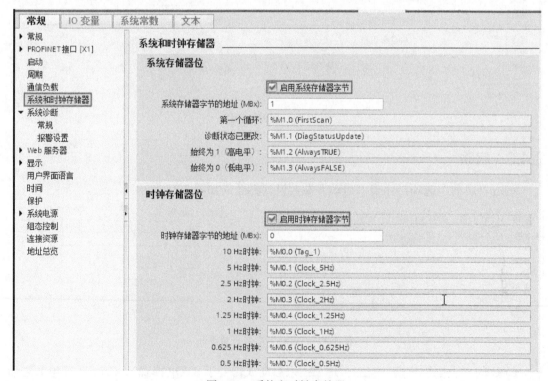

图 3-39 系统和时钟存储器

此处用手机扫描二维码可观看视频"设置系统和时钟存储器"。

（1）系统存储器位

激活"启用系统存储器字节"，系统默认为"1"，代表的字节为"MB1"，用户也可以指定其他的存储字节。目前只用到了该字节的前 4 位，以 MB1 为例，其各位的含义介绍如下。

① M1.0 (FirstScan)首次扫描为 1，之后为 0。

② M1.1 (DiagStatus Update)诊断状态已更改。

③ M1.2 (Always TRUE)CPU 运行时，始终为 1。

④ M1.3 (Always FALSE)CPU 运行时，始终为 0。

⑤ M1.4~M1.7 未定义，且数值为 0。

注意：S7-300/400 没有此功能。

（2）时钟存储器位

时钟存储器是 CPU 内部集成的时钟存储器。激活"启用时钟存储器字节"，系统默认为"0"，代表的字节为"MB0"，用户也可以指定其他的存储字节，其各位的含义见表 3-3。

表 3-3　时钟存储器

时钟存储器的位	7	6	5	4	3	2	1	0
频率/Hz	0.5	0.625	1	1.25	2	2.5	5	10
周期/s	2	1.6	1	0.8	0.5	0.4	0.2	0.1

3.4.7　系统诊断

单击"系统诊断"选项卡，进入系统诊断参数化界面，诊断系统有两个选项，即常规和报警设置，如图 3-40 所示。

①"常规"选项中的"激活该设备的系统诊断"一直处于激活状态，且不能取消激活。

②"报警设置"选项，针对每种报警类别进行设置，例如故障、要求维护、需要维护以及信息。如果要显示该类别报警，就必须确认，要确认哪个选项，就勾选该项。

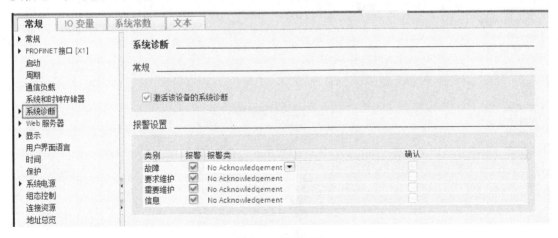

图 3-40　诊断系统

3.4.8　显示

S7-1500 的 CPU 模块上配有显示器。单击"显示"选项卡，弹出如图 3-41 所示的界面。

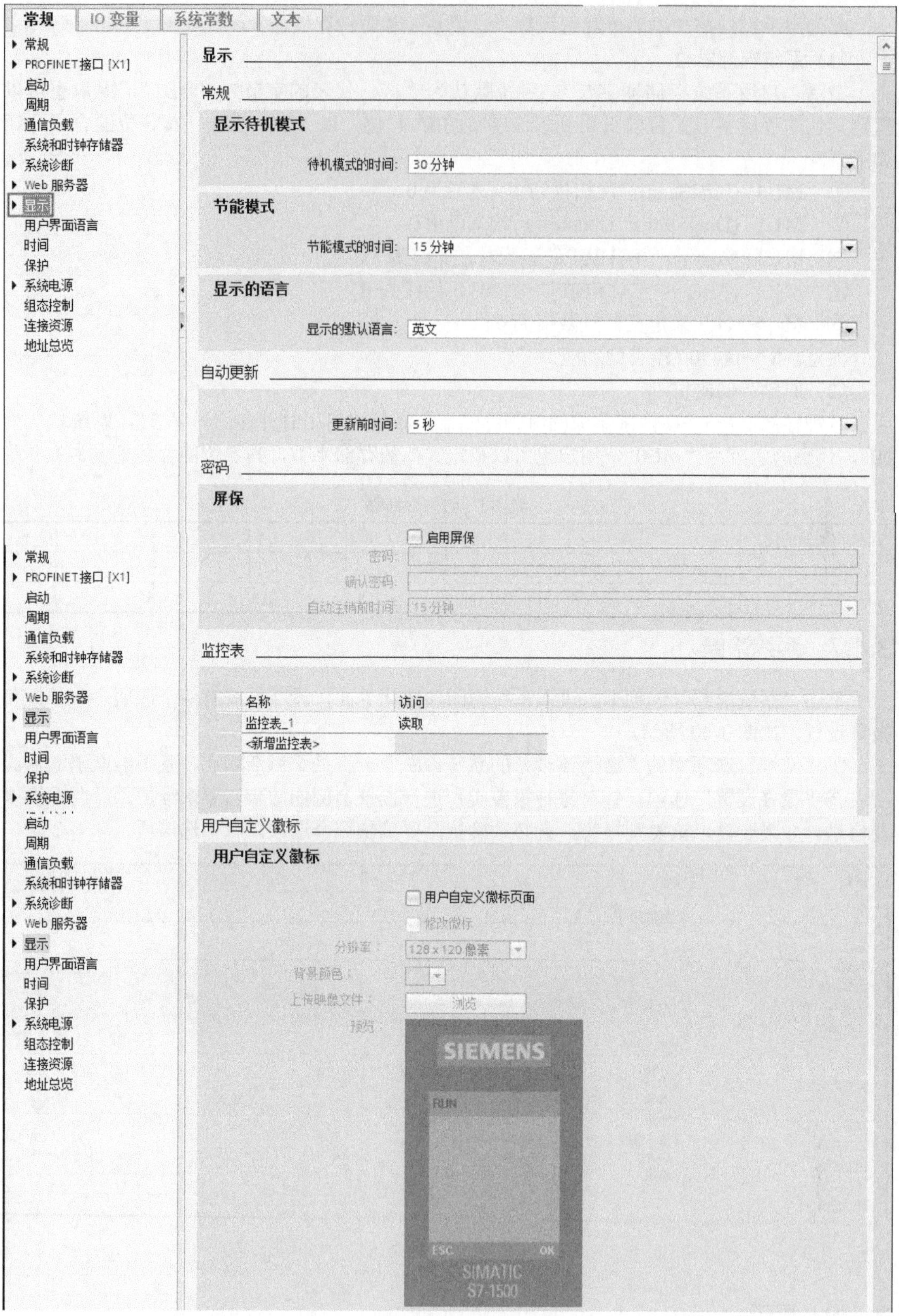

| 常规 | IO 变量 | 系统常数 | 文本 |

▸ 常规
▸ PROFINET接口 [X1]
　启动
　周期
　通信负载
　系统和时钟存储器
▸ 系统诊断
▸ Web 服务器
▸ 显示
　用户界面语言
　时间
　保护
▸ 系统电源
　组态控制
　连接资源
　地址总览

显示

常规

显示待机模式

待机模式的时间: 30 分钟

节能模式

节能模式的时间: 15 分钟

显示的语言

显示的默认语言: 英文

自动更新

更新前时间: 5 秒

密码

屏保

☐ 启用屏保
密码:
确认密码:
自动注销前时间: 15 分钟

监控表

名称	访问
监控表_1	读取
<新增监控表>	

用户自定义徽标

用户自定义徽标

☐ 用户自定义微标页面
☐ 修改微标
分辨率: 128 x 120 像素
背景颜色:
上传映象文件: 测览
预览:

▸ 常规
▸ PROFINET接口 [X1]
　启动
　周期
　通信负载
　系统和时钟存储器
▸ 系统诊断
▸ Web 服务器
▸ 显示
　用户界面语言
　时间
　保护
▸ 系统电源

　启动
　周期
　通信负载
　系统和时钟存储器
▸ 系统诊断
▸ Web 服务器
▸ 显示
　用户界面语言
　时间
　保护
▸ 系统电源
　组态控制
　连接资源
　地址总览

SIEMENS

RUN

ESC　　　　OK

SIMATIC
S7-1500

图 3-41　显示

（1）常规

"常规"选项卡下有显示待机模式、节能模式和显示的语言。

在待机模式下，显示器保持黑屏，并在按下某个显示器按键时立即重新激活。在显示器的显示菜单中，还可以更改待机模式，如时间长短或者禁用。

在节能模式下，显示器将以低亮度显示信息。按下任意显示器按键时，节能模式立即结束。在显示器的显示菜单中，还可更改节能模式，如时间长短或者禁用。

显示语言。在使用设定的标准语言装载硬件配置后语言立即更改。还可在显示器的显示菜单中更改语言。

（2）自动更新

更新显示的时间间隔，默认时间间隔为 5s，可修改间隔时间。

（3）密码

用户可输入密码以防止未经授权的访问。可以设置在显示屏上输入密码多久后自动注销。要设定屏保，必须激活"启用屏保"选项。

（4）监控表

如果在此处添加了监控表或者强制表，那么操作过程中可在显示屏上使用选择的监控表。以往的 S7-300/400 没有这项功能，要查看监控表一般使用计算机上安装的 STEP7 软件。

（5）用户自定义徽标

可以选择用户自定义徽标并将其与硬件配置一起装载到 CPU。

3.4.9　保护

保护的功能是设置 CPU 的读或者写保护以及访问密码。选中"保护"标签，如图 3-42 所示。

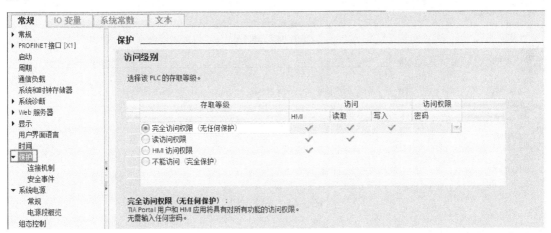

图 3-42　保护

S7-1500 有以下三种访问级别。

① 无保护（完全访问权限）：即默认设置。用户无需输入密码，总是允许进行读写访问。

② 写保护（读访问权限）： 只能进行只读访问。无法更改 CPU 上的任何数据，也无法装载任何块或组态。　HMI访问和 CPU 间的通信不能写保护。选择这个保护等级需要指定密码。

③ 读/写保护（完全保护）：对于"可访问设备"区域或项目中已切换到在线状态的设备，

无法进行写访问或读访问。只有 CPU 类型和标识数据可以显示在项目树中"可访问设备"下。可在"可访问设备"下或在线互连设备的项目中来显示在线信息或各个块。

　　"完全保护"的设置方法是：先选中"不能访问（完全保护）"选项，再点击"密码"下方的下三角，输入密码两次，最后单击"确认"按钮☑即可，如图 3-43 所示。

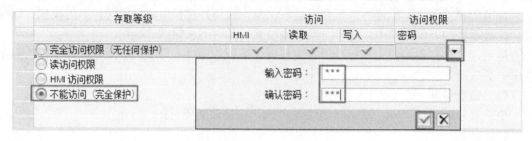

图 3-43　完全保护

3.4.10　系统电源

　　"系统电源"标签中有 2 个选项，即"常规"和"电源段概览"，如图 3-44 所示。

　　"电源段概览"中显示 CPU 和电源模块提供的电量将与信号模块所需的电量进行比较。如果供电/功耗比为负数，即电源的需求高于 CPU 和电源模块提供的电源。图 3-44 中为 8.9W，表明有电源功率富余。

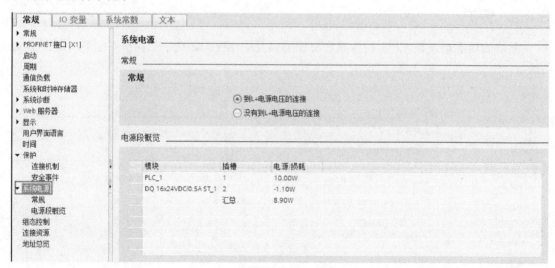

图 3-44　系统电源

3.4.11　连接资源

　　每个连接都需要一定的连接资源，用于相应设备上的端点和转换点（例如 CP、CM）。可用的连接资源数取决于所使用的 CPU/CP/CM 模块类型。

　　图 3-45 所示显示了"连接资源"标签中的连接资源情况，如 PG 通信最大为 4 个。

3.4.12　地址总览

　　地址总览可以显示模块的型号、模块所在的机架号、模块所在的槽号、模块的起始地址和模块的结束地址等信息。给用户一个详细地址的总览，如图 3-46 所示。

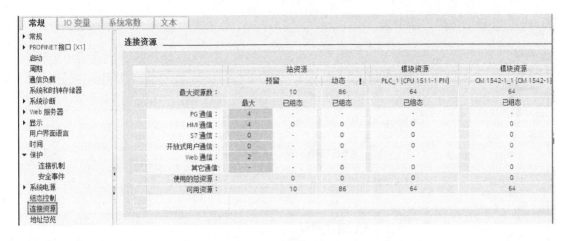

图 3-45　连接资源

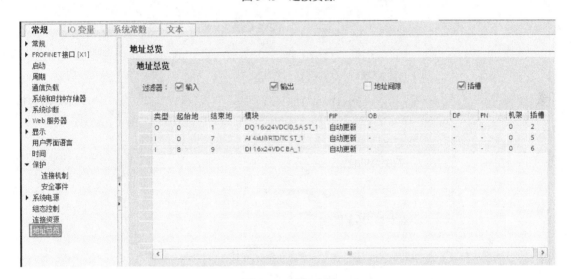

图 3-46　地址总览

3.5　S7-1500 的 I/O 参数的配置

S7-1500 模块的一些重要的参数是可以修改的，如数字量 I/O 模块和模拟量 I/O 模块的地址的修改、诊断功能的激活和取消激活等。

3.5.1　数字量输入模块参数的配置

数字量输入模块的参数有三个选项卡：常规、模块参数和输入。常规选项卡中的选项与 CPU 的常规选项类似，以后将不作介绍。

（1）模块参数

模块参数选项卡中包含常规、通道模板和 DI 组态三个选项。

① "常规"选项中有"启动"选项，表示当组态硬件和实际硬件不一致时，硬件是否启动。如图 3-47 所示，选项为"仅兼容时启动 CPU"。

② "输入"选项中，如激活了"无电源电压 L+"和"断路"选项，则模块断路或者电源

断电时，会激活故障诊断中断。

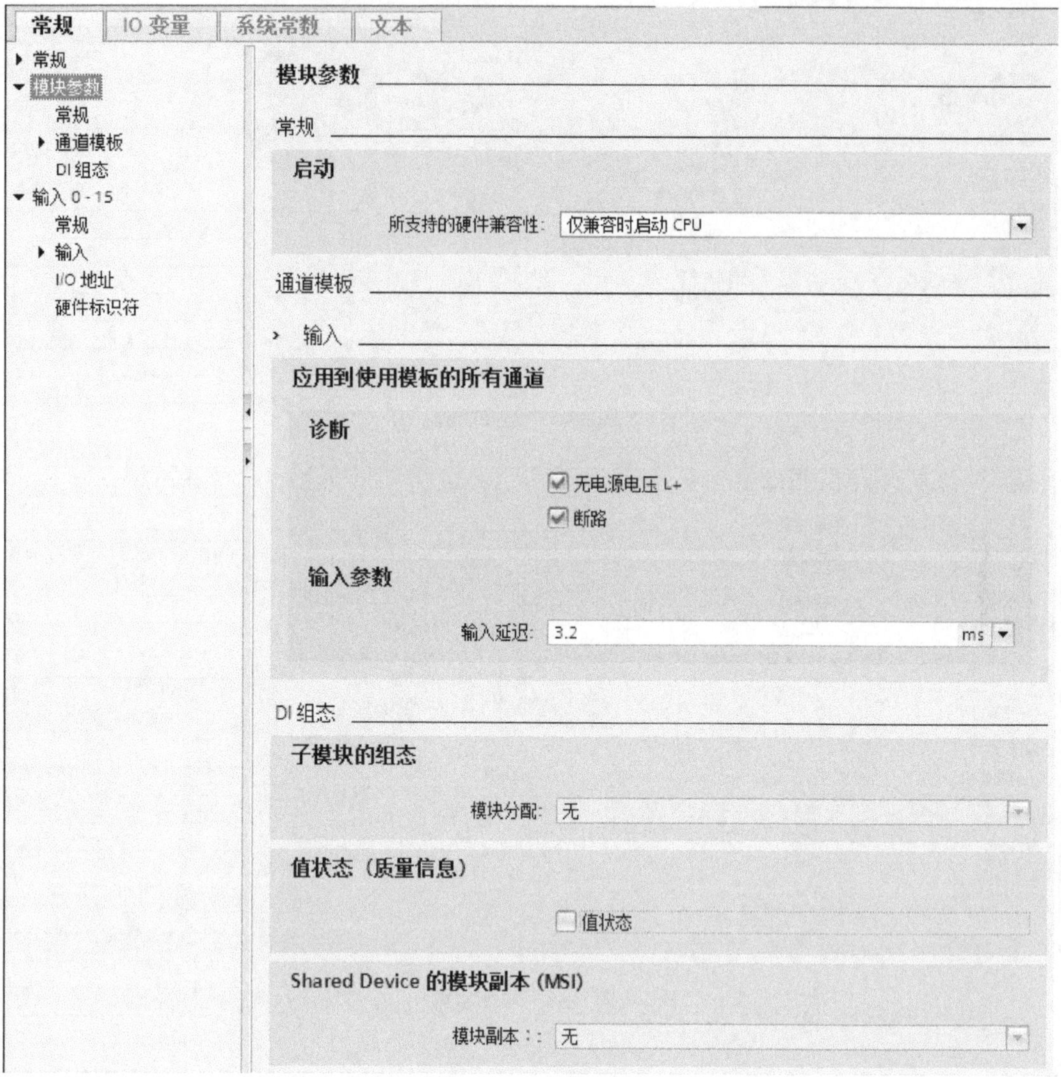

图 3-47　DI模块参数

在"输入参数"选项中，可选择"输入延时时间"，默认是 3.2ms。

（2）更改模块的逻辑地址

在机架上插入数字量 I/O 模块时，系统自动为每个模块分配逻辑地址，删除和添加模块不会造成逻辑地址冲突。在工程实践中，修改模块地址是比较常见的现象，如编写程序时，程序的地址和模块地址不匹配，既可修改程序地址，也可以修改模块地址。修改数字量输入模块地址的方法为：先选中要修改数字量输入模块，再选中"输入 0-15"选项卡，如图 3-48 所示，在起始地址中输入希望修改的地址（如输入 10），单击键盘"回车"键即可，结束地址（11）是系统自动计算生成的。

如果输入的起始地址和系统有冲突，系统会弹出提示信息。

（3）激活诊断中断

选中"输入"选项卡，如图 3-49 所示，激活通道 0 的"启用上升沿检测"，单击 ... 按钮，弹出如图 3-50 所示的界面，单击"新增"按钮，弹出 3-51 所示的界面，单击"确定"按钮，即可增加一个诊断中断组织块 OB40。

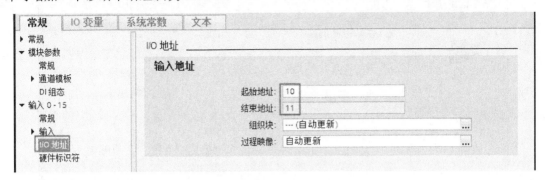

图 3-48　修改数字量输入模块地址

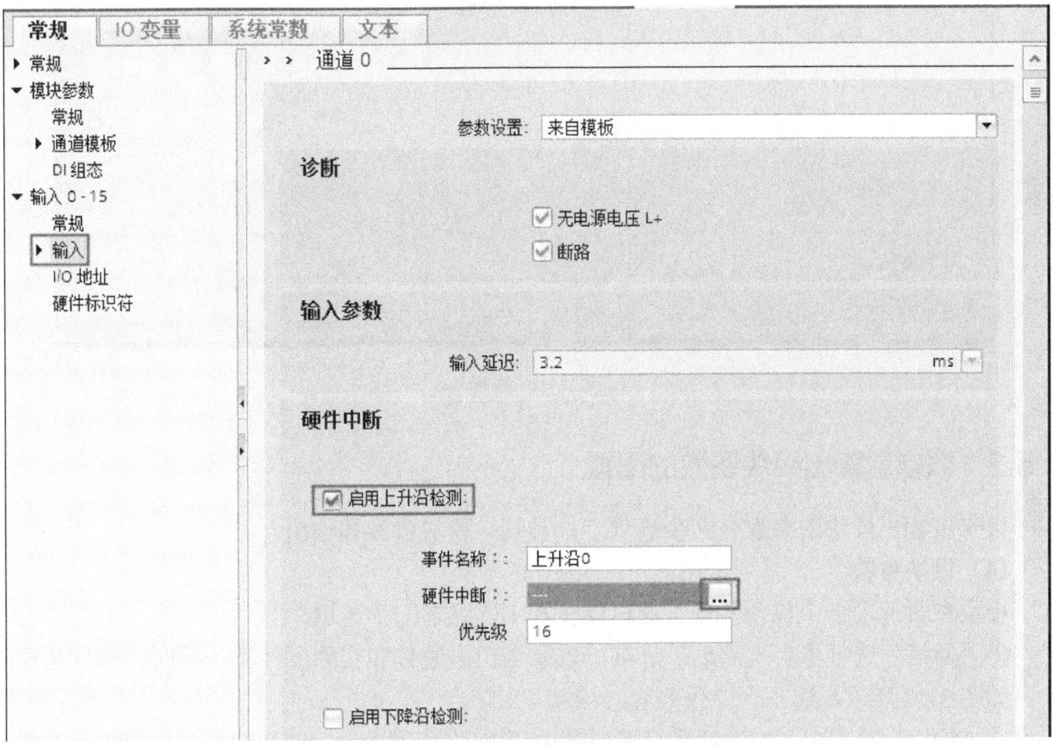

图 3-49　修改数字量输入模块地址

图 3-50　新增

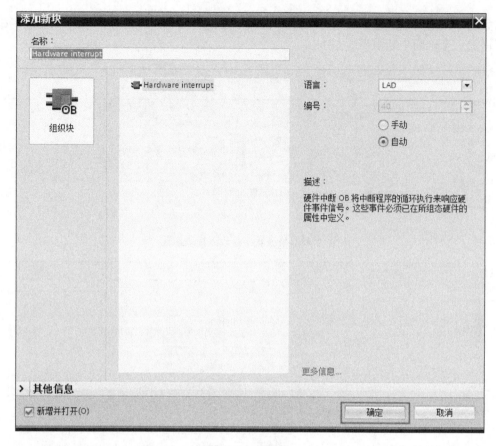

图 3-51　新增块

3.5.2　数字量输出模块参数的配置

数字量输出模块的参数有三个选项卡：常规、模块参数和输出。

（1）模块参数

模块参数选项卡中包含常规、通道模板和 DQ 组态三个选项。

①"常规"选项中有"启动"选项，表示当组态硬件和实际硬件不一致时，硬件是否启动。如图 3-52 所示，选项为"仅兼容时启动 CPU"。

②"输出"选项中，如激活了"无电源电压 L+"和"接地短路"选项，则模块短路或者电源断电时，会激活故障诊断中断。

在"输出参数"选项中，可选择"对 CPU　STOP 模式的响应"为"关断"，含义是当 CPU 处于 STOP 模式时，这个模块输出点关断；"保持上一个值"的含义是 CPU 处于 STOP 模式时，这个模块输出点输出不变，保持以前的状态；"输出替换为 1"含义是 CPU 处于 STOP 模式时，这个模块输出点状态为"1"。

（2）更改模块的逻辑地址

在机架上插入数字量 I/O 模块时，系统自动为每个模块分配逻辑地址，删除和添加模块不会造成逻辑地址冲突。在工程实践中，修改模块地址是比较常见的现象，如编写程序时，程序的地址和模块地址不匹配，既可修改程序地址，也可以修改模块地址。修改数字量输出模块地址的方法为：先选中要修改数字量输出模块，再选中"输出 0-7"选项卡，如图 3-53

所示，在起始地址中输入希望修改的地址（如输出 20），单击键盘"回车"键即可，结束地址（20）是系统自动计算生成的。

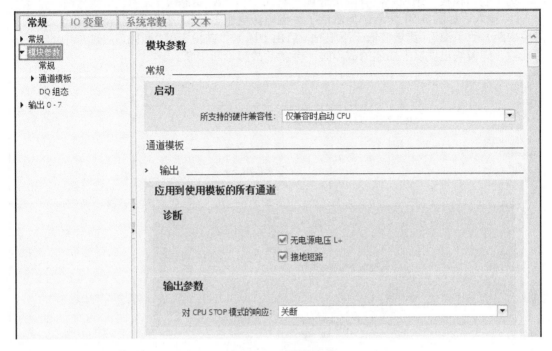

图 3-52　DQ模块参数

图 3-53　修改地址

如果输出的起始地址和系统有冲突，系统会弹出提示信息。

数字量输入/输出模块激活诊断中断的方法类似，在此不再赘述。

3.5.3　模拟量输入模块参数的配置

模拟量输入模块用于连接模拟量的传感器，在工程中非常常用，由于传感器的种类较多，除了接线不同外，在参数配置时也有所不同。

模拟量输入模块的参数有三个选项卡：常规、模块参数和输入。常规选项卡中的选项与 CPU 的常规选项类似，以后将不作介绍。

（1）模块参数

模块参数选项卡中包含常规、通道模板和 AI 组态三个选项。

①"常规"选项中有"启动"选项，表示当组态硬件和实际硬件不一致时，硬件是否启动。如图3-52所示，选项为"仅兼容时启动CPU"。

②"通道模板"选项中，有两个选项"输入"和"AI组态"。

a. 输入。如图3-54所示，如激活了"无电源电压L+"、"上溢"（测量值超出上限时，启用中断）、"下溢"（测量值低于下限时，启用中断）、"共模"和"断路"等选项中的一项或者几项，则模块出现以上描述的故障时，会激活故障诊断中断。

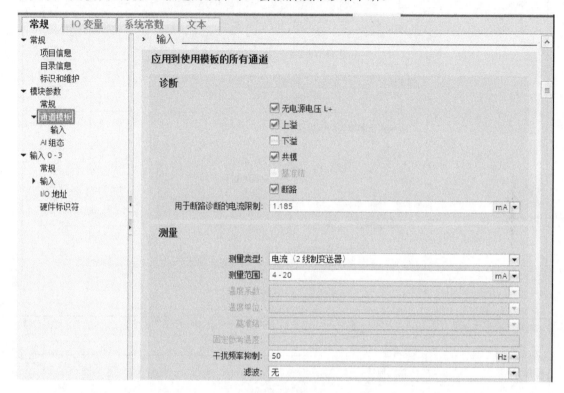

图3-54 通道模板

b. 测量。如图3-54所示，测量类型选项卡中包含：电流（2线变送器）、电流（4线变送器）、电压、热电阻（2线式）、热电阻（3线式）、热电阻（4线式）、热敏电阻（3线式）、热敏电阻（4线式）、热电偶和已禁用等选项。测量类型由模块所连接的传感器的类型决定。测量范围实际就是对传感器量程的选择。例如，如果选择的是电压型传感器，有多达9个量程可供选择。

注意：在测量类型中，没有"电流（3线变送器）"选项，如工程中用到3线式电流传感器，将它当作4线式传感器处理。如一个模块有4个通道，只是用了2个通道，为了减少干扰，将没有使用的通道的"测量类型"中的选项选定为"已禁用"。

（2）更改模块的逻辑地址

修改模拟量输入模块地址的方法为：先选中要修改模拟量输入模块，再选中"I/O地址"选项卡，如图3-55所示，在起始地址中输入希望修改的地址（如输入12），单击"回车"键即可，结束地址（19）是系统自动计算生成的。

如果输入的起始地址和系统有冲突，系统会弹出提示信息。

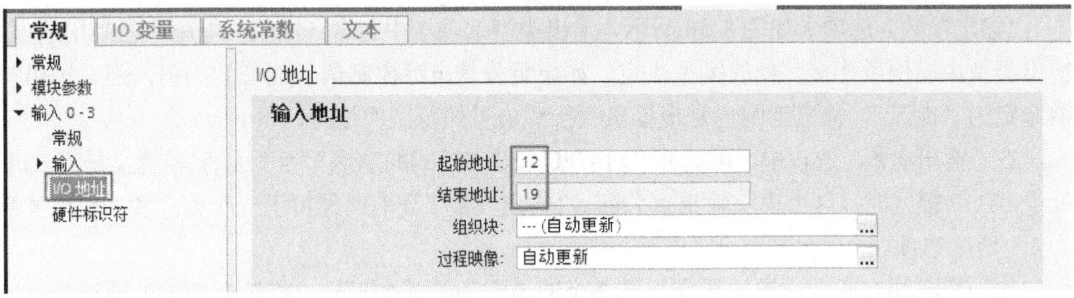

图 3-55   I/O 地址

3.5.4   模拟量输出模块参数的配置

模拟量输出模块常用于对变频器频率给定和调节阀门的开度，在工程中较为常用。

模拟量输出模块的参数有三个选项卡：常规、模块参数和输出。常规选项卡中的选项与CPU 的常规选项类似，以后将不作介绍。

（1）模块参数

模块参数选项卡中包含常规、通道模板和 AQ 组态三个选项。

①"常规"选项中有"启动"选项，表示当组态硬件和实际硬件不一致时，硬件是否启动。如图 3-56 所示，选项为"仅兼容时启动 CPU"。

②"通道模板"选项中，有两个选项"输出"和"AQ 组态"。

"输出"选项卡如图 3-56 所示，如激活了"无电源电压 L+"、"上溢"、"下溢"、"接地短路"和"断路"等选项中的一项或者几项，则模块出现以上描述的故障时，会激活故障诊断中断。

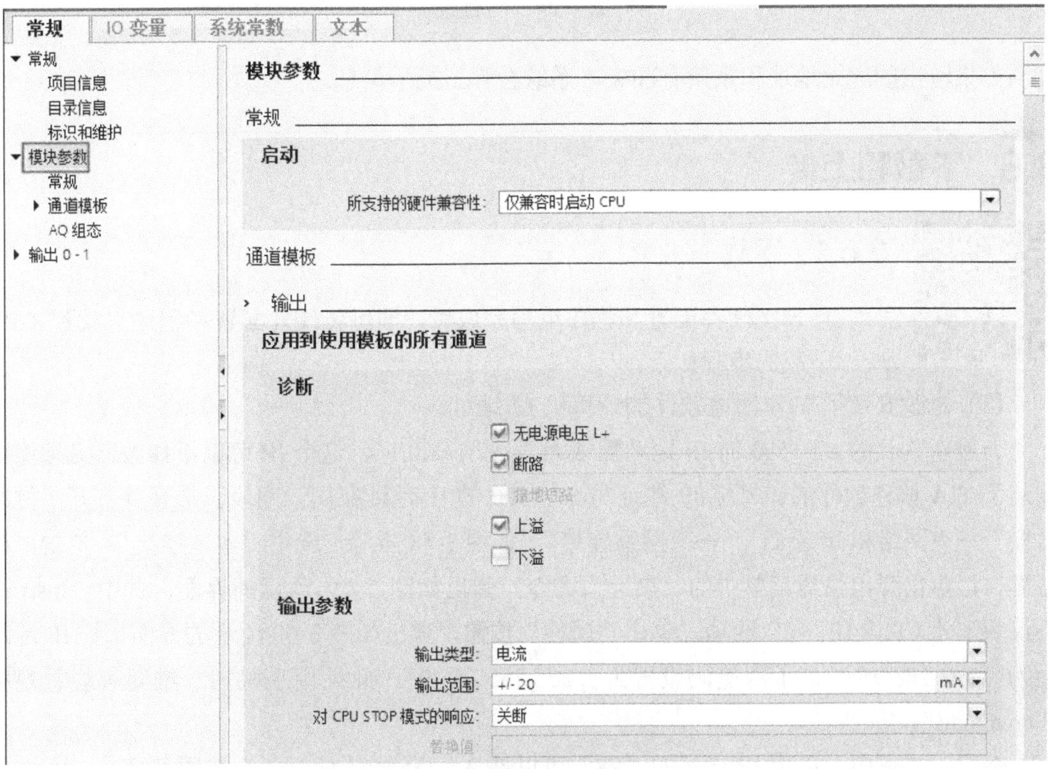

图 3-56   模块参数

"输出参数"选项卡如图 3-56 所示，输出类型选项卡中包含：电流、电压和已禁用选项。输出类型由模块所连接负载的类型决定，如果负载是电流控制信号调节的阀门，那么输出类型选定为"电流"。输出范围也是根据负载接受信号的范围而选择。

在"输出参数"选项中，可选择"对 CPU STOP 模式的响应"为"关断"，含义是当 CPU 处于 STOP 模式时，这个模块输出点关断。"输出参数"还有"保持上一个值"和"输出替换为 1"两个选项。

如一个模块有 4 个通道，只是用了 2 个通道，为了减少干扰，将没有使用的通道的"输出类型"中的选项选定为"已禁用"。

（2）更改模块的逻辑地址

修改模拟量输出模块地址的方法为：先选中要修改模拟量输出模块，再选中"I/O 地址"选项卡，如图 3-57 所示，在起始地址中输入希望修改的地址（如输入 2），单击"回车"键即可，结束地址（5）是系统自动计算生成的。

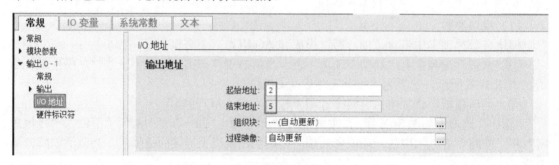

图 3-57　I/O 地址

如果输出的起始地址和系统有冲突，系统会弹出提示信息。

3.6　下载和上传

3.6.1　下载

用户把硬件配置和程序编写完成后，即可将硬件配置和程序下载到 CPU 中，下载的步骤如下。

（1）修改安装了 TIA 博途软件的计算机 IP 地址

一般新购买的 S7-1500 的 IP 地址默认为"192.168.0.1"，这个 IP 可以不修改，必须保证安装了 TIA 博途软件的计算机 IP 地址与 S7-1500 的 IP 地址在同一网段。选择并打开"控制面板"→"网络和 Internet"→"网络连接"，如图 3-58 所示，选中"本地连接"，单击鼠标右键，再单击弹出快捷菜单中的"属性"命令，弹出如图 3-59 所示的界面，选中"Internet 协议版本 4（TCP/IP v4"选项，单击"属性"按钮，弹出如图 3-60 所示的界面，把 IP 地址设为"192.168.0.98"，子网掩码设置为"255.255.255.0"。此处用手机扫二维码可观看视频"Download"。

注意：本例中，以上 IP 末尾的"98"可以被 2～255 中的任意一个整数替换。

图 3-58　打开网络本地连接

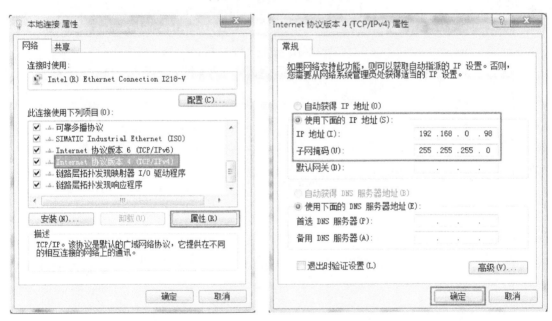

图 3-59　本地连接-属性　　　　　　图 3-60　　Internet协议版本 4（TCP/IP v4 -属性

（2）下载

下载之前，要确保 S7-1500 与计算机之间已经用网线（正线和反线均可）连接在一起，而且 S7-1500 已经通电。

在项目视图中，如图 3-61 所示，单击"下载到设备"按钮 ，弹出如图 3-62 所示的界面，选择"PG/PC 接口的类型"为"PN/IE"，选择"PG/PC 接口"为"Intel(R)　Ethernet…"，"PG/PC 接口"是网卡的型号，不同的计算机可能不同，此外，初学者容易选择成无线网卡，也容易造成通信失败，单击"开始搜索"按钮，TIA 博途软件开始搜索可以连接的设备，搜索到设备显示如图 3-63 所示的界面，单击"下载"按钮，弹出如图 3-64 所示的界面。

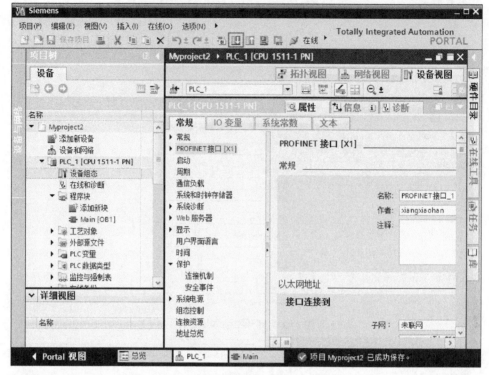

图 3-61　下载（1）

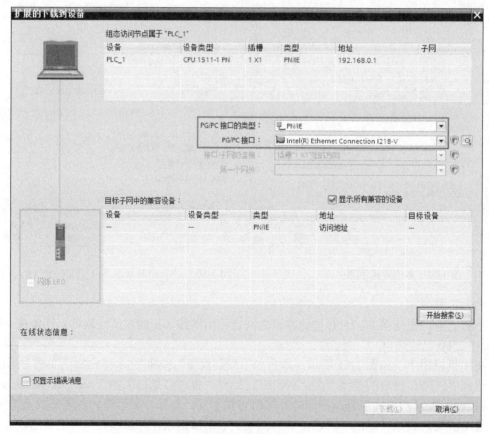

图 3-62　下载（2）

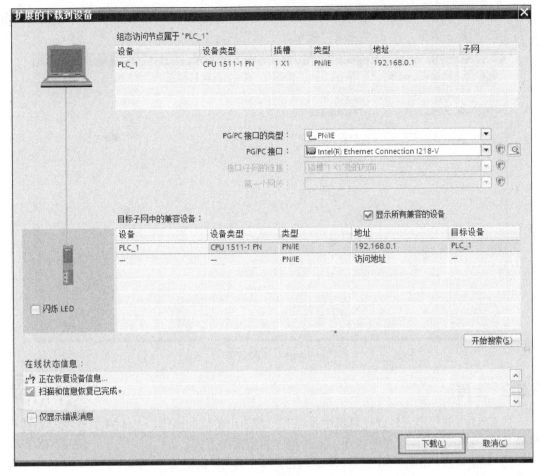

图 3-63　下载（3）

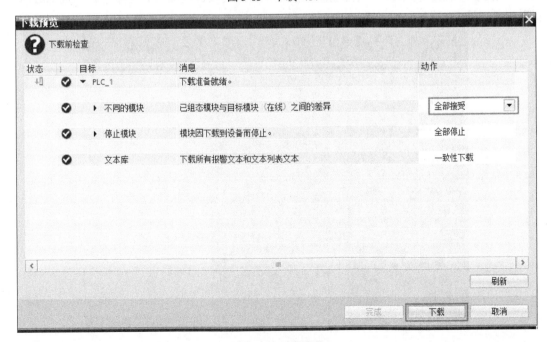

图 3-64　下载预览

　　如图 3-64 所示，把第一个"动作"选项修改为"全部接受"，单击"下载"按钮，弹出如图 3-65 所示的界面，单击"完成"按钮，下载完成。

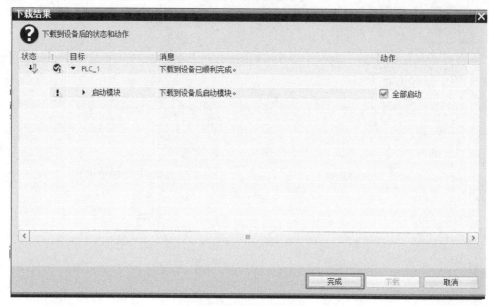

图 3-65　下载结果

3.6.2　上传

　　把 CPU 中的程序上传到计算机中是很有工程应用价值的操作，上传的前提是用户必须拥有读程序的权限，上传程序的步骤如下。

　　① 新建项目。如图 3-66 所示，新建项目，本例的项目命名为"Upload"，单击"创建"按钮，再单击"项目视图"按钮，切换到项目视图。此处用手机扫描二维码可观看视频"Upload"。

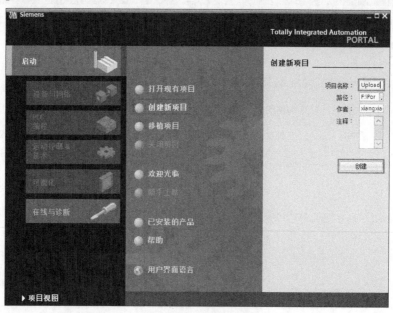

图 3-66　新建项目

② 搜索可连接的设备。在项目视图中，如图 3-67 所示，单击菜单栏中的"在线"→"将设备作为新站上传（硬件和软件）"，弹出如图 3-68 所示的界面，选择"PG/PC 接口的类型"为"PN/IE"，选择"PG/PC 接口"为"Intel(R)　Ethernet·"，"PG/PC 接口"是网卡的型号，不同的计算机可能不同，单击"开始搜索"按钮，弹出如图 3-69 所示的界面。

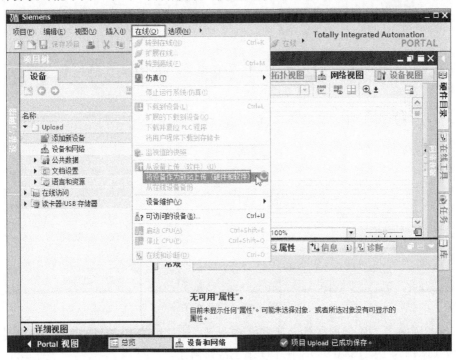

图 3-67　上传（1）

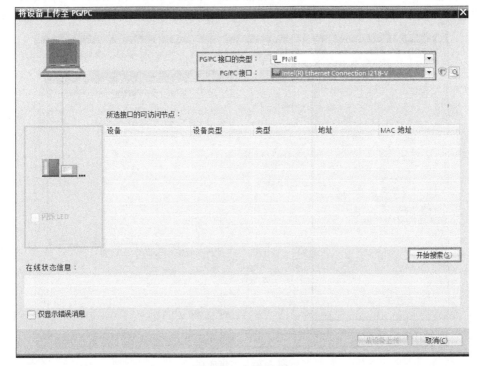

图 3-68　上传（2）

如图 3-69 所示，搜索到可连接的设备 "plc_1"，其 IP 地址是 "192.168.0.1"。

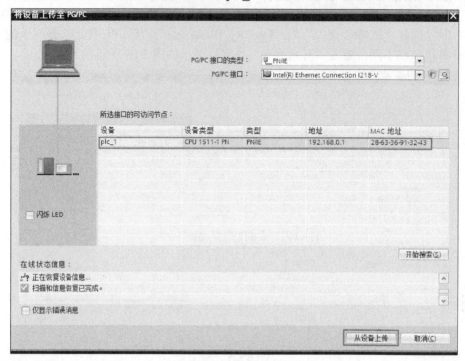

图 3-69 上传（3）

③ 修改安装了 TIA 博途软件的计算机 IP 地址，计算机的 IP 地址与 CPU 的 IP 地址应在同一网段（本例为 192.168.0.98），在上一节已经讲解了。

④ 单击如图 3-69 所示界面中的"从设备上传"按钮，当上传完成时，弹出如图 3-70 所示的界面，界面下部的"信息"选项卡中显示"从设备上传已完成（错误：0；警告：0）"。

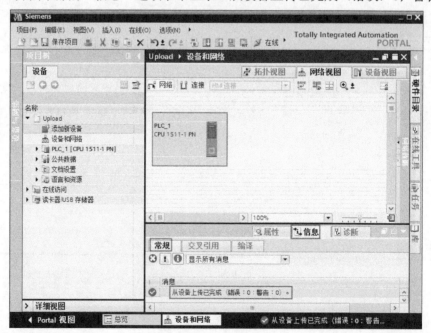

图 3-70 上传成功

3.7　软件编程

不管什么 PLC 项目，编写程序总是必需的，编写程序在硬件组态完成后进行，S7-1500 的主程序一般编写在 OB1 组织块中，也可以编写在其他的组织块中，S7-300/400 的主程序只能编写在 OB1，其他程序如时间循环中断程序可编写在 OB35 中。

3.7.1　一个最简单的程序的输入和编译

以下介绍一个最简单的程序的输入和编译过程。

① 新建项目、组态硬件，并切换到项目视图。如图 3-71 所示，在左侧的项目树中，展开"PLC_1"→"PLC 变量"→"显示所有变量"，将地址为"Q0.0"的名称修改为"Motor1"。

图 3-71　变量表

② 打开主程序块 OB1，并输入主程序。如图 3-71 所示，双击 Main[OB1]，打开主程序。如图 3-72 所示，先用鼠标的左键选中常开触点"—| |—"，并按住不放，沿着箭头方向拖动，直到出现加号"+"，释放鼠标。再用同样的方法，用鼠标的左键选中线圈"—( )—"，并按住不放，沿着箭头方向拖动，直到出现加号"+"，释放鼠标，如图 3-73 所示。

在常开触点上的红色问号处输入"M0.5"，在线圈上的红色问号处输入"Q0.0"，如图 3-74 所示。

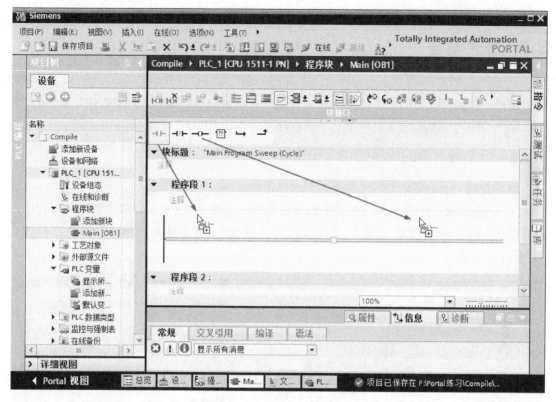

图 3-72　输入程序（1）

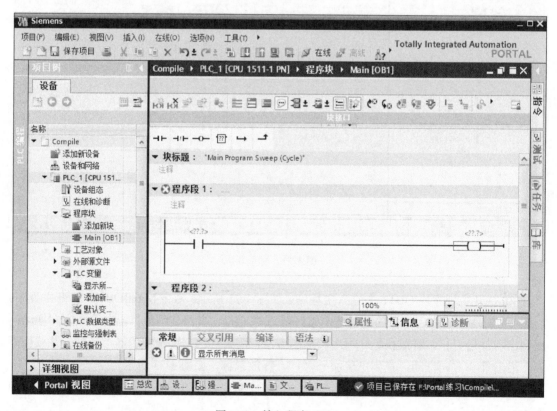

图 3-73　输入程序（2）

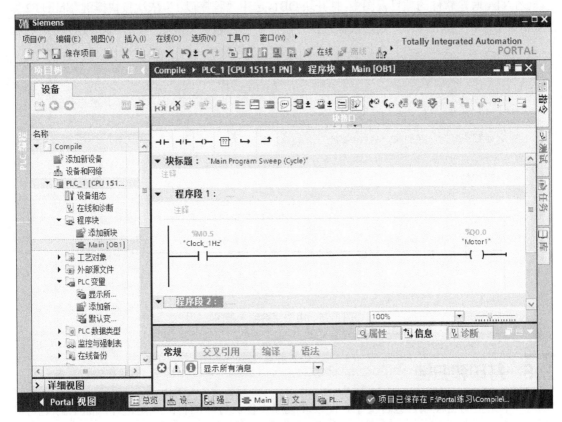

图 3-74　输入程序（3）

③ 保存项目。单击工具栏的"保存项目"按钮 💾 保存项目，保存程序。

3.7.2　使用快捷键

在程序的输入和编辑过程中，使用快捷键能极大地提高项目编辑效率，使用快捷键是良好的工程习惯。常用的快捷键与功能的对照见表 3-4。

表 3-4　常用的快捷键与功能的对照

序号	功　能	快　捷　键	序　号	功　能	快　捷　键
1	插入常开触点 ┤├	Shift+F2	8	新增块	Ctrl+N
2	插入常闭触点 ┤/├	Shift+F3	9	展开所有程序段	Alt+F11
3	插入线圈 ─( )─	Shift+F7	10	折叠所有程序段	Alt+F12
4	插入空功能框 ???	Shift+F5	11	导航至程序段中的第一个元素	Home
5	打开分支 ⤵	Shift+F8	12	导航至程序段中的最后一个元素	End
6	关闭分支 ⤴	Shift+F9	13	导航至程序段中的下一个元素	Tab
7	插入程序段	Ctrl+R	14	导航至程序段中的上一个元素	Shift+Tab

注意：有的计算机在使用快捷键时，还需要在表 3-4 列出快捷键前面加 Fn 键。

以下用一个简单的例子介绍快捷键的使用。

在 TIA 博途软件的项目视图中，打开块 OB1，选中"程序段 1"，依次按快捷键"Shift+F2"、"Shift+F3"和"Shift+F7"，则依次插入常开触点、常闭触点和线圈，如图 3-75 所示。

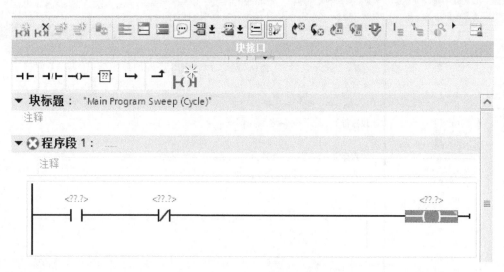

图 3-75　用快捷键输入程序

3.8　打印和归档

一个完整的工程项目包含文字、图表和程序文件。打印的目的就是进行纸面上的交流和存档，项目归档是电子方面的交流和存档。

3.8.1　打印

打印的操作步骤如下。

① 打开相应的项目对象，在屏幕上显示要打印的信息。

② 在应用程序窗口中，使用菜单栏命令"项目"→"打印"，打开打印界面。

③ 可以在对话框中更改打印选项（例如打印机、打印范围和打印份数等）。

也可以将程序等生成 xps 或者 pdf 格式的文档。以下介绍生成 xps 格式的文档的步骤。

在项目视图中，使用菜单栏命令"项目"→"打印"，打开打印对话框，如图 3-76 所示，打印机名称选择"Microsoft XPS Document Writer"再单击"打印"按钮，生成的 xps 格式的文档如图 3-77 所示。

3.8.2　归档

项目归档的目的是把整个项目的文档压缩到一个压缩文件中，以方便备份和转移。当需要使用时，使用恢复命令，恢复为原来项目的文档。归档的步骤如下。

打开项目视图，单击菜单栏的"项目"→"归档"，如图 3-78 所示，弹出选择归档的路径和名称选择界面，如图 3-79 所示，单击"保存"按钮，生成一个后缀为".ZAP13"的压缩文件。

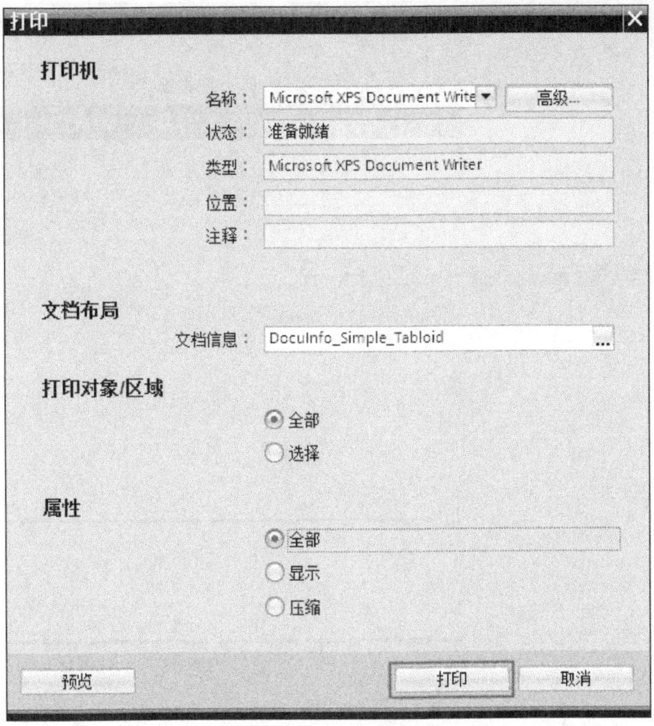

图 3-76　打印对话框

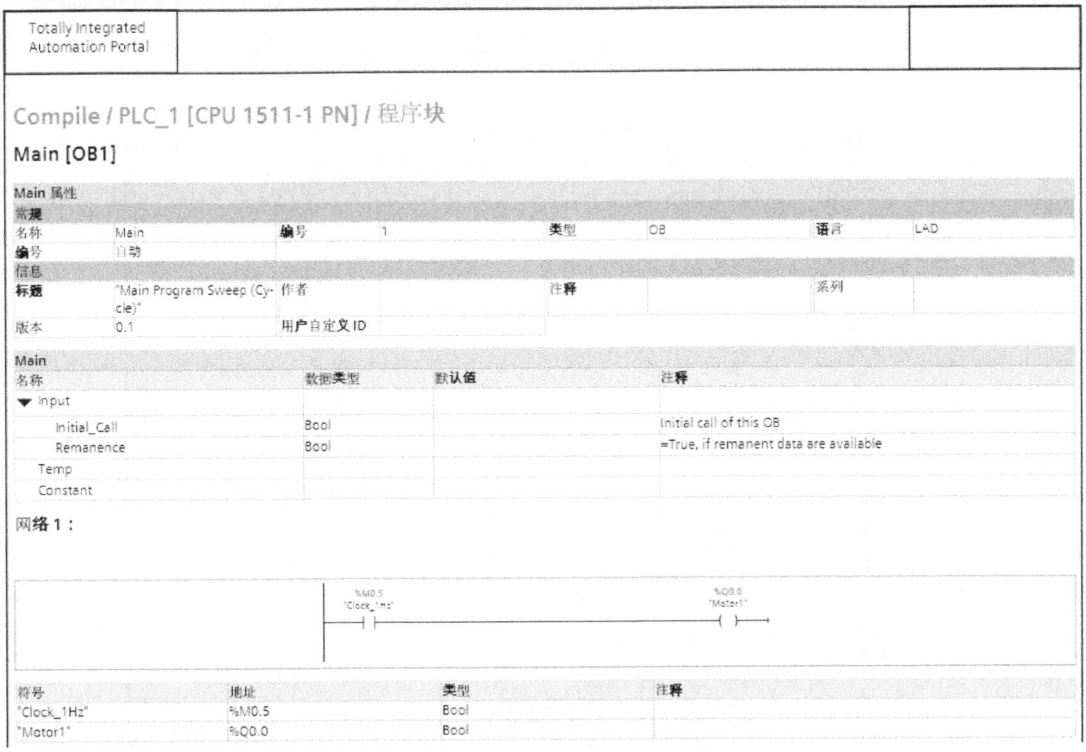
Totally Integrated Automation Portal

Compile / PLC_1 [CPU 1511-1 PN] / 程序块

Main [OB1]

Main 属性

常规							
名称	Main	编号	1	类型	OB	语言	LAD
编号	自动						
信息							
标题	"Main Program Sweep (Cy-cle)"	作者		注释		系列	
版本	0.1	用户自定义 ID					

Main

名称	数据类型	默认值	注释
▼ Input			
Initial_Call	Bool		Initial call of this OB
Remanence	Bool		=True, if remanent data are available
Temp			
Constant			

网络 1：

%M0.5 "Clock_1Hz"　%Q0.0 "Motor1"

符号	地址	类型	注释
"Clock_1Hz"	%M0.5	Bool	
"Motor1"	%Q0.0	Bool	

图 3-77　程序生成 xps 格式的文档例子

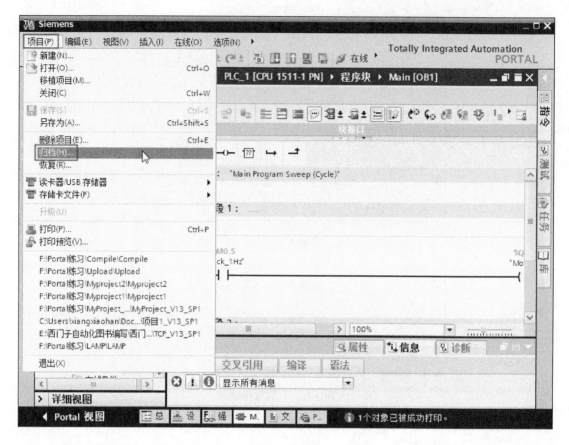

图 3-78 归档

图 3-79 选择归档的路径

3.9　用 TIA 博途创建一个完整的项目

电气原理图如图 3-80 所示，根据此原理图，用 TIA 博途软件创建一个新项目，实现启停控制功能。此处用手机扫描二维码可观看视频"第一个完整的项目 1"和"第一个完整的项目 2"。

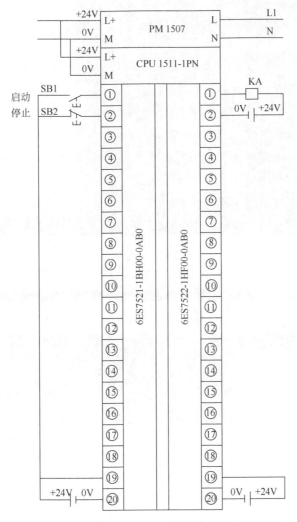

图 3-80　电气原理图

（1）新建项目

打开 TIA 博途软件，新建项目，命名为"MyFirstProject"，单击"创建"按钮，如图 3-81 所示，即可创建一个新项目，在弹出的视图中，单击"项目视图"按钮，即可切换到项目视图，如图 3-82 所示。

（2）添加新设备

如图 3-82 所示，在项目视图的项目树中，双击"添加新设备"选项，弹出如图 3-83 所示的界面，选中要添加的 CPU，本例为"6ES7 511-1AK00-0AB0"，单击"确定"按钮，CPU 添加完成。

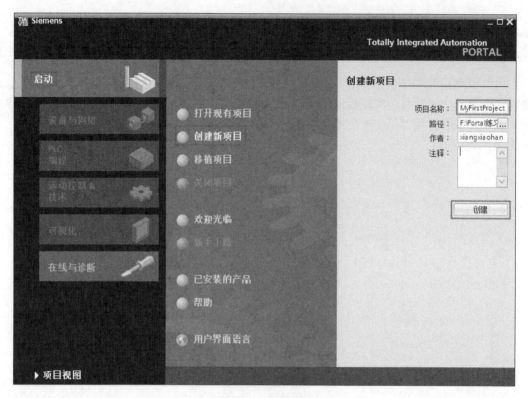

图 3-81　新建项目

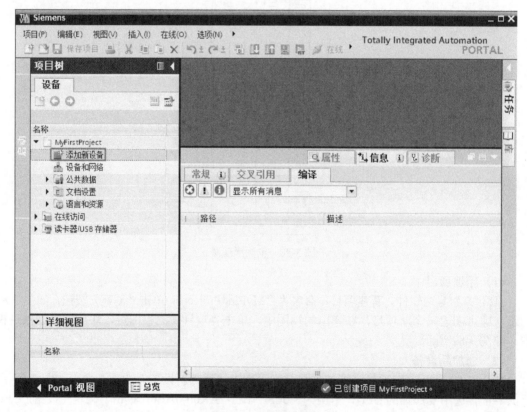

图 3-82　添加新设备

图 3-83　添加 CPU 模块

在项目视图中，选定项目树中的"设备组态"，再选中机架的第 2 槽位，展开最右侧的"硬件目录"，选中并双击"6ES7 521-1BH10-0AA0"，此模块会自动添加到机架的第 2 槽位，如图 3-84 所示。用同样的办法把 DO 模块"6ES7 522-5HF00-0AB0"添加到第 3 槽位，如图 3-85 所示。至此，硬件配置完成。

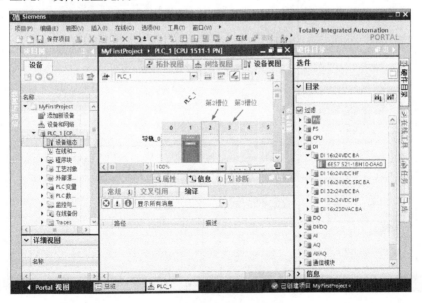

图 3-84　添加 DI 模块

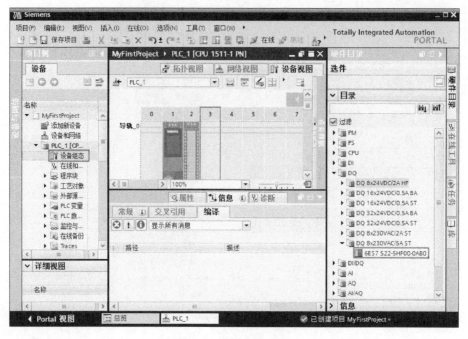

图 3-85　添加 DO 模块

（3）输入程序

　　① 将符号名称与地址变量关联。在项目视图中，选定项目树中的"显示所有变量"，如图 3-86 所示，在项目视图的右上方有一个表格，单击"添加"按钮，先在表格的"名称"栏中输入"Start"，在"地址"栏中输入"I0.0"，这样，符号"Start"在寻址时，就代表"I0.0"。用同样的方法将"Stop1"和"I0.1"关联，将"Motor"和"Q0.0"关联。

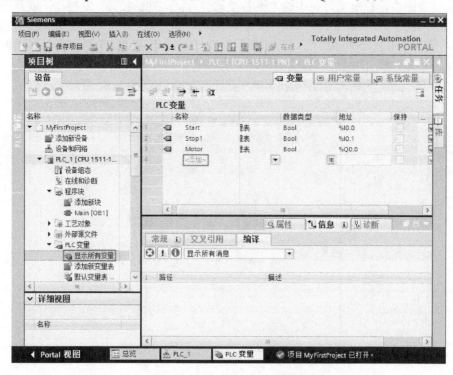

图 3-86　将符号名称与地址变量关联

② 打开主程序。如图 3-86 所示，双击项目树中"Main[OB1]"，打开主程序，如图 3-87 所示。

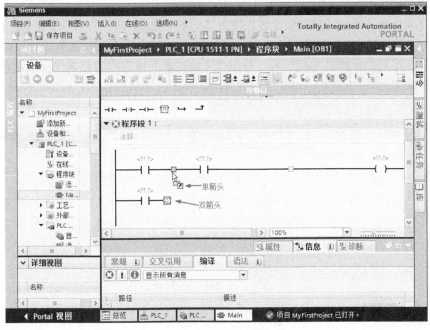

图 3-87 输入梯形图（1）

③ 输入输入触点和线圈。先把常用"工具栏"中的常开触点和线圈拖放到如图 3-87 所示的位置。用鼠标选中"双箭头"，按住鼠标左键不放，向上拖动鼠标，直到出现单箭头为止，松开鼠标。

④ 输入地址。在如图 3-87 所示图中的红色问号处，输入对应的地址，梯形图的第一行分别输入：I0.0、I0.1 和 Q0.0，梯形图的第二行输入 Q0.0，输入完成后，如图 3-88 所示。

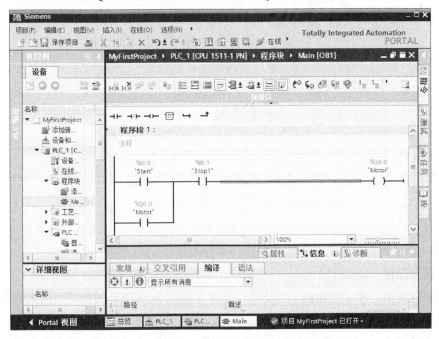

图 3-88 输入梯形图（2）

⑤ 保存项目。在项目视图中，单击"保存项目"按钮 <img> 保存项目，保存整个项目。

（4）下载项目

在项目视图中，单击"下载到设备"按钮 <img>，弹出如图 3-89 所示的界面，选择"PG/PC 接口的类型"为"PN/IE"，选择"PG/PC 接口"为"Intel(R)　Ethernet·"。"PG/PC 接口"是网卡的型号，不同的计算机可能不同，单击"开始搜索"按钮，TIA 博途开始搜索可以连接的设备，搜索到设备显示如图 3-90 所示的界面，单击"下载"按钮，弹出如图 3-91 所示的界面。

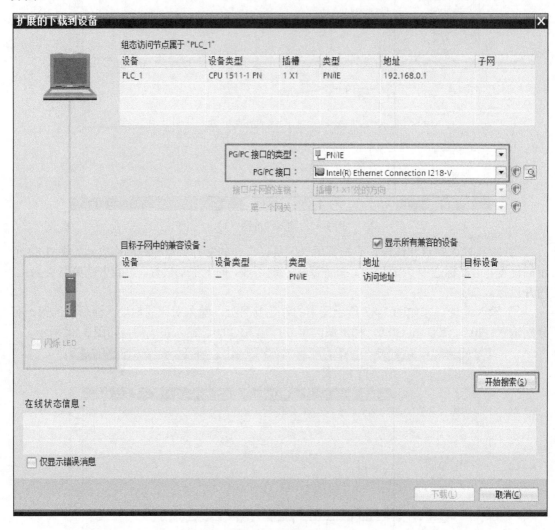

图 3-89　下载（1）

如图 3-91 所示，把第一个"动作"选项修改为"全部接受"，单击"下载"按钮，弹出如图 3-92 所示的界面，单击"完成"按钮，下载完成。

（5）程序监视

在项目视图中，单击"在线"按钮 <img> 在线，如图 3-93 所示的标记处由灰色变为黄色，表明 TIA 博途软件与 PLC 或者仿真器处于在线状态。再单击工具栏中的"启用/禁用监视"按钮 <img>，可见：梯形图中连通的部分是绿色实线，而没有连通的部分是蓝色虚线。

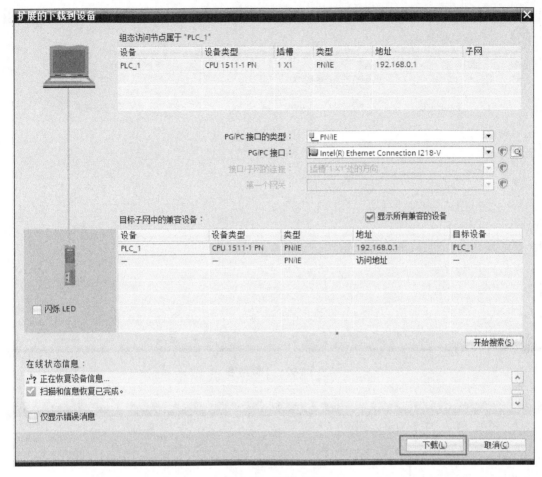

图 3-90　下载（2）

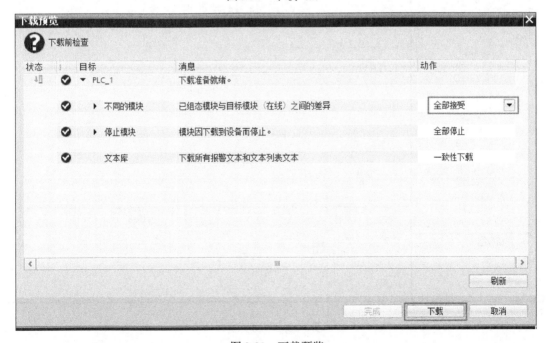

图 3-91　下载预览

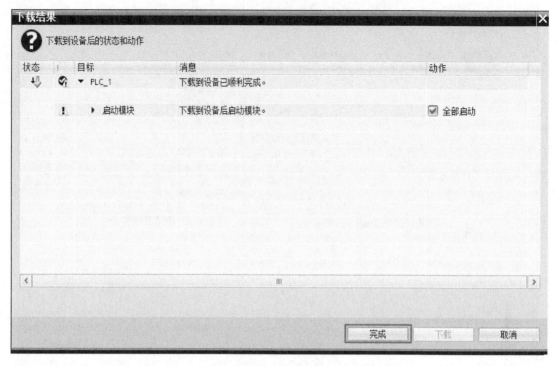

图 3-92　下载结果

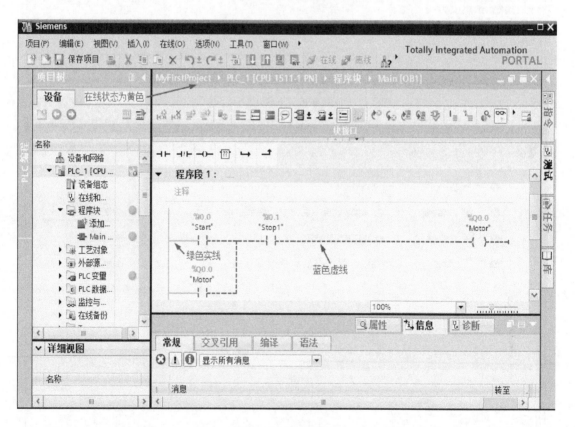

图 3-93　在线状态

3.10　使用帮助

3.10.1　查找关键字或者功能

在工作或者学习时，可以利用"关键字"搜索功能查找帮助信息。以下用一个例子说明查找的方法。

先在项目视图中，在菜单栏中，单击"帮助"→"显示帮助"，此时弹出帮助信息系统界面，选中"搜索"选项卡，再在"键入要查找的关键字"输入框中，输入关键字，本例为"OB82"，单击"列出主题"按钮，则有关"OB82"的信息全部显示出来，读者通过阅读这些信息，可了解"OB82"的用法，如图 3-94 所示。

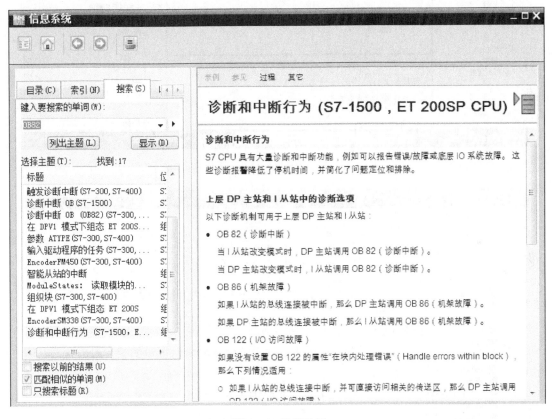

图 3-94　信息系统

3.10.2　使用指令

TIA 博途软件中内置了很多指令，掌握所有的指令是非常困难的，即使是高水平的工程师也会遇到一些生疏的指令。解决的方法是，在项目视图的指令中，先找到这个生疏的指令，本例为"GET"，先选中"GET"，如图 3-95 所示，再按键盘上的"F1"（或者 Fn+F1），弹出"GET"的帮助界面，如图 3-96 所示。

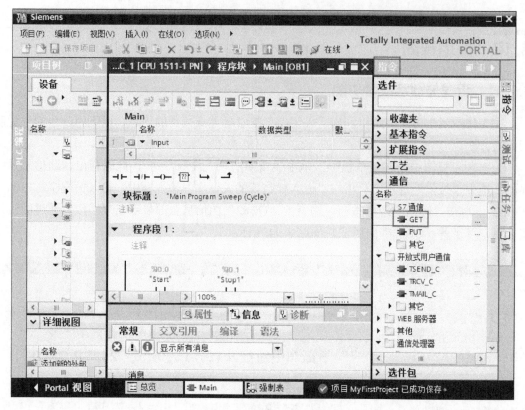

图 3-95　选中指令"GET"

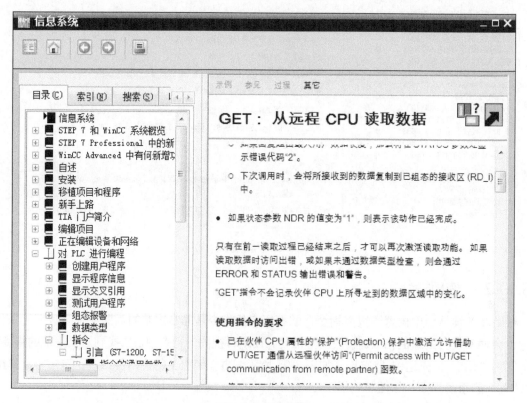

图 3-96　帮助界面

3.11 安装支持包和 GSD 文件

3.11.1 安装支持包

西门子公司的 PLC 模块进行了固件升级或者推出了新型号模块后，没有经过升级的博途软件，一般不支持这些新模块（即使勉强支持，也会有警告信息弹出），因此当读者遇到这种情况时，就需要安装最新的支持包，安装方法如下。

在博途软件项目视图的菜单中，如图 3-97 所示，单击"选项"→"支持包"命令，弹出"安装信息"界面，如图 3-98 所示，选择"安装支持软件包"选项，单击"从文件系统添加"按钮（前提是支持包已经下载到本计算机中），在本计算机中找到存放支持包的位置，本例支持包存放位置如图 3-99 所示界面，选中需要安装的支持包，单击"打开"按钮。

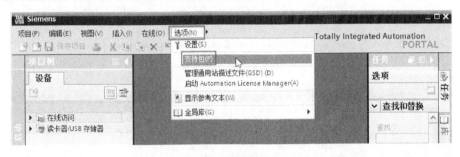

图 3-97 安装支持包

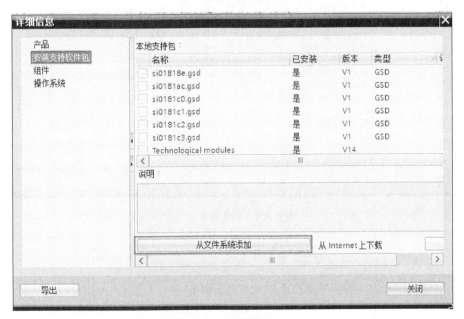

图 3-98 安装信息（1）

在图 3-100 中，勾选需要安装的支持包，单击"安装"按钮，支持包开始安装。当支持包安装完成后，弹出如图 3-101 所示的界面，单击"完成"按钮。博途软件开始更新硬件目录，之后新安装的硬件就可以在硬件目录中找到。

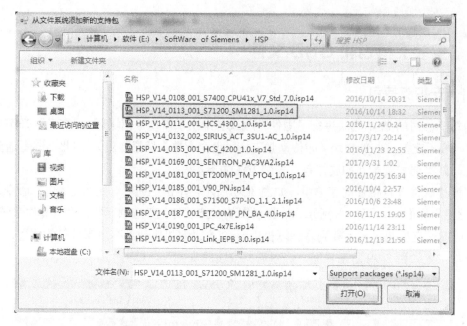

图 3-99　打开支持包

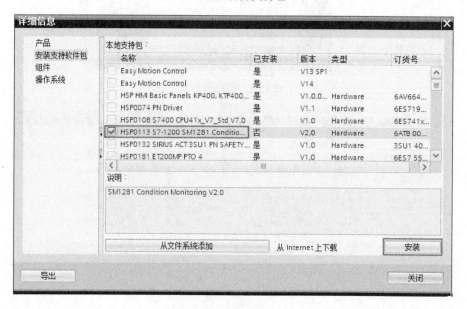

图 3-100　安装信息（2）

图 3-101　安装完成

> **【关键点】** 如果读者没有下载支持包，则单击如图 3-98 中的"从 Internet 上下载"按钮，然后再安装。如果读者使用的博途软件过于老旧，如 Portal V12 那么新推出的硬件是不能被支持的，因此建议读者及时更新博途软件的版本。

3.11.2　安装 GSD 文件

当博途软件项目中需要配置第三方设备时（如要配置施耐德的变频器），一般要安装第三方设备的 GSD 文件。安装 GSD 文件的方法如下。

在博途软件项目视图的菜单中，如图 3-102 所示，单击"选项"→"管理通用站描述文件 GSD"命令，弹出界面，如图 3-103 所示，单击"浏览"按钮 ... ，在本计算机中找到存放 GSD 文件的位置，本例 GSD 文件存放位置如图 3-104 所示界面，选中需要安装的 GSD 文件，单击"安装"按钮。

图 3-102　打开安装菜单

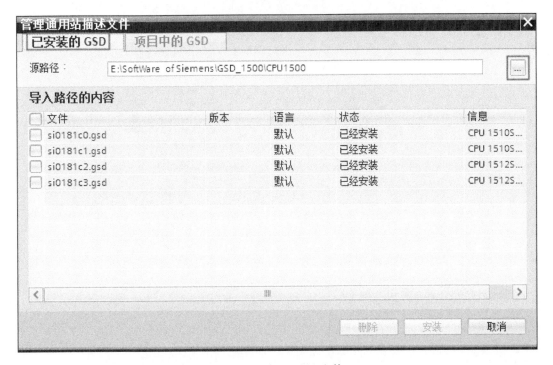

图 3-103　打开 GSD 文件

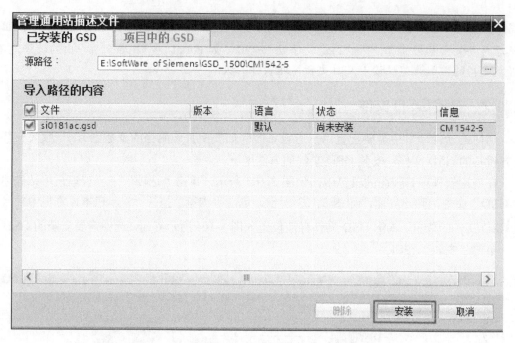

图 3-104 安装 GSD 文件

当 GSD 文件安装完成后，博途软件开始更新硬件目录，之后新安装的 GSD 文件就可以在硬件目录中找到。

▶【关键点】西门子的 GSD 文件可以在西门子的官网上免费下载，而第三方的 GSD 文件则由第三方公司提供。

第4章

SIMATIC S7-1500 PLC 的编程语言

本章介绍 SIMATIC S7-1500 PLC 的编程基础知识（数制、数据类型和数据存储区）、指令系统及其应用。本章内容多，是 PLC 入门的关键。

4.1 SIMATIC S7-1500 PLC 的编程基础知识

4.1.1 数制

PLC 的是一种特殊的工业控制计算机，学习计算机必须掌握数制，对于 PLC 更是如此。

（1）二进制

二进制数的 1 位（bit）只能取 0 和 1 两个不同的值，可以用来表示开关量的两种不同的状态，例如触点的断开和接通、线圈的通电和断电、灯的亮和灭等。在梯形图中，如果该位是 1 可以表示常开触点的闭合和线圈的得电，反之，该位是 0 可以表示常闭触点的断开和线圈的断电。西门子的二进制表示方法是在数值前加前缀 2#，例如 2#1001 1101 1001 1就是 16 位二进制常数。十进制的运算规则是逢 10 进 1，二进制的运算规则是逢 2 进 1。

（2）十六进制

十六进制的十六个数字是 0～9 和 A～F（对应于十进制中的 10～15，不区分大小写），每个十六进制数字可用 4 位二进制表示，例如 16#A 用二进制表示为 2#1010。B#16#、W#16# 和 DW#16#分别表示十六进制的字节、字和双字。十六进制的运算规则是逢 16 进 1。掌握二进制和十六进制之间的转化，对于学习西门子 PLC 来说是十分重要的。

（3）BCD 码

BCD 码用 4 位二进制数（或者 1 位十六进制数）表示一位十进制数，例如一位十进制数 9 的 BCD 码是 1001。4 位二进制有 16 种组合，但 BCD 码只用到前十个，而后六个（1010～1111）没有在 BCD 码中使用。十进制的数字转换成 BCD 码是很容易的，例如十进制数 366 转换成十六进制 BCD 码则是 W#16#0366。

> ▶ **【关键点】**十进制数 366 转换成十六进制数是 W#16#16E，这是要特别注意的。

BCD 码的最高 4 位二进制数用来表示符号，16 位 BCD 码字的范围是−999～+999。32 位 BCD 码双字的范围是−9999999～+9999999。不同数制的数的表示方法见表 4-1。

表 4-1   不同数制的数的表示方法

十进制	十六进制	二进制	BCD码	十进制	十六进制	二进制	BCD码
0	0	0000	00000000	3	3	0011	00000011
1	1	0001	00000001	4	4	0100	00000100
2	2	0010	00000010	5	5	0101	00000101

十进制	十六进制	二进制	BCD码	十进制	十六进制	二进制	BCD码
6	6	0110	00000110	11	B	1011	00010001
7	7	0111	00000111	12	C	1100	00010010
8	8	1000	00001000	13	D	1101	00010011
9	9	1001	00001001	14	E	1110	00010100
10	A	1010	00010000	15	F	1111	00010101

4.1.2 数据类型

数据是程序处理和控制的对象，在程序运行过程中，数据是通过变量来存储和传递的。变量有两个要素：名称和数据类型。对程序块或者数据块的变量声明时，都要包括这两个要素。

数据的类型决定了数据的属性，例如数据长度和取值范围等。TIA 博途软件中的数据类型分为三大类：基本数据类型、复合数据类型和其他数据类型。

4.1.2.1 基本数据类型

基本数据类型是根据 IEC1131-3（国际电工委员会指定的 PLC 编程语言标准）来定义的，每个基本数据类型具有固定的长度且不超过 64 位。

基本数据类型最为常用，细分为位数据类型、整数数据类型、字符数据类型、定时器数据类型及日期和时间数据类型。每一种数据类型都具备关键字、数据长度、取值范围和常数表等格式属性。以下分别介绍。

（1）位数据类型

位数据类型包括布尔型（Bool）、字节型（Byte）、字型（Word）、双字型（DWord）和长字型（LWord）。对于 S7-300/400 PLC仅支持前 4 种数据类型。TIA 博途软件的位数据类型见表 4-2。

表 4-2 位数据类型

关 键 字	长度（位）	取值范围/格式示例	说 明
Bool	1	True 或 False（1 或 0）	布尔变量
Byte	8	B#16#0～ B#16#FF	字节
Word	16	十六进制：W#16#0～W#16#FFFF	字（双字节）
DWord	32	十六进制：DW#16#0～DW#16#FFFF_FFFF	双字（四字节）
LWord	64	十六进制：LW#16#0～LW#16#FFFF_FFFF _ FFFF_FFFF	长字（八字节）

（2）整数和浮点数数据类型

整数数据类型包括有符号整数和无符号整数。有符号整数包括：短整数型（SInt）、整数型（Int）、双整数型（DInt）和长整数型（LInt）。无符号整数包括：无符号短整数型（USInt）、无符号整数型（UInt）、无符号双整数型（UDInt）和无符号长整数型（ULInt）。整数没有小数点。对于 S7-300/400 PLC仅支持整数型（Int）和双整数型（DInt）。

实数数据类型包括实数（Real）和长实数（LReal），实数也称为浮点数。对于 S7-300/400 PLC 仅支持实数（Real）。浮点数有正负且带小数点。TIA 博途软件的整数和浮点数数据类型见表 4-3。

表 4-3　整数和浮点数数据类型

关 键 字	长度（位）	取值范围/格式示例	说　明
SInt	8	−128～127	8 位有符号整数
Int	16	−32768～32767	16 位有符号整数
DInt	32	−L#2147483648～　L#2147483647	32 位有符号整数
LInt	64	−9223372036854775808～+9223372036854775807	64 位有符号整数
USInt	8	0～255	8 位无符号整数
UInt	16	0～65535	16 位无符号整数
UDInt	32	0～4294967295	32 位无符号整数
LLInt	64	0 ～　18446744073709551615	64 位无符号整数
Real	32	−3.402823E38～−1.175495E-38 +1.175495E-38～+3.402823E38	32 位 IEEE754 标准浮点数
LReal	64	−1.7976931348623158e+308 ～　−2.2250738585072014e−308 +2.2250738585072014e−308 ～　+1.7976931348623158e308	64 位 IEEE754 标准浮点数

（3）字符数据类型

字符数据类型有 Char 和 WChar，数据类型 Char 的操作数长度为 8 个位，在存储器中占用 1 个 Byte。Char 数据类型以 ASCII 格式存储单个字符。

数据类型 WChar（宽字符）的操作数长度为 16 位，在存储器中占用 2 个 Byte。WChar 数据类型存储以 Unicode 格式存储的扩展字符集中的单个字符，但只涉及整个 Unicode 范围的一部分。控制字符在输入时，以美元符号表示。TIA 博途软件的字符数据类型见表 4-4。

表 4-4　字符数据类型

关 键 字	长度（位）	取值范围/格式示例	说　明
Char	8	ASCII 字符集	字符
WChar	16	Unicode 字符集，$0000～$D7FF	宽字符

（4）定时器数据类型

定时器数据类型主要包括时间（Time）、S5 时间（S5Time）和长时间（LTime）数据类型。对于 S7-300/400 PLC 仅支持前 2 种数据类型。

S5 时间数据类型（S5Time）以 BCD 格式保存持续时间，用于数据长度为 16 位 S5 定时器。持续时间由 0～999（2H_46M_30S）范围内的时间值和时间基线决定。时间基线指示定时器时间值按步长 1 减少直至为"0"的时间间隔。时间的分辨率可以通过时间基线来控制。

时间数据类型（Time）的操作数内容以毫秒表示，用于数据长度为 32 位的 IEC 定时器。表示信息包括天（d）小时（h）分钟（m）秒（s）和毫秒（ms）

长时间数据类型（LTime）的操作数内容以纳秒表示，用于数据长度为 64 位的 IEC 定时器。表示信息包括天（d）小时（h）分钟（m）秒（s）毫秒（ms）微秒（μs）和纳秒（ns）TIA 博途软件的定时器数据类型见表 4-5。

（5）日期和时间数据类型

日期和时间数据类型包括：日期（Date）、日时间（TOD）、长日时间（LTOD）、日期时间（Date_And_Time）、日期长时间（Date_And_LTime）和长日期时间（DTL），以下分别介绍如下。

表4-5 定时器数据类型

关 键 字	长度（位）	取值范围/格式示例	说 明
S5Time	16	S5T#0MS～S5T#2H_46M_30S_0MS	S5时间
Time	32	T#–24d20h31m23s648ms～ T#+24d20h31m23s647ms	时间
LTime	64	LT#–106751d23h47m16s854ms775μs808ns～ LT#+106751d23h47m16s854ms775μs807ns	长时间

① 日期（Date） Date 数据类型将日期作为无符号整数保存。表示法中包括年、月和日。数据类型 Date 的操作数为十六进制形式，对应于自 1990 年 1 月 1 日 以后的日期值。

② 日时间（TOD） TOD (Time_Of_Day) 数据类型占用 1 个双字，存储从当天 0:00 h 开始的毫秒数，为无符号整数。

③ 长日时间（LTOD） LTOD (LTime_Of_Day) 数据类型占用 2 个双字，存储从当天 0:00 h 开始的纳秒数，为无符号整数。

④ 日期时间（Date_And_Time） 数据类型 DT (Date_And_Time) 存储日期和时间信息，格式为 BCD。

⑤ 日期长时间（Date_And_LTime） 数据类型 LDT (Date_And_LTime) 可存储自 1970 年 1 月 1 日 0:0 以来的日期和时间信息（单位为 ns）。

⑥ 长日期时间（DTL） 数据类型 DTL 的操作数长度为 12 个字节，以预定义结构存储日期和时间信息。TIA 博途软件的日期和时间数据类型见表 4-6。

表4-6 日期和时间数据类型

关 键 字	长度（字节）	取值范围/格式示例	说 明
Date	2	D#1990-01-01 ～ D#2168-12-31	日期
Time_Of_Day	4	TOD#00:00:00.000 ～ TOD#23:59:59.999	日时间
LTime_Of_Day	8	LTOD#00:00:00.000000000 ～ LTOD#23:59:59.999999999	长日时间
Date_And_Time	8	最小值：DT#1990-01-01-00:00:00.000 最大值：DT#2089-12-31-23:59:59.999	日期时间
Date_And_LTime	8	最小值：LDT#1970-01-01-0:0:0.000000000 最大值：LDT#2200-12-31-23:59:59.999999999	日期长时间
DTL	12	最小值：DTL#1970-01-01-00:00:00.0 最大值：DTL#2200-12-31-23:59:59.999999999	长日期时间

4.1.2.2 复合数据类型

复合数据类型是一种由其他数据类型组合而成的，或者长度超过 32 位的数据类型，TIA 博途软件中的复合数据类型包含：String（字符串）、WString（宽字符串）、Array（数组类型）、Struct（结构类型）和 UDT （PLC 数据类型），复合数据类型相对较难理解，以下分别介绍。

（1）字符串和宽字符串

① String（字符串） 其长度最多有 254 个字符的组（数据类型 Char）。为字符串保留的标准区域是 256 个字节长。这是保存 254 个字符和 2 个字节的标题所需要的空间。可以通过定义即将存储在字符串中的字符数目来减少字符串所需要的存储空间（例如：String[10] 'Siemens'）。

② WString（宽字符串）　数据类型为 WString（宽字符串）的操作数存储一个字符串中多个数据类型为 WChar 的 Unicode 字符。如果不指定长度，则字符串的长度为预置的 254 个字符。在字符串中，可使用所有 Unicode 格式的字符。这意味着也可在字符串中使用中文字符。

（2）Array（数组类型）

Array（数组类型）表示一个由固定数目的同一种数据类型元素组成的数据结构。允许使用除了 Array 之外的所有数据类型。

数组元素通过下标进行寻址。在数组声明中，下标限值定义在 Array 关键字之后的方括号中。下限值必须小于或等于上限值。一个数组最多可以包含 6 维，并使用逗号隔开维度限值。

例如：数组 Array[1..20] of Real 的含义是包括 20 个元素的一维数组，元素数据类型为 Real；数组 Array[1..2, 3..4] of Char 含义是包括 4 个元素的二维数组，元素数据类型为 Char。

图 4-1　创建数组

创建数组的方法。在项目视图的项目树中，双击"添加新块"选项，弹出新建块界面，新建"数据块_1"，在"名称"栏中输入"A1"，在"数据类型"栏中输入"Array[1..20] of Real"，如图 4-1 所示，数组创建完成。单击 A1 前面的三角符号▶，可以查看到数组的所有元素，还可以修改每个元素的"启动值"（初始值），如图 4-2 所示。

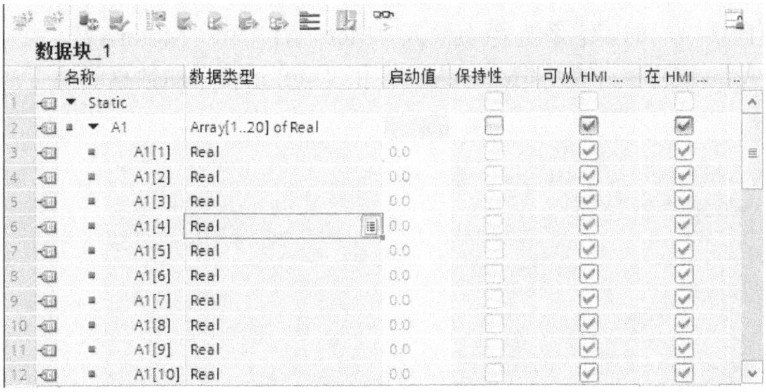

图 4-2　查看数组元素

（3）Struct（结构类型）

该类型是由不同数据类型组成的复合型数据，通常用来定义一组相关数据。例如电动机的一组数据可以按照如图 4-3 所示的方式定义,在"数据块_1"的"名称"栏中输入"Motor",在"数据类型"栏中输入"Struct"(也可以点击下拉三角选取),之后可创建结构的其他元素,如本例的"Speed"。

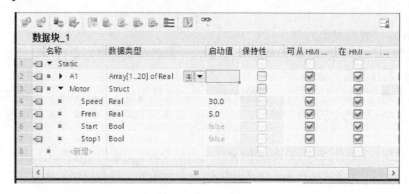

图 4-3　创建结构

(4) UDT (PLC 数据类型)

UDT 是由不同数据类型组成的复合型数据,与 Struct 不同的是,UDT 是一个模版,可以用来定义其他的变量,UDT 在经典 STEP 7 中称为自定义数据类型。PLC 数据类型的创建方法如下。

① 在项目视图的项目树中,双击"添加新数据类型"选项,弹出如图 4-4 所示界面,创建一个名称为"MotorA"的结构,并将新建的 PLC 数据类型名称重命名为"MotorA"。

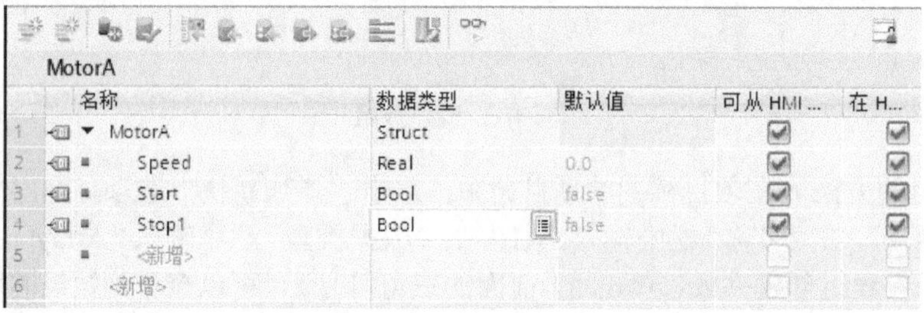

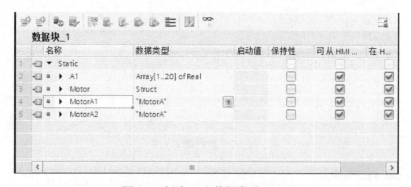

图 4-4　创建 PLC 数据类型(1)

② 在"数据块_1"的"名称"栏中输入"MotorA1"和"MotorA2",在"数据类型"栏中输入"MotorA",这样操作后,"MotorA1" 和"MotorA2"的数据类型变成了"MotorA",如图 4-5 所示。

图 4-5　创建 PLC 数据类型(2)

使用 PLC 数据类型给编程带来较大的便利性，较为重要，相关内容在后续章节还要介绍。

4.1.2.3　其他数据类型

对于 SIMATIC S7-1500 PLC，除了基本数据类型和复合数据类型外，还有包括指针、参数类型、系统数据类型和硬件数据类型等，以下分别介绍。

（1）指针类型

SIMATIC S7-1500 PLC 支持 Pointer、Any 和 Variant 三种类型指针，S7-300/400 PLC 只支持前两种，S7-1200 PLC 只支持 Variant 类型。

① Pointer　Pointer 类型的参数是一个可指向特定变量的指针。它在存储器中占用 6 个字节（48 位），可能包含变量信息有：数据块编号或 0（若数据块中没有存储数据）和 CPU 中的存储区和变量地址，如图 4-6 显示了 Pointer 指针的结构。

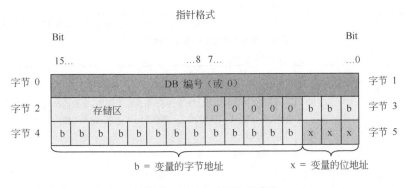

图 4-6　Pointer 指针的结构

② Any　Any 类型的参数指向数据区的起始位置，并指定其长度。Any 指针使用存储器中的 10 个字节，可能包含的信息有：数据类型、重复系数、DB 编号、存储区、数据的起始地址（格式为"字节.位"）和零指针。如图 4-7 显示了 Any 指针的结构。

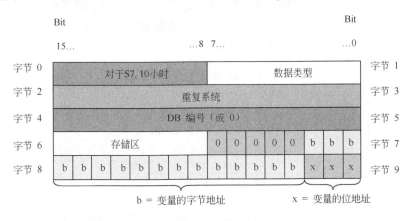

图 4-7　Any 指针的结构

③ Variant　Variant 类型的参数是一个可以指向不同数据类型变量（而不是实例）的指针。Variant 指针可以是一个元素数据类型的对象，例如 INT 或 Real。也可以是一个 String、DTL、Struct 数组、UDT 或 UDT 数组。Variant 指针可以识别结构，并指向各个结构元素。Variant 数据类型的操作数在背景 DB 或 L 堆栈中不占用任何空间，但是将占用 CPU 上的存储空间。

Variant 类型的变量不是一个对象，而是对另一个对象的引用。Variant 类型的各元素只能在函数的块接口中声明，因此，不能在数据块或函数块的块接口静态部分中声明，例如，因为各元素的大小未知，所引用对象的大小可以更改。Variant 数据类型只能在块接口的形参中定义。

（2）参数类型

参数类型是传递给被调用块的形参的数据类型。参数类型还可以是 PLC 数据类型。参数数据类型及其用途见表 4-7。

表 4-7　参数数据类型及其用途

参数类型	长度（位）	用途说明
Timer	16	可用于指定在被调用代码块中所使用的定时器。如果使用　TIMER参数类型的形参，则相关的实参必须是定时器 示例：T1
Counter	16	可用于指定在被调用代码块中所使用的计数器。如果使用　Counter参数类型的形参，则相关的实参必须是计数器 示例：C10
BLOCK_FC BLOCK_FB BLOCK_DB BLOCK_SDB BLOCK_SFB BLOCK_SFC BLOCK_OB	16	可用于指定在被调用代码块中用作输入的块。参数的声明决定所要使用的块类型（例如：FB、FC、DB）。如果使用 BLOCK 参数类型的形参，则将指定一个块地址作为实参 示例：DB3
VOID		VOID 参数类型不会保存任何值。如果输出不需要任何返回值，则使用此参数类型。例如，如果不需要显示错误信息，则可以在输出　STATUS中指定　VOID参数类型

（3）系统数据类型

系统数据类型(SDT)由系统提供并具有预定义的结构。系统数据类型的结构由固定数目的可具有各种数据类型的元素构成。不能更改系统数据类型的结构。系统数据类型只能用于特定指令。系统数据类型及其用途见表 4-8。

表 4-8　系统数据类型及其用途

系统数据类型	长度（字节）	用途说明
IEC_Timer	16	定时值为　Time数据类型的定时器结构。例如，此数据类型可用于"TP"、"TOF"、"TON"、"TONR"、"RT" 和 "PT" 指令
IEC_LTIMER	32	定时值为　LTime数据类型的定时器结构。例如，此数据类型可用于"TP"、"TOF"、"TON"、"TONR"、"RT" 和 "PT" 指令
IEC_SCOUNTER	3	计数值为　SINT数据类型的计数器结构。例如，此数据类型用于"CTU"、"CTD"和 "CTUD" 指令
EC_USCOUNTER	3	计数值为　USINT数据类型的计数器结构。例如，此数据类型用于"CTU"、"CTD"和 "CTUD" 指令
IEC_Counter	6	计数值为　Int数据类型的计数器结构。例如，此数据类型用于 "CTU"、"CTD"和 "CTUD" 指令
IEC_UCOUNTER	6	计数值为　UINT数据类型的计数器结构。例如，此数据类型用于 "CTU"、"CTD"和 "CTUD" 指令
IEC_DCOUNTER	12	计数值为　DINT数据类型的计数器结构。例如，此数据类型用于"CTU"、"CTD"和 "CTUD" 指令

续表

系统数据类型	长度（字节）	用 途 说 明
IEC_UDCOUNTER	12	计数值为 UDINT 数据类型的计数器结构。例如，此数据类型用于"CTU"、"CTD"和"CTUD"指令
IEC_LCOUNTER	24	计数值为 UDINT 数据类型的计数器结构。例如，此数据类型用于"CTU"、"CTD"和"CTUD"指令
IEC_ULCOUNTER	24	计数值为 UINT 数据类型的计数器结构。例如，此数据类型用于"CTU"、"CTD"和"CTUD"指令
ERROR_Struct	28	编程错误信息或 I/O 访问错误信息的结构。例如，此数据类型用于"GET_ERROR"指令
CREF	8	数据类型 ERROR_Struct 的组成，在其中保存有关块地址的信息
NREF	8	数据类型 ERROR_Struct 的组成，在其中保存有关操作数的信息
VREF	12	用于存储 VARIANT 指针。例如，此数据类型可用于 S7-1200 Motion Control 的指令
STARTINFO	12	指定保存启动信息的数据结构。例如，此数据类型用于"RD_SINFO"指令
SSL_HEADER	4	指定在读取系统状态列表期间保存有关数据记录信息的数据结构。例如，此数据类型用于"RDSYSST"指令
CONDITIONS	52	用户自定义的数据结构，定义数据接收的开始和结束条件。例如，此数据类型用于"RCV_CFG"指令
TADDR_Param	8	指定用来存储那些通过 UDP 实现开放用户通信的连接说明的数据块结构。例如，此数据类型用于"TUSEND"和"TURSV"指令
TCON_Param	64	指定用来存储那些通过工业以太网 (PROFINET) 实现开放用户通信的连接说明的数据块结构。例如，此数据类型用于"TSEND"和"TRSV"指令

（4）硬件数据类型

硬件数据类型由 CPU 提供。可用硬件数据类型的数目取决于 CPU。

根据硬件配置中设置的模块存储特定硬件数据类型的常量。在用户程序中插入用于控制或激活已组态模块的指令时，可将这些可用常量用作参数。部分硬件数据类型及其用途见表 4-9。

表 4-9　部分硬件数据类型及其用途

硬件数据类型	基本数据类型	用 途 说 明
REMOTE	ANY	用于指定远程 CPU 的地址。例如，此数据类型用于"PUT"和"GET"指令
GEOADDR	HW_IOSYSTEM	实际地址信息
HW_ANY	WORD	任何硬件组件（如模块）的标识
HW_DEVICE	HW_ANY	DP 从站/PROFINET IO 设备的标识
HW_DPMASTER	HW_INTERFACE	DP 主站的标识

【例 4-1】　请指出以下数据的含义：DINT#58、S5t#58s、58、C#58、t#58s 和 P#M0.0 Byte 10。

【解】

① DINT#58：表示双整数 58。

② S5t#58s：表示 S5 和 S7 定时器中的定时时间 58s。

③ 58：表示整数 58。

④ C#58：表示计数器中的预置值 58。

⑤ t#58s：表示 IEC 定时器中定时时间 58s。

⑥ P#M0.0 Byte 10：表示从 MB0 开始的 10 个字节。

●【关键点】理解【例 4-1】中的数据表示方法至关重要，无论对于编写程序还是阅读程序都是必须要掌握的。

4.1.3 SIMATIC S7-1500 PLC 的存储区

SIMATIC S7-1500 PLC 的存储区由装载存储器、工作存储器和系统存储器组成。工作存储器类似于计算机的内存条，装载存储器类似于计算机的硬盘。以下分别介绍三种存储器。

4.1.3.1 装载存储器

装载存储器用于保存逻辑块、数据块和系统数据。下载程序时，用户程序下载到装载存储器。在 PLC 上电时，CPU 把装载存储器中的可执行的部分复制到工作存储器。而 PLC 断电时，需要保存的数据自动保存在装载存储器中。

对于 S7-300/400 PLC 符号表、注释不能下载，仍然保存在编程设备中。而对于 SIMATIC S7-1500 PLC 符号表、注释可以下载到装载存储器。

4.1.3.2 工作存储器

工作存储器集成在 CPU 中的高速存取的 RAM 存储器，用于存储 CPU 运行时的用户程序和数据，如组织块、功能块等。用模式选择开关复位 CPU 的存储器时，RAM 中程序被清除，但 FEPROM 中的程序不会被清除。

4.1.3.3 系统存储器

系统存储器是 CPU 为用户提供的存储组件，用于存储用户程序的操作数据，例如过程映像输入、过程映像输出、位存储、定时器、计数器、块堆栈和诊断缓冲区等。

（1）过程映像输入区（I）

过程映像输入区与输入端相连，它是专门用来接受 PLC 外部开关信号的元件。在每次扫描周期的开始，CPU 对物理输入点进行采样，并将采样值写入过程映像输入区中。可以按位、字节、字或双字来存取过程映像输入区中的数据，输入寄存器等效电路如图 4-8 所示，真实的回路中当按钮闭合，线圈 I0.0 得电，经过 PLC 内部电路的转化，使得梯形图中，常开触点 I0.0 闭合，理解这一点很重要。

位格式：I[字节地址].[位地址]，如 I0.0。

字节、字或双字格式：I[长度][起始字节地址]，如 IB0、IW0、ID0。

若要存取存储区的某一位，则必须指定地址，包括存储器标识符、字节地址和位号。图 4-9 是一个位表示法的例子。其中，存储器区、字节地址（I 代表输入，2 代表字节 2）和位地址之间用点号（.）隔开。

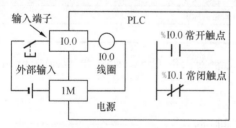

图 4-8 过程映像输入区 I0.0 的等效电路

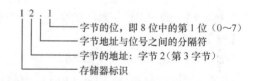

图 4-9 位表示方法

（2）过程映像输出区（Q）

过程映像输出区是用来将 PLC 内部信号输出传送给外部负载（用户输出设备）。过程映像输出区线圈是由 PLC 内部程序的指令驱动，其线圈状态传送给输出单元，再由输出单元对应的硬触点来驱动外部负载，输出寄存器等效电路如图 4-10 所示。当梯形图中的线圈 Q0.0 得电，经过 PLC 内部电路的转化，使得真实回路中的常开触点 Q0.0 闭合，从而使得外部设备线圈得电，理解这一点很重要。

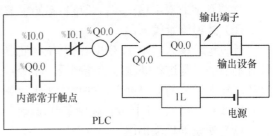

图 4-10　过程映像输出区 Q0.0 的等效电路

在每次扫描周期的结尾，CPU 将过程映像输出区中的数值复制到物理输出点上。可以按位、字节、字或双字来存取过程映像输出区。

位格式：Q[字节地址].[位地址]，如 Q1.1。

字节、字或双字格式：Q[长度][起始字节地址]，如 QB5、QW6 和 QD8。

（3）标识位存储区（M）

标识位存储区是 PLC 中数量较多的一种存储区，一般的标识位存储区与继电器控制系统中的中间继电器相似。标识位存储区不能直接驱动外部负载，负载只能由过程映像输出区的外部触点驱动。标识位存储区的常开与常闭触点在 PLC 内部编程时，可无限次使用。M 的数量根据不同型号而不同。可以用位存储区作为控制继电器来存储中间操作状态和控制信息，并且可以按位、字节、字或双字来存取位存储区。

位格式：M[字节地址].[位地址]，如 M2.7。

字节、字或双字格式：M[长度][起始字节地址]，如 MB10、MW10、MD10。

（4）定时器（T）

定时器存储区位于 CPU 的系统存储器中，其地址标识符为"T"，定时器的数量与 CPU 的型号有关。定时器的表示方法是 Tx，T 表示地址标识符，x 表示第几个定时器。定时器的作用主要用于定时，与继电器控制系统中的时间继电器相似。

格式：T[定时器号]，如 T1。

（5）计数器存储区（C）

计数器存储区位于 CPU 的系统存储器中，其地址标识符为"C"，计数器的数量与 CPU 的型号有关。计数器的表示方法是 Cx，C 表示地址标识符，x 表示第几个计数器。计数器的作用主要用于计数，与继电器控制系统中的计数器相似。

格式：C[计数器号]，如 C1。

（6）数据块存储区（DB）

数据块可以存储在装载存储器、工作存储器以及系统存储器中（块堆栈），共享数据块的标识符为"DB"，函数块 FB 的背景数据块的标识符为"DI"。数据块的大小与 CPU 的型号相关。数据块默认为掉电保持，不需要额外设置。

注意：在语句表中，通过"DB"和"DI"区分两个打开的数据块，在其他应用中函数块 FB 的背景数据块也可以用"DB"表示。

（7）本地数据区（L）

本地数据区位于 CPU 的系统存储器中，其地址标识符为"L"。包括函数、函数块的临时变量、组织块中的开始信息、参数传递信息以及梯形图的内部结果。在程序中访问本地数据区的表示法与输入相同。本地数据区的数量与 CPU 的型号有关。

本地数据区和标识位存储区 M 很相似，但只有一个区别：标识位存储区 M 是全局有效的，而本地数据区只在局部有效。全局是指同一个存储区可以被任何程序存取（包括主程序、子程序和中断服务程序），局部是指存储器区和特定的程序相关联。

位格式：L[字节地址].[位地址]，如 L0.0。

字节、字或双字格式：L[长度] 起始字节地址]，如 LB3。

（8）外设地址输入区

外设地址输入区位于 CPU 的系统存储器中，其地址标识符为"：P"，加在过程映像区地址的后面。与过程映像区功能相反，不经过过程映像区的扫描，程序访问外设地址区时，直接将输入模块的信息读入，并作为逻辑运算的条件。

字或双字格式：I[长度] 起始字节地址]:P，如 IW8:P。

（9）外设地址输出区

外设地址输出区位于 CPU 的系统存储器中，其地址标识符为"：P"，加在过程映像区地址的后面。与过程映像区功能相反，不经过过程映像区的扫描，程序访问外设地址区时，直接将逻辑运算的结果（写出信息）写出到输出模块。

字或双字格式：Q[长度] 起始字节地址]:P，如 QW8:P。

以上各存储器的存储区及功能见表 4-10。

表 4-10 存储区及功能

地址存储区	范围	S7符号	举例	功能描述
过程映像输入区	输入（位）	I	I0.0	扫描周期期间，CPU 从模块读取输入，并记录该区域中的值
	输入（字节）	IB	IB0	
	输入（字）	IW	IW0	
	输入（双字）	ID	ID0	
过程映像输出区	输出（位）	Q	Q0.0	扫描周期期间，程序计算输出值并将它放入此区域，扫描结束时，CPU 发送计算输出值到输出模块
	输出（字节）	QB	QB0	
	输出（字）	QW	QW0	
	输出（双字）	QD	QD0	
标识位存储区	标识位存储区（位）	M	M0.0	用于存储程序的中间计算结果
	标识位存储区（字节）	MB	MB0	
	标识位存储区（字）	MW	MW0	
	标识位存储区（双字）	MD	MD0	
定时器	定时器（T）	T	T0	为定时器提供存储空间
计数器	计数器（C）	C	C0	为计数器提供存储空间
共享数据块	数据（位）	DBX	DBX 0.0	数据块用"OPN DB"打开，可以被所有的逻辑块使用
	数据（字节）	DBB	DBB0	
	数据（字）	DBW	DBW0	
	数据（双字）	DBD	DBD0	
背景数据块	数据（位）	DIX	DIX 0.0	数据块用"OPN DI"打开，数据块包含的信息，可以分配给特定的 FB 或者 SFB
	数据（字节）	DIB	DIB0	
	数据（字）	DIW	DIW0	
	数据（双字）	DID	DID0	
本地数据区	本地数据（位）	L	L0.0	当块被执行时，此区域包含块的临时数据
	本地数据（字节）	LB	LB0	
	本地数据（字）	LW	LW0	
	本地数据（双字）	LD	LD0	
外设地址输入区	外设地址输入位	I:P	I0.0:P	外围设备输入区允许直接访问中央和分布式的输入模块
	外设地址输入字节	IB:P	IB0:P	
	外设地址输入字	IW:P	IW0:P	
	外设地址输入双字	ID:P	ID0:P	

续表

地址存储区	范　围	S7 符号	举例	功 能 描 述
外设地址输出区	外设地址输出位	Q:P	Q0.0:P	外围设备输出区允许直接访问中央和分布式的输出模块
	外设地址输出字节	QB:P	QB0:P	
	外设地址输出字	QW:P	QW0:P	
	外设地址输出双字	QD:P	QD0:P	

【例 4-2】　如果 MD0=16#1F，那么，MB0、MB1、MB2、MB3、M0.0 和 M3.0 的数值是多少？

【解】　根据图 4-11，MB0＝0；MB1＝0；MB2＝0；MB3＝16#1F；M0.0＝0；M3.0＝1。这点不同于三菱 PLC，读者要注意区分。如不理解此知识点，在编写通信程序时，如 DCS 与 S7-1500 交换数据时，容易出错。

●【关键点】在 MD0 中，由 MB0、MB1、MB2 和 MB3 四个字节组成，MB0 是高字节，而 MB3 是低字节，字节、字和双字的起始地址如图 4-11 所示。

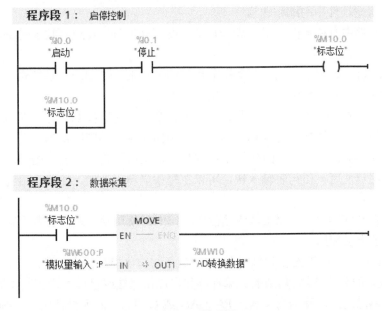

图 4-11　字节、字和双字的起始地址

【例 4-3】　如图 4-12 所示的梯形图，是某初学者编写的，请查看有无错误。

图 4-12　梯形图

【解】　这个程序的逻辑是正确的，但这个程序在实际运行时，并不能采集数据的。程序段 1 是启停控制，当 M10.0 常开触点闭合后开始采集数据，而且 A/D 转换的结果存放在 MW10 中，MW10 包含 2 个字节 MB10 和 MB11，而 MB10 包含 8 个位，即 M10.0～M10.7。只要采集的数据经过 A/D 转换，造成 M10.0 位为 0，整个数据采集过程自动停止。初学者很容易犯类似的错误。读者可将 M10.0 改为 M12.0 即可，只要避开 MW10 中包含的 16 个位（M10.0～M10.7 和 M11.0～M11.7）都可行。

4.1.4 全局变量与区域变量

（1）全局变量

全局变量可以在 CPU 的整个范围内被所有的程序块调用，例如 OB（组织块）、FC（函数）、FB（函数块）中使用，在某一个程序块中赋值后，在其他的程序块中可以读出，没有使用限制。全局变量包括 I、Q、M、T、C、DB、I:P 和 Q:P 等数据区。

（2）区域变量

区域变量只能在所属块（OB、FC 和 FB）范围内调用，在程序块调用时有效，程序块调用完成后被释放，所以不能被其他程序块调用，本地数据区（L）中的变量为区域变量，例如每个程序块中的临时变量都属于区域变量。

4.1.5 编程语言

（1）PLC 编程语言的国际标准

IEC 61131 是 PLC 的国际标准，1992～1995 年发布了 IEC 61131 标准中的 1～4 部分，我国在 1995 年 11 月发布了 GB/T15969-1/2/3/4（等同于 IEC 61131-1/2/3/4）。

IEC 61131-3 广泛地应用于 PLC、DCS、工控机、"软件 PLC"、数控系统和 RTU 等产品。其定义了 5 种编程语言，分别是指令表（Instruction List，IL）、结构文本（Structured Text，ST）、梯形图（Ladder Diagram，LD）、功能块图（Function Block Diagram，FBD）和顺序功能图（Sequential Function Chart，SFC）。

（2）TIA 博途软件中的编程语言

TIA 博途软件中有梯形图、语句表、功能块图、SCL 和 Graph，共 5 种基本编程语言。以下简要介绍。

① 顺序功能图（SFC） TIA 博途软件中为 S7-Graph，S7-Graph 是针对顺序控制系统进行编程的图形编程语言，特别适合顺序控制程序编写。

② 梯形图（LAD） 梯形图直观易懂，适合于数字量逻辑控制。梯形图适合于熟悉继电器电路的人员使用。设计复杂的触点电路时最好用梯形图，其应用最为广泛。

③ 语句表（STL） 语句表的功能比梯形图或功能块图的功能强。语句表可供擅长用汇编语言编程的用户使用。语句表输入快，可以在每条语句后面加上注释。语句表有被淘汰的趋势。

④ 功能块图（FBD） "LOGO!"系列微型 PLC 使用功能块图编程。功能块图适合于熟悉数字电路的人员使用。

⑤ 结构文本（ST） TIA 博途软件的 S7-SCL（结构化控制语言）符合 EN61131-3 标准。SCL 适合于复杂的公式计算、复杂的计算任务和最优化算法或管理大量的数据等。S7-SCL 编程语言适合于熟悉高级编程语言（例如 PASCAL 或 C 语言）的人员使用。S7-SCL 编程语言的使用将越来越广泛。

⑥ S7-HiGraph 编程语言 图形编程语言 S7-HiGraph 属于可选软件包，它用状态图（State Graphs）来描述异步、非顺序过程的编程语言。HiGraph 适合于异步非顺序过程的编程。S7-HiGraph 可用于 S7-300/400PLC，在 S7-1500PLC 中不能使用。

⑦ S7 CFC 编程语言　可选软件包 CFC（Continuous Function Chart，连续功能图）用图形方式连接程序库中以块的形式提供的各种功能。CFC 适合于连续过程控制的编程。

在 TIA 博途软件编程软件中，如果程序块没有错误，并且被正确地划分为网络，在梯形图和功能块图之间可以相互转换，但梯形图和指令表不可相互转换。注意：在经典 STEP 7 中梯形图、功能块、语句表之间可以相互转换。

4.2 变量表、监控表和强制表的应用

4.2.1 变量表（Tag Table）

（1）变量表简介

TIA 博途软件中可定义两类符号：全局符号和局部符号。全局符号利用变量表来定义，可以在用户项目的所有程序块中使用。局部符号是在程序块的变量声明表中定义的，只能在该程序块中使用

PLC 的变量表包含整个 CPU 范围有效的变量和符号常量的定义。系统会为项目中使用的每个 CPU 创建一个变量表，用户也可以创建其他的变量表用于常量和变量进行归类和分组。

在 TIA 博途软件中添加了 CPU 设备后，会在项目树中 CPU 设备下出现一个"PLC 变量"文件夹，在此文件夹中有三个选项：显示所有变量、添加新变量表和默认变量表，如图 4-13 所示。

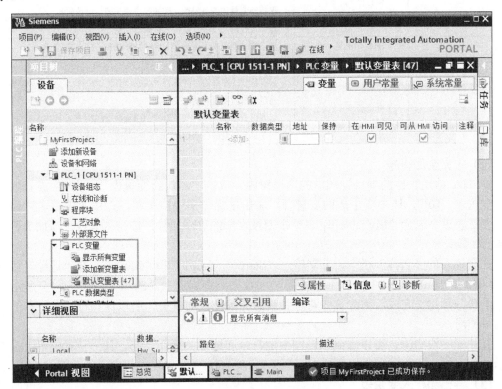

图 4-13　变量表

"显示所有变量"包含有全部的 PLC 变量、用户常量和 CPU 系统常量。该表不能删除或移动。

"默认变量表"是系统创建，项目的每个 CPU 均有一个标准变量表。该表不能删除、重命名或移动。 默认变量表包含 PLC 变量、用户常量和系统常量。可以在默认变量表中声明所有的 PLC 变量，或根据需要创建其他的用户定义变量表。

双击"添加新变量表"，可以创建用户定义变量表，可以根据要求为每个 CPU 创建多个针对组变量的用户定义变量表。可以对用户定义的变量表重命名、整理合并为组或删除。 用户定义变量表包含 PLC 变量和用户常量。

① 变量表的工具栏　变量表的工具栏如图 4-14 所示，从左到右含义分别为：插入行、新建行、导出、全部监视和保持性。

图 4-14　变量表的工具栏

② 变量的结构　每个 PLC 变量表包含变量选项卡和用户常量选项卡。默认变量表和"所有变量"表还均包括"系统常量"选项卡。表 4-11 列出了"常量"选项卡的各列的含义，所显示的列编号可能有所不同，可以根据需要显示或隐藏列。

表 4-11　变量表中"常量"选项卡的各列含义

序号	列	说明
1	▣	通过单击符号并将变量拖动到程序中作为操作数
2	名称	常量在 CPU 范围内的唯一名称
3	数据类型	变量的数据类型
4	地址	变量地址
5	保持性	将变量标记为具有保持性 保持性变量的值将保留，即使在电源关闭后也是如此
6	可从 HMI 访问	显示运行期间 HMI 是否可访问此变量
7	HMI 中可见	显示默认情况下，在选择 HMI 的操作数时变量是否显示
8	监视值	CPU 中的当前数据值 只有建立了在线连接并选择"监视所有"按钮时，才会显示该列
9	变量表	显示包含有变量声明的变量表 该列仅存在于"所有变量"（All Tags）表中
10	注释	用于说明变量的注释信息

（2）定义全局符号

在 TIA 博途软件的项目视图中的项目树中，双击"添加新变量表"，即可生成新的变量表"变量表_1[0]"，选中新生成的变量表，右击鼠标弹出快捷菜单，选中"重命名"命令，将此变量表重命名为"MyTable[0]"。单击变量表中的"添加行"按钮 2 次，添加 2 行，如图 4-15 所示。

在变量表的"名称"栏中，分别输入"Start"、"Stop1"和"Motor"。在"地址"栏中输入"M0.0"、"M0.1"和"Q0.0"。三个符号的数据类型均选为"Bool"，如图 4-16 所示。至此，全局符号定义完成，因为这些符号关联的变量是全局变量，所以这些符号在所有的程序中均可使用。

打开程序块 OB1，可以看到梯形图中的符号和地址关联在一起，且一一对应，如图 4-17 所示。

（3）导出和导入变量表

① 导出　单击变量表工具栏中的"导出"按钮 ，弹出导出路径界面，如图 4-18 所示，

选择适合路径，单击"确定"按钮，即可将变量导出到默认名为"PLCTag.xlsx"的 Excel 文件中。在导出路径中，双击打开导出的 Excel 文件，如图 4-19 所示。

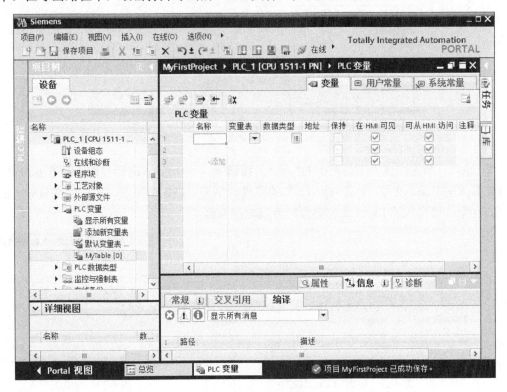

图 4-15　添加新变量表

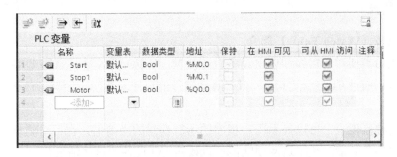

图 4-16　在变量表中，定义全局符号

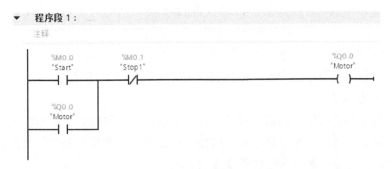

图 4-17　梯形图

图 4-18 变量表导出路径

② 导入 单击变量表工具栏中的"导入"按钮 ，弹出导入路径界面，如图 4-20 所示，选择要导入的 Excel 文件"PLCTag.xlsx"的路径，单击"确定"按钮，即可将变量导入到变量表。注意：要导入的 Excel 文件必须符合规定的规范。

	A	B	C	D	E	F	G
1	Name	Path	Data Type	Logical Address	Comment	Hmi Visible	Hmi Accessible
2	Start	默认变量	Bool	%M0.0		True	True
3	Stop1	默认变量	Bool	%M0.1		True	True
4	Motor	默认变量	Bool	%Q0.0		True	True
5							

图 4-19 导出的 Excel 文件

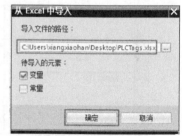

图 4-20 变量表导入路径

4.2.2 监控表

（1）监控表（Watch Table）简介

接线完成后需要对所接线和输出设备进行测试，即 I/O 设备测试。I/O 设备的测试可以使用 TIA 博途软件提供的监控表实现，TIA 博途软件的监控表相当于经典 STEP 7 软件中的变量表的功能。

监控表也称监视表，可以显示用户程序的所有变量的当前值，也可以将特定的值分配给用户程序中的各个变量。使用这两项功能可以检查 I/O 设备的接线情况。

（2）创建监控表

当 TIA 博途软件的项目中添加了 PLC 设备后，系统会自动为该 PLC 的 CPU 生成一个"监控和强制表"文件夹。在项目视图的项目树中，打开此文件夹，双击"添加新监控表"选项，即可创建新的监控表，默认名称为"监控表_1"，如图 4-21 所示。

在监控表中输入要监控的变量，创建监控表完成，如图 4-22 所示。

（3）监控表的布局

监视表中显示的列与所用的模式有关，即基本模式或扩展模式。扩展模式比基本模式的列数多，扩展模式下会显示两个附加列：即使用触发器监视和使用触发器修改。

监控表中的工具条中各个按钮的含义见表 4-12。

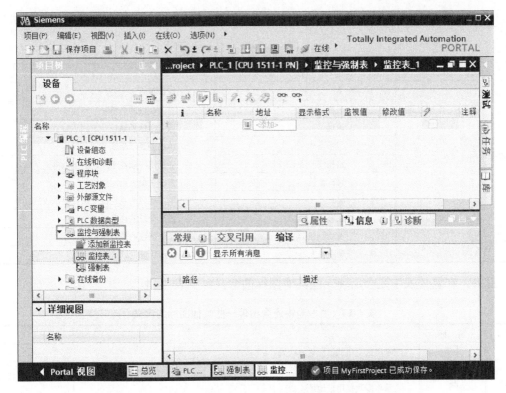

图 4-21　创建监控表

图 4-22　在监控表中定义要监控的变量

表 4-12　监控表中的工具条中各个按钮的含义

序号	按钮	说　　明
1		在所选行之前插入一行
2		在所选行之后入一行
3		立即修改所有选定变量的地址一次。该命令将立即执行一次，而不参考用户程序中已定义的触发点
4		参考用户程序中定义的触发点，修改所有选定变量的地址
5		禁用外设输出的输出禁用命令。用户因此可以在 CPU 处于 STOP 模式时修改外设输出
6		显示扩展模式的所有列。 如果再次单击该图标，将隐藏扩展模式的列
7		显示所有修改列。如果再次单击该图标，将隐藏修改列
8		开始对激活监控表中的可见变量进行监视。 在基本模式下，监视模式的默认设置是"永久"。在扩展模式下，可以为变量监视设置定义的触发点
9		开始对激活监控表中的可见变量进行监视。 该命令将立即执行并监视变量一次

监控表中各列的含义见表 4-13。

表 4-13 监控表中各列的含义

模 式	列	含 义
基本模式	**i**	标识符列
	名称	插入变量的名称
	地址	插入变量的地址
	显示格式	所选的显示格式
	监视值	变量值，取决于所选的显示格式
	修改数值	修改变量时所用的值
	⚡	单击相应的复选框可选择要修改的变量
	注释	描述变量的注释
扩展模式显示附加列	使用触发器监视	显示所选的监视模式
	使用触发器修改	显示所选的修改模式

此外，在监控表中还会出现一些其他图标的含义，见表 4-14。

表 4-14 监控表中还会出现一些其他图标的含义

序号	图 标	含 义
1	■	表示所选变量的值已被修改为"1"
2	■	表示所选变量的值已被修改为"0"
3	=	表示将多次使用该地址
4	⊠	表示将使用该替代值。替代值是在信号输出模块故障时输出到过程的值，或在信号输入模块故障时用来替换用户程序中过程值的值。用户可以分配替代值（例如，保留旧值）
5	⬚	表示地址因已修改而被阻止
6	⬚	表示无法修改该地址
7	⬚	表示无法监视该地址
8	**F**	表示该地址正在被强制
9	**F**	表示该地址正在被部分强制
10	**F**	表示相关的 I/O 地址正在被完全/部分强制
11	**F**	表示该地址不能被完全强制。示例：只能强制地址 QW0:P 但不能强制地址 QD0:P。这是由于该地址区域始终不在 CPU 上
12	✖	表示发生语法错误
13	▲	表示选择了该地址但该地址尚未更改

（4）监控表的 I/O 测试

监控表的编辑与编辑 Excel 类似，因此，监控表的输入可以使用复制、粘贴和拖拽等功能，变量可以从其他项目复制和拖拽到本项目。

如图 4-23 所示，单击监控表中工具条的"监视变量"按钮，可以看到三个变量的监视值。

如图 4-24 所示，选中"M0.1"后面的"修改值"栏的"FALSE"，单击鼠标右键，弹出快捷菜单，选中"修改"→"修改为1"命令，变量"M0.1"变成"TRUE"，如图 4-25 所示。

4.2.3 强制表

（1）强制表简介

使用强制表给用户程序中的各个变量分配固定值，该操作称为"强制"。

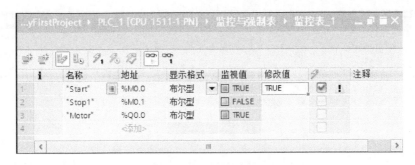

图 4-23　监控表的监控

图 4-24　修改监控表中的值（1）

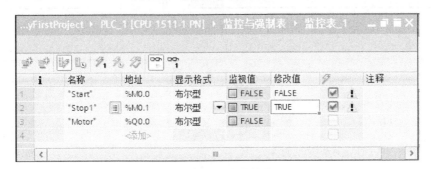

图 4-25　修改监控表中的值（2）

强制表功能如下。

① 监视变量　通过该功能可以在 PG/PC 上显示用户程序或 CPU 中各变量的当前值。可以使用或不使用触发条件来监视变量。

强制表可监视的变量有：输入存储器、输出存储器、位存储器和数据块的内容，此外还可监视外设输入的内容。

② 强制变量　通过该功能可以为用户程序的各个 I/O 变量分配固定值。

变量表可强制的变量有：外设输入和外设输出。

（2）打开监控表

当 TIA 博途软件的项目中添加了 PLC 设备后，系统会自动为该 PLC 的 CPU 生成一个"监控和强制表"文件夹。在项目视图的项目树中，打开此文件夹，双击"强制表"选项，即可打开，不需要创建，输入要强制的变量，如图 4-26 所示。

如图 4-27 所示，选中"强制值"栏中的"TRUE"，右击鼠标，弹出快捷菜单，选中"强制"→"强制为 1"命令，强制表如图 4-28 所示，在第一列出现 F 标识，而且模块的 Q0.1 指示灯点亮，且 CPU 模块的"MAINT"指示灯变为黄色。

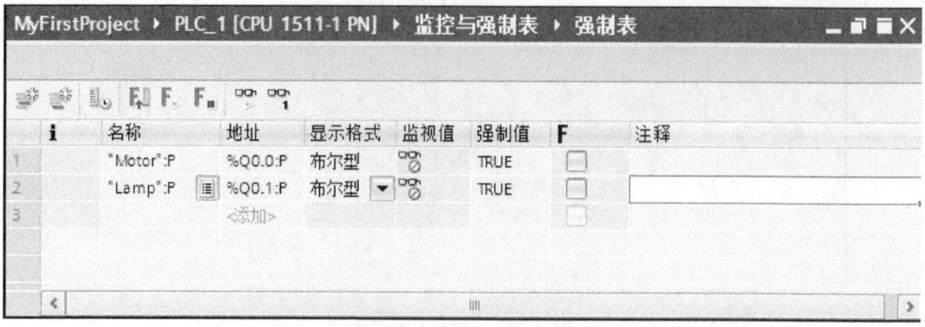

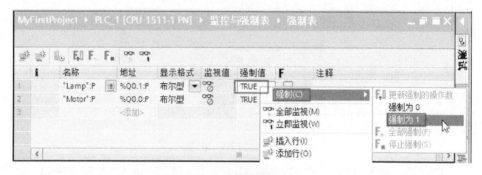

图 4-26 强制表

图 4-27 强制表的强制操作（1）

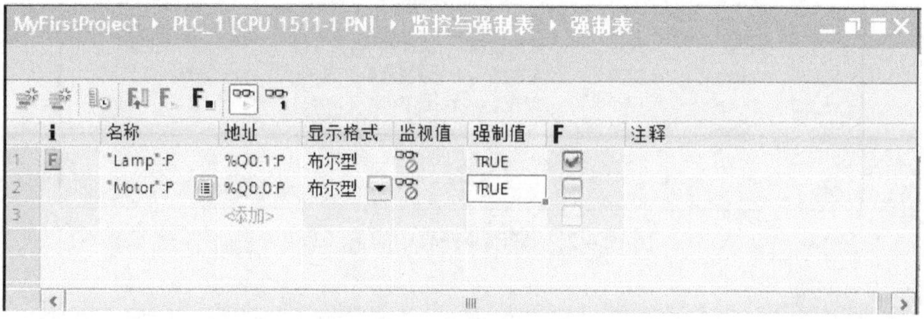

图 4-28 强制表的强制操作（2）

点击工具栏中的"停止强制"按钮 **F.**，停止所有的强制输出，"MAINT"指示灯变为绿色。

4.3 位逻辑运算指令

位逻辑指令用于二进制数的逻辑运算。位逻辑运算的结果简称为 RLO。

位逻辑指令是最常用的指令之一，主要有与运算指令、与非运算指令、或运算指令、或非运算指令、置位运算指令、复位运算指令、嵌套指令和线圈指令等。

（1）触点与线圈相关指令

① A（And）：与运算指令表示常开触点的串联。使用"与"运算指令来检查二进制操作数的信号状态是否为"1"，并且将查询结果与该逻辑运算结果 (RLO) 的信号状态进行"与"运算。因此，查询结果与所检查的操作数信号状态相同。

如果两个相应的信号状态均为"1"，则在执行该指令后，RLO 为"1"。如果其中一个相应的信号状态为"0"，则在指令执行后，RLO 为"0"。

② O（Or）：或运算指令表示常开触点的并联。使用"或"运算指令来检查二进制操作数的信号状态是否为"1"，并且将查询结果与该逻辑运算结果 (RLO) 的信号状态进行"或"运算。因此，查询结果与所检查的操作数信号状态相同。

如果其中一个相应的信号状态为"1"，则在执行该指令之后，RLO 为"1"。如果这两个相应的信号状态均为"0"，则在执行该指令之后，RLO 也为"0"。

③ AN（And Not）：与运算取反指令表示常闭触点的串联。检测信号 0，与 And Not 关联。

④ ON（Or Not）：或运算取反指令表示常闭触点的并联。

⑤ 线圈指令"="与线圈相对应。将 CPU 中保存的逻辑运算结果 (RLO) 的信号状态分配给指定操作数。如果 RLO 的信号状态为"1"，则置位操作数。如果信号状态为"0"，则操作数复位为"0"。

⑥ "线圈取反"指令，可将逻辑运算的结果 (RLO) 进行取反，然后将其赋值给指定操作数。线圈输入的 RLO 为"1"时，复位操作数。线圈输入的 RLO 为"0"时，操作数的信号状态置位为"1"。

与、与运算取反及线圈指令示例如图 4-29 所示，图中左侧是梯形图，右侧是与梯形图对应的指令表。当常开触点 I0.0 和常闭触点 I0.2 都接通时，输出线圈 Q0.0 得电（Q0.0=1），Q0.0=1 实际上就是运算结果 RLO 的数值，I0.0 和 I0.2 是串联关系。

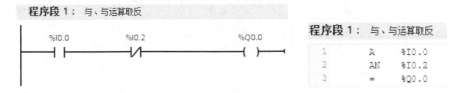

图 4-29　与、与运算取反及线圈指令示例

或、或运算取反及线圈指令示例如图 4-30 所示，当常开触点 I0.0、常开触点 Q0.0 和常闭触点 M0.0 有一个或多个接通时，输出线圈 Q0.0 得电（Q0.0=1），I0.0、Q0.0 和 M0.0 是并联关系。

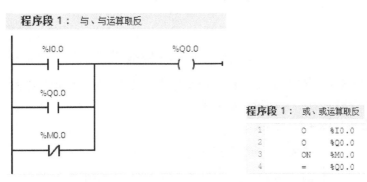

图 4-30　或、或运算取反及线圈指令示例

【例 4-4】　CPU 上电运行后，对 MB0～MB3 清零复位，请设计梯形图。

【解】　S7-1500 虽然可以设置上电闭合一个扫描周期的特殊寄存器（FirstScan），但可以用如图 4-31 所示梯形图取代此特殊寄存器。另一种解法要用到 OB100，将在后续章节讲解。

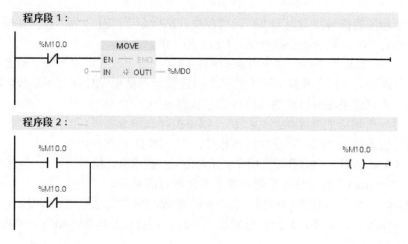

图 4-31　梯形图

（2）对 RLO 的直接操作指令

这类指令可直接对逻辑操作结果 RLO 进行操作，改变状态字中 RLO 的状态。对 RLO 的直接操作指令见表 4-15。

表 4-15　对 RLO 的直接操作指令

梯形图指令	STL指令	功 能 说 明	说　明
---|NOT|---	NOT	取反 RLO	在逻辑串中，对当前 RLO 取反
	SET	置位 RLO	将 RLO 置 1
	CLR	复位 RLO	将 RLO 清零
—（SAVE）	SAVE	保存 RLO	将 RLO 保存到状态字的 BR 位

取反 RLO 指令示例如图 4-32 所示，当 I0.0 为 1 时 Q0.0 为 0，反之当 I0.0 为 0 时 Q0.0 为 1。

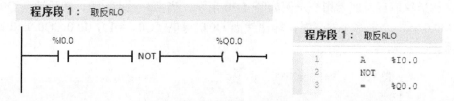

图 4-32　取反 RLO 指令示例

【例 4-5】　某设备上有"就地/远程"转换开关，当其设为"就地"挡时，就地灯亮，设为"远程"挡时，远程灯亮，请设计梯形图。

【解】　梯形图如图 4-33 所示。

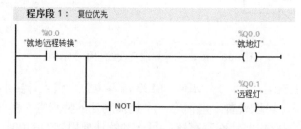

图 4-33　取反 RLO 指令示例

（3）电路块的嵌套

如图 4-34 所示的或运算嵌套，实际就是把两个虚线框当作两个块，再将两个块作或运算。如图 4-35 所示的与运算嵌套，实际就是把两个虚线框当作两个块，再将两个块作与运算。

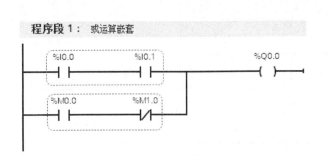

图 4-34　或运算嵌套示例

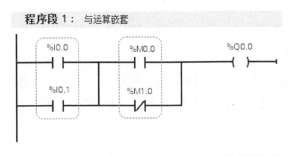

图 4-35　与运算嵌套示例

【**例 4-6**】　编写程序，实现当压下 SB1 按钮奇数次，灯亮，当压下 SB1 按钮偶数次，灯灭，即单键启停控制，请设计梯形图。

【**解**】　这个电路是微分电路，但没用到上升沿指令。梯形图如图 4-36 所示。

注意：在经典 STEP7 中，图 4-36 所示的梯形图需要三个程序段。

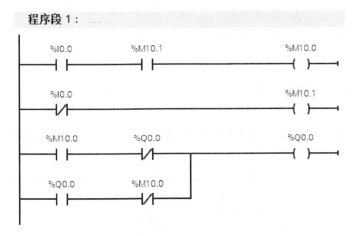

图 4-36　梯形图

（4）复位与置位指令

S：置位指令将指定的地址位置位（变为 1，并保持）。

R：复位指令将指定的地址位复位（变为 0，并保持）。

如图 4-37 所示为置位/复位指令示例，当 I0.0 为 1，Q0.0 为 1，之后，即使 I0.0 为 0，Q0.0 保持为 1，直到 I0.1 为 1 时，Q0.0 变为 0。这两条指令非常有用。

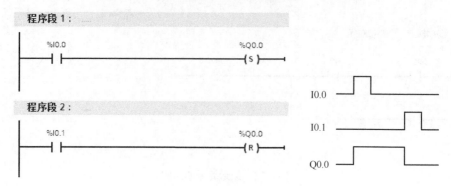

图 4-37　置位/复位指令示例

▶【关键点】置位/复位指令不一定要成对使用。

【例 4-7】 用置位/复位指令编写"正转－停－反转"的梯形图，其中 I0.0 是正转按钮，I0.1 是反转按钮，I0.2 是停止按钮（接常闭触点），Q0.0 是正转输出，Q0.1 是反转输出。

【解】 梯形图如图 4-38 所示，可见使用置位/复位指令后，不需要用自锁，程序变得更加简洁。

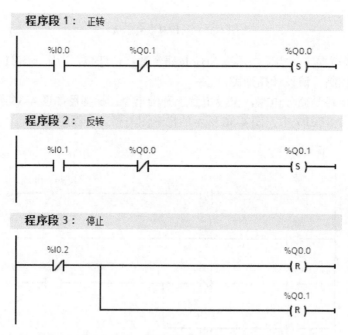

图 4-38　"正转－停－反转"梯形图

【例 4-8】 CPU 上电运行后，对 M10.2 置位，并一直保持为 1，请设计梯形图。

【解】 S7-1500 虽然可以设置上电运行后一直闭合的特殊寄存器位（AlwaysTRUE），但设计梯形图如图 4-39 所示，可替代此特殊寄存器位。

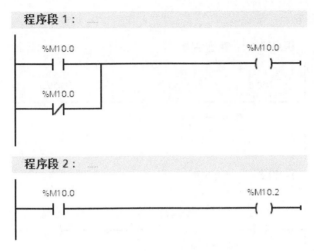

图 4-39　梯形图

(5) SET_BF 位域/RESET_BF 位域

① SET_BF："置位位域"指令，对从某个特定地址开始的多个位进行置位。

② RESET_BF："复位位域"指令，可对从某个特定地址开始的多个位进行复位。

置位位域和复位位域应用如图 4-40 所示，当常开触点 I0.0 接通时，从 Q0.0 开始的 3 个位置位，而当常开触点 I0.1 接通时，从 Q0.1 开始的 3 个位复位。这两条指令很有用，在 S7-300/400 PLC 中没有此指令。

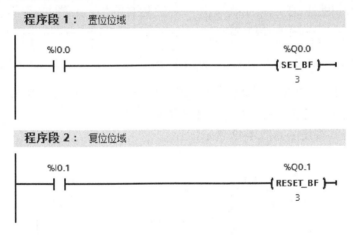

图 4-40　置位位域和复位位域应用

(6) RS/SR 触发器

① RS：复位/置位触发器。如果 R 输入端的信号状态为"1"，S1 输入端的信号状态为"0"，则复位。如果 R 输入端的信号状态为"0"，S1 输入端的信号状态为"1"，则置位触发器。如果两个输入端的 RLO 状态均为"1"，则置位触发器。如果两个输入端的 RLO 状态均为"0"，保持触发器以前的状态。RS /SR 双稳态触发器示例如图 4-41 所示，用一个表格表示这个例子的输入与输出的对应关系，见表 4-16。

② SR：置位/复位触发器。如果 S 输入端的信号状态为"1"，R1 输入端的信号状态为"0"，则置位。如果 S 输入端的信号状态为"0"，R1 输入端的信号状态为"1"，则复位触发器。如果两个输入端的 RLO 状态均为"1"，则复位触发器。如果两个输入端的 RLO 状态均为"0"，

保持触发器以前的状态。

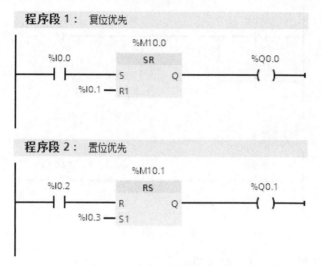

图 4-41　RS /SR 触发器示例

表 4-16　RS /SR 触发器输入与输出的对应关系

置位/复位触发器 SR（复位优先）				复位/置位触发器 RS（置位优先）			
输入状态		输出状态	说　明	输入状态		输出状态	说　明
S (I0.0)	R1 (I0.1)	Q (Q0.0)		R (I0.2)	S1 (I0.3)	Q (Q0.1)	
1	0	1	当各个状态断开后，输出状态保持	1	0	0	当各个状态断开后，输出状态保持
0	1	0		0	1	1	
1	1	0		1	1	1	

【例 4-9】 设计一个单键启停控制（乒乓控制）的程序，实现用一个单按钮控制一盏灯的亮和灭，即奇数次压下按钮灯亮，偶数次压下按钮灯灭。

【解】 先设计其接线图如图 4-42 所示。

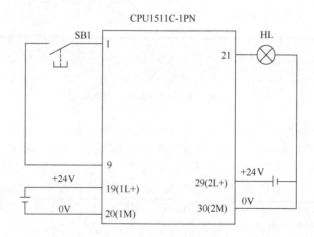

图 4-42　I/O接线图

梯形图如图 4-43 所示，可见使用 SR 触发器指令后，不需要用自锁，程序变得更加简洁。当第一次压下按钮时，Q0.0 线圈得电（灯亮），Q0.0 常开触点闭合，当第二次压下按钮时，S

和 R1 端子同时高电平，由于复位优先，所以 Q0.0 线圈断电（灯灭）。

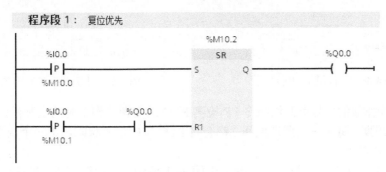

图 4-43　梯形图（1）

这个题目还有另一种解法，就是用 RS 指令，梯形图如图 4-44 所示，当第一次压下按钮时，Q0.0 线圈得电（灯亮），Q0.0 常闭触点断开，当第二次压下按钮时，R 端子高电平，所以 Q0.0 线圈断电（灯灭）。

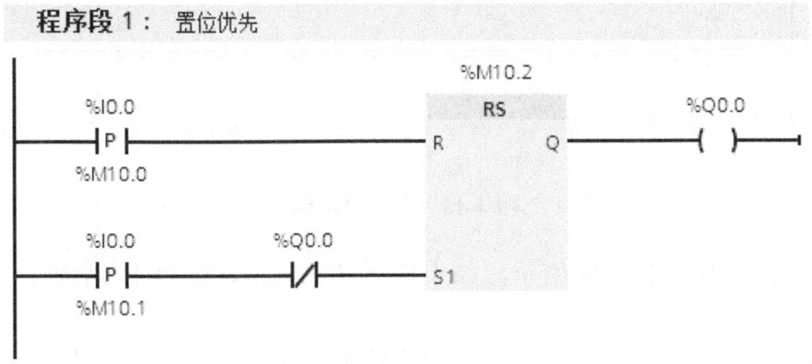

图 4-44　梯形图（2）

（7）边沿检测指令

边沿检测指令有扫描操作数的信号下降沿指令和扫描操作数的信号上升沿指令。

① 扫描操作数的信号下降沿指令 FN 检测 RLO 从 1 调转到 0 时的下降沿，并保持 RLO＝1 一个扫描周期。每个扫描周期期间，都会将 RLO 位的信号状态与上一个周期获取的状态比较，以判断是否改变。

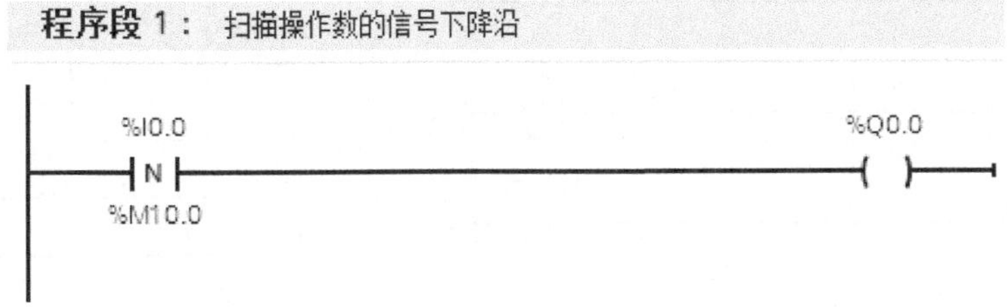

图 4-45　下降沿示例

下降沿示例的梯形图如图 4-45 所示，由图 4-46 所示的时序图可知：当按钮 I0.0 按下后弹起时，产生一个下降沿，输出 O0.0 得电一个扫描周期，这个时间是很短的，肉眼是分辨不出来的，因此若 Q0.0 控制的是一盏灯，肉眼是不能分辨出灯已经亮了一个扫描周期。在后面的章节中多处用到时序图，请读者务必掌握这种表达方式。

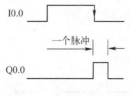

图 4-46 下降沿示例时序图   图 4-47 上升沿示例时序图

② 扫描操作数的信号上升沿指令 FP 检测 RLO 从 0 调转到 1 时的上升沿，并保持 RLO ＝1 一个扫描周期。每个扫描周期期间，都会将 RLO 位的信号状态与上一个周期获取的状态比较，以判断是否改变。

上升沿示例的梯形图如图 4-48 所示，由图 4-47 所示的时序图可知：当按钮 I0.0 按下时，产生一个上升沿，输出 O0.0 得电一个扫描周期，无论按钮闭合多长的时间，输出 O0.0 只得电一个扫描周期。

图 4-48 上升沿示例

【例 4-10】 梯形图如图 4-49 所示，如果按钮 I0.0 压下，闭合 1s 后弹起，请分析程序运行结果。

【解】 时序图如图 4-50 所示，当 I0.0 压下时，产生上升沿，触点产生一个扫描周期的时钟脉冲，驱动输出线圈 Q0.1 通电一个扫描周期，Q0.0 也通电，使输出线圈 Q0.0 置位，并保持。

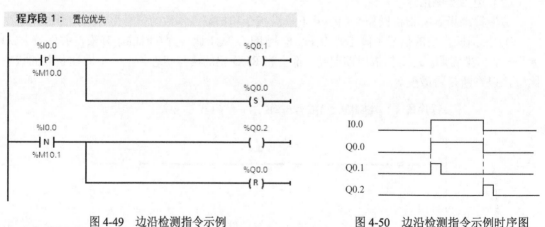

图 4-49 边沿检测指令示例   图 4-50 边沿检测指令示例时序图

当按钮 I0.0 弹起时，产生下降沿，触点产生一个扫描周期的时钟脉冲，驱动输出线圈 Q0.2 通电一个扫描周期，使输出线圈 Q0.0 复位，并保持，Q0.0 得电共 1s。

【例 4-11】 设计一个程序，实现用一个单按钮控制一盏灯的亮和灭，即奇数次压下按钮灯亮，偶数次压下按钮灯灭。

【解】 当 I0.0 第一次合上时，M10.0 接通一个扫描周期，使得 Q0.0 线圈得电一个扫描周期，当下一次扫描周期到达，Q0.0 常开触点闭合自锁，灯亮。

当 I0.0 第二次合上时，M10.0 线圈得电一个扫描周期，使得 M10.0 常闭触点断开，灯灭。梯形图如图 4-51 所示。

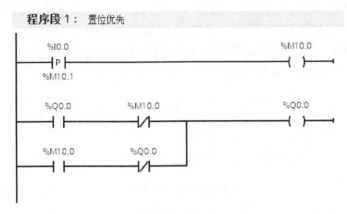

图 4-51　梯形图

（8）SAVE 指令

SAVE 指令就是将 RLO 保存到状态字的 BR 位，在下一段程序中，BR 位的状态将参与"与"逻辑运算。在推出逻辑块之前，通过 SAVE 指令，使 BR 位对应的使能输出 ENO 被设置为 RLO 位的值，可以用于块的错误检查。SAVE 指令较为常用，只出现在语句表程序中。

（9）SET 和 CLR 指令

SET 和 CLR 指令无条件将 RLO（逻辑运算结果）置位和复位，随后将 SET 和 CLR 指令后面的赋值指令中的地址变为 1 状态或者 0 状态。SET 和 CLR 指令比较常用，如在初始化组织块 OB100 中，用下列的语句表进行初始化。

```
SET                   //将RLO置位
=      Q      0.0      //将Q0.0置位
CLR                   //将RLO复位
=      Q      0.1      //将Q0.1复位
```

4.4　定时器和计数器指令

4.4.1　SIMATIC 定时器

TIA 博途软件的定时器指令相当于继电器接触器控制系统的时间继电器的功能。定时器的数量随 CPU 的类型不同，一般而言足够用户使用。

（1）定时器的种类

TIA 博途软件的 SIMATIC 定时器指令较为丰富，除了常用的接通延时定时器（SD）和断开延时定时器（SF）以外，还有脉冲定时器（SP）、扩展脉冲定时器（SE）和保持型接通延时定时器（SS）共 5 类。

（2）定时器的使用

定时器有其存储区域，每个定时器有一个 16 位的字和一个二进制的值。定时器的字存放当前定时值。二进制的值表示定时器的接点状态。

① 启动和停止定时器　在梯形图中，定时器的 S 端子可以使能定时器，而定时器的 R

端子可以复位定时器。

② 设定时器的定时时间 TIA 博途软件中的定时时间由时基和定时值组成，定时时间为时基和定时值的乘积，例如定时值为 1000，时基为 0.01s，那么定时时间就是 10s，很多 PLC 的定时都是采用这种方式。定时器开始工作后，定时值不断递减，递减至零，表示时间到，定时器会相应动作。

定时器字的格式如图 4-52 所示，其中第 12 位和 13 位（即 m 和 n）是定时器的时基代码，时基代码的含义见表 4-17。定时的时间值以 3 位 BCD 码格式存放，位于 0~11（即 a~1），范围为 0~999。第 14 位和 15 位不用。

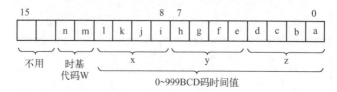

图 4-52 定时器字的格式

定时时间有两种表达方式：十六进制数表示和 S5 时间格式表示。前者的格式为：W#16#wxyz，其中 w 是时间基准代码，xyz 是 BCD 码的时间值。例如时间表述为：W#16#1222，则定时时间为 222×0.1s=22.2s。

表 4-17 时基与定时范围对应表

时基二进制代码	时基	分辨率/s	定 时 范 围
00	10ms	0.01	10ms~9s_990ms
01	100ms	0.1	100ms~1m_39s_900ms
10	1s	1	1s~16m_39s
11	10s	10	10s~2h_46m_30s

S5 时间格式为：S5T#aH_bM_cS_dMS，其中 a 表示小时，b 表示分钟，c 表示秒钟，d 表示毫秒，含义比较明显。例如 S5T#1H_2M_3S 表示定时时间为 1 小时 2 分 3 秒。这里的时基是 PLC 自动选定的。

（3）脉冲时间定时器（SP）

SP：产生指定时间宽度脉冲的定时器。当逻辑位有上升沿时，脉冲定时器指令启动计时，同时节点立即输出高电平"1"，直到定时器时间到，定时器输出为"0"。脉冲时间定时器可以将长信号变成指定宽度的脉冲。如果定时时间未到，而逻辑位的状态变成"0"时，定时器停止计时，输出也变成低电平。脉冲定时器线圈指令和参数见表 4-18。

表 4-18 脉冲定时器线圈指令和参数

LAD	参 数	数 据 类 型	存 储 区	说 明
T no.	T no.	Timer	T	表示要启动的定时器号
—（SP）	时间值	S5Time, WORD	I、Q、M、D、L 或常数	定时器时间值

用一个例子说明脉冲定时器的使用，梯形图如图 4-53 所示，对应的时序图如图 4-54 所示。可以看出当 I0.0 接通的时间长于 1s，Q0.0 输出的时间是 1s，而当 I0.0 接通的时间为 0.5s（小于 1s）时，Q0.0 输出 1 的时间是 0.5s，无论 I0.0 是否接通，只要 I0.1 接通时，定时器复位，Q0.0 输出为 0。

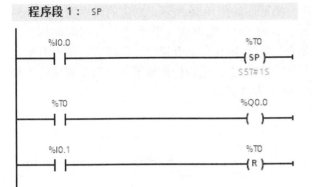

图 4-53 脉冲定时器示例

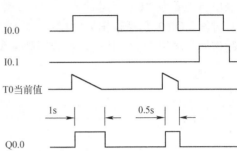

图 4-54 脉冲定时器示例的时序图

TIA 博途软件除了提供脉冲的定时器线圈指令外，还提供更加复杂的方框指令来实现相应的定时功能。脉冲定时器方框指令和参数见表 4-19。

表 4-19 脉冲定时器方框指令和参数

LAD	参 数	数据类型	说 明	存 储 区
	T no.	Timer	要启动的计时器号，如 T0	T
	S	BOOL	启动输入端	I、Q、M、D、L
	TV	S5Time，WORD	定时时间	I、Q、M、D、L 或常数
	R	BOOL	复位输入端	I、Q、M、T、C、D、L、P 或常数
	Q	BOOL	定时器的状态	I、Q、M、D、L
	BI	WORD	当前时间（整数格式）	I、Q、M、D、L、P
	BCD	WORD	当前时间（BCD 码格式）	

脉冲定时器方框指令的示例如图 4-55 所示。

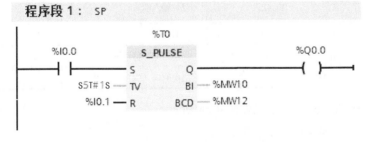

图 4-55 脉冲定时器方框指令示例

（4）扩展脉冲时间定时器（SE）

扩展脉冲时间定时器（SE）和脉冲时间定时器（SP）指令相似，但 SE 指令具有保持功能。扩展脉冲时间定时器的线圈指令和参数见表 4-20。

表 4-20 扩展脉冲定时器线圈指令和参数

LAD	参 数	数据类型	存 储 区	说 明
T no.	T no.	Timer	T	表示要启动的定时器号
—（SE）	时间值	S5Time，WORD	I、Q、M、D、L 或常数	定时器时间值

用一个例子来说明 SE 线圈指令的使用，梯形图如图 4-56 所示，对应的时序图如图 4-57 所示。当 I0.0 有上升沿时，定时器 T0 启动，同时 Q0.0 输出高电平 "1"，定时时间到后，输出自动变为 "0"（尽管此时 I0.0 仍然闭合），当 I0.0 有上升沿时，且闭合时间没有到定时时间，Q0.0 仍然输出为 "1"，直到定时时间到为止。无论什么情况下，只要复位输入端起作用，本例为 I0.1 闭合，则定时器复位，输出为 "0"。

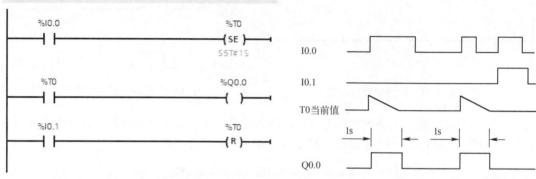

图 4-56　扩展脉冲定时器示例　　　　　　图 4-57　扩展脉冲定时器示例的时序图

TIA 博途软件除了提供扩展脉冲的定时器线圈指令外，还提供更加复杂的方框指令来实现相应的定时功能。扩展脉冲定时器方框指令和参数见表 4-21。

表 4-21　扩展脉冲定时器方框指令和参数

LAD	参数	数据类型	说　明	存　储　区
	T no.	Timer	要启动的定时器号，如 T0	T
	S	BOOL	启动输入端	I、Q、M、D、L
	TV	S5Time, WORD	定时时间	I、Q、M、D、L 或常数
	R	BOOL	复位输入端	I、Q、M、T、C、D、L、P 或常数
	Q	BOOL	定时器的状态	I、Q、M、D、L
	BI	WORD	当前时间（整数格式）	I、Q、M、D、L、P
	BCD	WORD	当前时间（BCD 码格式）	

扩展脉冲定时器方框指令示例如图 4-58 所示。

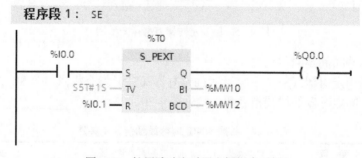

图 4-58　扩展脉冲定时器方框指令示例

（5）接通延时定时器（SD）

接通延时定时器（SD）相当于继电器接触器控制系统中的通电延时时间继电器。通电延时继电器的工作原理是：线圈通电，触点延时一段时间后动作。SD 指令是当逻辑位接通时，定时器开始定时，计时过程中，定时器的输出为"0"，定时时间到，输出为"1"，整个过程中，逻辑位要接通，只要逻辑位断开，则输出为"0"。接通延时定时器最为常用。接通延时定时器的线圈指令和参数见表 4-22。

表 4-22 接通延时定时器的线圈指令和参数

LAD	参 数	数 据 类 型	存 储 区	说 明
T no.	T no.	Timer	T	表示要启动的定时器号
—(SD)	时间值	S5Time, WORD	I、Q、M、D、L 或常数	定时器时间值

用一个例子来说明 SD 线圈指令的使用，梯形图如图 4-59 所示，对应的时序图如图 4-60 所示。当 I0.0 闭合时，定时器 T0 开始定时，定时 1s 后（I0.0 一直闭合），Q0.0 输出高电平"1"，若 I0.0 的闭合时间不足 1s，Q0.0 输出为"0"，若 I0.0 断开，Q0.0 输出为"0"。无论什么情况下，只要复位输入端起作用，本例为 I0.1 闭合，则定时器复位，Q0.0 输出为"0"。

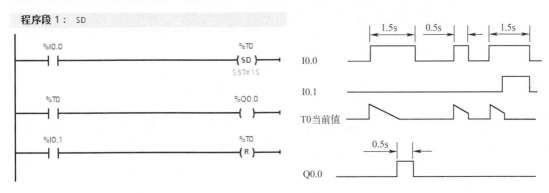

图 4-59 接通延时定时器示例   图 4-60 接通延时定时器示例的时序图

TIA 博途软件除了提供接通延时定时器线圈指令外，还提供更加复杂的方框指令来实现相应的定时功能。接通延时定时器方框指令和参数见表 4-23。

表 4-23 接通延时定时器方框指令和参数

LAD	参 数	数据类型	说 明	存储区
T no. S_ODT S　　Q TV　 BI R　 BCD	T no.	Timer	要启动的定时器号，如 T0	T
	S	BOOL	启动输入端	I、Q、M、D、L
	TV	S5Time, WORD	定时时间	I、Q、M、D、L 或常数
	R	BOOL	复位输入端	I、Q、M、T、C、D、L、P 或常数
	Q	BOOL	定时器的状态	I、Q、M、D、L
	BI	WORD	当前时间（整数格式）	I、Q、M、D、L、P
	BCD	WORD	当前时间（BCD 码格式）	

接通延时定时器方框指令示例如图 4-61 所示。

【例 4-12】 设计一段程序，实现一盏灯灭 3s，亮 3s，不断循环，且能实现启停控制。

【解】 接线图如图 4-62 所示，梯形图如图 4-63 所示。这个梯形图比较简单，但初学者往往不易看懂。控制过程是：当 SB1 合上，定时器 T0 定时 3s 后 Q0.0 控制的灯灭，与此同时定时器 T1 启动定时，3s 后，T1 的常闭触点断开切断 T0，进而 T0 的常开触点切断 T1；此时 T1 的常闭触点闭合 T0 又开始定时，Q0.0 灯亮，如此周而复始，Q0.0 控制灯闪烁。

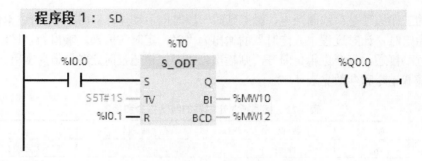

图 4-61　接通延时定时器方框指令示例

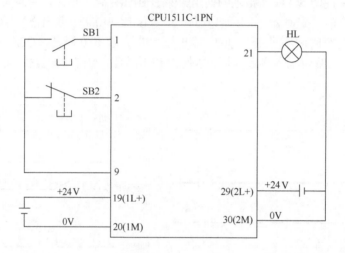

图 4-62　接线图

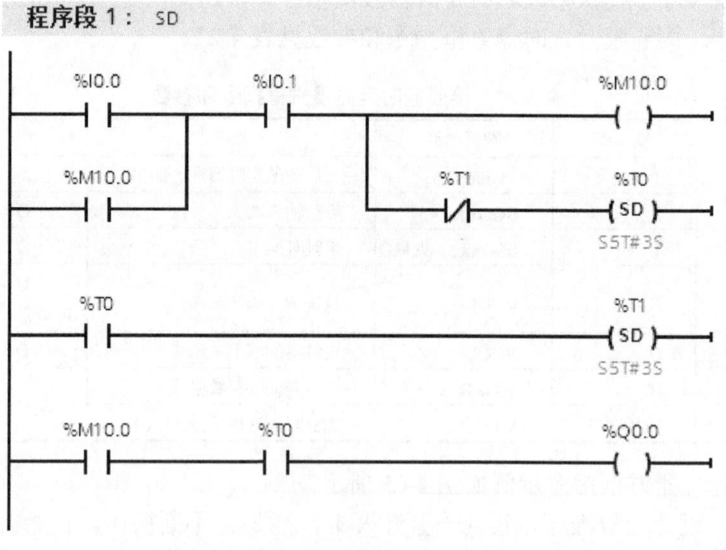

图 4-63　梯形图（1）

本例的第二种解法如图 4-64 所示，定时器用方框图表示，这种解法更容易理解。

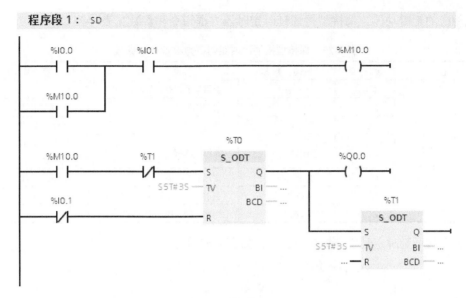

图 4-64　梯形图（2）

（6）保持型接通延时定时器（SS）

保持型接通延时定时器（SS）与接通延时定时器（SD）类似，但 SS 定时器具有保持功能。一旦逻辑位有上升沿发生，定时器启动计时，延时时间到，输出高电平"1"，即使逻辑位为"0"也不影响定时器的工作。必须用复位指令才能使定时器复位。保持型接通延时定时器的线圈指令和参数见表 4-24。

表 4-24　保持型接通延时定时器的线圈指令和参数

LAD	参　数	数 据 类 型	存 储 区	说　明
T no.	T no.	Timer	T	表示要启动的定时器号
—（SS）	时间值	S5Time，WORD	I、Q、M、D、L 或常数	定时器时间值

用一个例子来说明 SS 线圈指令的使用，梯形图如图 4-65 所示，对应的时序图如图 4-66 所示。当 I0.0 闭合产生一个上升沿时，定时器 T0 开始定时，定时 1s 后（无论 I0.0 是否闭合），Q0.0 输出为高电平"1"，直到复位有效为止，本例为 I0.1 闭合产生上升沿，定时器复位，Q0.0 输出为低电平"0"。

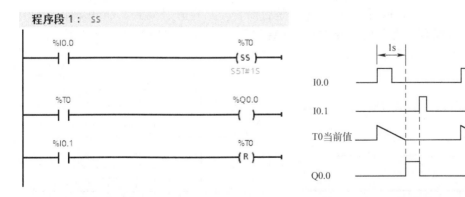

图 4-65　保持型接通延时定时器示例　　　图 4-66　保持型接通延时定时器示例的时序图

TIA 博途软件除了提供保持型接通延时定时器线圈指令外，还提供更加复杂的方框指令来实现相应的定时功能。保持型接通延时定时器方框指令和参数见表 4-25。

表 4-25 保持型接通延时定时器方框指令和参数

LAD	参　数	数据类型	说　明	存储区
T no. S_ODTS S　Q TV　BI R　BCD	T no.	Timer	要启动的定时器号，如 T0	T
	S	BOOL	启动输入端	I、Q、M、D、L
	TV	S5Time，WORD	定时时间	I、Q、M、D、L 或常数
	R	BOOL	复位输入端	I、Q、M、T、C、D、L、 P 或常数
	Q	BOOL	定时器的状态	I、Q、M、D、L
	BI	WORD	当前时间（整数格式）	I、Q、M、D、L、P
	BCD	WORD	当前时间（BCD 码格式）	

保持型接通延时定时器方框指令的示例如图 4-67 所示。

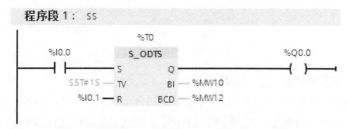

图 4-67 保持型接通延时定时器方框指令的示例

（7）断开延时定时器（SF）

断开延时定时器（SF）相当于继电器控制系统的断电延时时间继电器，是定时器指令中唯一一个由下降沿启动的定时器指令。断开延时定时器的线圈指令和参数见表 4-26。

表 4-26 断开延时定时器的线圈指令和参数

LAD	参　数	数据类型	存储区	说　明
T no. —（SF）	T no.	Timer	T	表示要启动的定时器号
	时间值	S5Time，WORD	I、Q、M、D、L 或常数	定时器时间值

用一个例子来说明 SF 线圈指令的使用，梯形图如图 4-68 所示，对应的时序图如图 4-69 所示。当 I0.0 闭合时，Q0.0 输出高电平"1"，当 I0.0 断开时产生一个下降沿，定时器 T0 开始定时，定时 1s 后（无论 I0.0 是否闭合），定时时间到，Q0.0 输出为低电平"0"。任何时候复位有效时，定时器 T0 定时停止，Q0.0 输出为低电平"0"。

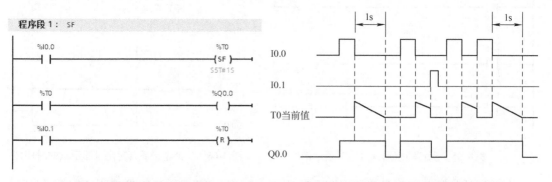

图 4-68 断开延时定时器示例　　　　　图 4-69 断开延时定时器示例的时序图

　　TIA 博途软件除了提供断开延时定时器线圈指令外，还提供更加复杂的方框指令来实现相应的定时功能。断开延时定时器方框指令和参数见表 4-27。

表 4-27　断开延时定时器方框指令和参数

LAD	参　数	数据类型	说　　明	存　储　区
	T no.	Timer	要启动的定时器号，如 T0	T
	S	BOOL	启动输入端	I、Q、M、D、L
	TV	S5Time，WORD	定时时间	I、Q、M、D、L 或常数
	R	BOOL	复位输入端	I、Q、M、T、C、D、L、P 或常数
	Q	BOOL	定时器的状态	I、Q、M、D、L
	BI	WORD	当前时间（整数格式）	I、Q、M、D、L、P
	BCD	WORD	当前时间（BCD 码格式）	

断开延时定时器方框指令的示例如图 4-70 所示。

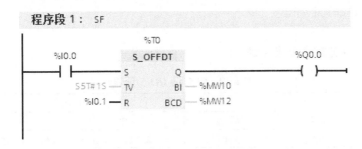

图 4-70　断开延时定时器方框指令的示例

　　【例 4-13】　某车库中有一盏灯，当人离开车库后，按下停止按钮，5s 后灯熄灭，请编写程序。

　　【解】　当接通 SB1 按钮，灯 HL 亮；按下 SB2 按钮 5s 后，灯 HL 灭。接线图如图 4-71 所示，梯形图如图 4-72 所示。

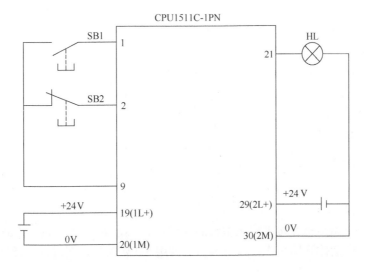

图 4-71　接线图

程序段 1：

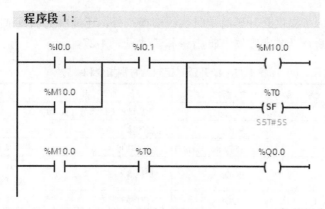

图 4-72　梯形图

【例 4-14】 鼓风机系统一般由引风机和鼓风机两级构成。当按下启动按钮之后，引风机先工作，工作 5s 后，鼓风机工作。按下停止按钮之后，鼓风机先停止工作，5s 之后，引风机才停止工作，请编写程序。

【解】

① PLC 的 I/O 分配表见表 4-28。

表 4-28　PLC 的 I/O 分配表

输　　入			输　　出		
名　　称	符　号	输入点	名　　称	符　号	输出点
开始按钮	SB1	I0.0	鼓风机	KA1	Q0.0
停止按钮	SB2	I0.1	引风机	KA2	Q0.1

② 控制系统的接线。鼓风机控制系统的接线比较简单，如图 4-73 所示。

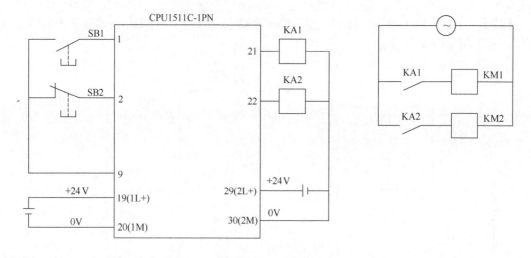

图 4-73　PLC 接线图

③ 编写程序。引风机在按下停止按钮后还要运行 5s，容易想到要使用 SF 定时器；鼓风机在引风机工作 5s 后才开始工作，因而容易想到用 SD 定时器，不难设计梯形图，如图 4-74 所示。

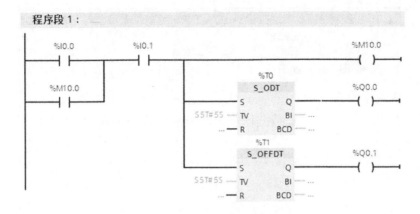

图 4-74　鼓风机控制梯形图

4.4.2　IEC 定时器

西门子 PLC 的定时器的数量有限，如果项目较大，定时器不够用时，可以使用 IEC 定时器。IEC 定时器集成在 CPU 的操作系统中。在相应的 CPU 中有以下定时器：脉冲定时器（TP）、通电延时定时器（TON）、通电延时保持型定时器（TONR）和断电延时定时器（TOF）。

（1）通电延时定时器（TON）

通电延时定时器（TON）的参数见表 4-29。

表 4-29　通电延时定时器方框指令和参数

LAD	参　数	数据类型	说　　明	存　储　区
TON Time — IN　　Q — — PT　　ET —	IN	BOOL	启动定时器	I、Q、M、D、L、P
	Q	BOOL	超过时间 PT后，置位的输出	I、Q、M、D、L、P
	PT	Time	定时时间	I、Q、M、D、L、P、常数
	ET	Time/LTime	当前时间值	I、Q、M、D、L、P

以下用一个例子介绍通电延时定时器（TON）的应用。

【例 4-15】　压下按钮 I0.0，3s 后电动机启动，请设计梯形图。

【解】　使用 SIMATIC 定时器 TON 也可行，先插入 IEC 定时器 TON，弹出如图 4-75 所示界面，分配数据块，再编写梯形图如图 4-76 所示，I0.0 闭合启动定时器，T#3S 是定时时间，3s 后 Q0.0 为 1，MD10 中是定时器定时当前时间。

（2）断电延时定时器（TOF）

断电延时定时器（TOF）的参数见表 4-30。

以下用一个例子介绍断电延时定时器（TOF）的应用。

【例 4-16】　断开按钮 I0.0，延时 3s 后电动机停止转动，请设计梯形图。

【解】　使用 SIMATIC 定时器 TOF 也可行，先插入 IEC 定时器 TOF，弹出如图 4-75 所示界面，分配数据块，再编写梯形图如图 4-77 所示，压下 I0.0 按钮 Q0.0 得电，电动机启动。T#3S 是定时时间，断开 I0.0，启动定时器，3s 后 Q0.0 为 0，电动机停转，MD10 中是定时器定时当前时间。

（3）时间累加器定时器（TONR）

时间累加器定时器（TONR）的参数见表 4-31。

图 4-75　插入数据块

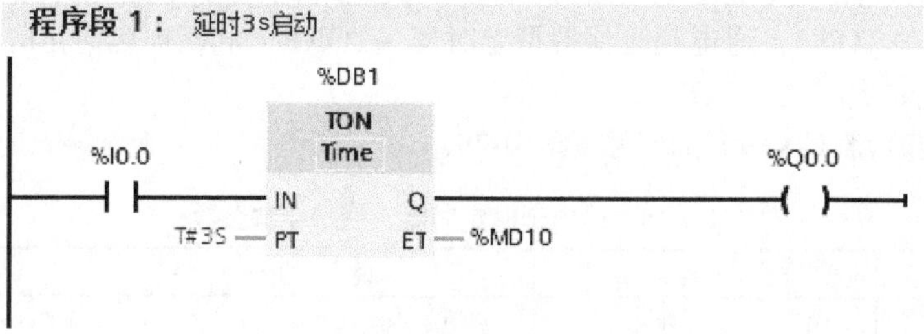

程序段1：　延时3s启动

%I0.0　%DB1　TON Time　IN　Q　PT　ET　%Q0.0　T#3S　%MD10

图 4-76　梯形图

表 4-30　断电延时定时器方框指令和参数

LAD	参数	数据类型	说　明	存　储　区
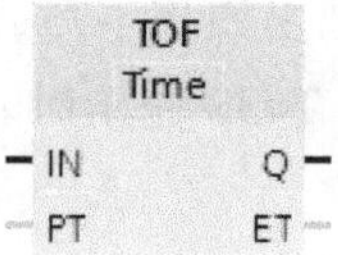 TOF Time — IN　Q — — PT　ET —	IN	BOOL	启动定时器	I、Q、M、D、L、P
	Q	BOOL	定时器PT计时结束后要复位的输出	I、Q、M、D、L、P
	PT	Time	关断延时的持续时间	I、Q、M、D、L、P、常数
	ET	Time/LTime	当前时间值	I、Q、M、D、L、P

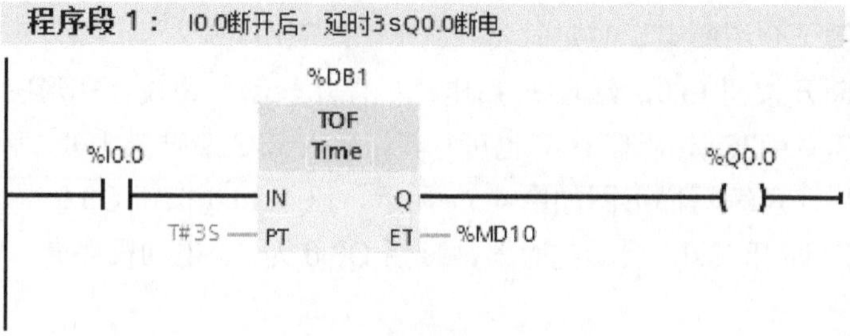

程序段1：　I0.0断开后，延时3sQ0.0断电

%I0.0　%DB1　TOF Time　IN　Q　PT　ET　%Q0.0　T#3S　%MD10

图 4-77　梯形图

表 4-31　时间累加器定时器方框指令和参数

LAD	参　数	数据类型	说　　　明	存　储　区
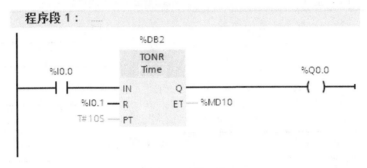	IN	BOOL	启动定时器	I、Q、M、D、L、P
	Q	BOOL	超过时间 PT 后，置位的输出	I、Q、M、D、L、P
	R	BOOL	复位输入	I、Q、M、D、L、P、常数
	PT	Time	时间记录的最长持续时间	I、Q、M、D、L、P、常数
	ET	Time/LTime	当前时间值	I、Q、M、D、L、P

以下用一个例子介绍时间累加器定时器（TONR）的应用。如图 4-78 所示，当 I0.0 闭合的时间累加和大于等于 10s（即 I0.0 闭合一次或者闭合数次时间累加和大于等于 10s），Q0.0 线圈得电，如需要 Q0.0 线圈断电，则要 I0.1 闭合。

图 4-78　梯形图

4.4.3　SIMATIC 计数器

计数器的功能是完成计数功能，可以实现加法计数和减法计数，计数范围是 0～999，计数器有三种类型：加计数器（S_CU）、减计数器（S_CD）和加减计数器（S_CUD）。

（1）计数器的存储区

在 CPU 的存储区中，为计数器保留有存储区。该存储区为每个计数器地址保留一个 16 位的字。计数器的存储格式如图 4-79 所示，其中 BCD 码格式的计数值占用字的 0～11 位，共 12 位，而 12～15 位不使用；二进制格式的计数值占用字的 0～9 位，共 10 位，而 10～15 位不使用。

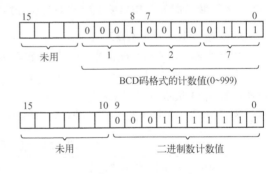

图 4-79　计数器字的格式

（2）加计数器（S_CU）

加计数器（S_CU）在计数初始值预置输入端 S 上有上升沿时，PV 装入预置值，输入端 CU 每检测到一次上升沿，当前计数值 CV 加 1（前提是 CV 小于 999）；当前计数值大于 0 时，Q 输出为高电平"1"；当 R 端子的状态为"1"时，计数器复位，当前计数值 CV 为"0"，输出也为"0"。加计数器指令和参数见表 4-32。

用一个例子来说明加计数器指令的使用，梯形图如图 4-80 所示，与之对应的时序图如图 4-81 所示。当 I0.1 闭合时，将 10 赋给 CV；当 I0.0 每产生一个上升沿，计数器 C0 计数 1 次，CV 加 1；只要计数值大于 0，Q0.0 输出高电平"1"。任何时候复位有效时，计数器 C0 复位，CV 清零，Q0.0 输出为低电平"0"。

表4-32 加计数器指令和参数

LAD	参数	数据类型	说明	存储区
	C no.	Counter	要启动的计数器号，如 C0	C
	CU	BOOL	加计数输入	I、Q、M、D、L
	S	BOOL	计数初始值预置输入端	I、Q、M、D、L、T、C 或常数
	PV	WORD	初始值的 BCD 码	I、Q、M、D、L 或常数
	R	BOOL	复位输入端	I、Q、M、D、L、T、C 或常数
	Q	BOOL	计数器的状态输出	I、Q、M、D、L
	CV	WORD, S5Time, Date	当前计数值（整数格式）	
	CV_BCD		当前计数值（BCD 码格式）	

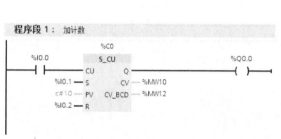

程序段1: 加计数

图4-80 加计数器指令示例

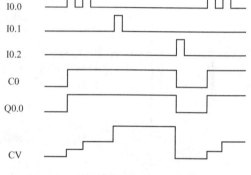

图4-81 加计数器指令示例的时序图

▶【关键点】S7-200 PLC的增计数器（如C0），当计数值到预置值时，C0 的常开触点闭合，常闭触点断开，SIMATIC S7-1500 PLC的 SIMATIC 计数器无此功能。

（3）减计数器（S_CD）

减计数器（S_CD）在计数初始值预置输入端 S 上有上升沿时，PV 装入预置值，输入端 CD 每检测到一次上升沿，当前计数值 CV 减1（前提是 CV 值大于 0），当 CV 等于 0 时，计数器的输出 Q 从状态"1"变成状态"0"；当 R 端子的状态为"1"时，计数器复位，当前计数值为"PV"，输出也为"0"。减计数器指令和参数见表4-33。

表4-33 减计数器指令和参数

LAD	参数	数据类型	说明	存储区
	C no.	Counter	要启动的计数器号，如 C0	C
	CD	BOOL	减计数输入	I、Q、M、D、L
	S	BOOL	计数初始值预置输入端	I、Q、M、D、L、T、C 或常数
	PV	WORD	初始值的 BCD 码	I、Q、M、D、L 或常数
	R	BOOL	复位输入端	I、Q、M、D、L、T、C 或常数
	Q	BOOL	计数器的状态输出	I、Q、M、D、L
	CV	WORD, S5Time, Date	当前计数值（整数格式）	
	CV_BCD		当前计数值（BCD 码格式）	

　　用一个例子来说明减计数器指令的使用，梯形图和指令表如图 4-82 所示，与之对应的时序图如图 4-83 所示。当 I0.1 闭合时，将 10 赋给 CV，当 I0.0 每产生一个上升沿，计数器 C0 计数 1 次，CV 减 1，当 CV 值为 0 时，Q0.0 输出从"1"变成"0"。任何时候复位有效时，定时器 C0 复位，CV 值为 0，Q0.0 输出为低电平"0"。

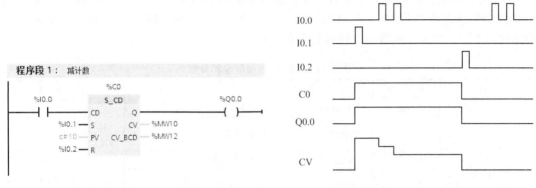

图 4-82　减计数器指令示例　　　　　　图 4-83　减计数器指令示例的时序图

　　【例 4-17】 设计一个程序，实现用一个按钮控制一盏灯的亮和灭，即压下奇数次按钮时，灯亮，压下偶数次按钮时，灯灭。

　　【解】 当 I0.0 第一次合上时，M10.0 接通一个扫描周期，使得 Q0.0 线圈得电一个扫描周期，当下一次扫描周期到达，Q0.0 常开触点闭合自锁，灯亮。

　　当 I0.0 第二次合上时，M10.0 接通一个扫描周期，C0 计数为 2，Q0.0 线圈断电，使得灯灭，同时计数器复位。梯形图如图 4-84 所示。

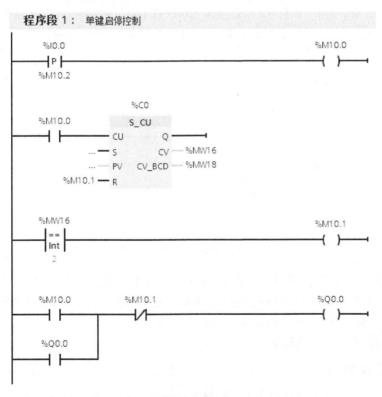

图 4-84　梯形图

(4) 加减计数器（S_CUD）

加减计数器（S_CUD）在计数初始值预置输入端 S 上有上升沿时，PV 装入预置值，输入端 CD 每检测到一次上升沿，当前计数值 CV 减 1（前提是 CV 值大于 0）；输入端 CU 每检测到一次上升沿，当前计数值 CV 加 1（前提是 CV 值小于 999）；当 CD 和 CU 同时有上升沿时，CV 不变；计数值大于 0 时，计数器的输出 Q 为高电平 "1"；计数值等于 0 时，计数器的输出 Q 为低电平 "0"；当 R 端子的状态为 "1" 时，计数器复位，当前计数值为 "0"，输出也为 "0"。加减计数器指令和参数见表 4-34。

表 4-34　加减计数器指令和参数

LAD	参　数	数据类型	说　明	存　储　区
	C no.	Counter	要启动的计数器号，如 C0	C
	CD	BOOL	减计数输入	I、Q、M、D、L、T、C 或常数
	CU	BOOL	加计数输入	I、Q、M、D、L
C no. S_CUD CU　　Q CD S　　CV PV CV_BCD R	S	BOOL	计数初始值预置输入端	I、Q、M、D、L、T、C 或常数
	PV	WORD	初始值的 BCD 码	I、Q、M、D、L 或常数
	R	BOOL	复位输入端	I、Q、M、D、L、T、C 或常数
	Q	BOOL	计数器的状态输出	
	CV	WORD, S5Time, Date	当前计数值（整数格式）	I、Q、M、D、L
	CV_BCD		当前计数值（BCD 码格式）	

用一个例子来说明加减计数器指令的使用，梯形图如图 4-85 所示。当 I0.2 闭合时，将值 10 赋给 CV，I0.1 每产生一个上升沿，计数器 C0 计数 1 次，　CV 减 1，当 CV 值为 0 时，Q0.0 输出从 "1" 变成 "0"；I0.0 是增计数端。任何时候复位有效时，定时器 C0 复位，CV 值为 0，Q0.0 输出为低电平 "0"。

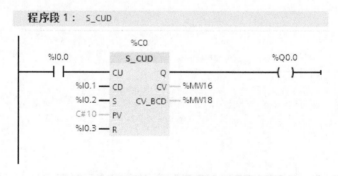

图 4-85　加减计数器指令示例

【例 4-18】 在实际工程应用中，常常在监控面板上使用拨码开关给 PLC 设定数据。I0.0、I0.1、I0.2 对应 SB1、SB2 和 SB3 按钮。当 I0.0 接通 C0 加 1，当 I0.1 接通 C0 减 1，当 I0.2 接通 C0 复位。通过 SB1、SB2 设定 0～9 共 10 个数字。

【解】 梯形图如图 4-86 所示。

4.4.4　IEC 计数器

西门子 PLC 的计数器的数量有限，如果大型项目，计数器不够用时，可以使用 IEC 计数器。IEC 计数器集成在 CPU 的操作系统中。在 CPU 中有以下计数器：加计数器（CTU）、减计数器（CTD）和加减计数器（CTUD）。

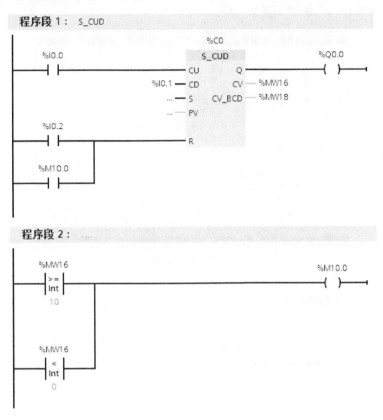

图 4-86　梯形图

（1）加计数器（CTU）

加计数器（CTU）的参数见表 4-35。

表 4-35　加计数器（CTU）指令和参数

LAD	参数	数据类型	说　　　明	存　储　区
	CU	BOOL	计数器输入	I、Q、M、D、L、常数
	R	BOOL	复位，优先于 CU 端	I、Q、M、D、L、P、常数
	PV	Int	预设值	I、Q、M、D、L、P、常数
	Q	BOOL	计数器的状态，　CV >= ,PV Q 输出 1，CV <PV,Q 输出 0	I、Q、M、D、L
	CV	整数、Char、WChar、Date	当前计数值	I、Q、M、D、L、P

从指令框的"<???>"下拉列表中选择该指令的数据类型。

以下以加计数器（CTU）为例介绍 IEC 计数器的应用。

【例 4-19】　压下按钮 I0.0 三次后，电动机启动，压下按钮 I0.1，电动机停止，请设计梯形图。

【解】　将 CTU 计数器拖拽到程序编辑器，弹出如图 4-87 所示界面，单击"确定"按钮，输入梯形图如图 4-88 所示。当 I0.0 压下三次，MW10 中存储的当前计数值（CV）为 3，等于预设值（PV），所以 Q0.0 状态变为 1，电动机启动；当压下 I0.1 复位按钮，MW10 中存储的当前计数值变为 0，小于预设值（PV），所以 Q0.0 状态变为 0，电动机停止。此题使用 SIMATIC 计数器 S_CU 也可行，但程序要复杂一些。

图 4-87　插入数据块

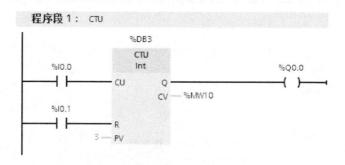

图 4-88　梯形图

（2）减计数器（CTD）

减计数器（CTD）的参数见表 4-36。

表 4-36　减计数器（CTD）指令和参数

LAD	参　数	数 据 类 型	说　　　明	存　储　区
CTD ??? / CD Q / LD CV / PV	CD	BOOL	计数器输入	I、Q、M、D、L、常数
	LD	BOOL	装载输入	I、Q、M、D、L、P、常数
	PV	Int	预设值	I、Q、M、D、L、P、常数
	Q	BOOL	使用 LD = 置位输出 CV 的目标值	I、Q、M、D、L
	CV	整数、Char、WChar、Date	当前计数值	I、Q、M、D、L、P

从指令框的"<???>"下拉列表中选择该指令的数据类型。

以下用一个例子说明减计数器（CTD）的用法。

梯形图如图 4-89 所示。当 I0.1 压下一次，PV 值装载到当前计数值（CV），且为 3。当压下 I0.0 一次，CV 减 1，压下 I0.0 共三次，CV 值变为 0，所以 Q0.0 状态变为 1。

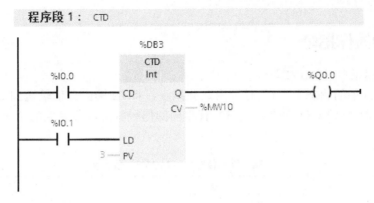

图 4-89　梯形图

（3）加减计数器（CTUD）

加减计数器指令（CTUD）的参数见表 4-37。

表 4-37　加减计数器指令（CTUD）和参数

LAD	参　数	数 据 类 型	说　　明	存　储　区
	CU	BOOL	加计数器输入	I、Q、M、D、L、常数
	CD	BOOL	减计数器输入	I、Q、M、D、L、常数
	R	BOOL	复位输入	I、Q、M、T、C、D、L、P 或常数
	LD	BOOL	装载输入	I、Q、M、T、C、D、L、P 或常数
	PV	Int	预设值	I、Q、M、D、L、P、常数
	QU	BOOL	加计数器的状态	I、Q、M、D、L
	QD	BOOL	减计数器的状态	I、Q、M、D、L
	CV	整数、Char、WChar、Date	当前计数值	I、Q、M、D、L、P

从指令框的"<???>"下拉列表中选择该指令的数据类型。

以下用一个例子说明加减计数器指令（CTUD）的用法。

梯形图如图 4-90 所示。如果当前值 PV 为 0，压下 I0.0 共三次，CV 为 3，QU 的输出 Q0.0 为 1，当压下 I0.2，复位，Q0.0 为 0。

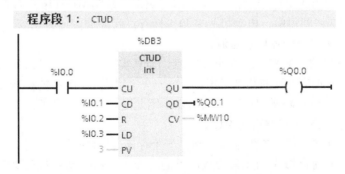

图 4-90　梯形图

当 I0.3 压下一次，PV 值装载到当前计数值（CV），且为 3。当压下 I0.1 一次，CV 减 1，压下 I0.1 共三次，CV 值变为 0，所以 Q0.1 状态变为 1。

4.5 移动操作指令

（1）移动值指令（MOVE）

当允许输入端的状态为"1"时，启动此指令，将 IN 端的数值输送到 OUT 端的目的地地址中，IN 和 OUTx（x 为 1、2、3）有相同的信号状态，移动值的指令（MOVE）及参数见表 4-38。

表 4-38 移动值指令（MOVE）及参数

LAD	参 数	数 据 类 型	说 明	存 储 区
MOVE — EN — ENO — IN ✳ OUT1	EN	BOOL	允许输入	、IQ、M、D、L
	ENO	BOOL	允许输出	
	OUT1	位字符串、整数、浮点数、定时器、日期时间、Char、WChar、Struct、Array、Timer、Counter、IEC 数据类型、PLC 数据类型（UDT）	目的地地址	
	IN		源数据	、Q、M、D、L、常数

每点击"MOVE"指令中的 ✳ 一次，就增加一个输出端。

用一个例子来说明移动值指令（MOVE）的使用，梯形图如图 4-91 所示，当 I0.0 闭合，MW20 中的数值（假设为 8）传送到目的地地址 MW22 和 MW30 中，结果是 MW20、MW22 和 MW30 中的数值都是 8。Q0.0 的状态与 I0.0 相同，也就是说，I0.0 闭合时，Q0.0 为"1"；I0.0 断开时，Q0.0 为"0"。

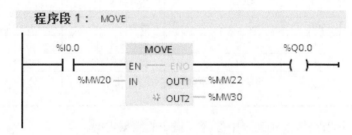

图 4-91 移动值指令示例

【例 4-20】 根据图 4-92 所示的电动机 Y-△ 启动的电气原理图，编写梯形图程序。

【解】 前 10s，Q0.0 和 Q0.1 线圈得电，星形启动，从第 10～11s 只有 Q0.0 得电，从 11s 开始，Q0.0 和 Q0.2 线圈得电，电动机为三角形运行。程序如图 4-93 所示。这种方法编写程序很简单，但浪费了宝贵的输出点资源。

以上程序是正确的，但需占用 8 个输出点，而真实使用的输出点却只有 3 个，浪费了 5 个宝贵的输出点，因此从工程的角度考虑，不是一个实用程序。改进的梯形图如图 4-94 所示，仍然采用以上方案，但只需要使用 3 个输出点，因此是一个实用程序。

（2）存储区移动指令（MOVE_BLK）

将一个存储区（源区域）的数据移动到另一个存储区（目标区域）中。使用输入 COUNT 可以指定将移动到目标区域中的元素个数。可通过输入 IN 中元素的宽度来定义元素待移动的宽度。存储区移动指令（MOVE_BLK）及参数见表 4-39。

用一个例子来说明存储区移动指令的使用，梯形图如图 4-95 所示。输入区和输出区必须是数组，将数组 A 中从第 2 个元素起的 6 个元素，传送到数组 B 中第 3 个元素起的数组中去，如果传送结果正确，Q0.0 为 1。

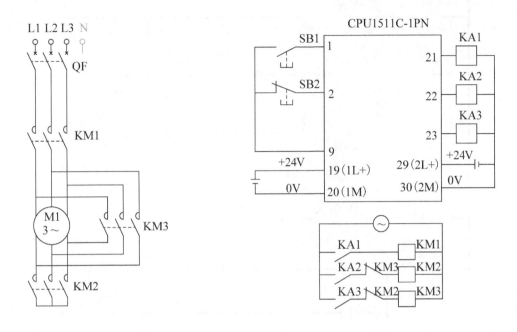

图 4-92　原理图

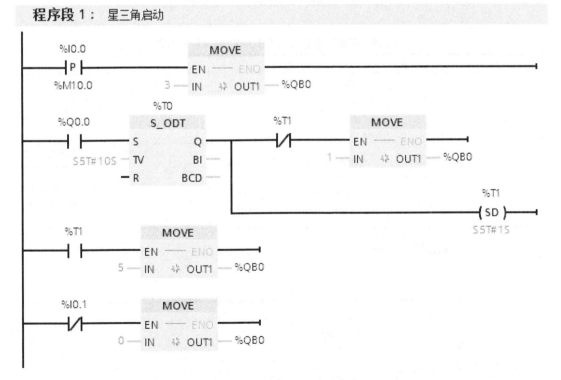

图 4-93　电动机 Y-△启动程序

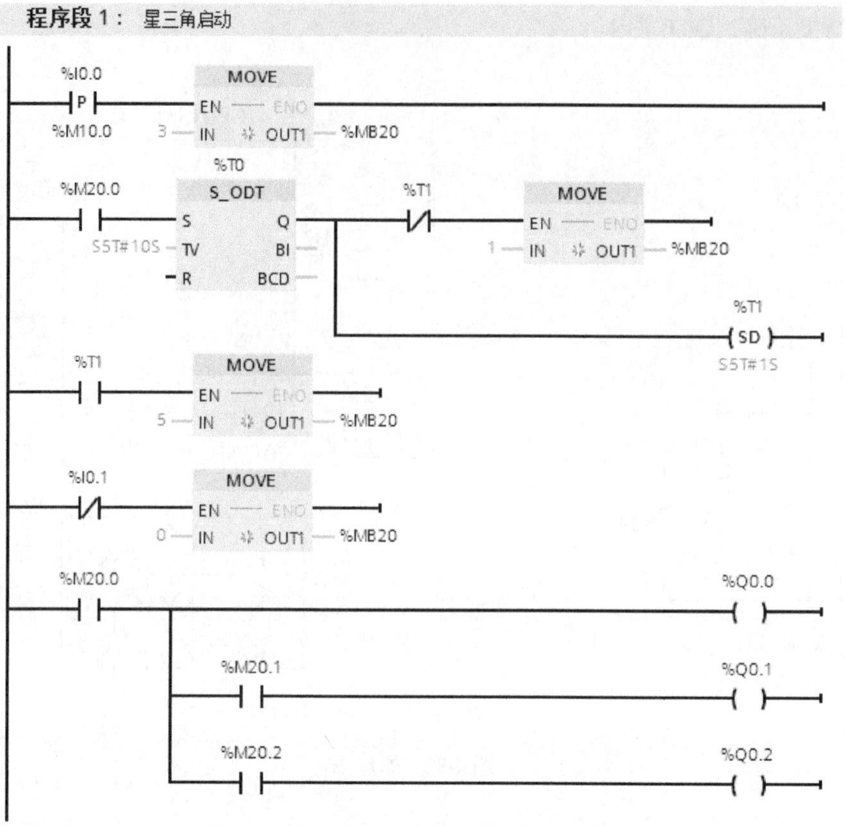

程序段 1: 星三角启动

图 4-94 电动机 Y-△启动程序（改进后）

表 4-39 存储区移动指令（MOVE_BLK）及参数

LAD	参数	数据类型	存储区	说明
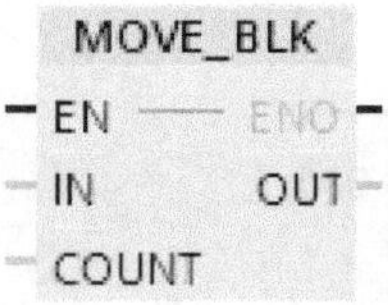 MOVE_BLK EN — ENO IN — OUT COUNT	EN	BOOL	I、Q、M、D、L	使能输入
	ENO	BOOL	I、Q、M、D、L	使能输出
	IN	二进制数、整数、浮点数、定时器、Date、Char、WChar、TOD、LTOD	D、L	待复制源区域中的首个元素
	COUNT	USINT、UINT、UDINT、ULINT	I、Q、M、D、L、P 或常量	要从源区域移动到目标区域的元素个数
	OUT	二进制数、整数、浮点数、定时器、Date、Char、WChar、TOD、LTOD	D、L	源区域内容要复制到的目标区域中的首个元素

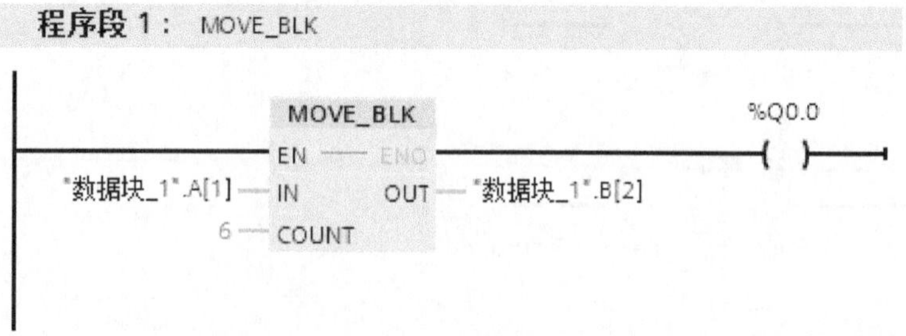

程序段 1: MOVE_BLK

图 4-95 存储区移动指令示例

（3）交换指令（SWAP）

使用"交换"指令更改输入 IN 中字节的顺序，并在输出 OUT 中查询结果。交换指令（SWAP）及参数见表 4-40。

表 4-40　交换指令（SWAP）及参数

LAD	参　数	数 据 类 型	存 储 区	说　　明
SWAP ??? —EN——ENO— —IN　OUT—	EN	BOOL	I、Q、M、D、L	使能输入
	ENO	BOOL	I、Q、M、D、L	使能输出
	IN	WORD, DWORD, LWORD	I、Q、M、D、L、P 或常数	要交换其字节的操作数。
	OUT	WORD, DWORD, LWORD	I、Q、M、D、L、P	结果

从指令框的"<???>"下拉列表中选择该指令的数据类型。

用一个例子来说明交换指令（SWAP）的使用，梯形图如图 4-96 所示。当 I0.0 触点闭合，执行交换指令，假设 MW10=16#1188，交换指令执行后，MW12=16#8811，字节的顺序改变。如果传送结果正确，Q0.0 为 1。

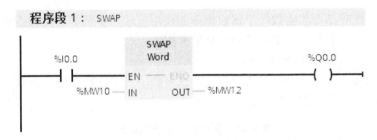

图 4-96　交换指令（SWAP）示例

4.6　比较指令

TIA 博途软件提供了丰富的比较指令，可以满足用户的各种需要。TIA 博途软件中的比较指令可以对如整数、双整数、实数等数据类型的数值进行比较。

▶【关键点】一个整数和一个双整数是不能直接进行比较的，因为它们之间的数据类型不同。一般先将整数转换成双整数，再对两个双整数进行比较。

比较指令有等于（CMP==）、不等于（CMP< >）、大于（CMP>）、小于（CMP<）、大于或等于（CMP>=）和小于或等于（CMP<=）。比较指令对输入操作数 1 和操作数 2 进行比较，如果比较结果为真，则逻辑运算结果 RLO 为"1"，反之则为"0"。

（1）等于比较指令（CMP==）

等于指令有整数等于比较指令、双整数等于比较指令和实数等于比较指令等。等于比较指令和参数见表 4-41。

表 4-41　等于比较指令和参数

LAD	参　数	数 据 类 型	说　明	存 储 区
<???> ┤ == ├ ??? <???>	操作数 1	位字符串、整数、浮点数、字符串、Time、LTime、Date、TOD、LTOD、DTL、DT、LDT	比较的第一个数值	I、Q、M、D、L、P 或常数
	操作数 2		比较的第二个数值	

从指令框的"<???>"下拉列表中选择该指令的数据类型。

用一个例子来说明等于比较指令，梯形图如图4-97所示。当I0.0闭合时，激活比较指令，MW10中的整数和MW12中的整数比较，若两者相等，则Q0.0输出为"1"，若两者不相等，则Q0.0输出为"0"。在I0.0不闭合时，Q0.0的输出为"0"。操作数1和操作数2可以为常数。

程序段1: CMP==

```
        %I0.0           %MW10                      %Q0.0
        ┤ ├              ==                        ─( )─
                        Int
                        %MW12
```

图4-97 整数等于比较指令示例

双整数等于比较指令和实数等于比较指令的使用方法与整数等于比较指令类似，只不过操作数1和操作数2的参数类型分别为双整数和实数。

（2）不等于比较指令（CMP< >）

不等于比较指令有整数不等于比较指令、双整数不等于比较指令和实数不等于比较指令等。不等于比较指令和参数见表4-42。

表4-42 不等于比较指令和参数

LAD	参　数	数据类型	说　明	存　储　区
<???> ┤< >├ ??? <???>	操作数1	位字符串、整数、浮点数、字符串、Time、LTime、Date、TOD、LTOD、DTL、DT、LDT	比较的第一个数值	I、Q、M、D、L、P 或常数
	操作数2		比较的第二个数值	

从指令框的"<???>"下拉列表中选择该指令的数据类型。

用一个例子来说明不等于比较指令，梯形图表如图4-98所示。当I0.0闭合时，激活比较指令，MW10中的整数和MW12中的整数比较，若两者不相等，则Q0.0输出为"1"，若两者相等，则Q0.0输出为"0"。在I0.0不闭合时，Q0.0的输出为"0"。操作数1和操作数2可以为常数。

程序段1: CMP< >

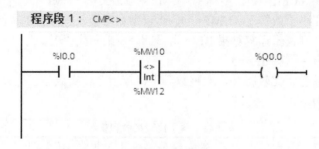

```
        %I0.0           %MW10                      %Q0.0
        ┤ ├              < >                       ─( )─
                        Int
                        %MW12
```

图4-98 整数不等于比较指令示例

双整数不等于比较指令和实数不等于比较指令的使用方法与整数不等于比较指令类似，只不过操作数1和操作数2的参数类型分别为双整数和实数。使用比较指令的前提是数据类型必须相同。

（3）小于比较指令（CMP<）

小于比较指令有整数小于比较指令、双整数小于比较指令和实数小于比较指令等。小于比较指令和参数见表 4-43。

表 4-43　小于比较指令和参数

LAD	参　数	数 据 类 型	说　明	存 储 区

`<???>`
`<`
`???`
`<???>`
	操作数 1	位字符串、整数、浮点数、字符串、Time、LTime、Date、TOD、LTOD、DTL、DT、LDT	比较的第一个数值	I、Q、M、D、L、P 或常数

	操作数 2		比较的第二个数值	

从指令框的"`<???>`"下拉列表中选择该指令的数据类型。

用一个例子来说明小于比较指令，梯形图如图 4-99 所示。当 I0.0 闭合时，激活双整数小于比较指令，MD10 中的双整数和 MD16 中的双整数比较，若前者小于后者，则 Q0.0 输出为"1"，否则 Q0.0 输出为"0"。在 I0.0 不闭合时，Q0.0 的输出为"0"。操作数 1 和操作数 2 可以为常数。

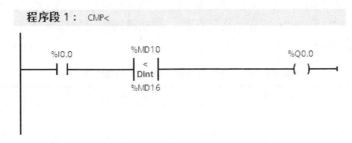

图 4-99　双整数小于比较指令示例

整数小于比较指令和实数小于比较指令的使用方法与双整数小于比较指令类似，只不过操作数 1 和操作数 2 的参数类型分别为整数和实数。使用比较指令的前提是数据类型必须相同。

（4）大于等于比较指令（CMP>=）

大于等于比较指令有整数大于等于比较指令、双整数大于等于比较指令和实数大于等于比较指令等。大于等于比较指令和参数见表 4-44。

表 4-44　大于等于比较指令和参数

LAD	参数	数据类型	说明	存储区

`<???>`
`>=`
`???`
`<???>`
	操作数 1	位字符串、整数、浮点数、字符串、Time、LTime、Date、TOD、LTOD、DTL、DT、LDT	比较的第一个数值	I、Q、M、D、L、P 或常数

	操作数 2		比较的第二个数值	

从指令框的"`<???>`"下拉列表中选择该指令的数据类型。

用一个例子来说明实数大于等于比较指令，梯形图如图 4-100 所示。当 I0.0 闭合时，激活比较指令。MD20 中的实数和实数 1.0 比较，若前者大于或者等于后者，则 Q0.0 输出为"1"，否则 Q0.0 输出为"0"。在 I0.0 不闭合时，Q0.0 的输出为"0"。操作数 1 和操作数 2 可以为常数。

程序段 1： CMP> =

%I0.0   %MD20   %Q0.0
——| |——   >=   ——( )——
              Real
              1.0

图 4-100　实数大于等于比较指令示例

整数大于等于比较指令和双整数大于等于比较指令的使用方法与实数大于等于比较指令类似，只不过操作数 1 和操作数 2 的参数类型分别为整数和双整数。使用比较指令的前提是数据类型必须相同。

小于等于比较指令和小于比较指令类似，大于比较指令和大于等于比较指令类似，在此不再讲述。

（5）值在范围内指令（IN_RANGE）

"值在范围内"指令将输入 VAL 的值与输入 MIN 和 MAX 的值进行比较，并将结果发送到功能框输出中。如果输入 VAL 的值满足 MIN ≤　VAL或VAL ≤　MAX的比较条件，则功能框输出的信号状态为 "1"。如果不满足比较条件，则功能框输出的信号状态为 "0"。值在范围内指令和参数见表 4-45。

表 4-45　值在范围内指令（IN_RANGE）和参数

LAD	参　数	数据类型	存储区	说　明
IN_RANGE ??? MIN VAL MAX	功能框输入	BOOL	I、Q、M、D、L	上一个逻辑运算的结果
	MIN	整数、浮点数	J Q、M、D、L 或常数	取值范围的下限
	VAL	整数、浮点数	J Q、M、D、L 或常数	比较值
	MAX	整数、浮点数	J Q、M、D、L 或常数	取值范围的上限
	功能框输出	BOOL	I、Q、M、D、L	比较结果

从指令框的 "<???>" 下拉列表中选择该指令的数据类型。

用一个例子来说明值在范围内指令，梯形图如图 4-101 所示。当 I0.0 闭合时，激活此指令。比较 MW10 中的整数是否在最大值 198 和最小值 88 之间，如在此两数值之间，则 Q0.0 输出为 "1"，否则 Q0.0 输出为 "0"。在 I0.0 不闭合时，Q0.0 的输出为 "0"。

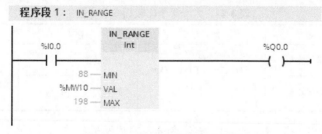

程序段 1： IN_RANGE

%I0.0   IN_RANGE   %Q0.0
——| |——   Int   ——( )——
            88 — MIN
         %MW10 — VAL
           198 — MAX

图 4-101　值在范围内指令示例

4.7　转换指令

转换指令是将一种数据格式转换成另外一种格式进行存储。例如，要让一个整型数据和双整型数据进行算术运算，一般要将整型数据转换成双整型数据。

（1）转换值指令（CONV）

"转换值" 指令将读取参数 IN 的内容，并根据指令框中选择的数据类型对其进行转换。转换值存储在输出 OUT 中，转换值指令应用十分灵活。转换值指令（CONVERT）和参数见表 4-46。

表 4-46　转换值指令（CONVERT）和参数

LAD	参　数	数　据　类　型	存　储　区	说　明
CONV ??? to ??? — EN　　ENO — — IN　　OUT —	EN	BOOL	I、Q、M、D、L	使能输入
	ENO	BOOL	I、Q、M、D、L	使能输出
	IN	位字符串、整数、浮点数、Char、WChar、BCD16、BCD32	I、Q、M、D、L、P 或常数	要转换的值
	OUT	位字符串、整数、浮点数、Char、WChar、BCD16、BCD32	I、Q、M、D、L、P	转换结果

从指令框的 "<???>" 下拉列表中选择该指令的数据类型。

1）BCD 转换成整数

① BCD 码的格式　BCD 码是比较有用的，3 位格式如图 4-102 所示，二进制的 0～3 位是个位，4～7 位是十位，8～11 位是百位，12～15 位是符号位。7 位格式如图 4-103 所示，二进制的 0～3 位是个位，4～7 位是十位，8～11 位是百位，12～15 位是千位，16～19 位是万位，20～23 位是十万位，24～27 位是百万位，28～31 位是符号位。

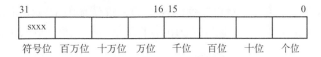

图 4-102　3 位 BCD 码的格式 图 4-103　7 位 BCD 码的格式

② BCD 转换成整数　BCD 转换成整数指令是将 IN 指定的内容以 BCD 码二-十进制格式读出，并将其转换为整数格式，输出到 OUT 端。如果 IN 端指定的内容超出 BCD 码的范围（例如 4 位二进制数出现 1010～1111 的几种组合），则执行指令时将会发生错误，使 CPU 进入 STOP 方式。

用一个例子来说明 BCD 转换成整数指令，梯形图如图 4-104 所示。当 I0.0 闭合时，激活 BCD 转换成整数指令，IN 中的 BCD 数用十六进制表示为 16#22（就是十进制的 22），转换完成后 OUT 端的 MW10 中的整数的十六进制是 16#16。

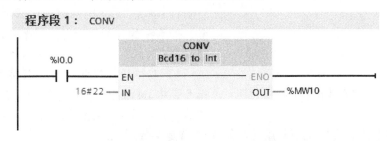

图 4-104　BCD 转换成整数指令示例

2）整数转换成 BCD　整数转换成 BCD 指令是将 IN 端指定的内容以整数的格式读入，然后将其转换为 BCD 码格式输出到 OUT 端。如果 IN 端的整数大于 999，PLC 不停机，仍然正常运行。由于字的 BCD 码最大只能表示 C#999（最高 4 位为符号位）。若 IN 端的内容大于 999，CPU 将 IN 端的内容直接送到 OUT 端输出，不经过 CONV 的转换。这时 OUT 输出的内容可能超出 BCD 码的范围。另外 OUT 端的内容若为 BCD 码，也有可能是超过 999 的整数转换出来的，例如整数 2457 通过 CONV 指令以后，OUT 的值为 C#999。因此在使用 CONV 指令时应该保证整数小于等于 999。此外，如果 IN 端的整数为负整数时，转换出的 BCD 码最高 4 位为"1"。

用一个例子来说明整数转换成 BCD 指令，梯形图如图 4-105 所示。当 I0.0 闭合时，激活整数转换成 BCD 指令，IN 中的整数存储在 MW10 中，（假设用十六进制表示为 16#16），转换完成后 OUT 端的 MW12 中的 BCD 数是 16#22。

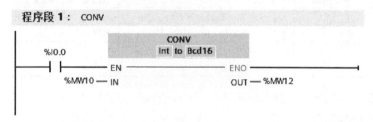

图 4-105　整数转换成 BCD 指令示例

3）整数转换成双整数　整数转换成双整数指令是将 IN 端指定的内容以整数的格式读入，然后将其转换为双整数码格式输出到 OUT 端。

用一个例子来说明整数转换成双整数指令，梯形图如图 4-106 所示。当 I0.0 闭合时，激活整数转换成双整数指令，IN 中的整数存储在 MW10 中，（假设用十六进制表示为 16#0016），转换完成后 OUT 端的 MD10 中的双整数是 16#0000 0016 转换前后的示意图如图 4-107 所示。

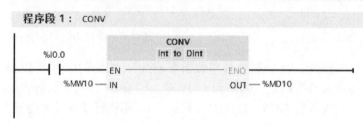

图 4-106　整数转换成双整数指令示例

整数转换成双整数 MW10=MD10，其大小并未发生改变。但从图 4-107 可以看出数据的变化：转换之前，MB11=16#16，而转换之后，MB11=16#00，　MB13=16#16 数据大小虽未改变，但数据的存放位置发生了改变，这点初学者容易忽略。

转换前　MW10

| MB10 | MB11 |
| 00 | 16 |

转换后　MD10

| MB10 | MB11 | MB12 | MB13 |
| 00 | 00 | 00 | 16 |

图 4-107　整数转换成双整数前后的示意图

4）双整数转换成实数　双整数转换成实数指令是将 IN 端指定的内容以双整数的格式读入，然后将其转换为实数码格式输出到 OUT 端。实数格式在后续算术计算中是很常用的，如 3.14 就是实数形式。

用一个例子来说明双整数转换成实数指令，梯形图如图 4-108 所示。当 I0.0 闭合时，激活双整数转换成实数指令，IN 中的双整数存储在 MD10 中，（假设用十进制表示为 L#16），转换完成后 OUT 端的 MD16 中的实数是 16.0。一个实数要用 4 个字节存储。

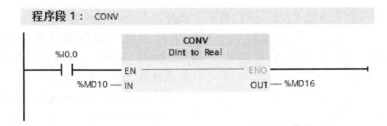

图 4-108　双整数转换成实数指令示例

（2）取整指令（ROUND）

"取整"指令将输入 IN 的值四舍五入取整为最接近的整数。该指令将输入 IN 的值为浮点数，转换为一个 DINT 数据类型的整数。取整指令（ROUND）和参数见表 4-47。

表 4-47　取整指令（ROUND）和参数

LAD	参数	数据类型	说　明	存　储　区
ROUND ??? to ??? — EN —— ENO — — IN　　OUT —	EN	BOOL	允许输入	I、Q、M、D、L
	ENO	BOOL	允许输出	
	IN	浮点数	要取整的输入值	I、Q、M、D、L、P 或常数
	OUT	整数、浮点数	取整的结果	I、Q、M、D、L、P

注意：可以从指令框的"???"下拉列表中选择该指令的数据类型。

用一个例子来说明取整指令，梯形图如图 4-109 所示。当 I0.0 闭合时，激活取整指令，IN 中的实数存储在 MD10 中，假设这个实数为 3.14，进行取整运算后 OUT 端的 MD16 中的双整数是 DINT#3，假设这个实数为 3.88，进行取整运算后 OUT 端的 MD16 中的双整数是 DINT#4。

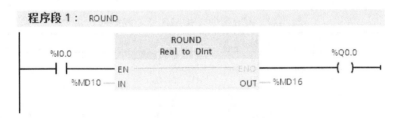

图 4-109　取整指令示例

（3）标准化指令（NORM_X）

使用"标准化"指令，可将输入 VALUE 中变量的值映射到线性标尺对其进行标准化。使用参数 MIN 和 MAX 定义输入 VALUE 值范围的限值。标准化指令（NORM_X）和参数见表 4-48。

表 4-48　标准化指令（NORM_X）和参数

LAD	参数	数据类型	说　明	存　储　区
NORM_X ??? to ??? — EN —— ENO — — MIN　OUT — — VALUE — MAX	EN	BOOL	允许输入	I、Q、M、D、L
	ENO	BOOL	允许输出	
	MIN	整数、浮点数	取值范围的下限	I、Q、M、D、L 或常数
	VALUE	整数、浮点数	要标准化的值	I、Q、M、D、L 或常数
	MAX	整数、浮点数	取值范围的上限	I、Q、M、D、L 或常数
	OUT	浮点数	标准化结果	I、Q、M、D、L

注意：可以从指令框的"???"下拉列表中选择该指令的数据类型。

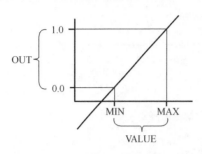

图4-110 "标准化"指令公式对应的计算原理图

"标准化"指令的计算公式是：OUT = (VALUE – MIN) / (MAX – MIN)，此公式对应的计算原理图如图4-110所示。

用一个例子来说明标准化指令（NORM_X），梯形图如图4-111所示。当I0.0闭合时，激活标准化指令，要标准化的VALUE存储在MW10中，VALUE的范围是0～27648，将VALUE标准化的输出范围是0～1.0。假设MW10中是13824，那么MD16中的标准化结果为0.5。

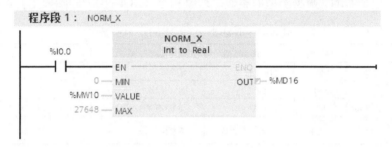

图4-111 标准化指令示例

（4）缩放指令（SCALE_X）

使用"缩放"指令，通过将输入VALUE的值映射到指定的值范围来对其进行缩放。当执行"缩放"指令时，输入VALUE的浮点值会缩放到由参数MIN和MAX定义的值范围。缩放结果为整数，存储在OUT输出中。缩放指令（SCALE_X）和参数见表4-49。

表4-49 缩放指令（SCALE_X）和参数

LAD	参数	数据类型	说 明	存 储 区
SCALE_X ??? to ??? EN ENO MIN OUT VALUE MAX	EN	BOOL	允许输入	I、Q、M、D、L
	ENO	BOOL	允许输出	
	MIN	整数、浮点数	取值范围的下限	I、Q、M、D、L或常数
	VALUE	浮点数	要缩放的值	I、Q、M、D、L或常数
	MAX	整数、浮点数	取值范围的上限	I、Q、M、D、L或常数
	OUT	整数、浮点数	缩放结果	I、Q、M、D、L

注意：可以从指令框的"???"下拉列表中选择该指令的数据类型。

"缩放"指令的计算公式是：OUT = [VALUE × (MAX – MIN)] + MIN，此公式对应的计算原理图如图4-112。

用一个例子来说明缩放指令（SCALE_X），梯形图如图4-113所示。当I0.0闭合时，激活缩放指令，要缩放的VALUE存储在MD10中，VALUE的范围是0～1.0，将VALUE缩放的输出范围是0～27648。假设MD10中是0.5，那么MW16中的缩放结果为13824。

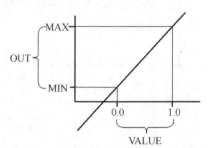

图4-112 "缩放"指令公式对应的计算原理图

NORM_X 和 SCALE_X 指令通常配合使用，常用于模拟量的 AD 转换和 DA 转换。

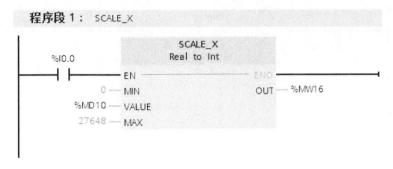

图 4-113　缩放指令示例

（5）缩放指令（SCALE）

使用"缩放"指令将参数 IN 上的整数转换为浮点数，该浮点数在介于上下限值之间的物理单位内进行缩放。通过参数 LO_LIM 和 HI_LIM 来指定缩放输入值取值范围的下限和上限。指令的结果在参数 OUT 中输出。缩放指令（SCALE）和参数见表 4-50。

表 4-50　缩放指令（SCALE）和参数

LAD	参　数	数据类型	说　明	存　储　区
	EN	BOOL	允许输入	I、Q、M、D、L
	ENO	BOOL	允许输出	
	IN	Int	要缩放的值	I、Q、M、D、L 或常数
	HI_LIM	Real	工程单位上限	I、Q、M、D、L、P 或常数
	LO_LIM	Real	工程单位下限	
	BIPOLAR	BOOL	1：双极性，0：单极性	I、Q、M、D、L 或常数
	RET_VAL	WORD	错误信息	I、Q、M、D、L、P
	OUT	Real	缩放结果	

"缩放"指令按以下公式进行计算：

$$OUT = (((FLOAT (IN) - K1)/(K2-K1)) \square (HI\_LIM-LO\_LIM)) + LO\_LIM$$

参数 BIPOLAR 的信号状态将决定常量"K1"和"K2"的值。参数 BIPOLAR 可能有下列信号状态。

① 信号状态"1"：此时参数 IN 的值为双极性且取值范围介于-27648 和 27648 之间。这种情况下，常数"K1"的值为"-27648.0"，"K2"的值为"+27648.0"。

② 信号状态"0"：此时参数 IN 的值为单极性且取值范围介于 0 和 27648 之间。这种情况下，常数"K1"的值为"0.0"，"K2"的值为"+27648.0"。

用一个例子来说明缩放指令（SCALE），梯形图如图 4-114 所示。当 I0.0 闭合时，激活缩放指令，本例 IW600：P 是模拟量输入通道的地址，其代表 A/D 转换的数字量，当 M20.0 为 0 时，是单极性，也就是 IW600：P 的范围是 0～27648。要缩放到的工程量的范围是 0.0～20.0。当输入 IW600：P=13824 时，输出 MD10=10.0。

（6）取消缩放指令（UNSCALE）

"取消缩放"指令用于取消缩放参数 IN 中介于下限值和上限值之间以物理单位表示的浮点数，并将其转换为整数。通过参数 LO_LIM 和 HI_LIM 来指定缩放输入值取值范围的下限和上限。指令的结果在参数 OUT 中输出。取消缩放指令（UNSCALE）和参数见表 4-51。

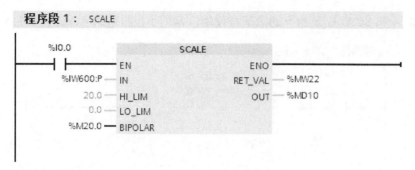

图 4-114　缩放指令示例

表 4-51　取消缩放指令（UNSCALE）和参数

LAD	参　数	数 据 类 型	说　　明	存　储　区
UNSCALE — EN ENO — — IN RET_VAL — — HI_LIM OUT — — LO_LIM — BIPOLAR	EN	BOOL	允许输入	I、Q、M、D、L
	ENO	BOOL	允许输出	
	IN	Real	要取消缩放的输入值	I、Q、M、D、L、P 或常数
	HI_LIM	Real	工程单位上限	
	LO_LIM	Real	工程单位下限	
	BIPOLAR	BOOL	1：双极性；0：单极性	I、Q、M、D、L 或常数
	RET_VAL	WORD	错误信息	I、Q、M、D、L、P
	OUT	Int	缩放结果	

"取消缩放"指令按以下公式进行计算：

$$OUT = [((IN–LO\_LIM)/(HI\_LIM–LO\_LIM)) \cdot (K2–K1)] + K1$$

参数 BIPOLAR 的信号状态将决定常量"K1"和"K2"的值。参数 BIPOLAR 可能有下列信号状态：

① 信号状态"1"：此时参数 IN 的值为双极性且取值范围介于–27648 和 27648 之间。这种情况下，常数"K1"的值为"–27648.0"，"K2"的值为"+27648.0"。

② 信号状态"0"：此时参数 IN 的值为单极性且取值范围介于 0 和 27648 之间。这种情况下，常数"K1"的值为"0.0"，"K2"的值为"+27648.0"。

用一个控制阀门开度的例子来说明取消缩放指令（UNSCALE），梯形图如图 4-115 所示。当 I0.0 闭合时，激活取消缩放指令，本例 QW600：P 是模拟量输出通道的地址，其代表 D/A 转换的数字量，当 M20.0 为 0 时，为单极性，也就是 QW600：P 的范围是 0～27648。要缩放到的工程量的范围是 0.0～100.0。当输入 MD10=50.0 时，表示阀门的开度为 50%，对应模拟量输出 QW600：P=13824。

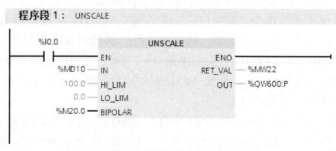

图 4-115　取消缩放指令示例

4.8　数学函数指令

数学函数非常重要，在模拟量的处理、PID 控制等很多场合都要用到数学函数指令。

（1）加指令（ADD）

当允许输入端 EN 为高电平"1"时，输入端 IN1 和 IN2 中的整数相加，结果送入 OUT 中。加的表达式是：IN1＋IN2＝OUT。加指令（ADD）和参数见表 4-52。

表 4-52　加指令（ADD）和参数

LAD	参　数	数据类型	说　明	存　储　区
ADD Auto (???) —EN　ENO— —IN1　OUT— —IN2 ✻	EN	BOOL	允许输入	I、Q、M、D、L
	ENO	BOOL	允许输出	
	IN1	整数、浮点数	相加的第 1 个值	I、Q、M、D、L、P 或常数
	IN2	整数、浮点数	相加的第 2 个值	
	INn	整数、浮点数	要相加的可选输入值	
	OUT	整数、浮点数	相加的结果	J、Q、M、D、L、P

注意：可以从指令框的"<???>"下拉列表中选择该指令的数据类型。单击指令中的 ✻ 图标可以添加可选输入项。

用一个例子来说明加指令（ADD），梯形图如图 4-116 所示。当 I0.0 闭合时，激活加指令，IN1 中的整数存储在 MW10 中，假设这个数为 11，IN2 中的整数存储在 MW12 中，假设这个数为 21，整数相加的结果存储在 OUT 端的 MW16 中的数是 42。由于没有超出计算范围，所以 Q0.0 输出为"1"。

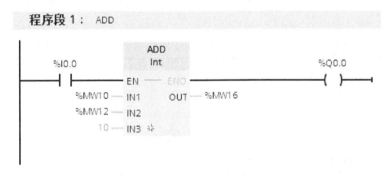

图 4-116　加指令（ADD）示例

【例 4-21】 有一个电炉，加热功率有 1000W、2000W 和 3000W 三个挡，电炉有 1000W 和 2000W 两种电加热丝。要求用一个按钮选择三个加热挡，当按一次按钮时，1000W 电阻丝加热，即第一挡；当按两次按钮时，2000W 电阻丝加热，即第二挡；当按三次按钮时，1000W 和 2000W 电阻丝同时加热，即第三挡；当按四次按钮时停止加热，请编写程序。

【解】 梯形图如图 4-117 所示。

如图 4-117 所示的梯形图程序，没有逻辑错误，但实际上有两处缺陷，一是上电时没有对 Q0.0～Q0.2 复位，二是浪费了多达 14 个输出点，这在实际工程应用中是不允许的。对以上程序进行改进，如图 4-118 所示。

（2）减指令（SUB）

当允许输入端 EN 为高电平"1"时，输入端 IN1 和 IN2 中的数相减，结果送入 OUT 中。

IN1 和 IN2 中的数可以是常数。减指令的表达式是：IN1－IN2＝OUT。

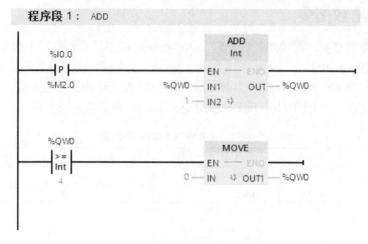

图 4-117　梯形图

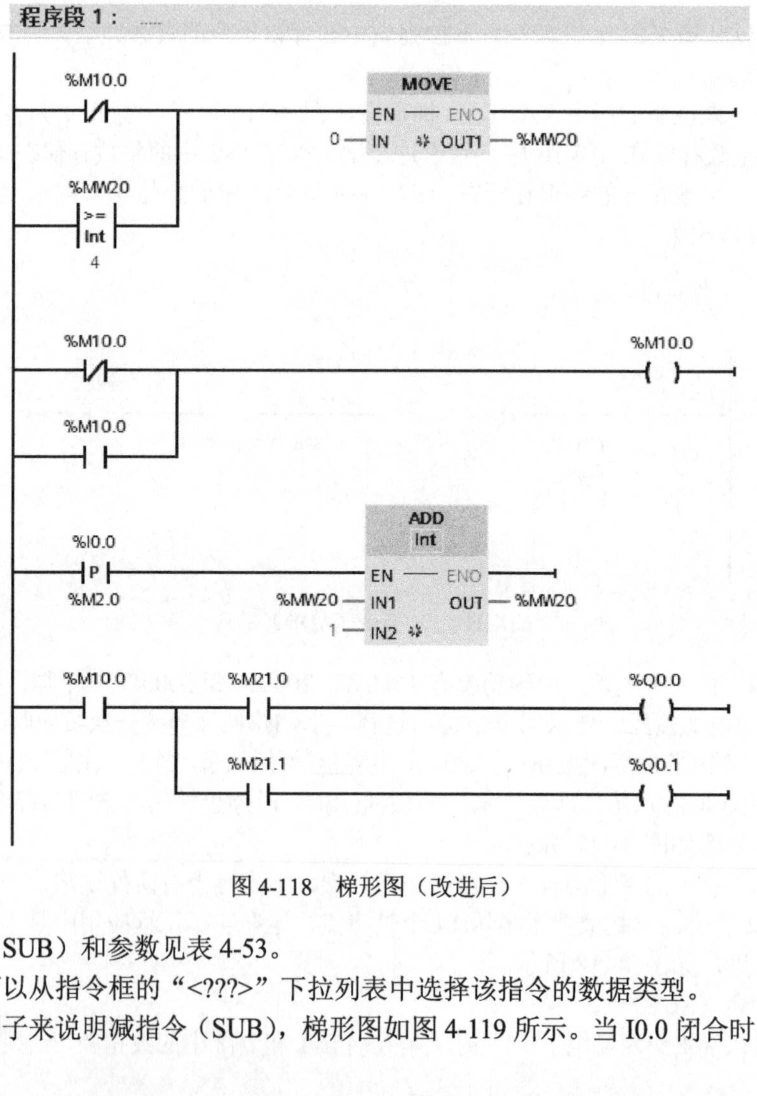

图 4-118　梯形图（改进后）

减指令（SUB）和参数见表 4-53。

注意：可以从指令框的"<???>"下拉列表中选择该指令的数据类型。

用一个例子来说明减指令（SUB），梯形图如图 4-119 所示。当 I0.0 闭合时，激活双整数减指令，IN1 中的双整数存储在 MD10 中，假设这个数为 DINT#28，IN2 中的双整数为 DINT#8，双整数相减的结果存储在 OUT 端的 MD16 中的数是 DINT#20。由于没有超出计算范围，所以 Q0.0 输出为"1"。

表 4-53　减指令（SUB）和参数

LAD	参　数	数 据 类 型	说　明	存　储　区
SUB Auto (???) - EN — ENO - - IN1　OUT - - IN2	EN	BOOL	允许输入	I、Q、M、D、L
	ENO	BOOL	允许输出	
	IN1	整数、浮点数	被减数	I、Q、M、D、L、P 或常数
	IN2	整数、浮点数	减数	
	OUT	整数、浮点数	差	I、Q、M、D、L、P

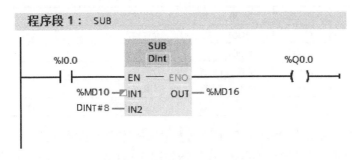

程序段 1：SUB

图 4-119　减指令（SUB）示例

（3）乘指令（MUL）

当允许输入端 EN 为高电平"1"时，输入端 IN1 和 IN2 中的数相乘，结果送入 OUT 中。IN1 和 IN2 中的数可以是常数。乘的表达式是：IN1×IN2＝OUT。

乘指令（MUL）和参数见表 4-54。

表 4-54　乘指令（MUL）和参数

LAD	参　数	数 据 类 型	说　明	存　储　区
MUL Auto (???) - EN — ENO - - IN1　OUT - - IN2 ✳	EN	BOOL	允许输入	I、Q、M、D、L
	ENO	BOOL	允许输出	
	IN1	整数、浮点数	相乘的第 1 个值	I、Q、M、D、L、P 或常数
	IN2	整数、浮点数	相乘的第 2 个值	
	INn	整数、浮点数	要相乘的可选输入值	
	OUT	整数、浮点数	相乘的结果（积）	I、Q、M、D、L、P

注意：可以从指令框的"<???>"下拉列表中选择该指令的数据类型。单击指令中的✳图标可以添加可选输入项。

用一个例子来说明乘指令（MUL），梯形图如图 4-120 所示。当 I0.0 闭合时，激活整数乘指令，IN1 中的整数存储在 MW10 中，假设这个数为 11，IN2 中的整数存储在 MW12 中，假设这个数为 11，整数相乘的结果存储在 OUT 端的 MW16 中的数是 242。由于没有超出计算范围，所以 Q0.0 输出为"1"。

（4）除指令（DIV）

当允许输入端 EN 为高电平"1"时，输入端 IN1 中的双整数除以 IN2 中的双整数，结果送入 OUT 中。IN1 和 IN2 中的数可以是常数。除指令（DIV）和参数见表 4-55。

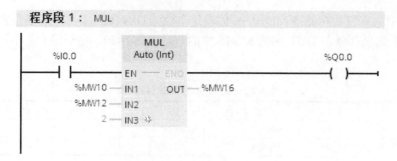

图 4-120 乘指令（MUL）示例

表 4-55 除指令（DIV）和参数

LAD	参　数	数 据 类 型	说　明	存 储 区
DIV Auto (???) — EN ENO — — IN1 OUT — — IN2	EN	BOOL	允许输入	I、Q、M、D、L
	ENO	BOOL	允许输出	
	IN1	整数、浮点数	被除数	I、Q、M、D、L、P 或常数
	IN2	整数、浮点数	除数	
	OUT	整数、浮点数	除法的结果（商）	J、Q、M、D、L、P

注意：可以从指令框的"<???>"下拉列表中选择该指令的数据类型。

用一个例子来说明除指令（DIV），梯形图如图 4-121 所示。当 I0.0 闭合时，激活实数除指令，IN1 中的实数存储在 MD10 中，假设这个数为 10.0，IN2 中的双整数存储在 MD14 中，假设这个数为 2.0，实数相除的结果存储在 OUT 端的 MD18 中的数是 5.0。由于没有超出计算范围，所以 Q0.0 输出为"1"。

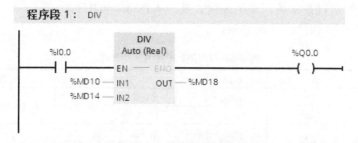

图 4-121 除指令（DIV）示例

（5）计算指令（CALCULATE）

使用"计算"指令定义并执行表达式，根据所选数据类型计算数学运算或复杂逻辑运算。计算指令（CALCULATE）和参数见表 4-56。

表 4-56 计算指令（CALCULATE）和参数

LAD	参数	数 据 类 型	说　明	存 储 区
CALCULATE　▣ ??? — EN ENO — OUT := <???> — IN1 OUT — — IN2	EN	BOOL	允许输入	I、Q、M、D、L
	ENO	BOOL	允许输出	
	IN1	位字符串、整数、浮点数	第1输入	
	IN2	位字符串、整数、浮点数	第2输入	I、Q、M、D、L、P 或常数
	INn	位字符串、整数、浮点数	其他插入的值	
	OUT	位字符串、整数、浮点数	计算的结果	J、Q、M、D、L、P

注意：

① 可以从指令框的"<???>"下拉列表中选择该指令的数据类型；

② 上方的"计算器"图标可打开该对话框。表达式可以包含输入参数的名称和指令的语法。

用一个例子来说明计算指令，在梯形图中点击"计算器"图标，弹出如图 4-122 所示界面，输入表达式，本例为：OUT=(IN1+IN2−IN3)/IN4。梯形图如图 4-123 所示。当 I0.0 闭合时，激活计算指令，IN1 中的实数存储在 MD10 中，假设这个数为 12.0，IN2 中的实数存储在 MD14 中，假设这个数为 3.0，结果存储在 OUT 端的 MD18 中的数是 6.0。由于没有超出计算范围，所以 Q0.0 输出为"1"。

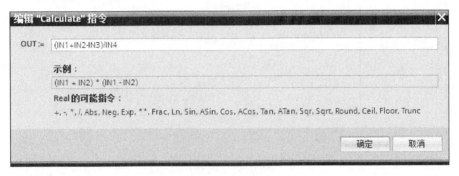

图 4-122　编辑计算指令

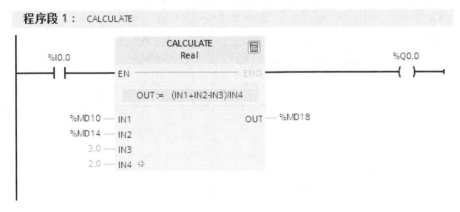

图 4-123　计算指令示例

【例 4-22】　将 53 英寸（in）转换成以毫米（mm）为单位的整数，请设计梯形图。

【解】　1in=25.4mm，涉及实数乘法，先要将整数转换成实数，用实数乘法指令将 in 为单位的长度变为以 mm 为单位的实数，最后四舍五入即可，梯形图如图 4-124 所示。

（6）递增指令（INC）

使用"递增"指令将参数 IN/OUT 中操作数的值加 1。递增指令（INC）和参数见表 4-57。

注意：可以从指令框的"<???>"下拉列表中选择该指令的数据类型。

用一个例子来说明递增指令（INC），梯形图如图 4-125 所示。当 I0.0 闭合 1 次时，激活递增指令（INC），IN/OUT 中的双整数存储在 MD10 中，假设这个数执行指令前为 10，执行指令后 MD10 加 1，结果变为 11。由于没有超出计算范围，所以 Q0.0 输出为"1"。

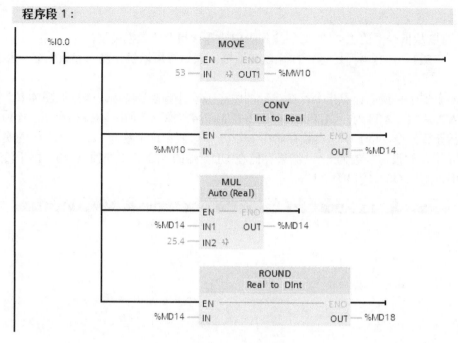

程序段1:

图4-124 梯形图

表4-57 递增指令（INC）和参数

LAD	参 数	数据类型	说 明	存 储 区
INC ??? EN — ENO IN/OUT	EN	BOOL	允许输入	I、Q、M、D、L
	ENO	BOOL	允许输出	
	IN/OUT	整数	要递增的值	

程序段1: INC

图4-125 递增指令（INC）示例

（7）递减指令（DEC）

使用"递减"指令将参数 IN/OUT 中操作数的值减 1。递减指令（DEC）和参数见表 4-58。

表4-58 递减指令（DEC）和参数

LAD	参 数	数据类型	说 明	存 储 区
DEC ??? ▼ EN — ENO IN/OUT	EN	BOOL	允许输入	I、Q、M、D、L
	ENO	BOOL	允许输出	
	IN/OUT	整数	要递减的值	

注意：可以从指令框的"<???>"下拉列表中选择该指令的数据类型。

用一个例子来说明递减指令（DEC），梯形图如图 4-126 所示。当 I0.0 闭合 1 次时，激活递减指令（DEC），IN/OUT 中的整数存储在 MW10 中，假设这个数执行指令前为 10，执行指令后 MW10 减 1，结果变为 9。由于没有超出计算范围，所以 Q0.0 输出为"1"。

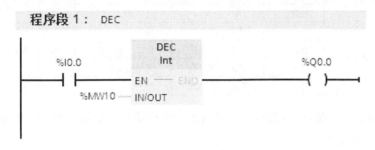

图 4-126　递减指令（DEC）示例

（8）获取最大值指令（MAX）

"获取最大值"指令比较所有输入的值，并将最大的值写入输出 OUT 中。获取最大值指令（MAX）和参数见表 4-59。

表 4-59　获取最大值指令（MAX）和参数

LAD	参　数	数 据 类 型	说　　明	存　储　区
MAX ??? EN ENO IN1 OUT IN2	EN	BOOL	允许输入	I、Q、M、D、L
	ENO	BOOL	允许输出	
	IN1	整数、浮点数	第一个输入值	I、Q、M、D、L、P 或常数
	IN2	整数、浮点数	第二个输入值	
	INn	整数、浮点数	其他插入值	
	OUT	整数、浮点数	结果	J、Q、M、D、L、P

注意：可以从指令框的"<???>"下拉列表中选择该指令的数据类型。单击指令中的 ※ 图标可以添加可选输入项。

用一个例子来说明获取最大值指令（MAX），梯形图如图 4-127 所示。当 I0.0 闭合 1 次时，激活获取最大值指令，比较输入端的三个值的大小，假设 MW10=1，MW12=2，第三个输入值为 3，显然三个数值最大的为 3，故运算结果是 MW16=3。由于没有超出计算范围，所以 Q0.0 输出为"1"。

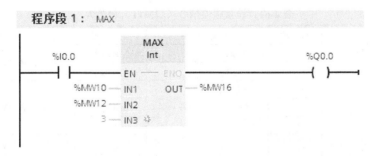

图 4-127　获取最大值指令（MAX）示例

（9）获取最小值指令（MIN）

"获取最小值"指令比较所有输入的值，并将最小的值写入输出 OUT 中。获取最小值指令（MIN）和参数见表 4-60。

表 4-60 获取最小值指令（MIN）和参数

LAD	参 数	数据类型	说 明	存 储 区
MIN ??? EN — ENO IN1 — OUT IN2	EN	BOOL	允许输入	I、Q、M、D、L
	ENO	BOOL	允许输出	
	IN1	整数、浮点数	第一个输入值	I、Q、M、D、L、P 或常数
	IN2	整数、浮点数	第二个输入值	
	INn	整数、浮点数	其他插入值	
	OUT	整数、浮点数	结果	↓ Q、M、D、L、P

注意：可以从指令框的"<???>"下拉列表中选择该指令的数据类型。单击指令中的 ⁑ 图标可以添加可选输入项。

用一个例子来说明获取最小值指令（MIN），梯形图如图 4-128 所示。当 I0.0 闭合 1 次时，激活获取最小值指令，比较输入端的三个值的大小，假设 MD20=1，MD24=2，MD28=3，显然三个数值最小的为 1，故运算结果是 MD32=1。由于没有超出计算范围，所以 Q0.0 输出为"1"。

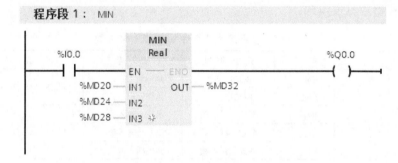

图 4-128 获取最小值指令（MIN）示例

（10）设置限值指令（LIMIT）

使用"设置限值"指令，将输入 IN 的值限制在输入 MN 与 MX 的值范围之间。如果 IN 输入的值满足条件 MN≤ IN≤ MX 则 OUT 以 IN 的值输出。 如果不满足该条件且输入值 IN 低于下限 MN，则 OUT 以 MN 的值输出。如果超出上限 MX，则 OUT 以 MX 的值输出。设置限值指令（LIMIT）和参数见表 4-61。

表 4-61 设置限值指令（LIMIT）和参数

LAD	参 数	数据类型	说 明	存 储 区
LIMIT ??? EN — ENO MN — OUT IN MX	EN	BOOL	允许输入	I、Q、M、D、L
	ENO	BOOL	允许输出	
	MN	整数、浮点数、Time、	下限	I、Q、M、D、L、P 或常数
	IN	LTime、TOD、LTOD、Date、	输入值	
	MX	LDT	上限	
	OUT		结果	↓ Q、M、D、L、P

注意：可以从指令框的"<???>"下拉列表中选择该指令的数据类型。

用一个例子来说明设置限值指令（LIMIT），梯形图如图 4-129 所示。当 I0.0 闭合 1 次时，激活设置限值指令，当 100.0≥MD20≥0.0 时，MD24＝ MD20；当 MD20≥100.0 时，MD24＝ 100.0；当 MD20≤0.0 时，MD24＝ 0.0。

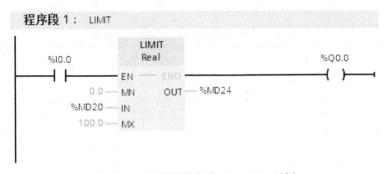

图 4-129　设置限值指令（LIMIT）示例

（11）计算绝对值指令（ABS）

当允许输入端 EN 为高电平"1"时，对输入端 IN 求绝对值，结果送入 OUT 中。IN 中的数可以是常数。计算绝对值（ABS）的表达式是：OUT＝｜IN｜。

计算绝对值指令（ABS）和参数见表 4-62。

表 4-62　计算绝对值指令（ABS）和参数

LAD	参数	数据类型	说明	存储区
ABS ??? EN ENO IN OUT	EN	BOOL	允许输入	I、Q、M、D、L
	ENO	BOOL	允许输出	
	IN	SINT、Int、DINT、	输入值	I、Q、M、D、L、P 或常数
	OUT	LINT、浮点数	输出值（绝对值）	I、Q、M、D、L、P

注意：可以从指令框的"<???>"下拉列表中选择该指令的数据类型。

用一个例子来说明计算绝对值指令（ABS），梯形图如图 4-130 所示。当 I0.0 闭合时，激活计算绝对值指令，IN 中的实数存储在 MD20 中，假设这个数为 10.1，实数求绝对值的结果存储在 OUT 端的 MD20 中的数是 10.1，假设 IN 中的实数为－10.1，实数求绝对值的结果存储在 OUT 端的 MD20 中的数是 10.1。由于没有超出计算范围，所以 Q0.0 输出为"1"。

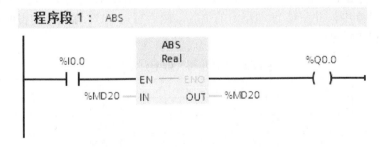

图 4-130　计算绝对值指令（ABS）示例

（12）计算正弦值指令（SIN）

"计算正弦值"指令，可以计算角度的正弦值，角度大小在 IN 输入处以弧度的形式指定。指令结果由 OUT 输出。计算正弦值指令（SIN）和参数见表 4-63。

注意：可以从指令框的"<???>"下拉列表中选择该指令的数据类型。

用一个例子来说明计算正弦值指令（SIN），梯形图如图 4-131 所示。当 I0.0 闭合时，激活计算正弦值指令，IN 中的实数存储在 MD20 中，假设这个数为 0.5（弧度），求绝对值的结果存储在 OUT 端的 MD24 中，此正弦值为 0.479。由于没有超出计算范围，所以 Q0.0 输出为"1"。

表 4-63　计算正弦值指令（SIN）和参数

LAD	参　数	数据类型	说　　明	存　储　区
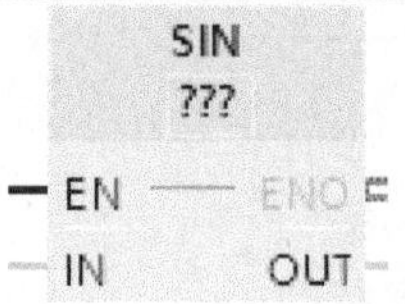 SIN ??? ― EN ― ENO ― ― IN　　OUT ―	EN	BOOL	允许输入	I、Q、M、D、L
	ENO	BOOL	允许输出	
	IN	浮点数	角度大小（弧度形式）	I、Q、M、D、L、P 或常数
	OUT		正弦值	I、Q、M、D、L、P

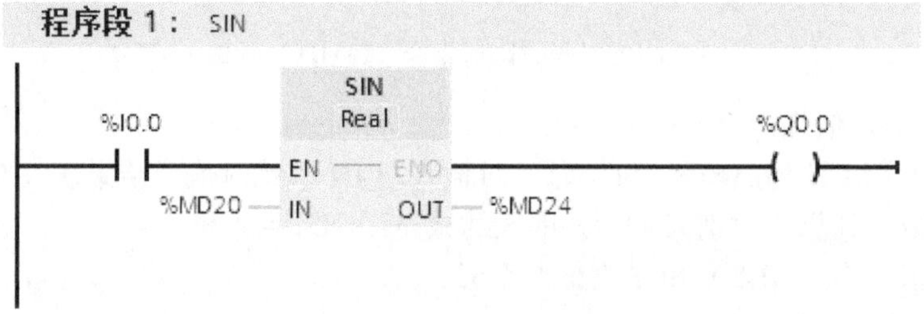

程序段 1： SIN

图 4-131　计算正弦值指令（SIN）示例

数学函数中还有计算余弦、计算正切、计算反正弦、计算反余弦、取幂、求平方、求平方根、计算自然对数、计算指数值和提取小数等，由于都比较容易掌握，在此不再赘述。

4.9　移位和循环指令

TIA 博途软件移位指令能将累加器的内容逐位向左或者向右移动。移动的位数由 N 决定。向左移 N 位相当于累加器的内容乘以 2^N，向右移相当于累加器的内容除以 2^N。移位指令在逻辑控制中使用也很方便。

（1）左移指令（SHL）

当左移指令（SHL）的 EN 位为高电平"1"时，将执行移位指令，将 IN 端指定的内容送入累加器 1 低字中，并左移 N 端指定的位数，然后写入 OUT 端指令的目的地址中。左移指令（SHL）和参数见表 4-64。

表 4-64　左移指令（SHL）和参数

LAD	参　数	数据类型	说　明	存　储　区
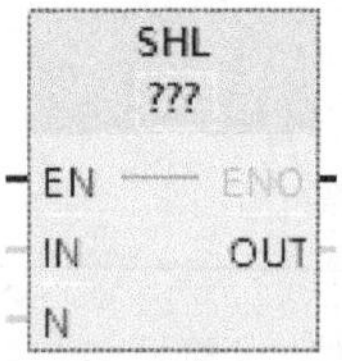 SHL ??? ― EN ― ENO ― ― IN　　OUT ― ― N	EN	BOOL	允许输入	I、Q、M、D、L
	ENO	BOOL	允许输出	
	IN	位字符串、整数	移位对象	I、Q、M、D、L 或常数
	N	USINT，UINT，UDINT，ULINT	移动的位数	
	OUT	位字符串、整数	移动操作的结果	I、Q、M、D、L

注意：可以从指令框的"<???>"下拉列表中选择该指令的数据类型。

用一个例子来说明左移指令，梯形图如图 4-132 所示。当 I0.0 闭合时，激活左移指令，IN 中的字存储在 MW10 中，假设这个数为 2#1001　1101　1111　101 向左移 4 位后，

OUT 端的 MW10 中的数是 2#1101 1111 1011 0000。左移指令示意图如图 4-133 所示。

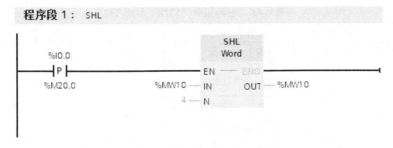

图 4-132 左移指令示例

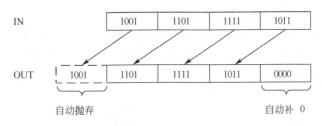

图 4-133 左移指令示意图

▶【关键点】图 4-132 中的程序有一个上升沿，这样 I0.0 每闭合一次，左移 4 位，若没有上升沿，那么闭合一次，可能左移很多次。这点读者要特别注意。

【例 4-23】 有 16 盏灯，上电时，1~4 盏亮，1s 后 5~8 盏亮，1~4 盏灭，如此不断循环，请编写程序。

【解】 M0.5 是设定的 1s 脉冲信号，梯形图如图 4-134 所示。可以看出，用移位指令编写程序，很简洁。

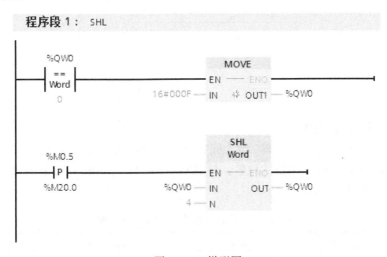

图 4-134 梯形图

（2）右移指令（SHR）

当右移指令（SHR）的 EN 位为高电平"1"时，将执行移位指令，将 IN 端指令的内容送入累加器 1 低字中，并右移 N 端指定的位数，然后写入 OUT 端指令的目的地址中。右移指令（SHR）和参数见表4-65。

表4-65　右移指令（SHR）和参数

LAD	参数	数据类型	说　明	存　储　区
SHR ??? — EN — ENO — IN　OUT — N	EN	BOOL	允许输入	I、Q、M、D、L
	ENO	BOOL	允许输出	
	IN	位字符串、整数	移位对象	
	N	USINT，UINT，UDINT，ULINT	移动的位数	I、Q、M、D、L 或常数
	OUT	位字符串、整数	移动操作的结果	J、Q、M、D、L

注意：可以从指令框的"<???>"下拉列表中选择该指令的数据类型。

用一个例子来说明右移指令，梯形图如图4-135所示。当I0.0闭合时，激活右移指令，IN中的字存储在MW10中，假设这个数为2#1001 1101 1111 101向右移4位后，OUT端的MW10中的数是2#0000 1001 1101 1,11右移指令示意图如图4-136所示。

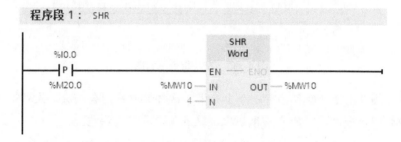

图4-135　右移指令示例

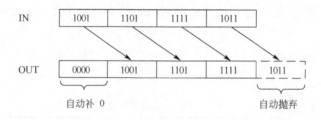

图4-136　右移指令示意图

（3）循环左移指令（ROL）

当循环左移指令（ROL）的 EN 位为高电平"1"时，将执行双字循环左移指令，将 IN 端指定的内容循环左移 N 端指定的位数，然后写入 OUT 端指令的目的地址中。循环左移指令（ROL）和参数见表4-66。

表4-66　循环左移指令（ROL）和参数

LAD	参数	数据类型	说　明	存　储　区
ROL ??? — EN — ENO — IN　OUT — N	EN	BOOL	允许输入	I、Q、M、D、L
	ENO	BOOL	允许输出	
	IN	位字符串、整数	要循环移位的值	
	N	USINT，UINT，UDINT，ULINT	将值循环移动的位数	I、Q、M、D、L 或常数
	OUT	位字符串、整数	循环移动的结果	J、Q、M、D、L

注意：可以从指令框的"<???>"下拉列表中选择该指令的数据类型。

用一个例子来说明循环左移指令（ROL）的应用，梯形图如图 4-137 所示。当 I0.0 闭合时，激活双字循环左移指令，IN 中的双字存储在 MD10 中，假设这个数为 2#1001　1101　1111　1011　1001　1101　1111　1001，除最高 4 位外，其余各位向左移 4 位后，双字的最高 4 位，循环到双字的最低 4 位，结果是 OUT 端的 MD10 中的数是 2#1101　1111　1011　1001　1101　1111　1011　1001，其示意图如图 4-138 所示。

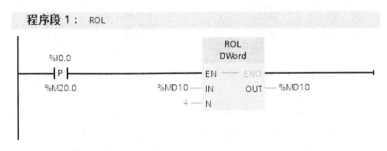

图 4-137　双字循环左移指令示例

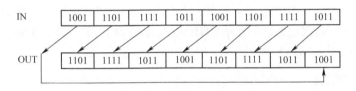

图 4-138　双字循环左移指令示意图

【例 4-24】　有 32 盏灯，上电时，1～4 盏亮，1s 后 5～8 盏亮，1～4 盏灭，如此不断循环，请编写程序。

【解】　M0.5 是设定的 1s 脉冲信号，M1.0 是首次扫描闭合脉冲，梯形图如图 4-139 所示。可以看出，用循环指令编写程序很简洁。此题还有多种解法，请读者自己思考。

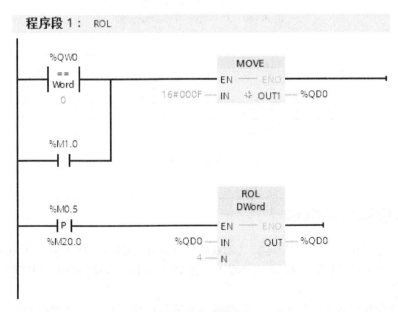

图 4-139　梯形图

（4）循环右移指令（ROR）

当循环右移指令（ROR）的 EN 位为高电平"1"时，将执行双字循环右移指令，将 IN 端指定的内容循环右移 N 端指定的位数，然后写入 OUT 端指令的目的地址中。循环右移指令（ROR）和参数见表 4-67。

表 4-67　循环右移指令（ROR）和参数

LAD	参数	数据类型	说明	存储区
ROR ??? EN — ENO IN — OUT N	EN	BOOL	允许输入	I、Q、M、D、L
	ENO	BOOL	允许输出	
	IN	位字符串、整数	要循环移位的值	I、Q、M、D、L 或常数
	N	USINT, UINT, UDINT, ULINT	将值循环移动的位数	
	OUT	位字符串、整数	循环移动的结果	I、Q、M、D、L

注意：可以从指令框的"<???>"下拉列表中选择该指令的数据类型。

用一个例子来说明循环右移指令（ROR）的应用，梯形图如图 4-140 所示。当 I0.0 闭合时，激活双字循环右移指令，IN 中的双字存储在 MD10 中，假设这个数为 2#1001　1101　1111　1011　1001　1101　1111，除最低 4 位外，其余各位向右移 4 位后，双字的最低 4 位，循环到双字的最高 4 位，结果是 OUT 端的 MD10 中的数是 2#1011　1001　1101　1111　1011　1001　1101　1111，其示意图如图 4-141 所示。

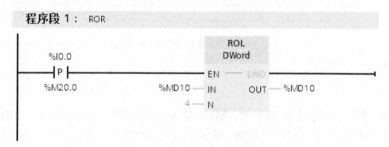

图 4-140　双字循环右移指令示例

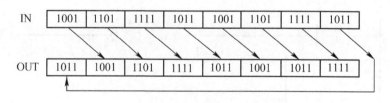

图 4-141　双字循环右移指令示意图

4.10　字逻辑运算指令

字的逻辑运算指令包括：与运算（AND）、或运算（OR）、异或运算（XOR）、求反码（INVERT）、解码（DECO）、编码（ENCO）、选择（SEL）、多路复用（MUX）和多路分用（DEMUX）等。

字逻辑指令就是对 16 字或者 32 双字等逐位进行逻辑运算，一个操作数在累加器 1，另一个操作数在累加器 2，指令中也允许有立即数（常数）的形式输出。

（1）与运算指令（AND）

使用"与"运算指令将输入 IN1 的值和输入 IN2 的值按位进行"与"运算，并把与运算结果输入到 OUT 中。与运算指令（AND）和参数见表 4-68。

表 4-68　与运算指令（AND）和参数

LAD	参数	数据类型	说　明	存　储　区
	EN	BOOL	允许输入	I、Q、M、D、L
	ENO	BOOL	允许输出	
	IN1	位字符串	逻辑运算的第一个值	I、Q、M、D、L、P 或常数
	IN2	位字符串	逻辑运算的第二个值	
	INn	位字符串	要进行逻辑运算的其他输入	
	OUT	位字符串	指令的结果	J Q、M、D、L、P

注意：可以从指令框的"<???>"下拉列表中选择该指令的数据类型。单击指令中的 图标可以添加可选输入项。

以下用一个例子介绍与运算指令（AND）的应用。梯形图程序如图 4-142 所示。需要把 MW10 传送到 QW0，但 QW0 的低 4 位要清零。

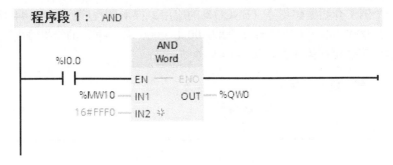

图 4-142　与运算指令示例

（2）解码指令（DECO）

"解码"指令读取输入 IN 的值，并将输出值中位号与读取值对应的那个位置位。输出值中的其他位以零填充。解码指令（DECO）和参数见表 4-69。

表 4-69　解码指令（DECO）和参数

LAD	参数	数据类型	说　明	存　储　区
	EN	BOOL	允许输入	I、Q、M、D、L
	ENO	BOOL	允许输出	
	IN	UINT	输出值中待置位位的位置	J Q、M、D、L、P 或常数
	OUT	位字符串	输出值	J Q、M、D、L、P

注意：可以从指令框的"<???>"下拉列表中选择该指令的数据类型。

以下用一个例子介绍解码指令（DECO）的应用。梯形图程序如图 4-143 所示，将 3 解码，双字 MD10=2#0000_0000_0000_0000_0000_0000_0000_1000，可见第 3 位置 1。

（3）编码指令（ENCO）

"编码"指令选择输入 IN 值的最低有效位，并将该位号写入到输出 OUT 的变量中。编码指令（ENCO）和参数见表 4-70。

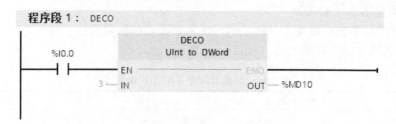

图 4-143　解码指令示例

表 4-70　编码指令（ENCO）和参数

LAD	参　数	数据类型	说　明	存　储　区
ENCO ??? EN — ENO IN — OUT	EN	BOOL	允许输入	I、Q、M、D、L
	ENO	BOOL	允许输出	
	IN	位字符串	输入值	I、Q、M、D、L、P 或常数
	OUT	Int	输出值	I、Q、M、D、L、P

注意：可以从指令框的"<???>"下拉列表中选择该指令的数据类型。

以下用一个例子介绍编码指令（ENCO）的应用。梯形图程序如图 4-144 所示，假设双字 MD10 ＝ 2#0001_0001_0001_0001_0000_0000_0000_1000编码的结果输出到 MW16 中，因为 MD10 最低有效位在第 3 位，所以 MW16=3。

程序段 1：ENCO

```
        %I0.0          ENCO
     ---| |---        DWord
                      EN — ENO
           %MD10 — IN   OUT — %MW16
```

图 4-144　编码指令示例

（4）多路复用指令（MUX）

使用"多路复用指令"将选定输入的内容复制到输出 OUT。可以扩展指令框中可选输入的编号，最多可声明 32 个输入。多路复用指令（MUX）和参数见表 4-71。

表 4-71　多路复用指令（MUX）和参数

LAD	参数	数据类型	说　明	存　储　区
MUX ??? EN ENO K OUT IN0 IN1 ELSE	EN	BOOL	允许输入	I、Q、M、D、L
	ENO	BOOL	允许输出	
	K	二进制数、整数、浮点数、定时器、Char、WChar、TOD、LTOD、Date、LDT	指定要复制哪个输入的数据。如果 K ＝0则参数 IN0如果 K = 1 则参数 IN1 依此类推	I、Q、M、D、L、P 或常数
	IN0		第一个输入值	
	IN1		第二个输入值	
	INn		可选输入值	
	ELSE		指定 K >时要复制的值	
	OUT		输出值	I、Q、M、D、L、P

注意：可以从指令框的"<???>"下拉列表中选择该指令的数据类型。单击指令中的 ☀ 图标可以添加可选输入项。

以下用一个例子介绍多路复用指令（MUX）的应用。梯形图程序如图 4-145 所示，假设MW10 ＝10，MW12 ＝12，MW14 ＝14，MW16 ＝16，由于 K=2，所以选择 IN2 的输入值 MW14=14输出到 MW18 中，所以运算结果 MW18=14。

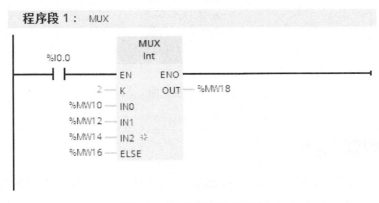

图 4-145　多路复用指令示例

（5）多路分用指令（DEMUX）

使用"多路分用指令"将输入 IN 的内容复制到选定的输出。可以在指令框中扩展选定输出的编号。在此框中自动对输出编号。编号从 OUT0 开始，对于每个新输出，此编号连续递增。可以使用参数 K 定义要将输入 IN 的内容复制到的输出。 其他输出则保持不变。如果参数 K 的值大于可用输出数，参数 ELSE 中输入 IN 的内容和使能输出 ENO 的信号状态将被分配为"0"。多路分用指令（DEMUX）和参数见表 4-72。

表 4-72　多路分用指令（DEMUX）和参数

LAD	参　数	数 据 类 型	说　　明	存　储　区
DEMUX ??? EN ENO K OUT0 IN OUT1 ELSE	EN	BOOL	允许输入	I、Q、M、D、L
	ENO	BOOL	允许输出	
	K	二进制数、整数、浮点数、定时器、Char、WChar、TOD、LTOD、Date、LDT	指定要将输入值 (IN)复制到的输出。如果 K ＝0，则复制参数 OUT0；如果 K ＝1，则复制参数 OUT1，依此类推	I、Q、M、D、L、P 或常数
	IN		输入值	
	OUT0		第一个输出值	I、Q、M、D、L、P
	OUT1		第二个输出值	
	ELSE		指定 K >n时要复制的值	
	OUTn		可选输出值	

注意：可以从指令框的"<???>"下拉列表中选择该指令的数据类型。单击指令中的 ☀ 图标可以添加可选输入项。

以下用一个例子介绍多路分用指令（DEMUX）的应用。梯形图程序如图 4-146 所示，假设 MD10 ＝10，由于 K=2，所以 MD10 的数值 10 选择复制到 OUT2 中，所以运算结果MD22=10。而 MD14、MD18、MD26 保持原来数值不变。

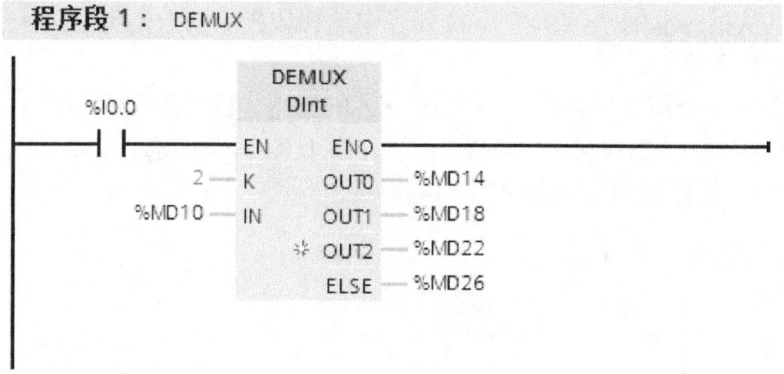

程序段 1: DEMUX

图 4-146 梯形图

4.11 程序控制指令

控制指令包括逻辑控制指令和程序控制指令。逻辑控制指令是指逻辑块中的跳转和循环指令。在没有执行跳转和循环指令之前，各语句按照先后顺序执行，也就是线性扫描。而逻辑控制指令终止了线性扫描，跳转到地址标号（Label）所指的地址，程序再次开始线性扫描。逻辑控制指令没有参数，只有一个地址标号，地址标号的作用如下。

① 逻辑转移指令的地址是一个地址标号。

地址标号最多由 4 个字母组成，第一个字符是字母，后面的字符可以是字母或者字符。

② 目的地址标号必须从一个网络开始。

跳转指令有几种形式，即无条件跳转、多分支跳转指令、与 RLO 和 BR 有关的跳转指令、与信号状态有关的跳转指令、与条件码 CC0 和 CC1 有关的跳转指令。

（1）若 RLO ="1"则跳转指令（JMP）

使用"若 RLO = "1" 则跳转"指令中断程序的顺序执行，并从其他程序段继续执行。目标程序段必须用跳转标签 (LABEL) 进行标识。在指令上方的占位符指定该跳转标签的名称。

指定的跳转标签与执行的指令必须位于同一数据块中。指定的名称在块中只能出现一次。一个程序段中只能使用一个跳转线圈。

如果该指令输入的逻辑运算结果 (RLO) 为"1"，则将跳转到由指定跳转标签标识的程序段。可以跳转到更大或更小的程序段编号。

如果不满足该指令输入的条件 (RLO = 0)，则程序将继续执行下一程序段。

若 RLO = "1"则跳转指令如图 4-147 所示，当 I0.0 闭合时，跳转到 CASE1 处，即程序段 3，不执行程序段 2，而 I0.0 不闭合时，程序按照顺序执行。

（2）定义跳转列表指令（JMP_LIST）

使用定义跳转列表指令，可定义多个有条件跳转，并继续执行由 K 参数的值指定的程序段中的程序。

定义跳转列表指令如图 4-148 所示，当 I0.0 闭合时，执行定义跳转列表指令，如果 MW2="DEST0"，则跳转到 LABEL1 处；如果 MW2="DEST1"，则跳转到 LABEL2 处；如果 MW2="DEST2"，则跳转到 LABEL3 处。

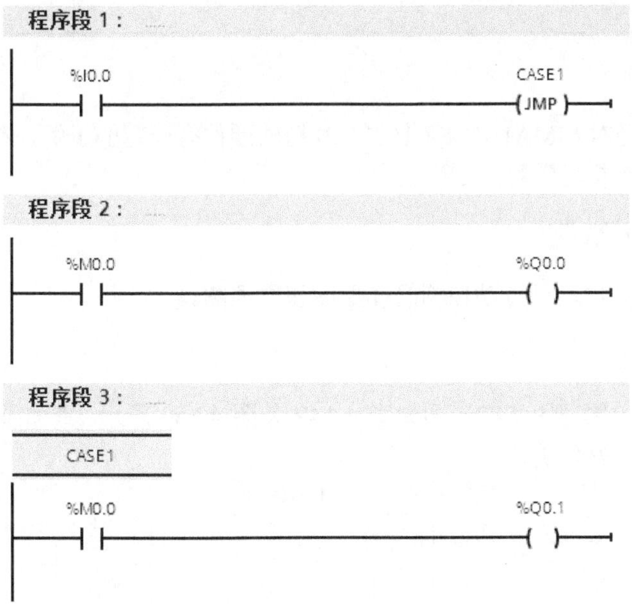

程序段 1：

```
        %I0.0                                            CASE1
        ─┤ ├─                                          ─( JMP )─
```

程序段 2：

```
        %M0.0                                            %Q0.0
        ─┤ ├─                                           ─( )─
```

程序段 3：

```
    CASE1

        %M0.0                                            %Q0.1
        ─┤ ├─                                           ─( )─
```

图 4-147　若 RLO ＝ "1"则跳转指令示例

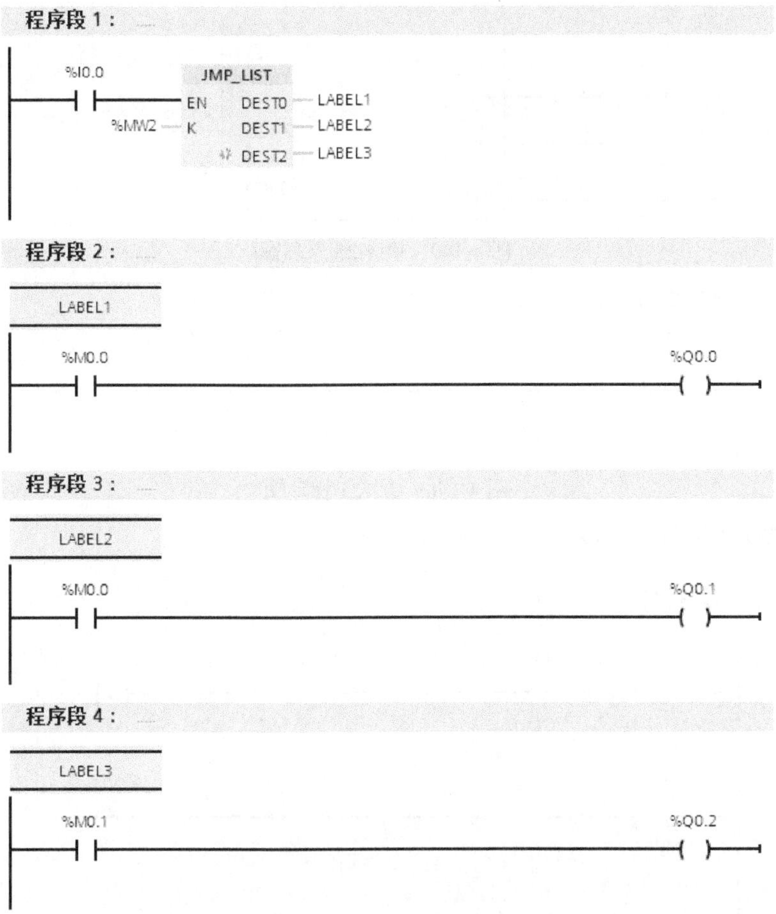

程序段 1：

```
    %I0.0        JMP_LIST
    ─┤ ├─       EN    DEST0 ── LABEL1
         %MW2 ── K     DEST1 ── LABEL2
                 4.    DEST2 ── LABEL3
```

程序段 2：

```
    LABEL1

        %M0.0                                            %Q0.0
        ─┤ ├─                                           ─( )─
```

程序段 3：

```
    LABEL2

        %M0.0                                            %Q0.1
        ─┤ ├─                                           ─( )─
```

程序段 4：

```
    LABEL3

        %M0.1                                            %Q0.2
        ─┤ ├─                                           ─( )─
```

图 4-148　定义跳转列表指令示例

4.12 实例

至此，读者已经对 SIMATIC S7-1500 PLC的软硬件有一定的了解，本节内容将列举一些简单的例子，供读者模仿学习。

4.12.1 电动机的控制

【例 4-25】 设计电动机点动控制的梯形图和原理图。

【解】

（1）方法 1

常规设计方案的原理图和梯形图如图 4-149 和图 4-150 所示。但如果程序用到置位指令（S Q0.0，则这种解法不可用。

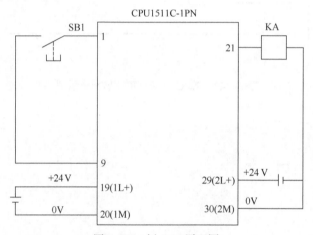

图 4-149 例 4-25 原理图

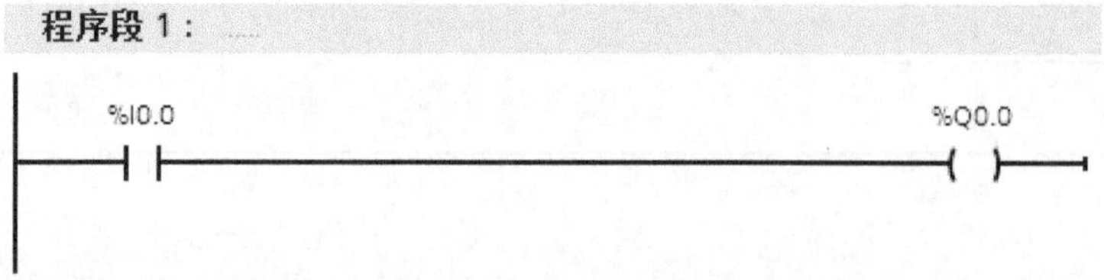

程序段 1： ....

```
    %I0.0                                          %Q0.0
  ───┤ ├───                                      ───( )───
```

图 4-150 方法 1 梯形图

（2）方法 2（见图 4-151）。

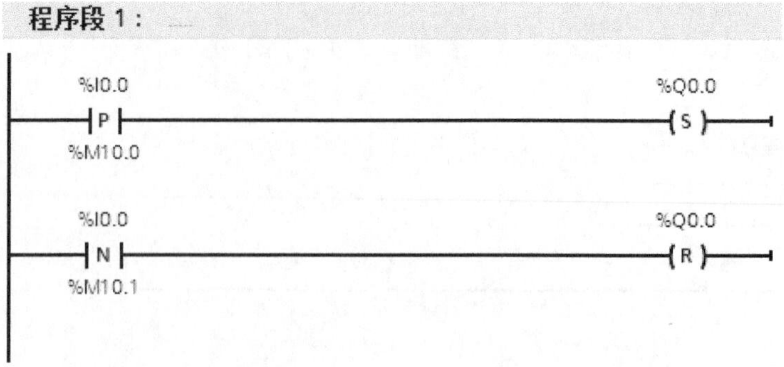

程序段 1： ....

```
    %I0.0                                          %Q0.0
  ───┤P├───                                      ───( S )───
    %M10.0

    %I0.0                                          %Q0.0
  ───┤N├───                                      ───( R )───
    %M10.1
```

图 4-151 方法 2 梯形图

【例 4-26】　设计两地控制电动机启停的梯形图和原理图。

【解】

（1）方法 1

常规设计方案的原理图和梯形图如图 4-152 和图 4-153 所示。这种解法是正确的解法，但不是最优方案，因为这种解法占用了较多的 I/O 点。

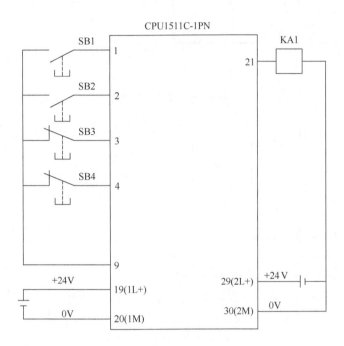

图 4-152　例 4-26 原理图

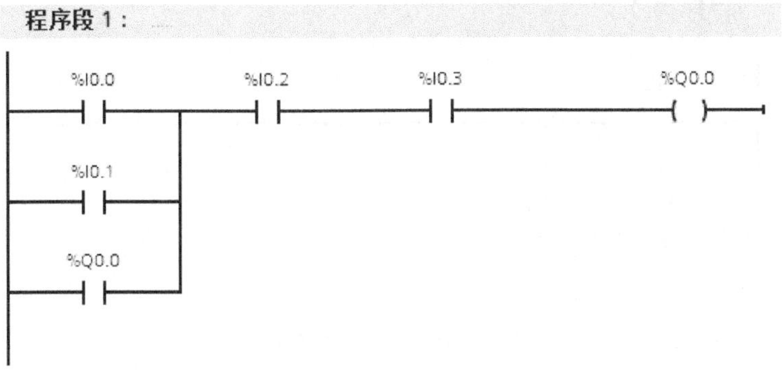

程序段 1：

图 4-153　方法 1 梯形图

（2）方法 2（见图 4-154）。

（3）方法 3

优化后的方案的原理图如图 4-155 所示，梯形图如图 4-156 所示。可见节省了 2 个输入点，但功能完全相同。

【例 4-27】　编写电动机启动优先的控制程序。

【解】　I0.0 是启动按钮，接常开触点，I0.1 是停止按钮，接常闭触点。启动优先于停止的程序如图 4-157 所示。优化后的程序如图 4-158 所示。

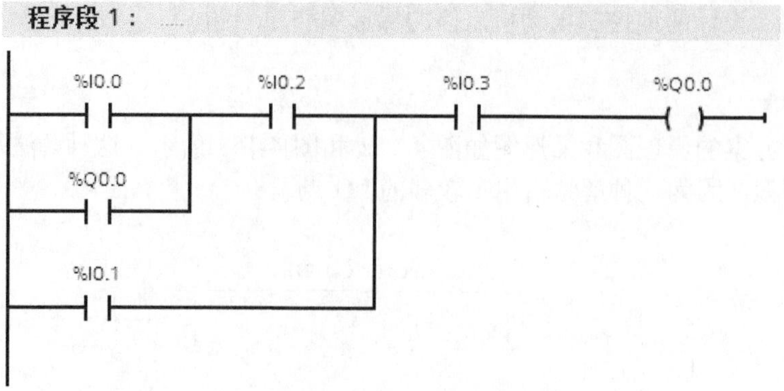

程序段 1：

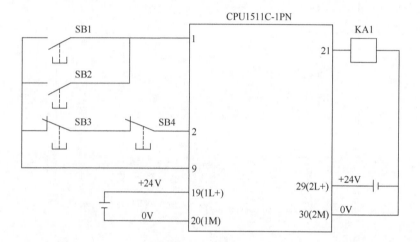

图 4-154　方法 2 梯形图

图 4-155　优化后原理图

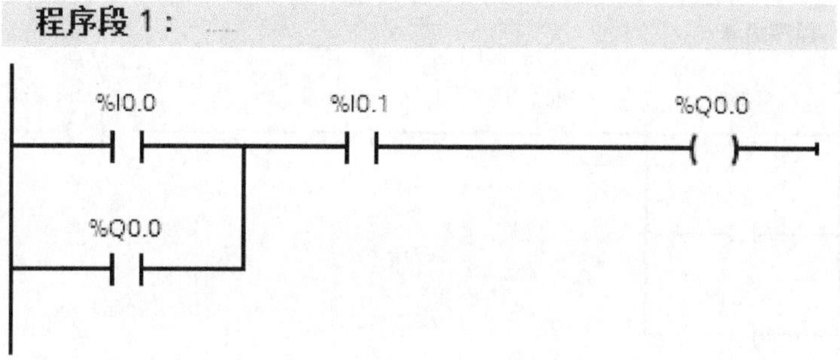

程序段 1：

图 4-156　方法 3 梯形图

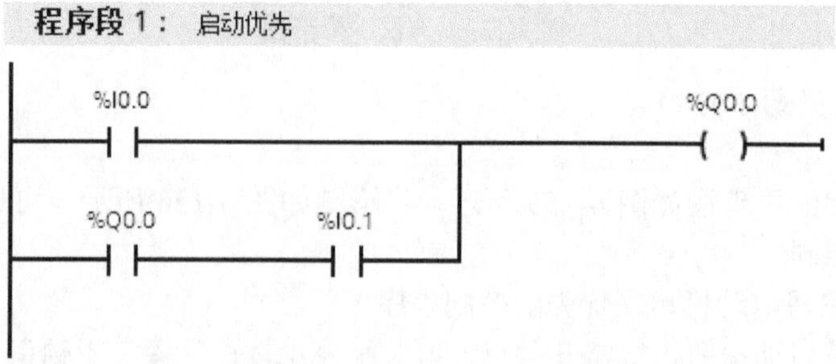

程序段 1：　启动优先

图 4-157　例 4-27 梯形图

程序段 1：　启动优先

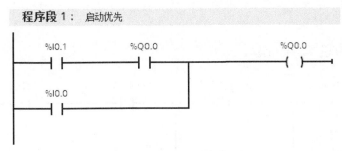

图 4-158　优化后的梯形图

【例 4-28】　编写程序，实现电动机的启/停控制和点动控制，画出梯形图和原理图。

【解】　输入点：启动—I0.0，停止—I0.2，点动—I0.1。输出点：正转—Q0.0。

原理图如图 4-159 所示，梯形图如图 4-160 所示，这种编程方法在工程实践中很常用。

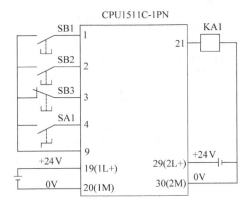

图 4-159　例 4-28 原理图

程序段 1：　点动连动

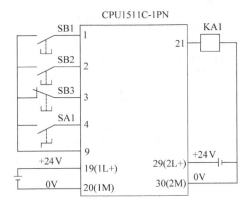

图 4-160　梯形图（1）

以上程序还可以用如图 4-161 所示的梯形图程序替代。

【例 4-29】　设计电动机的"正转—停—反转"的梯形图，其中 I0.0 是正转按钮、I0.1 是反转按钮、I0.2 是停止按钮、Q0.0 是正转输出、Q0.1 是反转输出。

【解】　先设计 PLC 的原理图，如图 4-162 所示。

借鉴继电器接触器系统中的设计方法，不难设计"正转—停—反转"梯形图，如图 4-163 所示。常开触点 Q0.0 和常开触点 Q0.1 起自保（自锁）作用，而常闭触点 Q0.0 和常闭触点

Q0.1 起互锁作用。

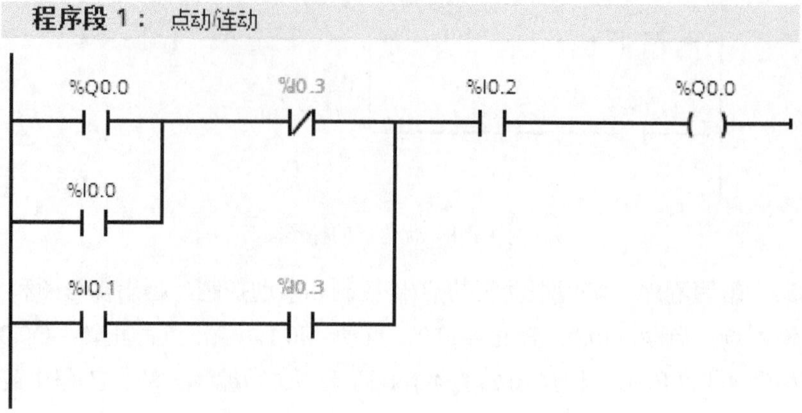

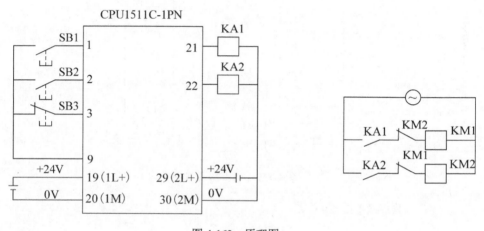

图 4-161　梯形图（2）

图 4-162　原理图

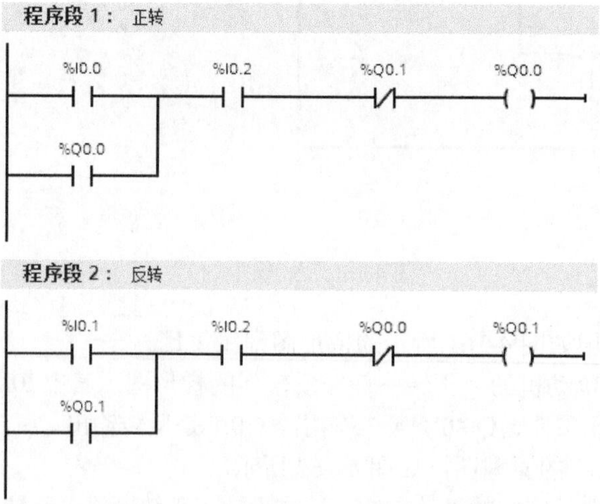

图 4-163　"正转—停—反转"梯形图

4.12.2 定时器和计数器应用

【例 4-30】 编写一段程序，实现分脉冲功能。

【解】 解题思路：先用定时器产生秒脉冲，再用 30 个秒脉冲作为高电平，30 个脉冲作为低电平，秒脉冲用"系统和时钟存储器"的 M0.5 产生，其硬件组态如图 4-164 所示。梯形图如图 4-165 所示。

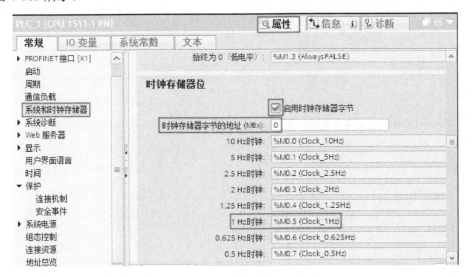

图 4-164 硬件组态

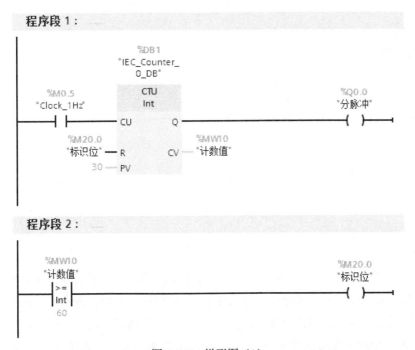

图 4-165 梯形图（1）

此题的另一种解法如图 4-166 所示，请读者思考，图 4-166 梯形图的程序段 1 和程序段 2 互换后，是否可行？为什么？

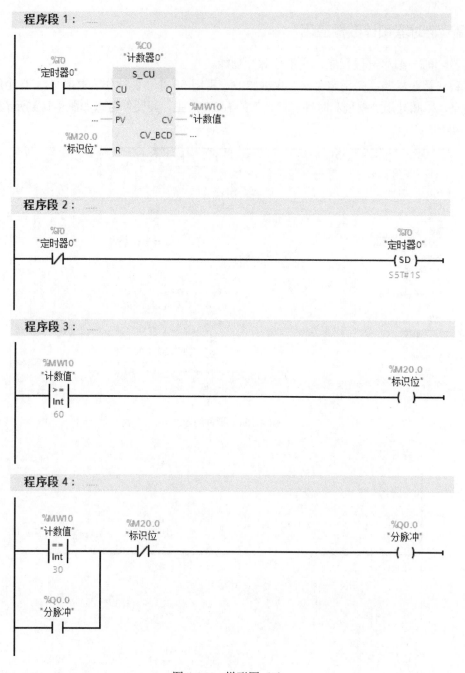

图 4-166　梯形图（2）

【例 4-31】 某设备三条传送带上的工件，最后汇集到最后一条传送带上，前三条传送带上有 I0.0、I0.1 和 I0.2 三个接近开关，先到的工件感应接近开关，激发对应的气缸动作，推动工件，前三条传送带对应的气缸输出为 Q0.0、Q0.1 和 Q0.2，每次只能保证一条传送带上的一个工件送到最后一条传送带上（竞争上岗），工件送到最后一条传送带 1s 后才能送下一个工件，复位为 I0.3。编写相关程序实现此功能。

【解】 梯形图程序如图 4-167 所示。

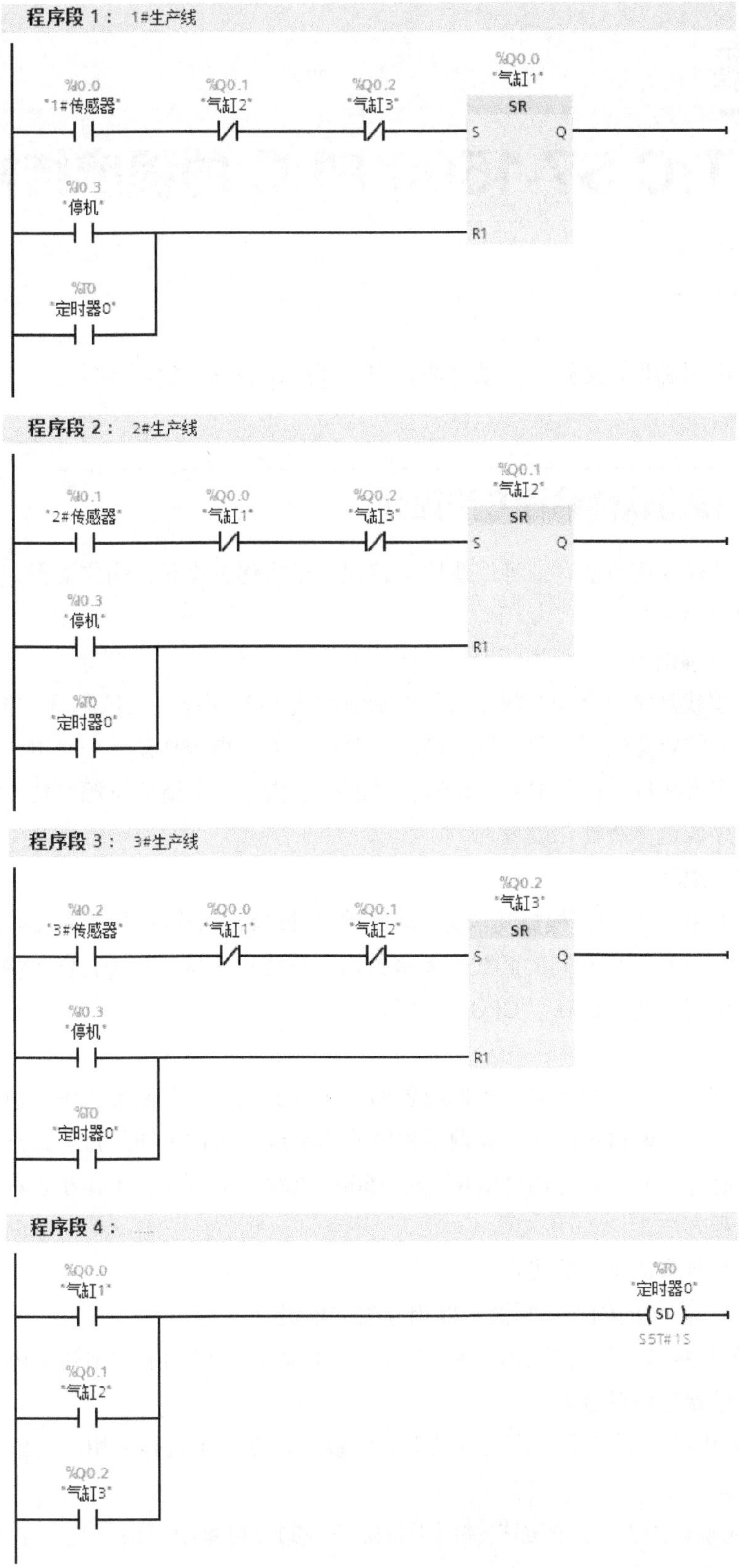

图 4-167　例 4-31 梯形图

第5章

SIMATIC S7-1500 PLC 的程序结构

本章主要介绍函数、函数块、数据块、中断和组织块等，学习本章内容，对编写程序至关重要。

5.1 TIA 博途软件编程方法简介

TIA 博途软件编程方法有三种：线性化编程、模块化编程和结构化编程。以下对这三种方法分别进行简要介绍。

（1）线性化编程

线性化编程就是将整个程序放在循环控制组织块 OB1 中， CPU循环扫描执行 OB1 中的全部指令。其特点是结构简单、概念简单，但由于所有指令都在一个块中，程序的某些部分可能不需要多次执行，而扫描时，重复扫描所有的指令，会造成资源浪费、执行效率低。对于大型的程序要避免线性化编程。

（2）模块化编程

模块化编程就是将程序根据功能分为不同的逻辑块，每个逻辑块完成不同的功能。在 OB1 中可以根据条件调用不同的函数或者函数块。其特点是易于分工合作，调试方便。由于逻辑块有条件调用，所以提高了 CPU 的效率。

（3）结构化编程

结构化编程就是将过程要求中类似或者相关的任务归类，在函数或者函数块中编程，形成通用的解决方案。通过不同的参数调用相同的函数或者通过不同的背景数据块调用相同的函数块。一般而言，工程上用 SIMATIC S7-1500 PLC编写的程序都不是小型程序，所以通常采用结构化编程方法。

结构化编程具有如下一些优点。

① 各单个任务块的创建和测试可以相互独立地进行。

② 通过使用参数，可将块设计得十分灵活。比如，可以创建一钻孔循环，其坐标和钻孔深度可以通过参数传递进来。

③ 块可以根据需要在不同的地方以不同的参数数据记录进行调用，也就是说，这些块能够被再利用。

④ 在预先设计的库中，能够提供用于特殊任务的"可重用"块。

5.2　函数、数据块和函数块

5.2.1　块的概述

（1）块的简介

在操作系统中包含了用户程序和系统程序，操作系统已经固化在 CPU 中，它提供 CPU 运行和调试的机制。CPU 的操作系统是按照事件驱动扫描用户程序的。用户程序写在不同的块中，CPU 按照执行的条件成立与否执行相应的程序块或者访问对应的数据块。用户程序则是为了完成特定的控制任务，是由用户编写的程序。用户程序通常包括组织块（OB）、函数块（FB）、函数（FC）和数据块（DB）。用户程序中块的说明见表 5-1。

表 5-1　用户程序中块的说明

块 的 类 型	属　　　性
组织块（OB）	① 用户程序接口 ② 优先级（0～27） ③ 在局部数据堆栈中指定开始信息
函数（FC）	① 参数可分配（必须在调用时分配参数） ② 没有存储空间（只有临时变量）
函数块（FB）	① 参数可分配（可以在调用时分配参数） ② 具有（收回）存储空间（静态变量）
数据块（DB）	① 结构化的局部数据存储（背景数据块 DB） ② 结构化的全局数据存储（在整个程序中有效）

（2）块的结构

块由变量声明表和程序组成。每个逻辑块都有变量声明表，变量声明表是用来说明块的局部数据。而局部数据包括参数和局部变量两大类。在不同的块中可以重复声明和使用同一局部变量，因为它们在每个块中仅有效一次。

局部变量包括两种：静态变量和临时变量。

参数是在调用块与被调用块之间传递的数据，包括输入、输出和输入/输出变量。表 5-2 为局部数据声明类型。

表 5-2　局部数据声明类型

变 量 名 称	变 量 类 型	说　　　明
输入	Input	为调用模块提供数据，输入给逻辑模块
输出	Output	从逻辑模块输出数据结果
输入/输出	InOut	参数值既可以输入，也可以输出
静态变量	Static	静态变量存储在背景数据块中，块调用结束后，变量被保留
临时变量	Temp	临时变量存储 L 堆栈中，块执行结束后，变量消失

图 5-1 所示为块调用的分层结构的一个例子，组织块 OB1（主程序）调用函数块 FB1，FB1 调用函数块 FB10，组织块 OB1（主程序）调用函数块 FB2，函数块 FB2 调用函数 FC5，函数 FC5 调用函数 FC10。

5.2.2 函数（FC）及其应用

（1）函数（FC）简介

① 函数（FC）是用户编写的程序块，是不带存储器的代码块。由于没有可以存储块参数值的数据存储器，因此，调用函数时，必须给所有形参分配实参。

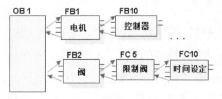

图 5-1 块调用的分层结构

② FC里有一个局域变量表和块参数。局域变量表里有：Input（输入参数）、Output（输出参数）、InOut（输入/输出参数）、Temp（临时数据）、Return（返回值 RET_VAL）。Input（输入参数）将数据传递到被调用的块中进行处理。Output（输出参数）是将结果传递到调用的块中。InOut（输入/输出参数）将数据传递到被调用的块中，在被调用的块中处理数据后，再将被调用的块中发送的结果存储在相同的变量中。Temp（临时数据）是块的本地数据，并且在处理块时将其存储在本地数据堆栈。关闭并完成处理后，临时数据就变得不再可访问。Return 包含返回值 RET_VAL。

（2）函数（FC）的应用

函数（FC）类似于 VB 语言中的子程序，用户可以将具有相同控制过程的程序编写在 FC 中，然后在主程序 Main[OB1]中调用。创建函数的步骤是：先建立一个项目，再在 TIA 博途软件项目视图的项目树中选中"已经添加的设备"（如：PLC_1）→"程序块"→"添加新块"，即可弹出要插入函数的界面。以下用 3 个例题讲解函数（FC）的应用。

【例 5-1】 用函数 FC 实现电动机的启停控制。

【解】① 新建一个项目，本例为"启停控制（FC）"。在 TIA 博途软件项目视图的项目树中，选中并单击已经添加的设备"PLC_1"→"程序块"→"添加新块"，如图 5-2 所示，弹出添加块界面。

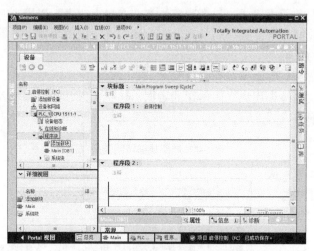

图 5-2 打开"添加新块"

② 如图 5-3 所示，在"添加新块"界面中，选择创建块的类型为"函数"，再输入函数的名称（本例为启停控制），之后选择编程语言（本例为 LAD），最后单击"确定"按钮，弹出函数的程序编辑器界面。

③ 在"程序编辑器"中，输入如图 5-4 所示的程序，此程序能实现启停控制，再保存程序。

图 5-3 添加新块

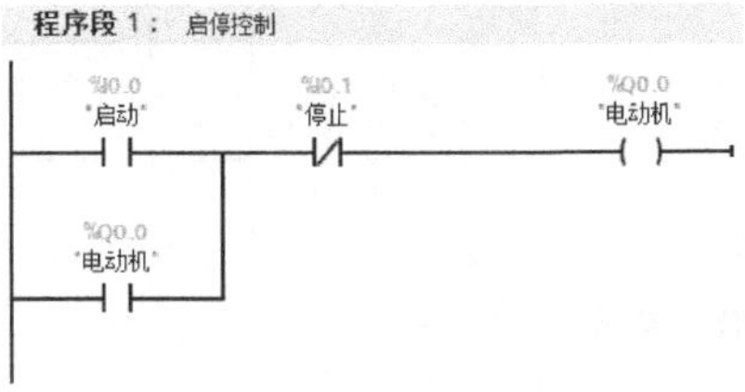

程序段 1：启停控制

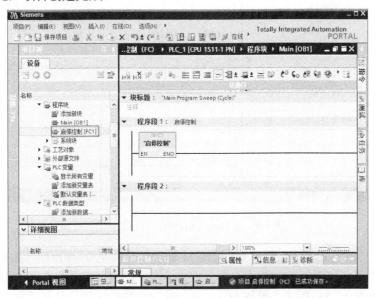

图 5-4 函数 FC1 中的程序

④ 在 TIA 博途软件项目视图的项目树中，双击“Main[OB1]”，打开主程序块“Main[OB1]”，选中新创建的函数“启停控制（FC1）”，并将其拖拽到程序编辑器中，如图 5-5 所示。至此，项目创建完成。

图 5-5 在主程序中调用功能

在例 5-1 中，只能用 I0.0 实现启动，用 I0.1 实现停止，这种功能调用方式是绝对调用，显然灵活性不够，例 5-2 将用参数调用。

【例 5-2】 用函数实现电动机的启停控制。

【解】 本例的①、②步与例 5-1 相同，在此不再重复讲解。

③ 在 TIA 博途软件项目视图的项目树中，双击函数块"启停控制（FC1）"，打开函数，弹出"程序编辑器"界面，先选中 Input（输入参数），新建参数"Start"和"Stop1"，数据类型为"Bool"。再选中 InOut（输入/输出参数），新建参数"Motor"，数据类型为"Bool"，如图 5-6 所示。最后在程序段 1 中输入程序，如图 5-7 所示，注意参数前都要加"#"。

④ 在 TIA 博途软件项目视图的项目树中，双击"Main[OB1]"，打开主程序块"Main[OB1]"，选中新创建的函数"启停控制（FC1）"，并将其拖拽到程序编辑器中，如图 5-8 所示。如果将整个项目下载到 PLC 中，就可以实现"启停控制"。这个程序的函数"FC1"的调用比较灵活，与例 5-1 不同，启动不只限于 I0.0，停止不只限于 I0.1，在编写程序时，可以灵活分配应用。

图 5-6　新建输入/输出参数　　　　　　　　　图 5-7　函数 FC1

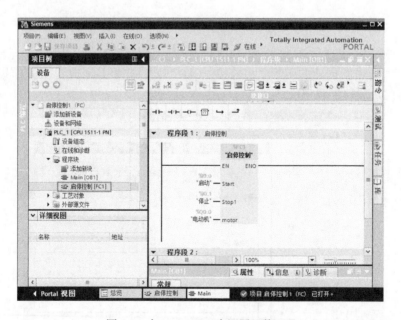

图 5-8　在 Main[OB1]中调用函数 FC1

【例 5-3】 某系统采集一路模拟量（温度），温度的范围是 0～200℃，要求对温度值进行数字滤波，算法是：把最新的三次采样数值相加，取平均值，即是最终温度值。

【解】 ①数字滤波的程序是函数 FC1，先创建一个空的函数，打开函数，并创建输入参数"GatherV"，就是采样输入值；创建输出参数"ResultV"，就是数字滤波的结果；创建输入输出参数"LastV"（上一个数值）、"LastestV"（上上一个数值）和"EarlyV"（当前数值），输入输出参数既可以在方框的输入端，也可以在方框的输出端，应用比较灵活；创建临时变量参数"Temp1"，临时变量参数既可以在方框的输入端，也可以在方框的输出端，应用也比较灵活，如图 5-9 所示。

	名称	数据类型	默认值	注释
1	▼ Input			
2	GatherV	Real		输入采集数值
3	▼ Output			
4	ResultV	Real		输出结果
5	▼ InOut			
6	LastV	Real		上一次数值
7	LastestV	Real		上上一次数值
8	EarlyV	Real		新数值
9	<新增>			
10	▼ Temp			
11	Temp1	Real		临时变量1
12	<新增>			

图 5-9　新建参数

② 在 FC1 中，编写滤波梯形图程序，如图 5-10 所示。

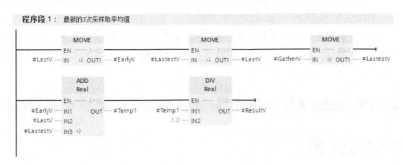

图 5-10　FC1 中的梯形图

③ 在 Main[OB1]中，编写梯形图程序，如图 5-11 所示。

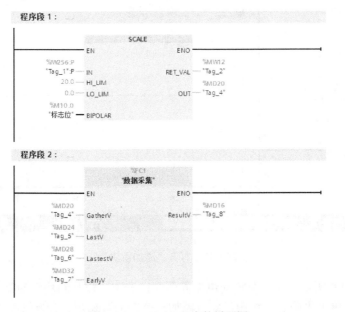

图 5-11　Main[OB1]中的梯形图

5.2.3 数据块（DB）及其应用

(1) 数据块（DB）简介

数据块用于存储用户数据及程序中间变量。新建数据块时，默认状态是优化的存储方式，且数据块中存储的变量是非保持的。数据块占用 CPU 的装载存储区和工作存储区，与标识存储器的功能类似，都是全局变量，不同的是，M 数据区的大小在 CPU 技术规范中已经定义，且不可扩展，而数据块存储区由用户定义，最大不能超过工作存储区或装载存储区。SIMATIC S7-1500 PLC的非优化数据最大数据空间为 64KB。而优化的数据块的存储空间要大得多，但其存储空间与 CPU 的类型有关。

按照功能分，数据块 DB 可以分为：全局数据块、背景数据块和基于数据类型（用户定义数据类型、系统数据类型和数组类型）的数据块。

(2) 全局数据块（DB）及其应用

全局数据块用于存储程序数据，因此，数据块包含用户程序使用的变量数据。一个程序中可以创建多个数据块。全局数据块必须创建后才可以在程序中使用。

以下用一个例题来说明数据块的应用。

【例 5-4】 用数据块实现电动机的启停控制。

【解】 ① 新建一个项目，本例为"块应用"，如图 5-12 所示，在项目视图的项目树中，选中并单击 "新添加的设备"（本例为 PLC_1）→ "程序块" → "添加新块"，弹出界面"添加新块"。

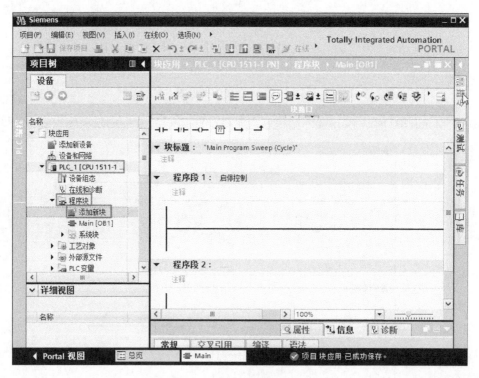

图 5-12 打开"添加新块"

② 如图 5-13 所示，在"添加新块"界面中，选中"添加新块"的类型为 DB，输入数据块的名称，再单击"确定"按钮，即可添加一个新的数据块，但此数据块中没有数据。

图 5-13　"添加新块"界面

③ 打开"数据块 1"，如图 5-14 所示，在"数据块 1"中，新建一个变量 A，如是非优化访问数据块，其地址实际就是 DB1.DBX0.0。

图 5-14　新建变量

④ 在"程序编辑器"中，输入如图 5-15 所示的程序，此程序能实现启停控制，保存程序。

程序段 1：启停控制

```
                                                                    %Q0.0
  "数据块1".A                                                        "电动机"
    ──┤ ├────────────────────────────────────────────────────────( )──
```

图 5-15　数据块中的程序

数据块创建后，在全局数据块的属性中可以切换存储方式。在项目视图的项目树中，选中并单击 "数据块 1"，单击鼠标右键，在弹出的快捷菜单中，单击"属性"选项，弹出如图 5-16 所示的界面，选中"属性"，如果取消"优化的块访问"，则切换到"非优化存储方式"，这种存储方式与 S7-300/400 兼容。

如是"非优化存储方式"，可以使用绝对方式访问该数据块（如 DB1.DBX0.0），如是"优化存储方式"则只能采用符号方式访问该数据块（如"数据块 1".A）。

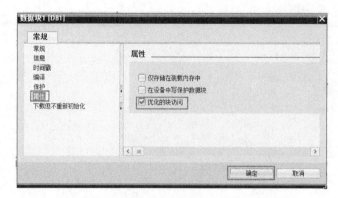

图 5-16 全局数据块存储方式的切换

（3）数组 DB 及其应用

数组 DB 是一种特殊类型的全局数据块，它包含一个任意数据类型的数组。其数据类型可以为基本数据类型，也可以是 PLC 数据类型的数组。创建数组 DB 时，需要输入数组的数据类型和数组上限，创建完数组 DB 后，可以修改其数组上限，但不能修改数据类型。数组 DB 始终启用 "优化块访问" 属性，不能进行标准访问，并且为非保持型属性，不能修改为保持属性。

数组 DB 在 SIMATIC S7-1500 PLC中较为常用，以下的例子是用数据块创建数组。

【例 5-5】用数据块创建一个数组 ary[0..5]，数组中包含 6 个整数，并编写程序把模拟量通道 IW752:P 采集的数据保存到数组的第 3 个整数中。

【解】 ① 新建项目 "块应用（数组）"，进行硬件组态，并创建共享数组块 DB1，如图 5-17 所示，双击 "DB1" 打开数据块 "DB1"。

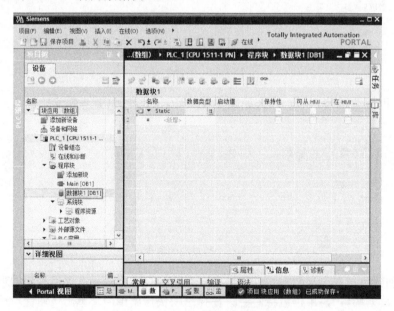

图 5-17 创建新项目和数据块 DB1

② 在 DB1 中创建数组。数组名称 ary，数组为 Array[0..5]，表示数组中有 6 个元素，Int 表示数组的数据为整数，如图 5-18 所示，保存创建的数组。

③ 在 Main[OB1]中编写梯形图程序，如图 5-19 所示。

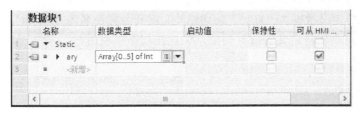

图 5-18　创建数组

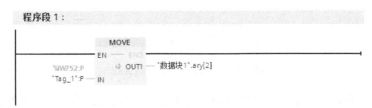

图 5-19　Main[OB]的梯形图

5.2.4　PLC 定义数据类型（UDT）及其应用

PLC 定义数据类型是难点，对于初学者更是如此。虽然在前面章节已经提到了 PLC 定义数据类型，但由于前述章节的部分知识点所限，前面章节没有讲解应用。以下用一个例子介绍 PLC 定义数据类型的应用，以便帮助读者进一步理解 PLC 定义数据类型。

【例 5-6】　有 10 台电动机，要对其进行启停控制，而且还要采集其温度信号，设计此控制系统，并编写控制程序（要求使用 PLC 定义数据类型）。

【解】　解题思路：每台电动机都有启动、停止、电动机和温度四个参数，因此需要创建 40 个参数，这是一种方案；但更简单的方案是：先创建启动、停止、电动机和温度四个参数，再把这四个参数作为一个自定义的数据类型，每台电动机都可以引用新创建的“自定义”的数据类型，而不必新建 40 个参数，这种方案更加简便。PLC 定义数据类型在工程中较为常用。

① 首先新建一个项目，命名为“UDT”，并创建数据块“DB1”和 PLC 定义数据“UDT1”，如图 5-20 所示。

图 5-20　新建项目 “UDT”，创建 “DB1”和“UDT1”

② 打开 PLC 定义数据"UDT1"，新建结构，将其名称命名为"Motor"，如图 5-21 所示，共有 4 个参数，这个新自定义的数据类型，可以在程序中使用。

		名称		数据类型		默认值	可从 H...
UDT1							
1	◀	▼	Motor	Struct			☑
2	◀	■	Speed	Real	▦	0.0	☑
3	◀	■	Start	Bool		false	☑
4	◀	■	Temp	Int		0	☑
5	◀	■	Stop1	Bool		false	☑

图 5-21　设置 UDT1 中的参数

③ 将数据块命名为"数据块 1"。再打开 DB1，如图 5-22 所示，创建参数"Motor1"，其数据类型为 UDT 的数据类型"UDT1"。

		名称		数据类型	启动值	保持性	可...
数据块1							
1	◀	▼	Static				
2	◀	■ ▶	Motor1	"UDT1"		☐	
3	◀	■ ▶	Motor2	"UDT1"		☐	
4	◀	■ ▶	Motor3	"UDT1"		☐	
5	◀	■ ▶	Motor4	"UDT1"		☐	
6	◀	■ ▶	Motor5	"UDT1"		☐	
7	◀	■ ▶	Motor6	"UDT1"		☐	
8	◀	■ ▶	Motor7	"UDT1"		☐	
9	◀	■ ▶	Motor8	"UDT1"		☐	
10	◀	■ ▶	Motor9	"UDT1"		☐	
11	◀	■ ▶	Motor10	"UDT1"	▦	☐	

图 5-22　设置 DB1 中的参数（声明视图）

展开"Motor1"和"Motor2"，图 5-22 变成如图 5-23 所示的详细视图。

		名称		数据类型	启动值	保持性	...
数据块1							
1	◀	▼	Static				⌃
2	◀	■ ▼	Motor1	"UDT1"		☐	
3	◀	■ ▼	Motor	Struct		☐	
4	◀	■	Speed	Real	0.0	☐	
5	◀	■	Start	Bool	false	☐	
6	◀	■	Temp	Int	0	☐	▤
7	◀	■	Stop1	Bool	false	☐	
8	◀	■ ▼	Motor2	"UDT1"		☐	
9	◀	■ ▼	Motor	Struct		☐	
10	◀	■	Speed	Real	0.0	☐	
11	◀	■	Start	Bool	false	☐	
12	◀	■	Temp	Int	0	☐	
13	◀	■	Stop1	Bool	false	☐	
14	◀	■ ▶	Motor3	"UDT1"		☐	
15	◀	■ ▶	Motor4	"UDT1"		☐	
16	◀	■ ▶	Motor5	"UDT1"		☐	⌄

图 5-23　设置 DB1 中的参数（数据视图，部分）

④ 编写如图 5-24 所示的梯形图程序，梯形图中用到了 PLC 定义数据类型。

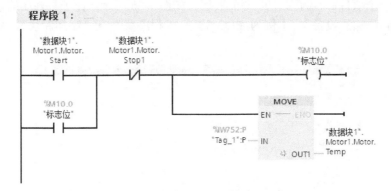

图 5-24　梯形图

5.2.5 函数块（FB）及其应用

（1）函数块（FB）的简介

函数块（FB）属于编程者自己编程的块。函数块是一种"带内存"的块。分配数据块作为其内存（背景数据块）。传送到 FB 的参数和静态变量保存在实例 DB 中。临时变量则保存在本地数据堆栈中。执行完 FB 时，不会丢失 DB 中保存的数据。但执行完 FB 时，会丢失保存在本地数据堆栈中的数据。

（2）函数块（FB）的应用

以下用一个例题来说明函数块的应用。

【例 5-7】 用函数块实现对一台电动机的星三角启动控制。

【解】 星三角启动电气原理图如图 5-25 所示。注意停止按钮接常闭触点。

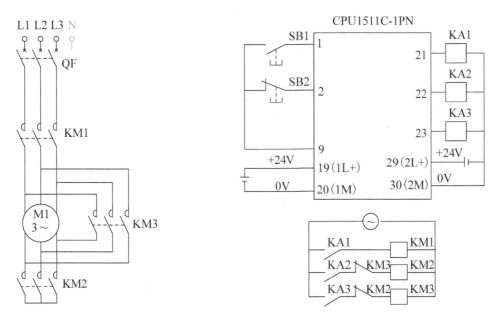

图 5-25　电气原理图

星三角启动的项目创建如下。

① 新建一个项目，本例为"星三角启动"，如图 5-26 所示，在项目视图的项目树中，选中并单击 "新添加的设备"（本例为 PLC_1）→"程序块"→"添加新块"，弹出界面"添加新块"。

图 5-26　新建项目"星三角启动"

② 在接口"Input"中，新建 4 个变量，如图 5-27 所示，注意变量的类型。注释内容可以空缺，注释的内容支持汉字字符。

在接口"Output"中，新建 2 个变量，如图 5-27 所示。

在接口"InOut"中，新建 1 个变量，如图 5-27 所示。

在接口"Static"中，新建 2 个静态变量，如图 5-27 所示，注意变量的类型，同时注意初始值不能为 0，否则没有星三角启动效果。

	名称		数据类型	默认值	保持性	可从 ...
1	▼	Input				
2	■	Start	Bool	false	非保持	☑
3	■	Stop1	Bool	false	非保持	☑
4	■	Tim0	Timer	0	非保持	☑
5	■	Tim1	Timer	0	非保持	☑
6	▼	Output				
7	■	KM2	Bool	false	非保持	☑
8	■	KM3	Bool	false	非保持	☑
9	▼	InOut				
10	■	KM1	Bool	false	非保持	☑
11	■	<新增>				
12	▼	Static				
13	■	Txing	S5Time	S5T#2s	非保持	☑
14	■	Tsan	S5Time	S5T#2s	非保持	☑

图 5-27　在接口中，新建变量

③ 在 FB1 的程序编辑区编写程序，如图 5-28 所示。

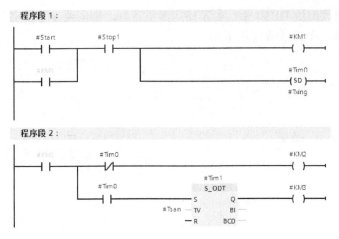

图 5-28   FB中的程序

④ 在项目视图的项目树中，双击"Main[OB1]"，打开主程序块"Main[OB1]"，如图 5-29 所示。

将功能"FB1"拖拽到程序段 1，在 FB1 上方输入数据块 DB2，将整个项目下载到 PLC 中，即可实现"电动机星三角启动控制"。

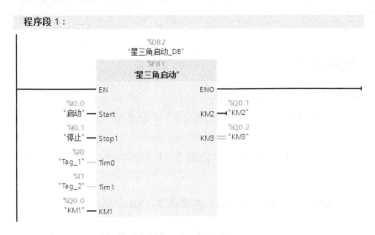

图 5-29   主程序块中的程序

5.3 多重背景

5.3.1 多重背景的简介

（1）多重背景的概念

当程序中有多个函数块时，如每个函数块对应一个背景数据块，程序中需要较多的背景数据块，这样在项目中就出现了大量的背景数据"碎片"，影响程序的执行效率。使用多重背景，可以将几个函数块，共用一个背景数据块，这样可以减少数据块的个数，提高程序的执行效率。

图 5-30 所示是一个多重背景结构的实例。FB1 和 FB2 共用一个背景数据块 DB10，但增加了一个函数块 FB10 来调用作为"局部背景"的 FB1 和 FB2，而 FB1 和 FB2 的背景数据存

放在 FB10 的背景数据块 DB10 中，如不使用多重背景，则需要 2 个背景数据块，使用多重背景后，则只需要一个背景数据块了。

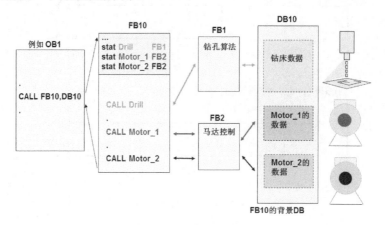

图 5-30　多重背景的结构

（2）多重背景的优点

① 多个实例只需要一个 DB。

② 在为各个实例创建"私有" 数据区时，无需任何额外的管理工作。

③ 多重背景模型使得"面向对象的编程风格"成为可能（通过"集合"的方式实现可重用性）。

5.3.2　多重背景的应用

以下用 2 个例子介绍多重背景的应用。

【例 5-8】 使用多重背景实现功能：电动机的启停控制和水位 A/D 转换数值高于 3000 时，报警输出。

【解】 ①新建项目和 3 个空的函数块如图 5-31 所示，双击并打开 FB1，并在 FB1 中创建启停控制功能的程序，如图 5-32 所示。

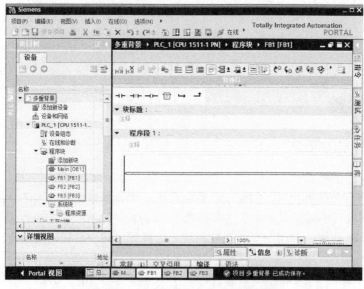

图 5-31　新建项目和 3 个空的函数块

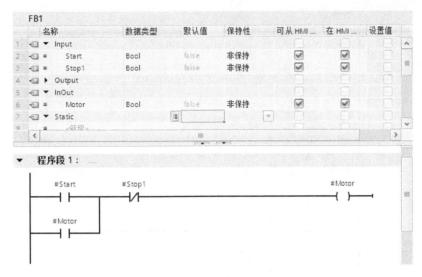

图 5-32　函数块 FB1

② 双击打开函数块 FB2，如图 5-33 所示，FB2 能实现当输入超过 3000 时报警的功能。

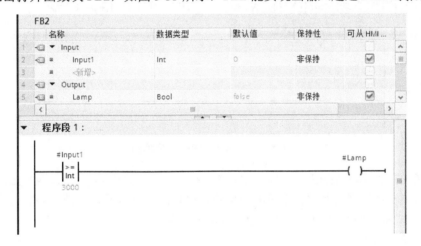

图 5-33　函数块 FB2

③ 双击打开函数块 FB3，如图 5-34 所示，再展开静态变量"Static"，并创建两个静态变量，静态变量"Qiting"的数据类型为"FB1"，静态变量"Baojing"的数据类型为"FB2"。FB3 中的梯形图如图 5-35 所示。

图 5-34　函数块 FB3

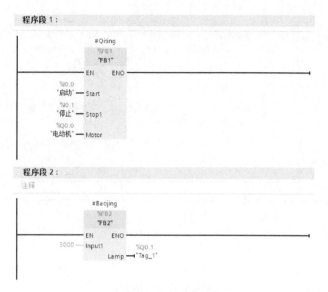

图 5-35 函数块 FB3 中的梯形图

④ 双击打开组织块 Main[OB1]，Main[OB1]中的梯形图如图 5-36 所示。

程序段 1：

```
      %DB1
    "FB3_DB"
      %FB3
     "FB3"
  EN      ENO
```

图 5-36 Main[OB1]的梯形图

当 PLC 的定时器不够用时，可用 IEC 定时器，而 IEC 定时器（如 TON）虽然可以多次调用，但如多次调用则需要消耗较多的数据块，而使用多重背景则可减少 DB 的使用数量。

【例 5-9】 编写程序实现，当 I0.0 闭合 2s 后，Q0.0 线圈得电，当 I0.1 闭合 2s 后，Q0.1 线圈得电，要求用 TON 定时器。

【解】 为节省 DB，可使用多重背景，步骤如下。

① 新建项目和 2 个空的函数块 FB1 和 FB2，双击并打开 FB1，并在输入参数 "Input" 中创建 "START" 和 "TT"，如图 5-37 所示。再在 FB1 中编写如图 5-38 所示的梯形图程序。

在拖拽指令 "TON" 时，弹出如图 5-39 所示的界面，选中 "多重背景" 和 "IEC_Timer_0_Instance" 选项，最后单击 "确定" 按钮。

图 5-37 新建函数块 FB1 的参数

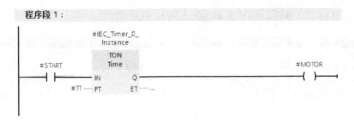

图 5-38　　　FB1 的梯形图

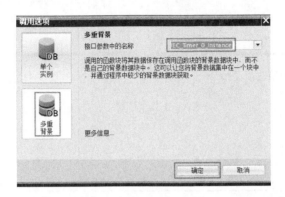

图 5-39　调用块选项

② 双击打开"FB2",新建函数块 FB2 的参数,在静态变量 Static 中,创建 TON1 和 TON2,其数据类型是"FB1",如图 5-40 所示。

将 FB1 拖拽到程序编辑器中的程序段 1,弹出如图 5-42 所示的界面,选中"多重背景"和"TON1"选项,最后单击"确定"按钮。将 FB1 拖拽到程序编辑器中的程序段 2,弹出如图 5-43 所示的界面,选中"多重背景"和"TON2"选项,最后单击"确定"按钮。FB2中的梯形图如图 5-41 所示。

图 5-40　新建函数块 FB2 的参数

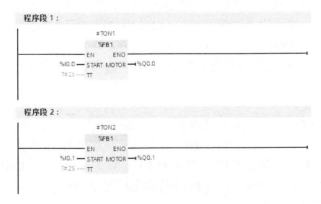

图 5-41　　　FB2 的梯形图

③ 在 Main[OB1]中，编写如图 5-44 所示的梯形图程序。

图 5-42 调用块选项（1）

图 5-43 调用块选项（2）

程序段 1：

```
      %DB1
    "FB2_DB"
      %FB2
      "FB2"
 —EN      ENO—
```

图 5-44 Main[OB]的梯形图

5.4 组织块（OB）及其应用

组织块（OB）是操作系统与用户程序之间的接口。组织块由操作系统调用，控制循环中断驱动的程序执行、PLC 启动特性和错误处理。可以对组织块进行编程来确定 CPU 特性。

5.4.1 中断的概述

（1）中断过程

中断处理用来实现对特殊内部事件或外部事件的快速响应。CPU 检测到中断请求时，立即响应中断，调用中断源对应的中断程序，即组织块 OB。执行完中断程序后，返回被中断的程序处继续执行程序。例如在执行主程序 OB1 块时，时间中断块 OB10 可以中断主程序块 OB1 正在执行的程序，转而执行中断程序块 OB10 中的程序，当中断程序块中的程序执行完成后，再转到主程序块 OB1 中，从断点处执行主程序。

事件源就是能向 PLC 发出中断请求的中断事件，例如日期时间中断、延时中断、循环中断和编程错误引起的中断等。

（2）OB 的优先级

执行一个组织块 OB 的调用可以中断另一个 OB 的执行。一个 OB 是否允许另一个 OB 中断取决于其优先级。SIMATIC S7-1500 PLC 支持优先级共有 26 个，1 最低，26 最高。高优先级的 OB 可以中断低优先级的 OB。例如 OB10 的优先级是 2，而 OB1 的优先级是 1，所以 OB10 可以中断 OB1。S7-300/400 CPU 支持优先级有 29 个。

组织块的类型和优先级见表 5-3。

表 5-3　组织块的类型和优先级

事件源的类型	优先级（默认优先级）	可能的 OB 编号	默认的系统响应	支持的 OB 数量
启动	1	100,≥123	忽略	100
循环程序	1	1,≥123	忽略	100
时间中断	~24 (2)	10,17,≥123	不适用	20
状态中断	~24 (4)	55	忽略	1
更新中断	~24 (4)	56	忽略	1
制造商或配置文件特定的中断	~224 (4)	57	忽略	1
延时中断	~24 (3)	20,23,≥123	不适用	20
循环中断	~224（8~17，取决于循环时间）	30~38,≥123	不适用	20
硬件中断	~26 (16)	40,47,≥123	忽略	50
等时同步模式中断	~126 (21)	61,64 ≥123	忽略	16（每个等时同步接口一个）
MC 伺服中断	~171 (25)	91	不适用	1
MC 插补器中断	~180 (24)	92	不适用	1
时间错误			忽略	
超出循环监视时间一次	22	80	STOP	1
诊断中断	~26 (5)	82	忽略	1
移除/插入模块	~26 (6)	83	忽略	1
机架错误	~26 (6)	86	忽略	1
编程错误（仅限全局错误处理）	~226 (7)	121	STOP	1
I/O 访问错误（仅限全局错误处理）	~226 (7)	122	忽略	1

说明：

① 在 S7-300/400 CPU 中只支持一个主程序块 OB1，而 SIMATIC S7-1500 PLC 最多支持 100 个主程序，但第二个主程序的编号从 123 起，由组态设定，如 OB123 可以组态成主程序；

② 循环中断可以是 OB30~OB38，如不够用还可以通过组态使用 OB123 及以上的组织块；

③ S7-300/400 CPU 的启动组织块有 OB100、OB101 和 OB102，但 SIMATIC S7-1500 PLC 不支持 OB101 和 OB102。

5.4.2　启动组织块及其应用

启动组织块（Startup）在 PLC 的工作模式从 STOP 切换到 RUN 时执行一次。完成启动组织块扫描后，将执行主程序循环组织块（如 OB1）。以下用一个例子说明启动组织块的应用。

【例 5-10】　编写一段初始化程序，将 CPU 1511C-1PN 的 MB20~MB23 单元清零。

【解】　一般初始化程序在 CPU 一启动后就运行，所以可以使用 OB100 组织块。在 TIA 博途软件的项目视图的项目树中，双击"添加新块"，弹出如图 5-45 所示的界面，选中"组织块"和"Startup"选项，再单击"确定"按钮，即可添加启动组织块。

MB20~MB23 实际上就是 MD20，其程序如图 5-46 所示。

图 5-45 添加"启动"组织块 OB100

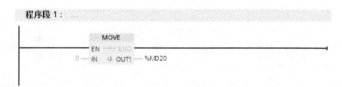

图 5-46 OB100 中的程序

5.4.3 主程序（OB1）

CPU 的操作系统循环执行 OB1。当操作系统完成启动后，将启动执行 OB1。在 OB1 中可以调用函数（FC）和函数块（FB）。

执行 OB1 后，操作系统发送全局数据。重新启动 OB1 之前，操作系统将过程映像输出表写入输出模块中，更新过程映像输入表以及接受 CPU 的任何全局数据。

5.4.4 循环中断组织块及其应用

所谓循环中断就是经过一段固定的时间间隔中断用户程序，循环中断很常用。

（1）循环中断指令

循环中断组织块是很常用的，TIA 博途软件中有 9 个固定循环中断组织块（OB30~OB38），另有 11 个未指定。激活循环中断（EN_IRT）和禁用循环中断（DIS_IRT）指令的参数见表 5-4。

表 5-4 激活循环中断（EN_IRT）和禁用循环中断（DIS_IRT）指令的参数

参　数	声　明	数据类型	存　储　区　间	参　数　说　明
OB_NR	INPUT	INT	I、Q、M、D、L、常数	OB的编号
MODE	INPUT	BYTE	I、Q、M、D、L、常数	指定禁用哪些中断和异步错误
RET_VAL	OUTPUT	INT	I、Q、M、D、L	如果出错，则 RET_VAL 的实际参数将包含错误代码

参数 MODE 指定禁用哪些中断和异步错误，含义比较复杂，MODE＝0 表示激活所有的中断和异步错误，MODE＝1 表示启用属于指定中断类别的新发生事件，MODE＝2 表示启用指定中断的所有新发生事件，可使用 OB 编号来指定中断。具体可参考相关手册或者 TIA 博途软件的帮助。

（2）循环中断组织块的应用

【例 5-11】 每隔 100ms 时间，CPU 1511C-1PN采集一次通道 0 上的模拟量数据。

【解】 很显然要使用循环组织块，解法如下：

在 TIA 博途软件项目视图的项目树中，双击"添加新块"，弹出如图 5-47 所示的界面，选中"组织块"和"Cyclic interrupt"，循环时间定为"100000μs"，单击"确定"按钮。这个步骤的含义是：设置组织块 OB30 的循环中断时间是 100000μs，再将组态完成的硬件下载到 CPU 中。

图 5-47　添加组织块 OB30

打开 OB30，在程序编辑器中，输入程序如图 5-48 所示，运行的结果是每 100ms 将通道 0 采集到模拟量转化成数字量送到 MW20 中。

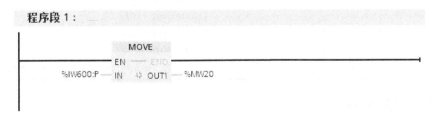

图 5-48　OB30 的程序

主程序在 OB1 中，如图 5-49 所示。有了主程序，就可以对 OB30 是否循环扫描中断进行控制了。

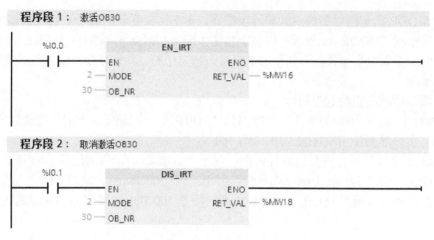

图 5-49　　OB中的程序

5.4.5　时间中断组织块及其应用

时间中断组织块（如 OB10）可以由用户指定日期时间及特定的周期产生中断。例如，每天 18:00 保存数据。

时间中断最多可以使用 20 个，默认范围是 OB10~OB17，其余可组态 OB 编号 123 以上组织块。

（1）指令简介

可以用 "SET_TINT"、"CAN_TINT" 和 "ACT_TINT" 设置、取消和激活日期时间中断，参数见表 5-5。

表 5-5　"SET_TINT"、"CAN_TINT" 和 "ACT_TINT" 的参数

参　　数	声　明	数据类型	存 储 区 间	参　数　说　明
OB_NR	INPUT	INT	I、Q、M、D、L、常数	OB的编号
SDT	INPUT	DT	D、L、常数	开始日期和开始时间
PERIOD	INPUT	WORD	I、Q、M、D、L、常数	从启动点 SDT 开始的周期： W#16#0000 =一次 W#16#0201 =每分钟 W#16#0401 =每小时 W#16#1001 =每日 W#16#1202 =每周 W#16#1401 =每月 W#16#1801 =每年 W#16#2001 =月末
RET_VAL	OUTPUT	INT	I、Q、M、D、L	如果出错，则 RET_VAL 的实际参数将包含错误代码

（2）日期中断组织块的应用

要启用日期中断组织块，必须提前设置并激活相关的时间中断（指定启动时间和持续时间），并将时间中断组织块下载到 CPU 中。设置和激活时间中断有三种方法，分别介绍如下。

① 在时间中断的 "属性" 中设置并激活时间中断，如图 5-50 所示，这种方法最简单。

图 5-50　设置和激活时间中断

② 在时间中断的"属性"中设置"启动日期"和"时间"，在"执行"文本框内选择"从未"，再通过程序中调用"ACT_TINT"指令激活中断。

③ 通过调用"SET_TINT"指令设置时间中断，再通过程序中调用"ACT_TINT"指令激活中断。

以下用一个例题说明日期中断组织块的应用。

【例 5-12】 从 2017 年 8 月 18 日 18 时 18 分起，每小时中断一次，并将中断次数记录在一个存储器中。

【解】 一般有三种解法，在前面已经介绍，本例采用第三种方法解题。

① 添加组织块 OB10。在 TIA 博途软件项目视图的项目树中，双击"添加新块"，弹出如图 5-51 所示的界面，选中"组织块"和"Time of day"选项，单击"确定"按钮，即可添加 OB10 组织块。

图 5-51　添加组织块 OB10

② 主程序在 OB1 中，如图 5-52 所示，中断程序在 OB10 中，如图 5-53 所示。

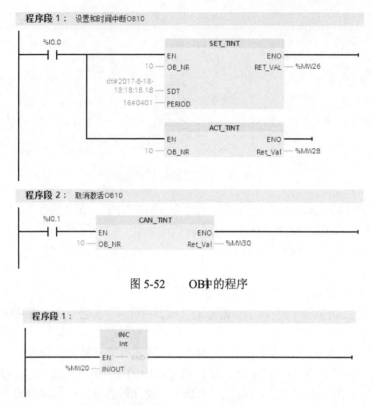

图 5-52　OB中的程序

图 5-53　OB中的程序

5.4.6　延时中断组织块及其应用

延时中断组织块（如OB20）可实现延时执行某些操作，调用"SRT_DINT"指令时开始计时延时时间（此时开始调用相关延时中断）。其作用类似于定时器，但 PLC 中普通定时器的定时精度要受到不断变化的扫描周期的影响，使用延时中断可以达到以 ms 为单位的高精度延时。

延时中断最多可以使用 20 个，默认范围是 OB20～OB23，其余可组态 OB 编号 123 以上组织块。

（1）指令简介

可以用"SRT_DINT"和"CAN_DINT"设置、取消激活延时中断，参数见表 5-6。

表 5-6　"SRT_DINT"、"CAN_DINT"的参数

参数	声明	数据类型	存储区间	参数说明
OB_NR	INPUT	INT	I、Q、M、D、L、常数	延时时间后要执行的 OB 的编号
DTIME	INPUT	DTIME		延时时间（1～60000 ms）
SIGN	INPUT	WORD	I、Q、M、D、L、常数	调用延时中断 OB 时 OB 的启动事件信息中出现的标识符
RET_VAL	OUTPUT	INT	I、Q、M、D、L	如果出错，则 RET_VAL 的实际参数将包含错误代码

（2）延时中断组织块的应用

【例 5-13】 当 I0.0 为上升沿时，延时 5s 执行 Q0.0 置位，I0.1 为上升沿时，Q0.0 复位。

【解】　① 添加组织块 OB20。在 TIA 博途软件项目视图的项目树中，双击"添加新块"，弹出如图 5-54 所示的界面，选中"组织块"和"Time　delay　interrupt"选项，单击"确定"按钮，即可添加 OB20 组织块。

图 5-54　添加组织块 OB20

② 中断程序在 OB1 中，如图 5-55 所示，主程序在 OB20 中，如图 5-56 所示。

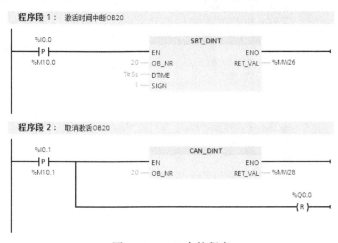

图 5-55　　OB1 中的程序

图 5-56　　OB20 中的程序

5.4.7 硬件中断组织块及其应用

硬件中断组织块（如 OB40）用于快速响应信号模块（SM）、通信处理器（CP）和功能模块（FM）的信号变化。

硬件中断被模块触发后，操作系统将自动识别是哪一个槽的模块和模块中哪一个通道产生的硬件中断。硬件中断 OB 执行完后，将发送通道确认信号。

如果正在处理某一中断事件，又出现了同一模块同一通道产生的完全相同的中断事件，新的中断事件将丢失。

如果正在处理某一中断信号时同一模块中其他通道或其他模块产生了中断事件，当前已激活的硬件中断执行完后，再处理暂存的中断。

以下用一个例子说明硬件中断组织块的使用方法。

【例 5-14】 编写一段指令记录用户使用 I0.0 按钮的次数，做成一个简单的"黑匣子"。

【解】 ① 添加组织块 OB40。在 TIA 博途软件项目视图的项目树中，双击"添加新块"，弹出如图 5-57 所示的界面，选中"组织块"和"Hardware interrupt"选项，单击"确定"按钮，即可添加 OB40 组织块。

图 5-57　添加组织块 OB40

② 选中硬件模块"DI 16×24VDC HF"点击"属性"选项卡，如图 5-58 所示，选中"通道 0"，启用上升沿检测，选择硬件中断组织块为"Hardware interrupt"。

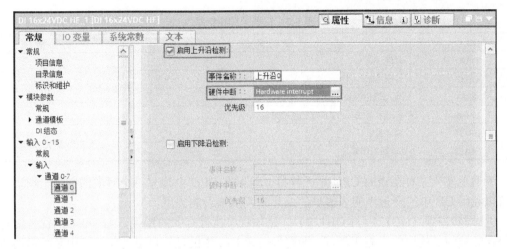

图 5-58　信号模块的属性界面

③ 编写程序。在组织块 OB40 中编写程序如图 5-59 所示,每次压下按钮,调用一次 OB40 中的程序一次,MW10 中的数值加 1,也就是记录了使用按钮的次数。

图 5-59　OB40 的程序

▶【关键点】选用的输入模块 "DI　16×24VDC　HF" 必须具有硬件中断功能。

5.4.8　错误处理组织块

(1) 错误处理概述

SIMATIC　S7-1500　PLC 具有很强的错误(或称故障)检测和处理能力,是指 PLC 内部的功能性错误或编程错误,而不是外部设备的故障。CPU 检测到错误后,操作系统调用对应的组织块,用户可以在组织块中编程,对发生的错误采取相应的措施。对于大多数错误,如果没有给组织块编程,出现错误时 CPU 将进入 STOP 模式。

(2) 错误的分类

被 S7　CPU 检测到并且用户可以通过组织块对其进行处理的错误分为两个基本类型。

① 异步错误　是与 PLC 的硬件或操作系统密切相关的错误,与程序执行无关,后果严重。异步错误 OB 具有最高等级的优先级,其他 OB 不能中断它们。同时有多个相同优先级的异步错误 OB 出现,将按出现的顺序处理。

系统程序可以检测下列错误:不正确的 CPU 功能、系统程序执行中的错误、用户程序中的错误和 I/O 中的错误。根据错误类型的不同,CPU 设置为进入 STOP 模式或调用一个错误处理组织块(OB)。

当 CPU 检测到错误时,会调用适当的组织块,见表 5-7。如果没有相应的错误处理 OB,CPU 将进入 STOP 模式。用户可以在错误处理 OB 中编写如何处理这种错误的程序,以减小或消除错误的影响。

表 5-7　错误处理组织块

OB 号	错 误 类 型	优 先 级
OB80	时间错误	2~26
OB82	诊断中断	
OB83	插入/取出模块中断	
OB86	机架故障或分布式 I/O 的站故障	
OB121	编程错误	引起错误的 OB 的优先级
OB122	I/O 访问错误	

为避免发生某种错误时 CPU 进入停机，可以在 CPU 中建立一个对应的空的组织块。用户可以利用 OB 中的变量声明表提供的信息来判别错误的类型。

② 同步错误（OB121 和 OB122）　是与程序执行有关的错误，其 OB 的优先级与出现错误时被中断的块的优先级相同，即同步错误 OB 中的程序可以访问块被中断时累加器和状态寄存器中的内容。对错误进行处理后，可以将处理结果返回被中断的块。

5.5　实例

至此，读者已经对 SIMATIC S7-1500 PLC的软硬件已经有一定的了解，本节内容将列举一个简单的例子，供读者模仿学习。

【例 5-15】有一个控制系统，控制器是 CPU 1511C-1PN，压力传感器测量油压力，油压力的范围是 0~10MPa，当油压力高于 8MPa 时报警，请设计此系统。

【解】　CPU 1511C-1PN集成有模拟量输入/输出和数字量输入/输出，其接线如图 5-60 所示，模拟量输入的端子 1 和 2 分别与传感器的电流信号+和电流信号-相连。

数值转换（FC105）SCALE 函数接受一个整型值（IN），并将其转换为以工程单位表示的介于下限和上限（LO_LIM 和 HI_LIM）之间的实型值。

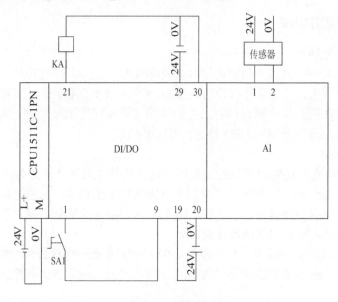

图 5-60　接线图

① 新建项目。新建一个项目"报警"，在 TIA 博途软件项目视图的项目树中，单击"添

加新块",新建程序块,块名称为"压力采集",把编程语言选中为"LAD",块的类型是"函数 FC",再单击"确定"按钮,如图 5-61 所示,即可生成函数 FC1,其编程语言为 LAD。

　　② 定义函数的变量。打开新建的函数"FC1",定义函数 FC1 的输入变量(Input)、输出变量(Output)和临时变量(Temp),如图 5-62 所示。注意:这些变量是局部变量,只在本函数内有效。

　　③ 插入指令 SCALE。单击"指令"→"基本指令"→"原有"→"SCALE",插入 SCALE 指令。

　　④ 编写函数 FC1 的 LAD 程序如图 5-63 所示。

图 5-61　添加新块-选择编程语言为 LAD

图 5-62　定义函数的变量

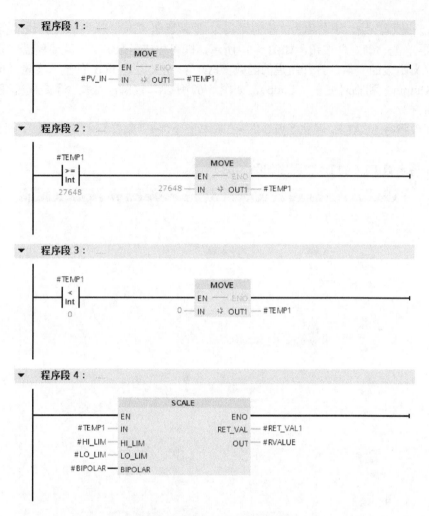

图 5-63　函数 FC1 的 LAD 程序

⑤ 添加循环组织块 OB30，编写 LAD 程序，如图 5-64 所示。FC1 的管脚，与指令中的 SCALE 很类似，而且采集的压力变量范围在 0~10MPa 内。

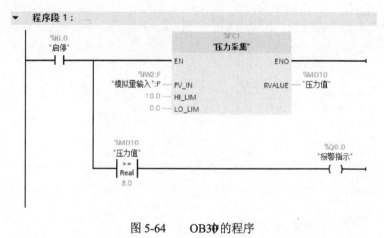

图 5-64　OB30 的程序

第**6**章

SIMATIC S7-1500 PLC 的编程方法与调试

本章介绍功能图的画法、梯形图的禁忌以及如何根据功能图用基本指令、功能指令和复位、置位指令编写顺序控制梯形图程序。另一个重要的内容是程序的调试方法。

6.1 功能图

6.1.1 功能图的画法

功能图（SFC）是描述控制系统的控制过程、功能和特征的一种图解表示方法。它具有简单、直观等特点，不涉及控制功能的具体技术，是一种通用的语言，是 IEC（国际电工委员会）首选的编程语言，近年来在 PLC 的编程中已经得到了普及与推广。在 IEC60848 中称顺序功能图，在我国国家标准 GB 6988-2008 中称功能表图。西门子称为图形编程语言 S7-Graph。

顺序功能图是设计 PLC 顺序控制程序的一种工具，适合于系统规模较大，程序关系较复杂的场合，特别适合于对顺序操作的控制。在编写复杂的顺序控制程序时，采用 S7-Graph 比梯形图更加直观。

功能图的基本思想是：设计者按照生产要求，将被控设备的一个工作周期划分成若干个工作阶段（简称"步"），并明确表示每一步要执行的输出，"步"与"步"之间通过制定的条件进行转换，在程序中，只要通过正确连接进行"步"与"步"之间的转换，就可以完成被控设备的全部动作。

PLC 执行功能图程序的基本过程是：根据转换条件选择工作"步"，进行"步"的逻辑处理。组成功能图程序的基本要素是步、转换条件和有向连线，如图 6-1 所示。

（1）步

一个顺序控制过程可分为若干个阶段，也称为步或状态。系统初始状态对应的步称为初始步，初始步一般用双线框表示。在每一步中施控系统要发出某些"命令"，而被控系统要完成某些"动作"，"命令"和"动作"都称为动作。当系统处于某一工作阶段时，则该步处于激活状态，称为活动步。

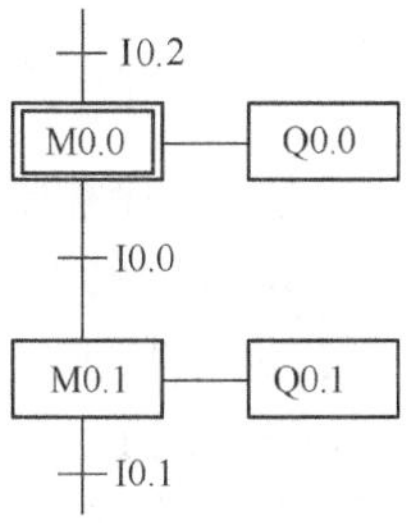

（2）转换条件

使系统由当前步进入下一步的信号称为转换条件。顺序控制设计法用转换条件控制代表各步的编程元件，让它们的状态按一定的顺序变化，然后用代表各步的编程元件去控制输出。不同状态的"转换条件"可以不同，也可以相同。当"转换条件"各不相同时，在功能图程序中每次只能选择其中一种工作状态（称为"选择分支"），当"转换条件"都相同时，在功能图程序中每次可以选择多个工作状态（称为"选择并行分

图 6-1 功能图

支")。只有满足条件状态，才能进行逻辑处理与输出。因此，"转换条件"是功能图程序选择工作状态（步）的"开关"。

（3）有向连线

步与步之间的连接线称为"有向连线"，"有向连线"决定了状态的转换方向与转换途径。在有向连线上有短线，表示转换条件。当条件满足时，转换得以实现，即上一步的动作结束而下一步的动作开始，因而不会出现动作重叠。步与步之间必须要有转换条件。

图 6-1 中的双框为初始步，M0.0 和 M0.1 是步名，I0.0、I0.1 为转换条件，Q0.0、Q0.1 为动作。当 M0.0 有效时，输出指令驱动 Q0.0。步与步之间的连线称为有向连线，它的箭头省略未画。

（4）功能图的结构分类

根据步与步之间的进展情况，功能图分为以下几种结构。

1）单一顺序　单一顺序动作是一个接一个地完成，完成每步只连接一个转移，每个转移只连接一个步，图 6-3 和图 6-4 所示的功能图和梯形图是一一对应的。以下用"启保停电路"来讲解功能图和梯形图的对应关系。

为了便于将顺序功能图转换为梯形图，采用代表各步的编程元件的地址（比如 M0.2）作为步的代号，并用编程元件的地址来标注转换条件和各步的动作和命令，当某步对应的编程元件置 1，代表该步处于活动状态。

① 启保停电路对应的布尔代数式　标准的启保停梯形图如图 6-2 所示，图中 I0.0 为 M0.2 的启动条件，当 I0.0 置 1 时，M0.2 得电；I0.1 为 M0.2 的停止条件，当 I0.1 置 1 时，M0.2 断电；M0.2 的辅助触点为 M0.2 的保持条件。该梯形图对应的布尔代数式为

$$M0.2=(I0.0+M0.2)\cdot\overline{I0.1}$$

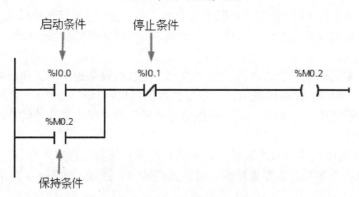

图 6-2　标准的"启保停"梯形图

② 顺序控制梯形图储存位对应的布尔代数式　如图 6-3（a）所示的功能图，M0.1 转换为活动步的条件是 M0.1 步的前一步是活动步，相应的转换条件（I0.0）得到满足，即 M0.1 的启动条件为 M0.0 · I0.0。当 M0.2 转换为活动步后，M0.1 转换为不活动步，因此，M0.2 可以看成 M0.1 的停止条件。由于大部分转换条件都是瞬时信号，即信号持续的时间比他激活的后续步的时间短，因此应当使用有记忆功能的电路控制代表步的储存位。在这种情况下，启动条件、停止条件和保持条件全部具备，就可以采用"启保停"方法设计顺序功能图的布尔代数式和梯形图。顺序控制功能图中储存位对应的布尔代数式如图 6-3（b）所示，参照图 6-2 所示的标准"启保停"梯形图，就可以轻松地将图 6-3 所示的顺序功能图转换为图 6-4 所示的梯形图。

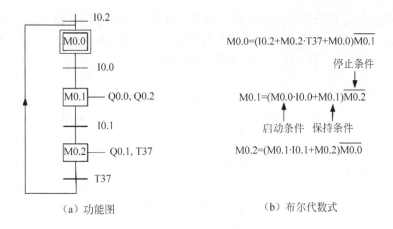

$$M0.0=(I0.2+M0.2 \cdot T37+M0.0)\overline{M0.1}$$

停止条件

$$M0.1=(M0.0 \cdot I0.0+M0.1)\overline{M0.2}$$

启动条件　保持条件

$$M0.2=(M0.1 \cdot I0.1+M0.2)\overline{M0.0}$$

（a）功能图　　　　　　　　　　　（b）布尔代数式

图 6-3　顺序功能图和对应的布尔代数式

▼ 程序段 1：

```
  %M0.2      %T37       %M0.1                    %M0.0
  ─┤├──────┤├─────┬──┤/├─────────────────( )─
  %I0.2                │
  ─┤├─────────────┤
  %M0.0                │
  ─┤├─────────────┘
```

▼ 程序段 2：

```
  %M0.0      %I0.0      %M0.2                    %M0.1
  ─┤├──────┤├─────┬──┤/├─────────────────( )─
  %M0.1                │
  ─┤├─────────────┘
```

▼ 程序段 3：

```
  %M0.1      %I0.1      %M0.0                    %M0.2
  ─┤├──────┤├─────┬──┤/├──────────┬───────( )─
  %M0.2                │                │       %T37
  ─┤├─────────────┘                └────( SD )─
                                                 S5T#10S
```

▼ 程序段 4：

```
  %M0.1                                          %Q0.0
  ─┤├──────────┬──────────────────────────( )─
               │                                %Q0.2
               └──────────────────────────( )─
```

▼ 程序段 5：

```
  %M0.2                                          %Q0.1
  ─┤├──────────────────────────────────────( )─
```

图 6-4　梯形图

2）选择顺序 选择顺序是指某一步后有若干个单一顺序等待选择，称为分支，一般只允许选择进入一个顺序，转换条件只能标在水平线之下。选择顺序的结束称为合并，用一条水平线表示，水平线以下不允许有转换条件，如图6-5所示。

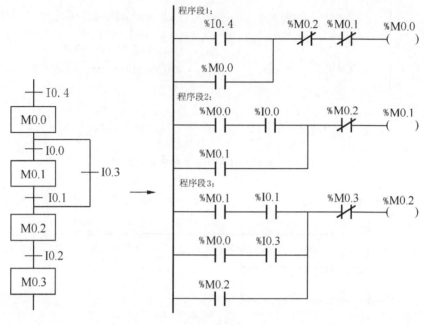

图6-5 选择顺序

3）并行顺序 并行顺序是指在某一转换条件下同时启动若干个顺序，也就是说转换条件实现导致几个分支同时激活。并行顺序的开始和结束都用双水平线表示，如图6-6所示。

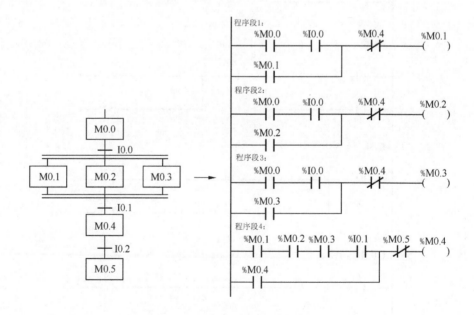

图6-6 并行顺序

4）选择序列和并行序列的综合 如图 6-7 所示，步 M0.0 之后有一个选择序列的分支，设 M0.0 为活动步，当它的后续步 M0.1 或 M0.2 变为活动步时，M0.0 变为不活动步，即 M0.0 为 0 状态，所以应将 M0.1 和 M0.2 的常闭触点与 M0.0 的线圈串联。

步 M0.2 之前有一个选择序列合并，当步 M0.1 为活动步（即 M0.1 为 1 状态），并且转换条件 I0.1 满足，或者步 M0.0 为活动步，并且转换条件 I0.2 满足，步 M0.2 变为活动步，所以该步的存储器 M0.2 的启保停电路的启动条件为 M0.1·I0.1+M0.0·I0.2，对应的启动电路由两条并联支路组成。

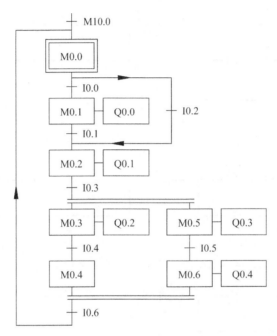

图 6-7 选择序列和并行序列功能图

步 M0.2 之后有一个并行序列分支，当步 M0.2 是活动步并且转换条件 I0.3 满足时，步 M0.3 和步 M0.5 同时变成活动步，这时用 M0.2 和 I0.3 常开触点组成的串联电路，分别作为 M0.3 和 M0.5 的启动电路来实现，与此同时，步 M0.2 变为不活动步。

步 M0.0 之前有一个并行序列的合并，该转换实现的条件是所有的前级步（即 M0.4 和 M0.6）都是活动步和转换条件 I0.6 满足。由此可知，应将 M0.4、M0.6 和 I0.6 的常开触点串联，作为控制 M0.0 的启保停电路的启动电路。图 6-7 所示的功能图对应的梯形图如图 6-8 所示。

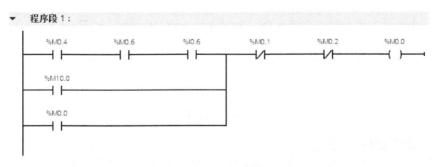

图 6-8

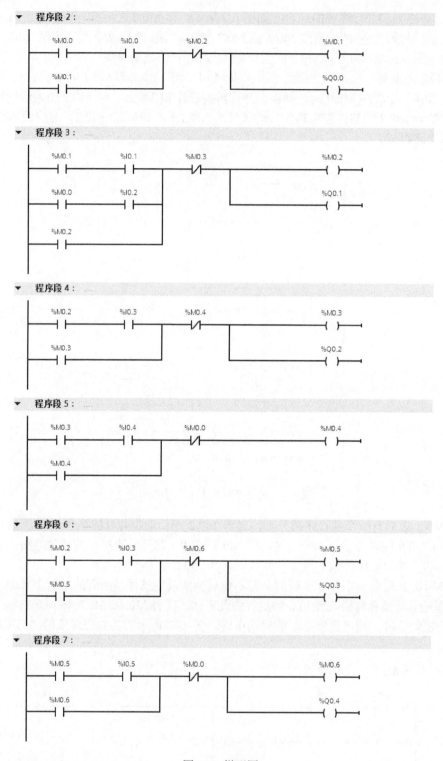

图 6-8　梯形图

（5）功能图设计的注意点

①　状态之间要有转换条件。如图 6-9 所示，状态之间缺少"转换条件"是不正确的，应改成如图 6-10 所示的功能图。必要时转换条件可以简化，如将图 6-11 简化成图 6-12。

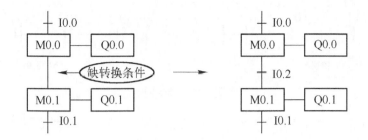

图 6-9　错误的功能图　　　　　　图 6-10　正确的功能图

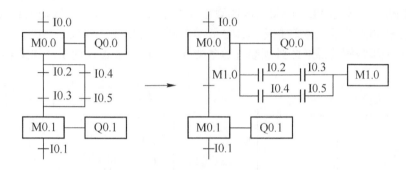

图 6-11　简化前的功能图　　　　　　图 6-12　简化后的功能图

② 转换条件之间不能有分支。例如，图 6-13 应该改成图 6-14 所示的合并后的功能图，合并转换条件。

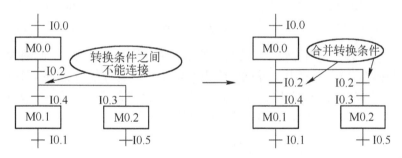

图 6-13　错误的功能图　　　　　　图 6-14　合并后的功能图

③ 顺序功能图中的初始步对应于系统等待启动的初始状态，初始步是必不可少的。

④ 顺序功能图中一般应有由步和有向连线组成的闭环。

6.1.2　梯形图编程的原则

尽管梯形图与继电器电路图在结构形式、元件符号及逻辑控制功能等方面类似，但它们又有许多不同之处，梯形图有自己的编程规则。

① 每一逻辑行总是起于左母线，最后终止于线圈或右母线（右母线可以不画出），如图 6-15 所示。

② 无论选用哪种机型的 PLC，所用元件的编号必须在该机型的有效范围内。例如 CPU1511-1PN 最大 I/O 范围是 32KB。

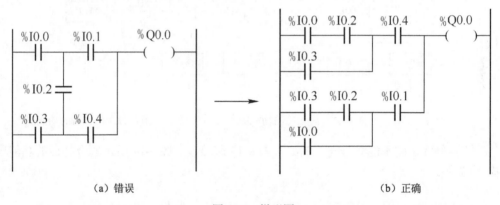

（a）错误　　　　　　　　　　　　　　　　　（b）正确

图 6-15　梯形图

③ 触点的使用次数不受限制。例如，辅助继电器 M0.0 可以在梯形图中出现无限制的次数，而实物继电器的触点一般少于 8 对，只能用有限次。

④ 在梯形图中同一线圈只能出现一次。如果在程序中，同一线圈使用了两次或多次，称为"双线圈输出"。对于"双线圈输出"，有些 PLC 将其视为语法错误，绝对不允许（如三菱 FX 系列 PLC）；有些 PLC 则将前面的输出视为无效，只有最后一次输出有效（如西门子 PLC）；而有些 PLC 在含有跳转指令或步进指令的梯形图中允许双线圈输出。

⑤ 对于不可编程的梯形图必须经过等效变换，变成可编程梯形图，如图 6-16 所示。

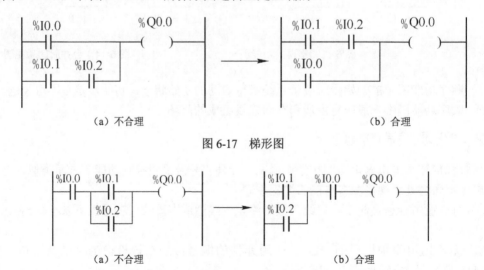

（a）错误　　　　　　　　　　　　　　　　　（b）正确

图 6-16　梯形图

⑥ 在有几个串联电路相并联时，应将串联触点多的回路放在上方，归纳为"上多下少"的原则，如图 6-17 所示。在有几个并联电路相串联时，应将并联触点多的回路放在左方，归纳为"左多右少"原则，如图 6-18 所示。因为这样所编制的程序简洁明了，语句较少。但要注意图 6-17（a）和图 6-18（a）的梯形图逻辑上是正确的。

（a）不合理　　　　　　　　　　　　　　　　（b）合理

图 6-17　梯形图

（a）不合理　　　　　　　　　　　　　　　　（b）合理

图 6-18　梯形图

⑦ 为了安全考虑，PLC 输入端子上接入的停止按钮和急停按钮，应使用常闭触点，而不应使用常开触点。

6.2　逻辑控制的梯形图编程方法

相同的硬件系统，由不同的人设计，可能设计出不同的程序，有的人设计的程序简洁而且可靠，而有的人设计的程序虽然能完成任务，但较复杂。PLC 程序设计是有规律可遵循的，下面将介绍两种方法：经验设计法和功能图设计法。

6.2.1　经验设计法

经验设计法就是在一些典型的梯形图的基础上，根据具体的对象对控制系统的具体要求，对原有的梯形图进行修改和完善。这种方法适合有一定工作经验的人，这些人有现成的资料，特别在产品更新换代时，使用这种方法比较节省时间。下面举例说明这种方法的思路。

【例 6-1】　图 6-19 为小车运输系统的示意图和 I/O 接线图，SQ1、SQ2、SQ3 和 SQ4 是限位开关，小车先左行，在 SQ1 处装料，10s 后右行，到 SQ2 后停止卸料 10s 后左行，碰到 SQ1 后停下装料，就这样不停循环工作，限位开关 SQ3 和 SQ4 的作用是当 SQ2 或者 SQ1 失效时，SQ3 和 SQ4 起保护作用，SB1 和 SB2 是启动按钮，SB3 是停止按钮。

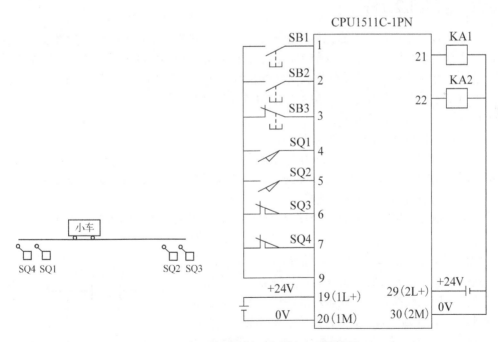

图 6-19　小车运输系统的示意图和 I/O 接线图

【解】　小车左行和右行是不能同时进行的，因此有联锁关系，与电动机的正、反转的梯形图类似，因此先画出电动机正、反转控制的梯形图，如图 6-20 所示，再在这个梯形图的基础上进行修改，增加 4 个限位开关的输入，增加 2 个定时器，就变成了图 6-21 所示的梯形图。

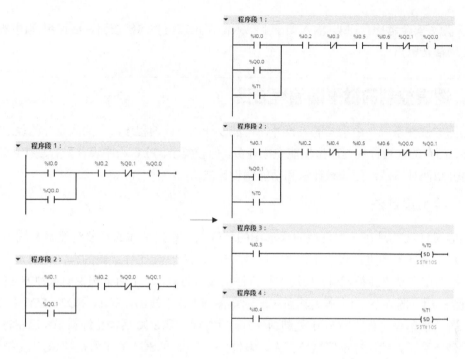

图 6-20 电动机正、反转控制的梯形图　　　　图 6-21 小车运输系统的梯形图

6.2.2 功能图设计法

功能图设计法也称为"启保停"设计法。对于比较复杂的逻辑控制，用经验设计法就不合适，适合用功能图设计法。功能图设计法无疑是应用最为广泛的设计方法。功能图就是顺序功能图，功能图设计法就是先根据系统的控制要求设计功能图，再根据功能图设计梯形图，梯形图可以采用基本指令编写，也可以采用顺控指令和功能指令编写。因此，设计功能图是整个设计过程的关键，也是难点。

（1）启保停设计方法的基本步骤

① 设计出顺序功能图　要使用"启保停"设计方法设计梯形图时，先要根据控制要求设计出顺序功能图，其中顺序功能图的设计在前面章节中已经详细讲解，在此不再重复。

② 写出储存器位的布尔代数式

对应于顺序功能图中的每一个储存器位都可以写出如下所示的布尔代数式：

$$M_i=(X_i \cdot M_{i-1}+M_i) \cdot \overline{M}_{i+1}$$

式中等号左边的 M_i 为第 i 个储存器位的状态，等号右边的 M_i 为第 i 个储存器位的常开触点，X_i 为第 i 个工步所对应的转换信号，M_{i-1} 为第 $i-1$ 个储存器位的常开触点，$\overline{M}_{i+1}$ 为第 $i+1$ 个储存器位的常闭触点。

③ 写出执行元件的逻辑函数式　执行元件为顺序功能图中的储存器位所对应的动作。一个步通常对应一个动作，输出和对应步的储存器位的线圈并联或者在输出线圈前串接一个对应步的储存器位的常开触点。当功能图中有多个步对应同一动作时，其输出可用这几个步对应的储存器位的"或"来表示，如图 6-22 所示。

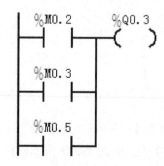

图 6-22 多个步对应同一动作时的梯形图

④ 设计梯形图　在完成前 3 个步骤的基础上，可以顺利设计出梯形图。

（2）利用基本指令编写梯形图

用基本指令编写梯形图是最常规的设计方法，不必掌握过多的指令。采用这种方法编写程序的过程是：先根据控制要求设计正确的功能图，再根据功能图写出正确的布尔表达式，最后根据布尔表达式编写基本指令梯形图。以下用一个例子讲解利用基本指令编写梯形图的方法。

【例 6-2】 步进电机是一种将电脉冲信号转换为电动机旋转角度的执行机构。当步进驱动器接收到一个脉冲，就驱动步进电动机按照设定的方向旋转一个固定的角度（称为步距角）。因此步进电机是按照固定的角度一步一步转动的。因此可以通过脉冲数量控制步进电机的运行角度，并通过相应的装置，控制运动的过程。对于四相八拍步进电动机。其控制要求如下。

① 按下启动按钮，定子磁极 A 通电，1s 后 A、B 同时通电；再过 1s，B 通电，同时 A 失电；再过 1s，B、C 同时通电……以此类推，其通电过程如图 6-23 所示。

② 有 2 种工作模式。工作模式 1 时，按下"停止"按钮，完成一个工作循环后，停止工作；工作模式 2 时，具有锁相功能，当压下"停止"按钮后，停止在通电的绕组上，下次压下"启动"按钮时，从上次停止的线圈开始通电工作。

③ 无论何种工作模式，只要压下"急停"按钮，系统所有线圈立即断电。

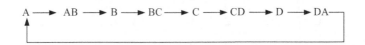

图 6-23　通电过程

【解】 接线图如图 6-24 所示，根据题意很容易画出功能图，如图 6-25 所示。图 6-26 为初始化程序，根据功能图编写梯形图程序如图 6-27 所示。

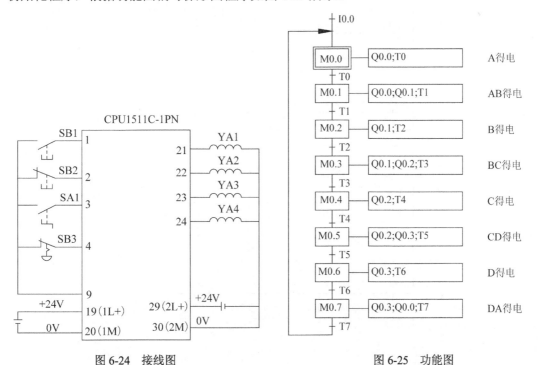

图 6-24　接线图　　　　　　　　　　图 6-25　功能图

▼ 程序段 1：

图 6-26   OB100中的程序

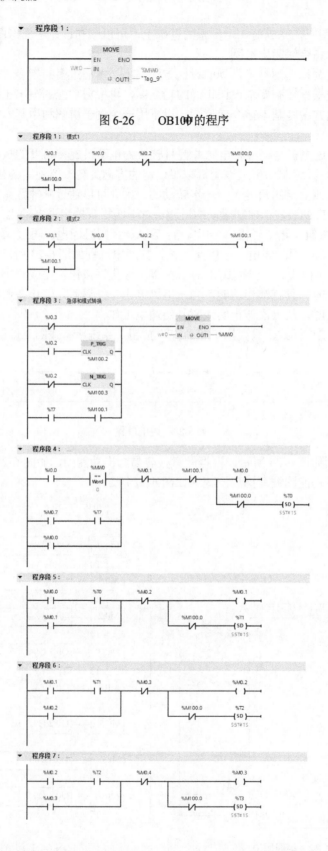

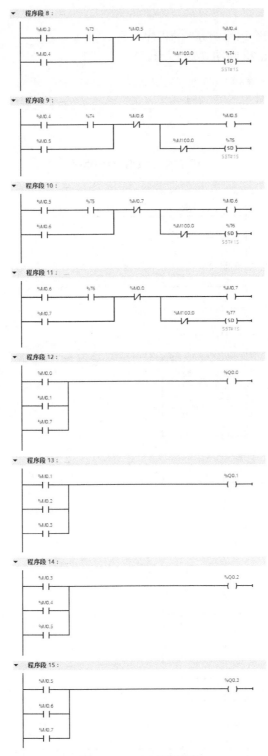

图 6-27　OB中的程序

（3）利用功能指令编写逻辑控制程序

西门子的功能指令有许多特殊功能，其中移位指令和循环指令非常适合用于顺序控制，用这些指令编写程序简洁而且可读性强。以下用一个例子讲解利用功能指令编写逻辑控制程序。

【例 6-3】 用功能指令编写例 6-2 的程序。

【解】 梯形图如图 6-28 和图 6-29 所示。

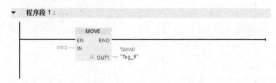

图 6-28   OB100 中的程序

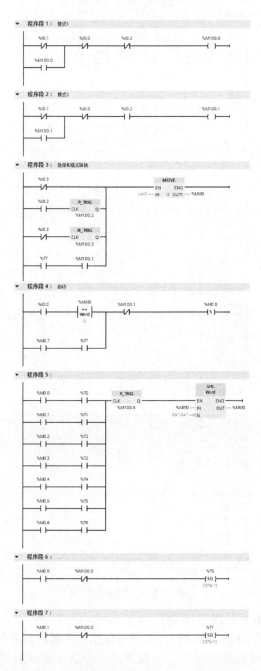

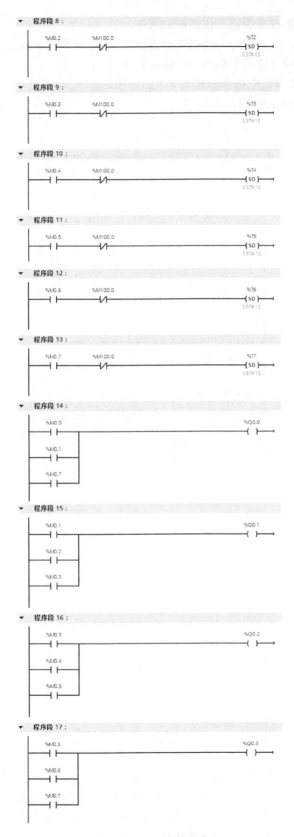

图 6-29　OB中的程序

（4）利用复位和置位指令编写逻辑控制程序

复位和置位指令是常用指令，用复位和置位指令编写程序简洁而且可读性强。以下用一个例子讲解利用复位和置位指令编写逻辑控制程序。

【**例 6-4**】 用复位和置位指令编写例 6-2 的程序。

【**解**】 梯形图如图 6-30 和图 6-31 所示。

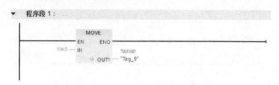

图 6-30　　OB100 的程序

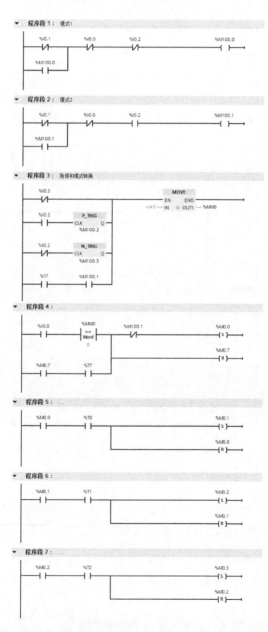

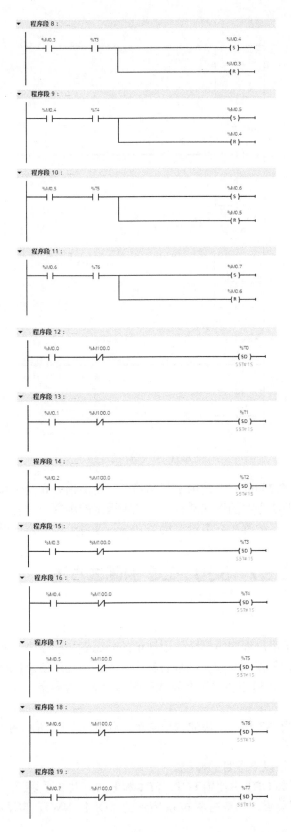

图 6-31

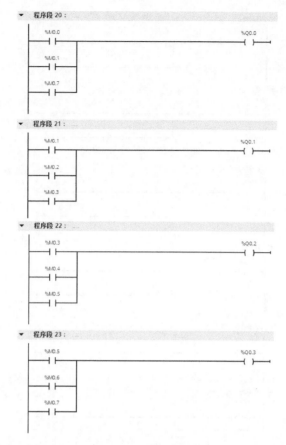

图 6-31　OB中的程序

　　至此，同一个顺序控制的问题使用了基本指令、功能指令和复位和置位指令共三种解决方案编写程序。三种解决方案的编程都有各自几乎固定的步骤，但有一步是相同的，那就是首先都要设计功能图。三种解决方案没有优劣之分，读者可以根据自己的实际情况选用。

6.3　SIMATIC S7-1500 PLC 的调试方法

6.3.1　程序信息

　　程序信息用于显示用户程序中已经使用地址的分配表、程序块的调用关系、从属结构和资源信息。在 TIA 博途软件项目视图的项目树中，双击"程序信息"标签，即可弹出程序信息视窗，如图 6-32 所示。以下将详细介绍程序信息中的各个标签。

　　（1）调用结构

　　"调用结构"描述了 S7 程序中块的调用层级。点击图 6-33 所示的"调用结构"标签，弹出如图所示的视窗。

　　"调用结构"提供了以下项目的概况。

　　① 所使用的块，如 OB1 中使用 FC1、FB1 和 FB2，共 3 个块。

　　② 跳转到块使用位置，如双击图 6-33 所示的"OB1　NW1"，自动跳转到 OB1 的程序段 1 的 FC1 处。

③ 块之间的关系，如组织块 OB1 包含 FC1、FB1 和 FB2，而 FB2 又包含 FB1 和 FB3。

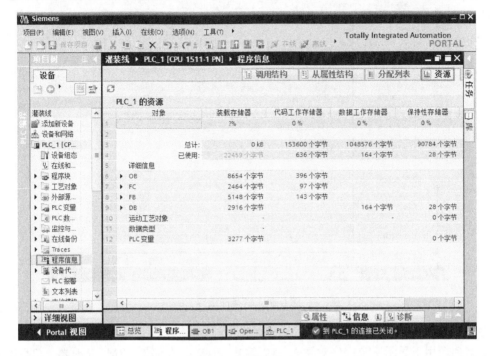

图 6-32　程序信息

（2）从属性结构

从属性结构显示程序中每个块与其他块的从属关系，与调用结构相反，可以很快看出其上一级的层次，例如 FC1 的上一级是 OB1，而且被 OB1 的两处调用，如图 6-34 所示。

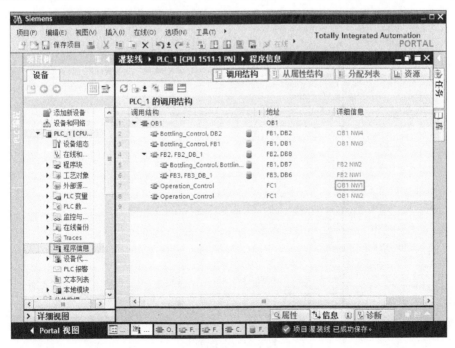

图 6-33　调用结构

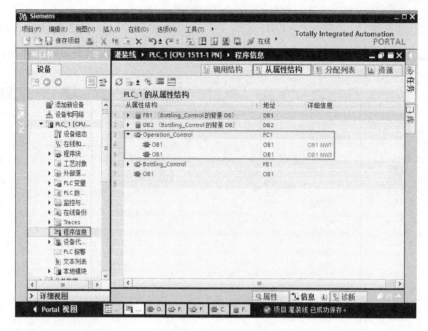

图 6-34 从属性结构

（3）分配列表

分配列表用于显示用户程序对输入（I）、输出（Q）、位存储器（M）、定时器（T）和计数器(C)的占用情况。显示被占用的地址区长度可以是位、字节、字、双字和长字。在调试程序时，查看分配列表，可以避免地址冲突。从图 6-35 所示的分配列表视图可以看出程序中使用了字节 IB0，同时也使用了 IB0 的 I0.0～I0.4，共 5 位，这并不违反 PLC 的语法规定，但很可能会有冲突，调试程序时，应该特别注意。

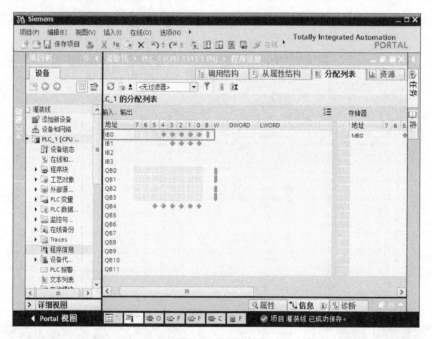

图 6-35 分配列表

（4）资源

资源显示 CPU 对象，包含：

① OB、FC、FB、DB、用户自定义数据类型和 PLC变量；

② CPU存储区域，包含装载存储器、代码工作存储器、数据工作存储器、保持型存储器；

③ 现有 I/O 模块的硬件资源。

资源视图如图 6-36 所示。

灌装线 ▸ PLC_1 [CPU 1511-1 PN] ▸ 程序信息

调用结构　从属性结构　分配列表　资源

PLC_1 的资源

	对象	装载存储器	代码工作存储器	数据工作存储器	保持性存储器	运动资源	I/O	DI	DO	AI	AO
1		2 %	1 %	0 %	0 %	0 %		38 %	40 %	-%	-%
2											
3	总计:	2 MB	153600 个字节	1048576 个字节	90784 个字节	480	已组态:	32	96	0	0
4	已使用:	39316 个字节	1161 个字节	1016 个字节	28 个字节	0	已使用:	12	38	0	0
5	详细信息										
6	▸ OB	13793 个字节	643 个字节								
7	▸ FC	2464 个字节	97 个字节								
8	▸ FB	10203 个字节	421 个字节								
9	▸ DB	9463 个字节		1016 个字节	28 个字节						
10	运动工艺对象	-		-	0 个字节	?					
11	数据类型	-									
12	PLC 变量	3393 个字节			0 个字节						

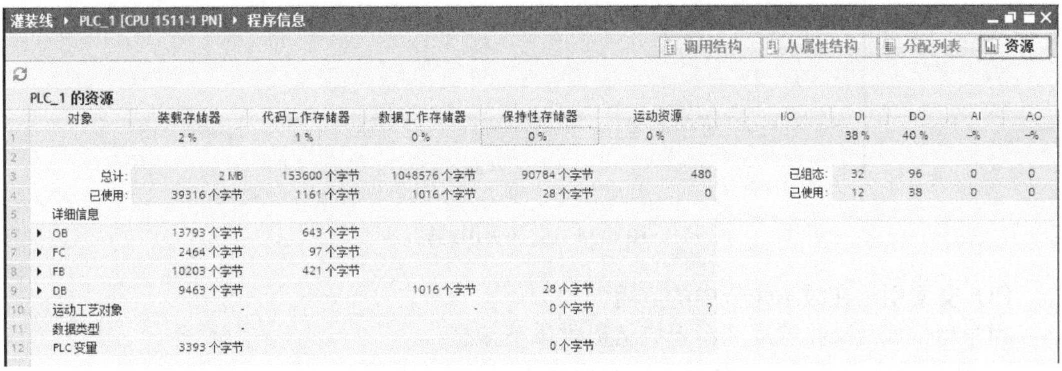

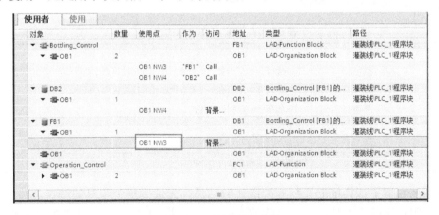

图 6-36　资源视图

6.3.2　交叉引用

交叉引用列表提供用户程序中操作数和变量的使用概况。

（1）交叉引用的总览

创建和更改程序时，保留已使用的操作数、变量和块调用的总览。在 TIA 博途软件项目视图的工具栏中，单击“工具”→“交叉引用”，弹出交叉引用列表，如图 6-37 所示。图中显示了块及其所在的位置，例如，块 FB1 在 OB1 的程序段 3（OB1 NW3）中使用。此处用手机扫描二维码可观看视频“交叉引用”。

使用者　使用

对象	数量	使用点	作为	访问	地址	类型	路径
▾ Bottling_Control					FB1	LAD-Function Block	灌装线\PLC_1\程序块
▾ OB1	2				OB1	LAD-Organization Block	灌装线\PLC_1\程序块
		OB1 NW3	"FB1"	Call			
		OB1 NW4	"DB2"	Call			
▾ DB2					DB2	Bottling_Control [FB1] 的...	灌装线\PLC_1\程序块
▾ OB1	1				OB1	LAD-Organization Block	灌装线\PLC_1\程序块
		OB1 NW4		背景...			
▾ FB1					DB1	Bottling_Control [FB1] 的...	灌装线\PLC_1\程序块
▾ OB1	1				OB1	LAD-Organization Block	灌装线\PLC_1\程序块
		OB1 NW3		背景...			
OB1					OB1	LAD-Organization Block	灌装线\PLC_1\程序块
▾ Operation_Control					FC1	LAD-Function	灌装线\PLC_1\程序块
▸ OB1	2				OB1	LAD-Organization Block	灌装线\PLC_1\程序块

图 6-37　打开交叉引用

（2）交叉引用的跳转

从交叉引用可直接跳转到操作数和变量的使用位置。双击如图 6-37 所示的“使用点”列下面的“OB1　NW3”，则自动跳转到 FB1 的使用位置 OB1 的程序段 3，如图 6-38 所示。

程序段 3:

▶ 1号灌装线的运行状态信号（Line_1_Status），计数器Cntr_1、定时器Time_1和1号灌装线...

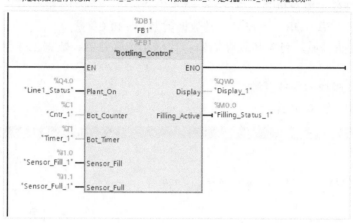

图 6-38 交叉引用跳转

（3）交叉引用在故障排查中的应用

程序测试或故障排除期间，系统将提供以下信息：

① 哪个块中的哪条命令处理了哪个操作数；

② 哪个画面使用了哪个变量；

③ 哪个块被其他哪个块调用。

6.3.3 比较功能

比较功能可用于比较项目中具有相同标识的对象的差异，可分为离线/在线和离线/离线两种比较方式。

（1）离线/在线比较

在 TIA 博途软件项目视图的工具栏中，单击"在线"按钮 ，切换到在线状态，可以通过程序块、PLC 变量以及硬件等对象的图标，获得在线与离线的比较情况，其含义见表 6-1。

表 6-1 在线程序块图标的含义

序 号	图 标	说 明
1	● (红色)	下一级硬件中至少有一个对象的在线和离线内容不同
2	● (橙色)	下一级软件中至少有一个对象的在线和离线内容不同
3	● (绿色)	对象的在线和离线内容相同
4	◑	对象仅离线存在
5	◐	对象仅在线存在
6	◑	对象的在线和离线内容不同

如果需要获得更加详细的在线和离线比较信息，先选择整个项目的站点，然后在项目视图的工具栏中，单击"工具"→"离线/在线比较"，即可进行比较，界面如图 6-39 所示。此处用手机扫描二维码可观看视频"在线、离线比较"。

通过工具栏中的按钮，可以过滤比较对象、更改显示视图及对有差异的对象进行详细比较和操作。如果程序块在线和离线之间有差异，可以在操作区选择需要执行的动作。执行动作与状态有关，状态与执行动作的关系见表 6-2。

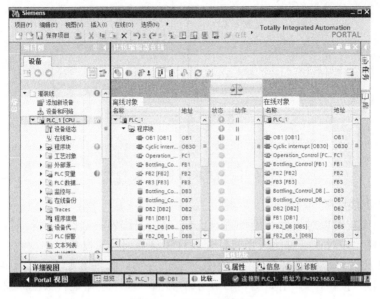

图 6-39　离线/在线比较

表 6-2　状态与执行动作的关系

状 态 符 号	可执行的动作	状 态 符 号	可执行的动作
◑	☰ 无动作	◑	← 删除
	← 从设备中上传		→ 下载到设备
	→ 下载到设备	◔	☰ 无动作
◑	☰ 无动作		← 从设备中上传

　　当程序块有多个版本时，特别是经过多个人修改时，如何获知在线/离线版本的差别，有时也很重要。具体操作方法是：如图 6-40 所示，在比较编辑器中，选择离线/在线内容不同的程序块，本例为 OB1，再选中状态下面的图标◑，单击比较编辑器工具栏中的"开始详情比较"按钮🔍，弹出如图 6-41 所示的界面，程序差异处有颜色标识。

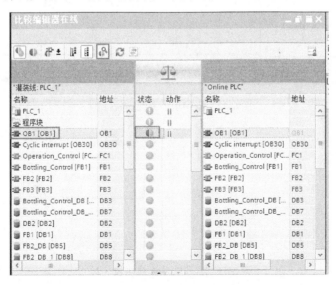

图 6-40　程序块的详细比较（1）

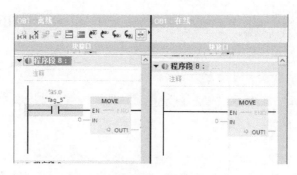

图 6-41　程序块的详细比较（2）

（2）离线/离线比较

离线/离线比较可以对软件和硬件进行比较。软件比较可以比较不同项目或者库中的对象，而进行硬件比较时，则可比较当前打开项目和参考项目的设备。

离线/离线比较时，要将整个项目拖到比较器的两边，如图 6-42 所示，选中"OB1"，再单击"详细比较"按钮，弹出如图 6-43 所示的界面，程序差异处有颜色标识。

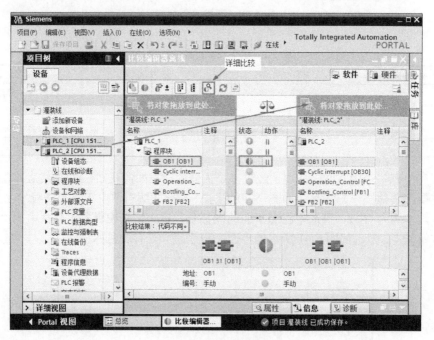

图 6-42　程序块的离线比较（1）

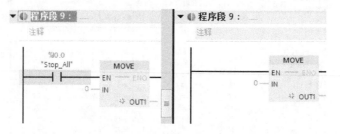

图 6-43　程序块的离线比较（2）

6.3.4　用变量监控表进行调试

（1）变量表简介

TIA 博途软件中可定义两类符号：全局符号和局部符号。全局符号利用变量表来定义，可以在用户项目的所有程序块中使用。局部符号是在程序块的变量声明表中定义的，只能在该程序块中使用。

PLC 的变量表包含整个 CPU 范围有效的变量和符号常量的定义。系统会为项目中使用的每个 CPU 创建一个变量表，用户也可以创建其他的变量表用于常量和变量进行归类和分组。

在 TIA 博途软件中添加了 CPU 设备后，会在项目树中 CPU 设备下出现一个"PLC 变量"文件夹，在此文件夹中有三个选项：显示所有变量、添加新变量表和默认变量表，如图 6-44 所示。

"所有变量"表概括包含有全部的 PLC变量、用户常量和 CPU 系统常量。该表不能删除或移动。

"默认变量表"是系统创建，项目的每个 CPU 均有一个标准变量表。该表不能删除、重命名或移动。默认变量表包含 PLC 变量、用户常量和系统常量。可以在默认变量表中声明所有的 PLC 变量，或根据需要创建其他的用户定义变量表。

双击"添加新变量表"，可以创建用户定义变量表，可以根据要求为每个 CPU 创建多个针对组变量的用户定义变量表。可以对用户定义的变量表重命名、整理合并为组或删除。 用户定义变量表包含 PLC 变量和用户常量。

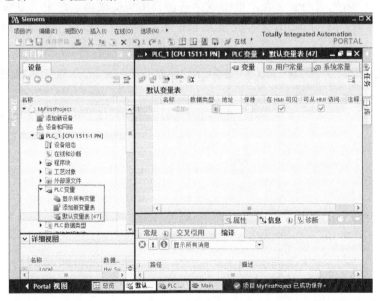

图 6-44　变量表

① 变量表的工具栏　变量表的工具栏如图 6-45 所示，从左到右含义分别为：插入行、新建行、导出、全部监视和保持性。

图 6-45　变量表的工具栏

② 变量的结构　每个 PLC 变量表包含变量选项卡和用户常量选项卡。默认变量表和"所有变量"表还包括"系统常量"选项卡。表 6-3 列出了"常量"选项卡的各列的含义,所显示的列编号可能有所不同,可以根据需要显示或隐藏列。

表 6-3　变量表中"常量"选项卡的各列含义

序 号	列	说 明
1	◀▥	通过单击符号并将变量拖动到程序中作为操作数
2	名称	常量在 CPU 范围内的唯一名称
3	数据类型	变量的数据类型
4	地址	变量地址
5	保持性	将变量标记为具有保持性 保持性变量的值将保留,即使在电源关闭后也是如此
6	可从 HMI 访问	显示运行期间　HMI 是否可访问此变量
7	HMI 中可见	显示默认情况下,在选择 HMI 的操作数时变量是否显示
8	监视值	CPU 中的当前数据 只有建立了在线连接并选择"监视所有"按钮时,才会显示该列
9	变量表	显示包含有变量声明的变量表 该列仅存在于"所有变量"表中
10	注释	用于说明变量的注释信息

(2) 定义全局符号

在 TIA 博途软件项目视图的项目树中,双击"添加新变量表",即可生成新的变量表"变量表_1[0]",选中新生成的变量表,单击鼠标右键弹出快捷菜单,选中"重命名"命令,将此变量表重命名为"MyTable[0]"。单击变量表中的"添加行"按钮📑2 次,添加 2 行,如图 6-46 所示。

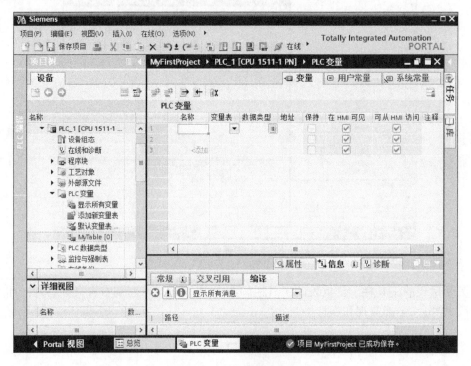

图 6-46　添加新变量表

在变量表的"名称"列中，分别输入"Start"、"Stop1"和"Motor"。在"地址"列中输入"M0.0"、"M0.1"和"Q0.0"。三个符号的数据类型均选为"Bool"，如图 6-47 所示。至此，全局符号定义完成，因为这些符号关联的变量是全局变量，所以这些符号在所有的程序中均可使用。

打开程序块 OB1，可以看到梯形图中的符号和地址关联在一起，且一一对应，如图 6-48 所示。

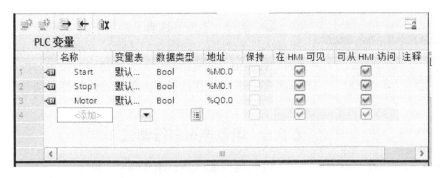

图 6-47　在变量表中，定义全局符号

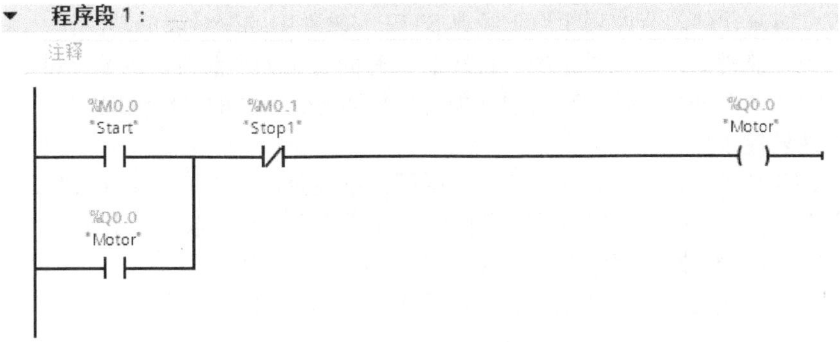

▼　程序段 1：

注释

```
   %M0.0        %M0.1                                    %Q0.0
   "Start"      "Stop1"                                  "Motor"
─────┤ ├──────────┤/├────────────────────────────────────( )───┤

   %Q0.0
   "Motor"
─────┤ ├──
```

图 6-48　梯形图

（3）导出和导入变量表

①　导出　单击变量表工具栏中的"导出"按钮➡️，弹出导出路径界面，如图 6-49 所示，选择适合路径，单击"确定"按钮，即可将变量导出到默认名为"PLCTags.xlsx"的 Excel 文件中。在导出路径中，双击打开导出的 Excel 文件，如图 6-50 所示。

导出到 Excel 中

导出文件的路径：

C:\Users\xiangxiaohan\Desktop\PLCTags.xlsx

待导出的元素：
☑ 变量
☐ 常量

确定　　取消

图 6-49　变量表导出路径

	A	B	C	D	E	F	G
1	Name	Path	Data Type	Logical Address	Comment	Hmi Visible	Hmi Accessible
2	Start	默认变量	Bool	%M0.0		True	True
3	Stop1	默认变量	Bool	%M0.1		True	True
4	Motor	默认变量	Bool	%Q0.0		True	True
5							

图 6-50　导出的 Excel 文件

图 6-51　变量表导入路径

② 导入　单击变量表工具栏中的"导入"按钮┵，弹出导入路径界面，如图 6-51 所示，选择要导入的 Excel 文件 "PLCTags.xlsx"的路径，单击"确定"按钮，即可将变量导入到变量表。注意：要导入的 Excel 文件必须符合规定的规范。

6.3.5　用监控表进行调试

（1）监控表（Watch Table）简介

接线完成后需要对所接线和输出设备进行测试，即 I/O 设备测试。I/O 设备测试可以使用 TIA 博途软件提供的监控表实现，TIA 博途软件的监控表相当于经典 STEP 7软件中的变量表的功能。

监控表也称监视表，可以显示用户程序的所有的变量的当前值，也可以将特定的值分配给用户程序中的各个变量。使用这两项功能可以检查 I/O 设备的接线情况。

（2）创建监控表

当 TIA 博途软件的项目中添加了 PLC 设备后，系统会自动为该 PLC 的 CPU 生成一个"监控和强制表"文件夹。在项目视图的项目树中，打开此文件夹，双击"添加新监控表"选项，即可创建新的监控表，默认名称为"监控表_1"，如图 6-52 所示。

在监控表中输入要监控的变量，创建监控表完成，如图 6-53 所示。

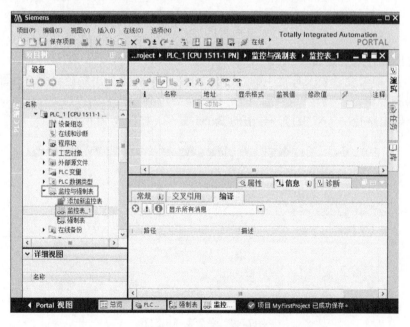

图 6-52　创建监控表

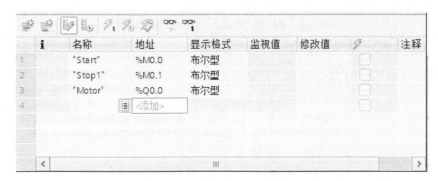

图 6-53　在监控表中定义要监控的变量

（3）监控表的布局

监控表中显示的列与所用的模式有关，即基本模式或扩展模式。扩展模式比基本模式的列数多，扩展模式下会显示两个附加列，即使用触发器监视和使用触发器修改。

监控表中的工具条中各个按钮的含义见表 6-4。

表 6-4　监控表中的工具条中各个按钮的含义

序　号	按　钮	说　明
1		在所选行之前插入一行
2		在所选行之后插入一行
3		立即修改所有选定变量的地址一次。该命令将立即执行一次，而不参考用户程序中已定义的触发点
4		参考用户程序中定义的触发点，修改所有选定变量的地址
5		禁用外设输出的输出禁用命令。用户因此可以在 CPU 处于 STOP 模式时修改外设输出
6		显示扩展模式的所有列。 如果再次单击该图标，将隐藏扩展模式的列
7		显示所有修改列。如果再次单击该图标，将隐藏修改列
8		开始对激活监控表中的可见变量进行监视。 在基本模式下，监视模式的默认设置是"永久"。在扩展模式下，可以为变量监视设置定义的触发点
9		开始对激活监控表中的可见变量进行监视。 该命令将立即执行并监视变量一次

监控表中各列的含义见表 6-5。

表 6-5　监控表中各列的含义

模　　式	列	含　义
基本模式	**i**	标识符列
	名称	插入变量的名称
	地址	插入变量的地址
	显示格式	所选的显示格式
	监视值	变量值，取决于所选的显示格式
	修改数值	修改变量时所用的值
	⚡	单击相应的复选框可选择要修改的变量
	注释	描述变量的注释
扩展模式显示附加列	使用触发器监视	显示所选的监视模式
	使用触发器修改	显示所选的修改模式

此外，在监控表中还会出现一些其他图标，含义见表 6-6。

表 6-6 监控表中出现一些其他图标的含义

序 号	图 标	含 义
1	■	表示所选变量的值已被修改为"1"
2	□	表示所选变量的值已被修改为"0"
3	=	表示将多次使用该地址
4	▮	表示将使用该替代值。 替代值是在信号输出模块故障时输出到过程的值，或在信号输入模块故障时用来替换用户程序中过程值的值。 用户可以分配替代值（例如，保留旧值）
5	▮	表示地址因已修改而被阻止
6	▮	表示无法修改该地址
7	▮	表示无法监视该地址
8	F	表示该地址正在被强制
9	F	表示该地址正在被部分强制
10	F	表示相关的 I/O 地址正在被完全/部分强制
11	F	表示该地址不能被完全强制。示例：只能强制地址 QW0:P 但不能强制地址 QD0:P。这是由于该地址区域始终不在 CPU 上
12	✖	表示发生语法错误
13	⚠	表示选择了该地址但该地址尚未更改

（4）监控表的 I/O 测试

监控表的编辑与编辑 Excel 类似，因此，监控表的输入可以使用复制、粘贴和拖拽等功能，变量可以从其他项目复制和拖拽到本项目。此处用手机扫描二维码可观看视频"用监控表进行调试"。

如图 6-54 所示，单击监控表中工具条的"监视变量"按钮，可以看到三个变量的监视值。

如图 6-55 所示，选中"M0.1"后面的"修改值"栏的"FALSE"，单击鼠标右键，弹出快捷菜单，选中"修改"→"修改为1"命令，变量"M0.1"变成"TRUE"，如图 6-56 所示。

图 6-54 监控表的监控

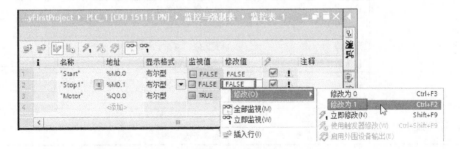

图 6-55 修改监控表中的值（1）

图 6-56　修改监控表中的值（2）

6.3.6　用强制表进行调试

（1）强制表简介

使用强制表给用户程序中的各个变量分配固定值，该操作称为"强制"。

强制表功能如下。

① 监视变量　通过该功能可以在 PG/PC 上显示用户程序或 CPU 中各变量的当前值。可以使用或不使用触发条件来监视变量。

强制表可监视的变量有：输入存储器、输出存储器、位存储器和数据块的内容，还可以监视外设输入的内容。

② 强制变量　通过该功能可以为用户程序的各个 I/O 变量分配固定值。

变量表可强制的变量有：外设输入和外设输出。

（2）打开监控表

当 TIA 博途软件的项目中添加了 PLC 设备后，系统会自动为该 PLC 的 CPU 生成一个"监控和强制表"文件夹。在项目视图的项目树中，打开此文件夹，双击"强制表"选项，即可打开，不需要创建，输入要强制的变量，如图 6-57 所示。

图 6-57　强制表

如图 6-58 所示，选中"强制值"栏中的"TRUE"，单击鼠标右键，弹出快捷菜单，选中"强制"→"强制为 1"命令，强制表如图 6-59 所示，在第一列出现 F 标识，而且模块的 Q0.1 指示灯点亮，且 CPU 模块的"MAINT"指示灯变为黄色。

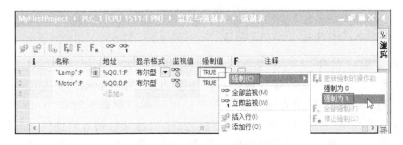

图 6-58　强制表的强制操作（1）

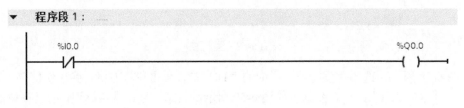

图 6-59 强制表的强制操作（2）

点击工具栏中的"停止强制"按钮 **F.**，停止所有的强制输出，"MAINT"指示灯变为绿色。

> **●【关键点】**① 利用"修改变量"功能可以同时输入几个数据。"修改变量"的作用类似于"强制"的作用。但两者是有区别的。
>
> ② 强制功能的优先级别要高于"修改变量"，"修改变量"的数据可能改变参数状态，但当与逻辑运算的结果抵触时，写入的数值也可能不起作用。
>
> ③ 修改变量不能改变输入寄存器（如 I0.0）的状态，而强制可以改变。
>
> ④ 仿真器中可以模拟"修改变量"，但不能模拟"强制"功能，强制功能只能在真实的 S7-1500 PLC中实现。
>
> ⑤ 此外，PLC 处于强制状态时，"MAINT" LED 指示灯为黄色，正常运行状态时，不应使 PLC 处于强制状态，强制功能仅用于调试。

【例 6-5】 如图 6-60 所示的梯形图，Q0.0 状态为1，在"监控表"中，分别用"修改变量"、"强制"功能，是否能将 Q0.0 的数值变成 0？

【解】 用"修改变量"功能不能将 Q0.0 的数值变成 0，因为图 6-60 的梯形图的逻辑运算的结果造成 Q0.0 为1，与"修改"结果抵触，最后输出结果以逻辑运算结果覆盖修改结果，因此最终以逻辑运算的结果为准。

用"强制"功能可以将 Q0.0 的数值变成 0，因为强制的结果可以覆盖逻辑运算的结果。

▼ **程序段** 1：

```
        %I0.0                                              %Q0.0
 ────────┤/├──────────────────────────────────────────────( )────
```

图 6-60 梯形图

6.3.7 使用 PLCSIM 软件进行调试

（1）S7-PLCSIM 简介

西门子为 S7-1500 PLC设计了一款仿真软件包 PLC Simulation(本书简称 S7-PLCSIM)，此仿真软件包可以在计算机或者编程设备中模拟可编程控制器运行和测试程序，它能脱离 TIA 博途软件中的 STEP 7独立运行。如果 STEP 7中已经安装仿真软件包，工具栏中的"开始仿真"按钮 是亮色的，否则是灰色的，只有"开始仿真"按钮是亮色才可以用于仿真。

S7-PLCSIM 提供了简单的用户界面，用于监视和修改在程序中使用各种参数（如开关量输入和开关量输出）。当程序由 S7-PLCSIM 处理时，也可以在 STEP 7软件中使用各种软件功能，如使用变量表监视、修改变量等测试功能。

（2）S7-PLCSIM 应用

S7-PLCSIM 仿真软件使用比较简单，以下用一个简单的例子介绍其使用方法。此处用手机扫描二维码可观看视频"PLCSIM"。

【**例 6-6**】 将如图 6-61 所示的程序，用 S7-PLCSIM 进行仿真。

程序段 1：

```
    %I0.0                                                    %Q0.0
 ───┤ ├──────────────────────────────────────────────────( )───
```

图 6-61 用于仿真的程序

【**解**】 具体步骤如下。

① 新建一个项目，并进行硬件组态，在组织块 OB1 中输入如图 6-61 所示的程序，保存项目。

② 开启仿真。在 TIA 博途软件项目视图界面中，单击工具栏上的"开始仿真"按钮 ，如图 6-62 所示。

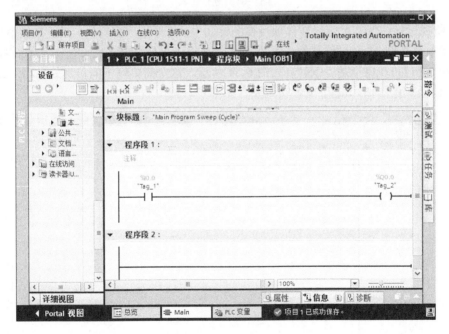

图 6-62 开启仿真

③ 下载程序。在 TIA 博途软件项目视图界面中，单击工具栏的"下载"按钮 ，将硬件组态和程序下载到仿真器 S7-PLCSIM 中，仿真器的标记"1"处出现黄色横条，表示仿真器处于连接状态，如图 6-63 所示。

④ 进行仿真。如图 6-43 所示，单击仿真器 S7-PLCSIM 工具栏上的 "将 CPU 置于 RUN模式"按钮 ，也就是将仿真器置于运行模式状态。展开 SIM 表，双击并打开 SIM 表_1，

在 SIM 表_1 中输入需要仿真和监控的地址，本例为"I0.0"和"Q0.0"，在 I0.0 上选取为"√"，也就是将 I0.0 置于"ON"，这时，Q0.0 也显示为"ON"；当去掉 I0.0 上"√"，也就是将 I0.0 置于"OFF"，这时，Q0.0 上的"√"消失，即显示为"OFF"。

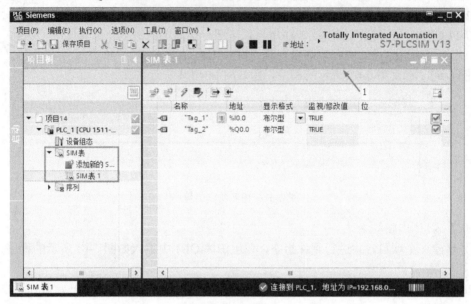

图 6-63　进行仿真

⑤ 监视运行。在 TIA 博途软件项目视图界面中，打开程序编辑器，在工具栏中单击"启用/禁用监视"按钮 <img>，可以看到：若仿真器上的 I0.0 和 Q0.0 都是"ON"，则程序编辑器界面上的 I0.0 和 Q0.0 也都是"ON"，如图 6-64 所示。这个简单例子的仿真效果与下载程序到 PLC 中的效果相同，相比之下前者实施要容易得多。

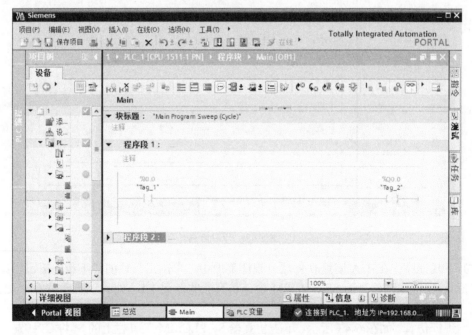

图 6-64　监视运行

（3）S7-PLCSIM 通信仿真

不是所有的通信都可以仿真，通信功能只限于仿真 PUT/GET、BSEND/BRCV 和 USEND/URCV 指令，而且只能仿真 2 个站点的通信。以下用一个例子介绍通信仿真的实施过程。

【例 6-7】 有两台 CPU1511-1PN，从第一台 PLC（PLC_1）上的 MB0 上发送信息到另一台 PLC（PLC_2）的 QB0 中，每秒发送一次，请用仿真器仿真通信。

【解】　① 新建项目命名为：PLCSIM，创建以太网的 S7 连接，如图 6-65 所示。

② 在 PLC_1 的主程序中编写如图 6-66 所示的程序，PLC_2 中无需编写程序。

③ 打开仿真器 1，将项目视图中的站点 PLC_1 中的项目下载到仿真器 1 中，并运行仿真器，如图 6-67 所示。打开仿真器 2，将项目视图中的站点 PLC_2 中的项目下载到仿真器 2 中，并运行仿真器，如图 6-68 所示。可以看到仿真器 2 中 QB0 随着仿真器 1 中的 MB0 变化，这表明通信成功了。但 MB0 和 QB0 的数据变化并不同步，原因在于 MB0 是每秒变化 10 次，而通信是每秒进行一次，因此 QB0 变化较慢。

图 6-65　新建项目和连接

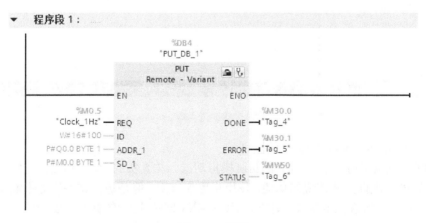

图 6-66　程序

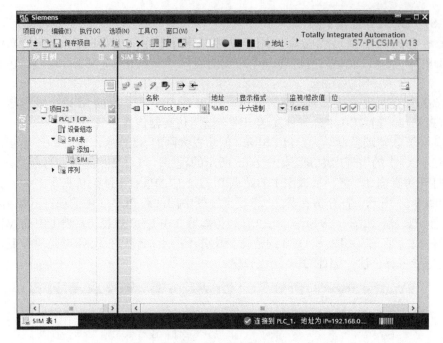

图 6-67 仿真器 1

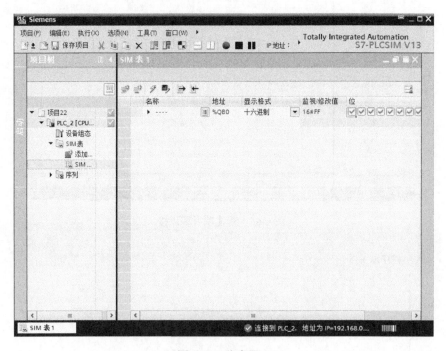

图 6-68 仿真器 2

（4）S7-PLCSIM 与真实 PLC 的区别

S7-PLCSIM 提供了方便、强大的仿真模拟功能。与真实的 PLC 相比，它的灵活性高，提供了许多 PLC 硬件无法实现的功能，使用也更加方便。但是仿真软件毕竟不能完全取代真实的硬件，不可能实现完全仿真。用户利用 S7-PLCSIM 进行仿真时，还应该了解它与真实 PLC 的差别。

①　I/O 设备支持　由于性能限制, S7-PLCSIM 可仿真的设备数量不能超过物理网络中的设备数量。

②　RUN 模式和 STOP 模式　仿真的 PLC 支持在 RUN 模式中下载。将仿真的 PLC 置于 STOP 模式下时, S7-PLCSIM 会写入输出值。

③　WinAC　S7-PLCSIM 不支持 WinAC。

④　故障诊断　S7-PLCSIM 不支持写入诊断缓冲区的所有错误消息。例如, S7-PLCSIM 不能仿真 CPU 中与故障电池相关的消息或 EPROM 错误。但 S7-PLCSIM 可仿真大多数的 I/O 和程序错误。

⑤　基于时间的性能　由于 S7-PLCSIM 软件运行在装有 Windows 操作系统的 PC 上, 因此 S7-PLCSIM 中操作的扫描周期时间和准确时间不同于在物理硬件上执行的那些操作所需的时间。这是因为 PC 的处理资源 "竞争" 产生了额外开销, 具体开销取决于多种因素。

如果程序高度依赖于执行操作所需的时间, 则需注意不应仅根据 S7-PLCSIM 仿真的时间结果来评估程序。

⑥　不能仿真受保护的块　S7-PLCSIM V13 SP1 支持受专有技术或密码保护的块。在对 S7-PLCSIM 执行下载操作前, 必须删除保护。

S7-PLCSIM 不能对访问保护或复制保护进行仿真。

⑦　通信仿真　不是所有的通信都可以进行仿真。S7-PLCSIM 支持仿真实例间的通信。实例可以是 S7-PLCSIM 仿真或 WinCC 运行系统仿真。

可以运行 S7-PLCSIM V13 SP1 的两个实例, 而且它们之间可相互通信。

可以运行 S7-PLCSIM V13 SP1 的一个实例和 S7-PLCSIM V5.4.6 或更高版本的一个实例, 而且它们之间可相互通信。通信的限制条件如下。

a. 所有仿真实例必须在同一 PC 上运行才能相互通信。每个实例的 IP 地址都不得重复。

b. S7-PLCSIM 支持 TCP/IP 和 PROFINET 连接。

c. 对于 S7-1200 和 S7-1200F PLC, 可使用 PUT/GET 和 TSEND/TRCV (T-block) 指令来仿真通信。

d. 对于 S7-1500、S7-1500C、S7-1500F、ET 200SP 和 ET 200SPF PLC, 用户可以仿真 PUT/GET、BSEND/BRCV 和 TSEND/TRCV (T-block) 指令。

⑧　LED 闪烁　可在 STEP 7 的 "扩展的下载到设备" (Extended download to device) 对话框中使 PLC 上的 LED 灯闪烁, 但 S7-PLCSIM 无法仿真此功能。

⑨　S7-PLCSIM 不能仿真 SD 存储卡　S7-PLCSIM 不能仿真 SD 存储卡, 因此, 不能仿真需要存储卡的 CPU 功能。例如, 数据记录功能会将所有输出都写入 SD 卡, 这样便无法仿真数据记录功能。

⑩　S7-PLCSIM 不支持使用配方

⑪　S7-PLCSIM 不支持 Web 服务器功能

⑫　版本与是否能仿真的关系　不是所有的硬件版本的 CPU 或者模块都可以仿真。

a. S7-PLCSIM 只能仿真固件版本为 4.0 或更高版本的 S7-1200 PLC 和固件版本为 4.12 或更高版本的 S7-1200F PLC

b. S7-PLCSIM V13 SP1 支持 S7-1500、S7-1500C 和 S7-1500F CPU 的所有固件版本。

⑬　模块类型与是否能仿真的关系

a. S7-PLCSIM 目前不支持 S7-1200 的工艺模块有: 计数模块、PID 控制模块和运动控制模块。

b. 对于 S7-1500、S7-1500C 和 S7-1500F, S7-PLCSIM 支持的工艺模块有: 计数和测

量模块、PID 控制模块、基于时间的 IO 模块和运动控制模块。

⑭ 指令与是否能仿真的关系

a. S7-PLCSIM 几乎支持仿真的 S7-1200 和 S7-1200F 的所有指令（系统函数和系统函数块），支持方式与物理 PLC 相同。S7-PLCSIM 将不支持的块视为非运行状态。

b. S7-PLCSIM 支持 S7-1200 和 S7-1200F PLC 的通信指令有：PUT 和 GET；TSEND 和 TRCV。

c. S7-PLCSIM 几乎支持仿真的 S7-1500、S7-1500C 和 S7-1500F 的所有指令（系统函数和系统函数块），支持方式与物理 PLC 相同。S7-PLCSIM 将不支持的块视为非运行状态。

d. 对于 S7-1500、S7-1500C 和 S7-1500F，S7-PLCSIM PLC 支持的通信指令有：PUT 和 GET；BSEND 和 BRCV；USEND 和 URCV。

6.3.8 使用 Trace 跟踪变量

S7-1500 集成了 Trace 功能，可以快速跟踪多个变量的变化。变量的采样通过 OB 块触发，也就是说只有 CPU 能够采样的点才能记录。一个 S7-1500 CPU 集成的 Trace 的数量与 CPU 的类型有关，CPU1511 集成 4 个，而 CPU1518 则集成 8 个。每个 Trace 中最多可定义 16 个变量，每次最多可跟踪 512KB 数据。

（1）配置 Trace

① 添加新 Trace 在项目视图中，如图 6-69 所示，选中 S7-1500 CPU 站点的"Trace"目录，双击"添加新 Trace"，即可添加一个新的 Trace，如图 6-70 所示。此处用手机扫描二维码可观看视频"Trace"。

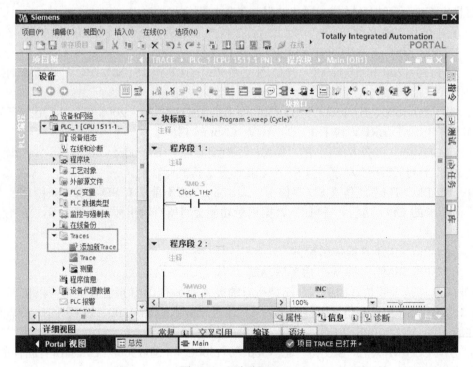

图 6-69 添加新 Trace

② 配置 Trace 信号 如图 6-70 所示，单击"配置"→"信号"，在"信号"的标签表格中，添加需要跟踪的变量，本例添加了 3 个变量。

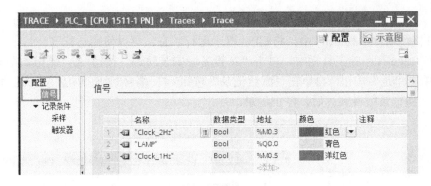

图 6-70 配置 Trace 信号

在"记录条件"标签中，设定采样和触发器参数，如图 6-71 所示。

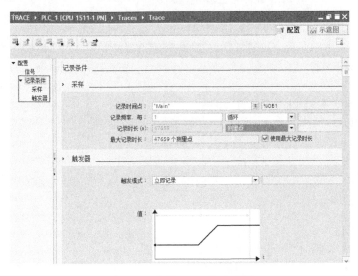

图 6-71 配置 Trace 记录条件

对配置参数的说明如下。

a. 记录时间点。使用 OB 块触发采样，处理完用户程序后，在 OB 块的结尾处记录所测量的数值。

b. 记录频率。就是几个循环记录一次，例如记录点是 OB30 块，OB30 的循环扫描时间是 100ms，如果记录频率是 10，那么每 1s 记录一次。

c. 记录时长。定义测量点的个数或者使用的最大测量点。

d. 触发模式。触发模式包括立即触发和变量触发，具体说明如下。

立即触发：点击工具栏中的"开始记录"按钮，立即开始记录，达到记录的测量个数后，停止记录并将估计保存。

变量触发：点击工具栏中的"开始记录"按钮，直到触发记录满足条件后，开始记录，达到记录的测量个数后，停止记录并将估计保存。

e. 触发变量和事件。触发模式的条件。

f. 预触发。设置记录触发条件满足之前需要记录的测量点数目。

（2）Trace 的操作

Trace 工具栏如图 6-72 所示，其在 Trace 操作过程中非常重要。Trace 的具体操作过程如下。

① 将整个项目下载 CPU 中，将 CPU 置于运行状态，可以使用仿真器。

② 在 Trace 视图的工具栏中，单击"在设备中安装轨迹"按钮 ，弹出如图 6-73 所示的界面，单击"是"按钮，再单击"激活记录"按钮 ，信号轨迹开始显示在画面中，如图 6-74 所示。当记录数目到达后，停止记录。

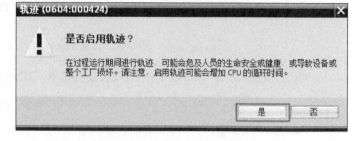

图 6-72 Trace 工具栏　　　　　　　　　　　图 6-73 启用轨迹

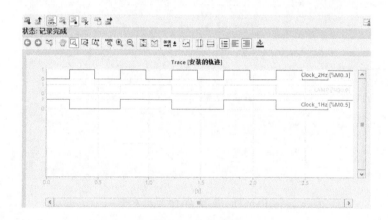

图 6-74 信号轨迹

6.4 实例

初学者在进行 PLC 控制系统的设计时，往往不知从何着手，其实 PLC 控制系统的设计有一个相对固定的模式，只要读者掌握了前述章节的知识，再按照这个模式进行，一般不难设计出正确的控制系统和程序。以下用两个例子来说明 PLC 控制系统的设计过程。

【例 6-8】 液体混合装置示意图如图 6-75 所示，上限位、下限位和中限位液位传感器被液体淹没时为 1 状态，电磁阀 A、B、C 的线圈通电时，阀门打开，电磁阀 A、B、C 的线圈断电时，阀门关闭。在初始状态时容器是空的，各阀门均关闭，各传感器均为 0 状态。按下启动按钮后，打开电磁阀 A，液体 A 流入容器，中限位开关变为 ON 时，关闭 A，打开阀 B，液体 B 流入容器。液面上升到上限位，关闭阀门 B，电动机 M 开始运行，搅拌液体，30s 后停止搅动，打开电磁阀 C，放出混合液体，当液面下降到下限位之后，过 3s，容器放空，关闭电磁阀 C，打开电磁阀 A，又开始下一个周期的操作。按停止按钮，当前工作周期结束后，才能停止工作，按急停按钮可立即停止工作。绘制功能图，设计梯形图。

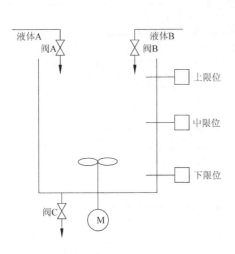

图 6-75 液体混合装置

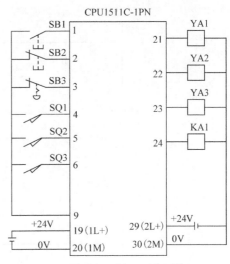

图 6-76 例 6-8 原理图

【解】 液体混合的 PLC 的 I/O 分配见表 6-7。

表 6-7 液体混合的 PLC I/O 分配

输　入			输　出		
名　称	符　号	输入点	名　称	符　号	输出点
开始按钮	SB1	I0.0	电磁阀 A	YA1	Q0.0
停止按钮	SB2	I0.1	电磁阀 B	YA2	Q0.1
急停	SB3	I0.2	电磁阀 C	YA3	Q0.2
上限位传感器	SQ1	I0.3	电动机	KA1	Q0.3
中限位传感器	SQ2	I0.4			
下限位传感器	SQ3	I0.5			

电气系统的原理图如图 6-76 所示，功能图如图 6-77 所示，梯形图如图 6-78 所示。

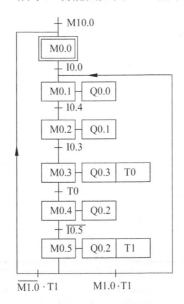

图 6-77 例 6-8 功能图

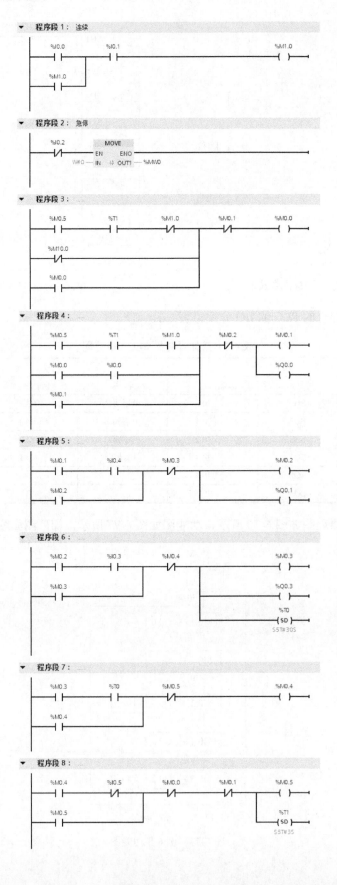

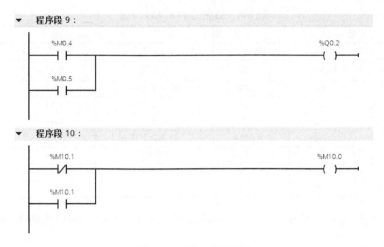

图 6-78　例 6-8 梯形图

【例 6-9】　某钻床用 2 个钻头同时钻 2 个孔，开始自动运行之前，2 个钻头在最上面，上限位开关 SQ2 和 SQ4 为 ON。操作人员放好工件后，按启动按钮 SB1，工件被夹紧后，2 个钻头同时开始工作，钻到由限位开关 SQ1 和 SQ3 设定的深度时分别上行，回到由限位开关 SQ2 和 SQ4 设定的起始位置时，分别停止上行。当 2 个钻头都到起始位置后，工件松开，工件松开后，加工结束，系统回到初始状态。钻床的加工示意图如图 6-79 所示，设计功能图和梯形图。

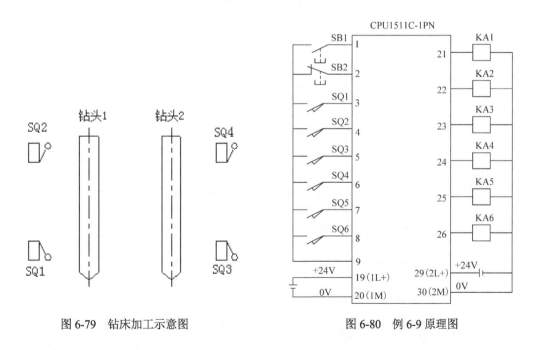

图 6-79　钻床加工示意图　　　　　图 6-80　例 6-9 原理图

【解】　钻床的 PLC I/O 分配见表 6-8。

表 6-8 钻床的 PLC I/O 分配

输　入			输　出		
名　称	符　号	输入点	名　称	符　号	输出点
开始按钮	SB1	I0.0	夹具夹紧	KA1	Q0.0
停止按钮	SB2	I0.1	钻头 1 下降	KA2	Q0.1
钻头 1 上限位开关	SQ1	I0.2	钻头 1 上升	KA3	Q0.2
钻头 1 下限位开关	SQ2	I0.3	钻头 2 下降	KA4	Q0.3
钻头 2 上限位开关	SQ3	I0.4	钻头 2 上升	KA5	Q0.4
钻头 2 下限位开关	SQ4	I0.5	夹具松开	KA6	Q0.5
夹紧限位开关	SQ5	I0.6			
松开下限位开关	SQ6	I0.7			

　　电气系统的原理图如图 6-80 所示，功能图如图 6-81 所示，梯形图如图 6-82 和图 6-83 所示。

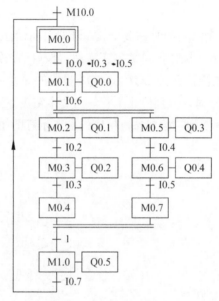

图 6-81　例 6-9 功能图

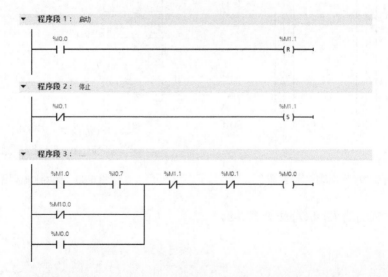

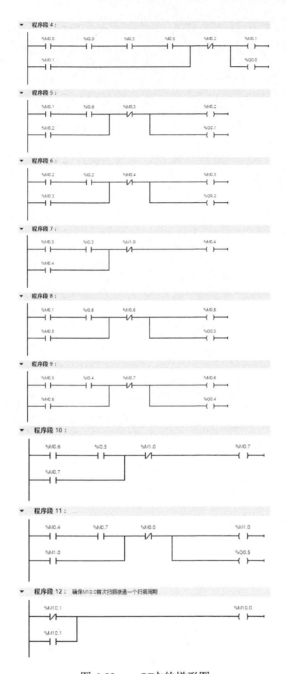

图 6-82　OB中的梯形图

▼　程序段 1：

图 6-83　OB100中的梯形图

第**2**篇

应用精通篇

第7章

SIMATIC S7-1500 PLC 的通信及其应用

本章介绍 SIMATIC S7-1500 PLC 的通信基础知识，并用实例介绍 SIMATIC S7-1500 PLC 与 ET200MP 和 SIMATIC S7-1500 PLC 之间的 PROFIBUS 通信； SIMATIC S7-1500 PLC 与 SIMATIC S7-1500 PLC、S7-1200 PLC 之间的 OUC 和 S7 以太网通信；SIMATIC S7-1500 PLC 与 SIMATIC S7-1500 PLC、ET200MP 之间的 PROFINET IO 信通；SIMATIC S7-1500 PLC 与 SIMATIC S7-1500 PLC、S7-1200 PLC 之间的 Modbus_TCP 以太网通信。

7.1 通信基础知识

PLC 的通信包括 PLC 与 PLC 之间的通信、PLC 与上位计算机之间的通信以及和其他智能设备之间的通信。PLC 与 PLC 之间通信的实质就是计算机的通信，使得众多独立的控制任务构成一个控制工程整体，形成模块控制体系。PLC 与计算机连接组成网络，将 PLC 用于控制工业现场，计算机用于编程、显示和管理等任务，构成"集中管理、分散控制"的分布式控制系统（DCS）。

7.1.1 通信的基本概念

（1）串行通信与并行通信

串行通信和并行通信是两种不同的数据传输方式。

串行通信就是通过一对导线将发送方与接收方进行连接，传输数据的每个二进制位，按照规定顺序在同一导线上依次发送与接收，如图 7-1 所示。例如，常用的优盘 USB 接口就是串行通信接口。串行通信的特点是通信控制复杂，通信电缆少，因此与并行通信相比，成本低。

并行通信就是将一个 8 位数据（或 16 位、32 位）的每一个二进制位采用单独的导线进行传输，并将传送方和接收方进行并行连接，一个数据的各二进制位可以在同一时间内一次传送，如图 7-2 所示。例如，老式打印机的打印口和计算机的通信就是并行通信。并行通信的特点是一个周期里可以一次传输多位数据，其连线的电缆多，因此长距离传送时成本高。

图 7-1　串行通信　　　　　　　　　　　图 7-2　并行通信

（2）异步通信与同步通信

异步通信与同步通信也称为异步传送与同步传送，这是串行通信的两种基本信息传送方式。从用户的角度上说，两者最主要的区别在于通信方式的"帧"不同。

异步通信方式又称起止方式。它在发送字符时，要先发送起始位，然后是字符本身，最后是停止位，字符之后还可以加入奇偶校验位。异步通信方式具有硬件简单、成本低的特点，主要用于传输速率低于 19.2Kbit/s 以下的数据通信。

同步通信方式在传递数据的同时，也传输时钟同步信号，并始终按照给定的时刻采集数据。其传输数据的效率高，硬件复杂，成本高，一般用于传输速率高于 20Kbit/s 以上的数据通信。

（3）单工、全双工与半双工

单工、双工与半双工是通信中描述数据传送方向的专用术语。

① 单工（Simplex）：指数据只能实现单向传送的通信方式，一般用于数据的输出，不可以进行数据交换，如图 7-3 所示。

② 全双工（Full Simplex）：也称双工，指数据可以进行双向数据传送，同一时刻既能发送数据，也能接收数据，如图 7-4 所示。通常需要两对双绞线连接，通信线路成本高。例如，RS-422 就是"全双工"通信方式。

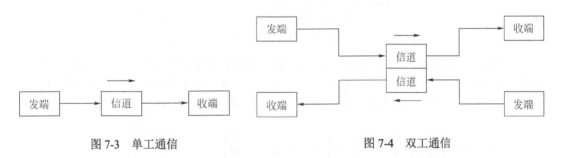

图 7-3 单工通信   图 7-4 双工通信

③ 半双工（Half Simplex）：指数据可以进行双向数据传送，同一时刻，只能发送数据或者接收数据，如图 7-5 所示。通常需要一对双绞线连接，与全双工相比，通信线路成本低。例如，RS-485 只用一对双绞线时就是"半双工"通信方式。

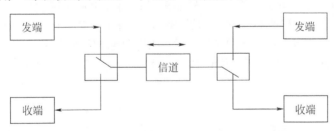

图 7-5 半双工通信

7.1.2 PLC 网络的术语解释

PLC 网络中的名词、术语很多，现将常用的予以介绍。

① 站（Station）：在 PLC 网络系统中，将可以进行数据通信、连接外部输入/输出的物理设备称为"站"。例如，由 PLC 组成的网络系统中，每台 PLC 可以是一个"站"。

② 主站（Master Station）：PLC 网络系统中进行数据连接的系统控制站，主站上设置了控制整个网络的参数，通常每个网络系统只有一个主站，站号实际就是 PLC 在网络中的地址。

③ 从站（Slave Station）：PLC 网络系统中，除主站外，其他的站称为"从站"。

④ 远程设备站（Remote Device Station）：PLC 网络系统中，能同时处理二进制位、字的从站。

⑤ 本地站（Local Station）：PLC 网络系统中，带有 CPU 模块并可以与主站以及其他本地站进行循环传输的站。

⑥ 站数（Number of Station）：PLC 网络系统中，所有物理设备（站）所占用的"内存站数"的总和。

⑦ 网关（Gateway）：又称网间连接器、协议转换器。网关在传输层上以实现网络互联，是最复杂的网络互联设备，仅用于两个高层协议不同的网络互联。如图 7-6 所示，CPU1511-1PN 通过工业以太网，把信息传送到 IE/PB LINK 模块，再传送到 PROFIBUS 网络上的 IM155-5 DP 模块， IE/PB LINK 通信模块用于不同协议的互联，它实际上就是网关。

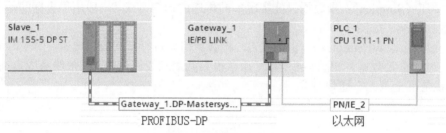

图 7-6 网关应用实例

⑧ 中继器（Repeater）：用于网络信号放大、调整的网络互联设备，能有效延长网络的连接长度。例如，PPI 的正常传送距离不大于 50m，经过中继器放大后，可传输超过 1km，应用实例如图 7-7 所示，PLC 通过 MPI 或者 PPI 通信时，传送距离可达 1100m。

图 7-7 中继器应用实例

⑨ 路由器（Router，转发者）：所谓路由就是指通过相互连接的网络把信息从源地点移动到目标地点的活动。一般来说，在路由过程中，信息至少会经过一个或多个中间节点。路由器是互联网的主要节点设备。如图 7-8 所示，如果要把 PG/PC 的程序从 CPU1211C 下载到 CPU313C-2DP 中，必然要经过 CPU1516-3PN/DP 这个节点，这实际就用到了 CPU1516-3PN/DP 的路由功能。

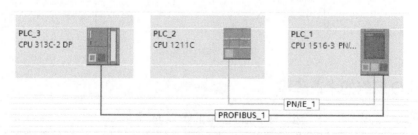

图 7-8 路由功能应用实例

⑩ 交换机（Switch）：交换机是为了解决通信阻塞而设计的，它是一种基于 MAC 地址识别，能完成封装转发数据包功能的网络设备。交换机可以"学习"MAC 地址，并把其存

放在内部地址表中，通过在数据帧的始发者和目标接收者之间建立临时的交换路径，使数据帧直接由源地址到达目的地址。如图 7-9 所示，交换机（ESM）将 HMI（触摸屏）、PLC 和 PC（个人计算机）连接在工业以太网的一个网段中。

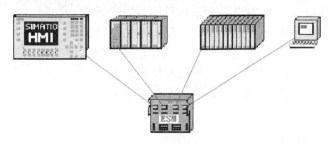

图 7-9　交换机应用实例

⑪　网桥（Bridge）：也叫桥接器，是连接两个局域网的一种存储/转发设备，它能将一个大的 LAN 分割为多个网段，或将两个以上的 LAN 互联为一个逻辑 LAN，使 LAN 上的所有用户都可访问服务器。网桥将网络的多个网段在数据链路层连接起来，网桥的应用如图 7-10 所示。西门子的 DP/PA Coupler 模块就是一种网桥。

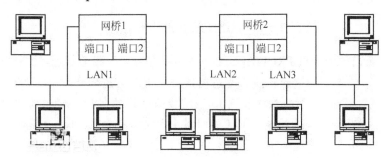

图 7-10　网桥应用实例

7.1.3　RS-485 标准串行接口

（1）RS-485 接口

RS-485 接口是在 RS-422 基础上发展起来的一种 EIA 标准串行接口，采用"平衡差分驱动"方式。RS-485 接口满足 RS-422 的全部技术规范，可以用于 RS-422 通信。RS-485 接口通常采用 9 针连接器，其外观与管脚定义如图 7-11 所示。RS-485 接口的引脚功能参见表 7-1。

表 7-1　RS-485 接口的引脚功能

PLC 侧引脚	信 号 代 号	信 号 功 能
1	SG 或 GND	机壳接地
2	+24V 返回	逻辑地
3	RXD+或 TXD+	RS-485 的 B，数据发送/接收+端
4	请求-发送	RTS(TTL)
5	+5V 返回	逻辑地
6	+5V	+5V
7	+24V	+24V
8	RXD−或 TXD−	RS-485 的 A，数据发送/接收−端
9	不适用	10 位协议选择（输入）

（2）西门子的 PLC 连线

西门子 PLC 的 PPI 通信、MPI 通信和 PROFIBUS-DP 现场总线通信的物理层都是 RS-485，而且采用都是相同的通信线缆和专用网络接头。图 7-12 显示了电缆接头的普通偏流和终端状况，右端的电阻设置为"on"，而左侧的设置为"off"，图中只显示了一个，若有多个也是这样设置。要将终端电阻设置"on"或者"off"，只要拨动网络接头上的拨钮即可。图 7-12 中拨钮在"on"一侧，因此终端电阻已经接入电路。

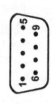

图 7-11　网络接头的外观与管脚定义

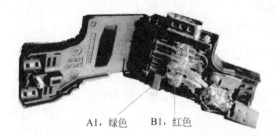

A1，绿色　　B1，红色　　　　　　　　　　　　　　　　off　　　on

图 7-12　网络接头的偏流电阻设置图

▶【关键点】西门子的专用 PROFIBUS 电缆中有两根线，一根为红色，上标有"B"，一根为绿色，上面标有"A"，这两根线只要与网络接头上相对应的"A"和"B"接线端子相连即可（如"A"线与"A"接线端相连）。网络接头直接插在 PLC 的通信口上即可，不需要其他设备。注意：三菱的 FX 系列 PLC 的 RS-485 通信要加 RS-485 专用通信模块和终端电阻。

7.1.4　OSI 参考模型

通信网络的核心是 OSI（OSI-Open System Interconnection，开放式系统互联）参考模型。1984 年，国际标准化组织（ISO）提出了开放式系统互联的 7 层模型，即 OSI 模型。该模型自下而上分为：物理层、数据链路层、网络层、传输层、会话层、表示层和应用层。

OSI 的上 3 层通常称为应用层，用来处理用户接口、数据格式和应用程序的访问。下 4 层负责定义数据的物理传输介质和网络设备。OSI 参考模型定义了大多数协议栈共有的基本框架，如图 7-13 所示。

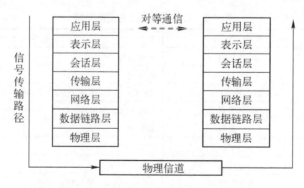

图 7-13　信息在 OSI 模型中的流动形式

① 物理层（Physical Layer）：定义了传输介质、连接器和信号发生器的类型，规定了物理连接的电气、机械功能特性，如电压、传输速率、传输距离等特性。建立、维护、断开物理连接。典型的物理层设备有集线器（HUB）和中继器等。

② 数据链路层（Data Link Layer）：确定传输站点物理地址以及将消息传送到协议栈，提供顺序控制和数据流向控制。建立逻辑连接、进行硬件地址寻址、差错校验等功能（由底层网络定义协议）。典型的数据链路层的设备有交换机和网桥等。

③ 网络层（Network Layer）：进行逻辑地址寻址，实现不同网络之间的路径选择。协议有：ICMP IGMP IP（IPV4、IPV6）、ARP、RARP。典型的网络层设备是路由器。

④ 传输层（Transport Layer）：定义传输数据的协议端口号，以及流控和差错校验。 协议有：TCP、UDP。网关是互联网设备中最复杂的，它是传输层及以上层的设备。

⑤ 会话层（Session Layer）：建立、管理、终止会话。

⑥ 表示层（Presentation Layer）：数据的表示、安全、压缩。

⑦ 应用层 (Application)： 网络服务与最终用户的一个接口。协议有：HTTP、FTP、TFTP SMTP、SNMP 和 DNS 等。

数据经过封装后通过物理介质传输到网络上，接收设备除去附加信息后，将数据上传到上层堆栈层。

7.2　现场总线概述

7.2.1　现场总线的概念

（1）现场总线的诞生

现场总线是 20 世纪 80 年代中后期在工业控制中逐步发展起来的。计算机技术的发展为现场总线的诞生奠定了技术基础。

另一方面，智能仪表也出现在工业控制中。智能仪表的出现为现场总线的诞生奠定了应用基础。

（2）现场总线的概念

国际电工委员会（IEC）对现场总线（Fieldbus）的定义为：一种应用于生产现场，在现场设备之间、现场设备和控制装置之间实行双向、串行、多节点的数字通信网络。

现场总线的概念有广义与狭义之分。狭义的现场总线就是指基于 EIA485 的串行通信网络。广义的现场总线泛指用于工业现场的所有控制网络。广义的现场总线包括狭义现场总线和工业以太网。

7.2.2　主流现场总线的简介

1984 年国际电工技术委员会/国际标准协会（IEC/ISA）就开始制定现场总线的标准，然而统一的标准至今仍未完成。很多公司推出其各自的现场总线技术，但彼此的开放性和互操作性难以统一。

经过 12 年的讨论，终于在 1999 年年底通过了 IEC61158 现场总线标准，这个标准容纳了 8 种互不兼容的总线协议。后来又经过不断讨论和协商，在 2003 年 4 月，IEC61158 Ed.3 现场总线标准第三版正式成为国际标准，确定了 10 种不同类型的现场总线为 IEC61158 现场总线。2007 年 7 月，第四版现场总线增加到 20 种，见表 7-2。

表 7-2 IEC61158 的现场总线

类型编号	名　称	发起的公司
Type 1	TS61158 现场总线	原来的技术报告
Type 2	ControlNet 和 Ethernet/IP 现场总线	美国罗克韦尔（Rockwell）
Type 3	PROFIBUS 现场总线	德国西门子（Siemens）
Type 4	P-NET 现场总线	丹麦 Process Data
Type 5	FF HSE 现场总线	美国罗斯蒙特（Rosemount）
Type 6	SwiftNet 现场总线	美国波音（Boeing）
Type 7	World FIP 现场总线	法国阿尔斯通（Alstom）
Type 8	INTERBUS 现场总线	德国菲尼克斯（Phoenix Contact）
Type 9	FF H1 现场总线	现场总线基金会（FF）
Type 10	PROFINET 现场总线	德国西门子（Siemens）
Type 11	TC net 实时以太网	
Type 12	Ether CAT 实时以太网	德国倍福（Beckhoff）
Type 13	Ethernet Powerlink 实时以太网	ABB
Type 14	EPA 实时以太网	中国浙江大学等
Type 15	Modbus RTPS 实时以太网	法国施耐德（Schneider）
Type 16	SERCOS I、II现场总线	德国力士乐（Rexroth）
Type 17	VNET/IP 实时以太网	法国阿尔斯通（Alstom）
Type 18	CC-Link 现场总线	日本三菱电机（Mitsubishi）
Type 19	SERCOS III现场总线	德国力士乐（Rexroth）
Type 20	HART 现场总线	美国罗斯蒙特（Rosemount）

7.2.3　现场总线的特点

现场总线系统具有以下特点：

① 系统具有开放性和互用性；

② 系统功能自治性；

③ 系统具有分散性；

④ 系统具有对环境的适应性；

7.2.4　现场总线的现状

现场总线的现状有如下几点：

① 多种现场总线并存；

② 各种总线都有其应用的领域；

③ 每种现场总线都有其国际组织和支持背景；

④ 多种总线已成为国家和地区标准；

⑤ 一个设备制造商通常参与多个总线组织；

⑥ 各个总线彼此协调共存。

7.2.5　现场总线的发展

现场总线技术是控制、计算机和通信技术的交叉与集成，几乎涵盖了连续和离散工业领域，如过程自动化、制造加工自动化、楼宇自动化、家庭自动化等。它的出现和快速发展体现了控制领域对降低成本、提高可靠性、增强可维护性和提高数据采集智能化的要求。现场总线技术的发展趋势体现在以下四个方面。

① 统一的技术规范与组态技术是现场总线技术发展的一个长远目标。

② 现场总线系统的技术水平将不断提高。

③ 现场总线的应用将越来越广泛。

④ 工业以太网技术将逐步成为现场总线技术的主流。

7.3　PROFIBUS 通信及其应用

7.3.1　PROFIBUS 通信概述

PROFIBUS 是西门子的现场总线通信协议，也是 IEC61158 国际标准中的现场总线标准之一。现场总线 PROFIBUS 满足了生产过程现场级数据可存取性的重要要求，一方面它覆盖了传感器/执行器领域的通信要求，另一方面又具有单元级领域所有网络级通信功能。特别在"分散 I/O"领域，由于有大量的、种类齐全、可连接的现场总线可供选用，因此 PROFIBUS 已成为事实的国际公认的标准。

(1) PROFIBUS 的结构和类型

从用户的角度看，PROFIBUS 提供三种通信协议类型：PROFIBUS-FMS、PROFIBUS-DP 和 PROFIBUS-PA。

① PROFIBUS-FMS（Fieldbus Message Specification，现场总线报文规范），使用了第一层、第二层和第七层。第七层（应用层）包含 FMS 和 LLI（底层接口），主要用于系统级和车间级的不同供应商的自动化系统之间传输数据，处理单元级（PLC 和 PC）的多主站数据通信。目前 PROFIBUS-FMS 已经很少使用。

② PROFIBUS-DP（Decentralized Periphery，分布式外部设备），使用第一层和第二层，这种精简的结构特别适合数据的高速传送，PROFIBUS-DP 用于自动化系统中单元级控制设备与分布式 I/O（例如 ET 200）的通信。主站之间的通信为令牌方式（多主站时，确保只有一个起作用），主站与从站之间为主从方式（MS），以及这两种方式的混合。三种方式中，PROFIBUS-DP 应用最为广泛，全球有超过 3000 万的 PROFIBUS-DP 节点。

③ PROFIBUS-PA（Process Automation，过程自动化）用于过程自动化的现场传感器和执行器的低速数据传输，使用扩展的 PROFIBUS-DP 协议。

此外，对于西门子系统，PROFIBUS 提供了更为优化的通信方式，即 PROFIBUS-S7 通信。

PROFIBUS-S7（PG/OP 通信）使用了第一层、第二层和第七层，特别适合 S7 PLC 与 HMI 和编程器通信，也可以用于 SIMATIC S7-1500 PLC 之间的通信。

(2) PROFIBUS 总线和总线终端器

① 总线终端器　PROFIBUS 总线符合 EIA RS485 标准，PROFIBUS RS485 的传输以半双工、异步、无间隙同步为基础。传输介质可以是光缆或者屏蔽双绞线，电气传输每个 RS485 网段最多 32 个站点，在总线的两端为终端电阻，其结构如图 7-14 所示。

② 最大电缆长度和传输速率的关系　PROFIBUS-DP 段的最大电缆长度和传输速率有关，传输的速度越大，则传输的距离越近，对应关系如图 7-15 所示。一般设置通信波特率不大于 500kbps，电气传输距离不大于 400 m（不加中继器）。

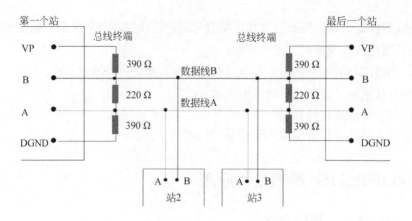

图 7-14 终端电阻的结构

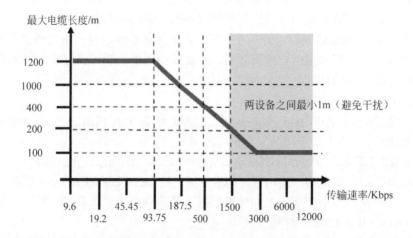

图 7-15 传输距离与波特率的对应关系

③ PROFIBUS-DP 电缆 PROFIBUS-DP 电缆是专用的屏蔽双绞线，外层为紫色。
PROFIBUS-DP 电缆的结构和功能如图 7-16 所示。外层是紫色绝缘层，编织网防护层主要防
止低频干扰，金属箔片层为防止高频干扰，最里面是 2 根信号线，红色为信号正，接总线连
接器的第 8 管脚，绿色为信号负，接总线连接器的第 3 管脚。PROFIBUS-DP 电缆的屏蔽层
"双端接地"。

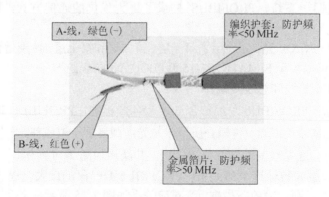

图 7-16 PROFIBUS-DP 电缆的结构和功能

7.3.2　PROFIBUS 总线拓扑结构

(1) PROFIBUS 电气接口网络

① RS-485 中继器的功能　如果通信的距离较远或者 PROFIBUS 的从站大于 32 个, 就要加入 RS-485 中继器。如图 7-15 所示, 波特率为 500kbit/s 时, 最大的传输距离为 400m。如果传输距离大于 1000m, 需要加入 RS-485 中继器, 就可以满足长度和传输速率的要求, 拓扑结构如图 7-17 所示。

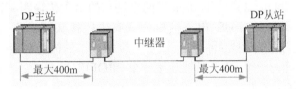

图 7-17　RS-485 中继器的拓扑结构

西门子的 RS-485 中继器具有信号放大和再生功能, 在一条 PROFIBUS 总线上最多可以安装 9 台 RS-485 中继器。一个 PROFIBUS 网络的一个网段最多 32 个站点, 如果一个 PROFIBUS 网络多于 32 个站点就要分成多个网段, 如一个 PROFIBUS 网络有 70 个站点, 就需要 2 台 RS-485 中继器将网络分成 3 个网段。

② 利用 RS-485 中继器的网络拓扑　PROFIBUS 网络可以利用 RS-485 中继器组成"星形"总线结构和"树形"总线结构。"星形"总线结构如图 7-18 所示,"树形"总线结构如图 7-19 所示。

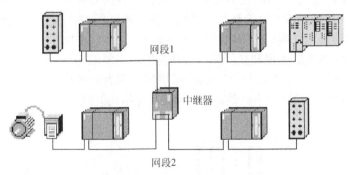

图 7-18　RS-485 中继器星形拓扑结构

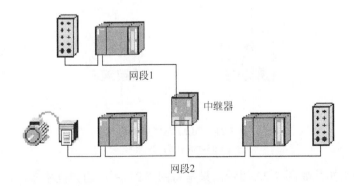

图 7-19　RS-485 中继器树形拓扑结构

（2）PROFIBUS 光纤接口网络

对于长距离数据传输，电气网络往往不能满足要求，而光纤网络可以满足长距离数据传输且保持高的传输速率。此外，光纤网络有较好的抗电磁干扰能力。

利用光纤作为传输介质，把 PLC 接入光纤网络，有三种接入方式。

① 集成在模块上的光纤接口 例如 CP342-5 FO、IM153-2 FO 和 IM467 FO，这些模块末尾都有"FO"标记。这些模块的光纤分为塑料光纤和 PCF 光纤。使用塑料光纤时，两个站点的最大传输距离为 50m。使用 PCF 光纤时，西门子光纤的长度有 7 个规格，分别是 50m、75m、100m、150m、200m、250m 和 300m。两个站点的最大传输距离为 300m。

② 用 OBT 扩展 PROFIBUS 电气接口 只有电气接头可以通过 OBT（Optical Bus Terminal）连接一个电气接口到光纤网上。这是一种低成本的简易连接方式，但 OBT 只能用于塑料光纤和 PCF 光纤；一个 OBT 只能连接一个 PROFIBUS 站点；只能组成总线网，不能组成环网，因此应用并不多见。

③ 用 OLM 扩展 PROFIBUS 电气接口 如果普通的 PROFIBUS 站点设备没有光纤接头，只有电气接头，可以通过 OLM（Optical Link Module）连接一个电气接口到光纤网上。OLM 光链模块的功能是进行光信号和电信号的相互转换，这种连接方式最为常见。OLM 光链模块根据连接介质分为如下几种：OLM/P11（连接塑料光纤）、OLM/P12（连接 PCF 光纤）、OLM/G11（连接玻璃光纤，一个电气接口，一个光接口）和 OLM/G12（连接玻璃光纤，一个电气接口，两个光接口）。OLM 光链模块外形如图 7-20 所示。

④ OLM 的拓扑结构 利用 OLM 进行网络拓扑可分为三种方式，即总线结构、星形结构和冗余环网。总线拓扑结构如图 7-21 所示，OLM 上面的是电气接口，下面的是光纤接口。注意，在同一个网络中，OLM 模块的类型和光纤类型必须相同，不能混用。

图 7-20 OLM 光链模块外形

总线拓扑结构简单，但如果一个 OLM 模块损坏或者光纤损坏，将造成整个网络不能正常工作，这是总线网络拓扑结构的缺点。

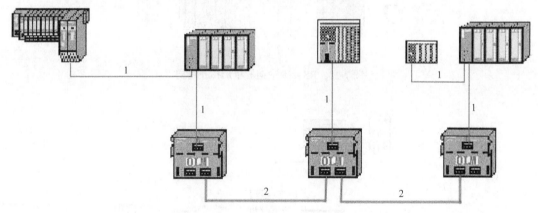

图 7-21 OLM 总线拓扑结构

1—RS-485 总线；2—光纤

环形网络结构拓扑如图 7-22 所示，只是将图 7-21 所示的首位相连，就变成冗余环网结构，其可靠性大为提高，在工程中应用较多。

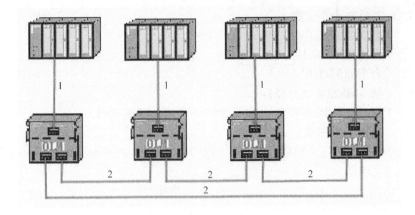

图 7-22　OLM 环形拓扑结构

1—RS-485 总线；2—光纤

星形拓扑结构如图 7-23 所示，其可靠性较高，但需要的投入相对较大。

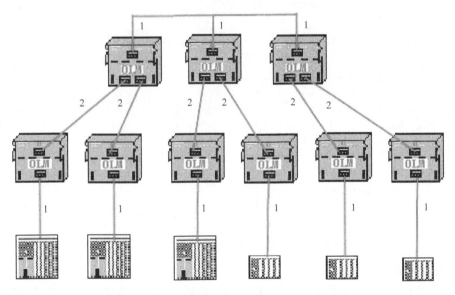

图 7-23　OLM 星形拓扑结构

1—RS-485 总线；2—光纤

7.3.3　SIMATIC S7-1500 PLC 与 ET200MP 的 PROFIBUS-DP 通信

用 CPU1516-3PN/DP 作为主站，分布式模块作为从站，通过 PROFIBUS 现场总线，建立与这些模块（如 ET200MP、ET200S、EM200M 和 EM200B 等）通信，是非常方便的，这样的解决方案多用于分布式控制系统。这种 PROFIBUS 通信，在工程中最容易实现，同时应用也最广泛。

【例 7-1】　有一台设备，控制系统由 CPU1516-3PN/DP、IM155-5DP、SM521 和 SM522组成，编写程序实现由主站 CPU1516-3PN/DP 发出一个启停信号控制从站一个中间继电器的通断。

【解】　将 CPU1516-3PN/DP 作为主站，将分布式模块作为从站。

（1）主要软硬件配置

① 1 套 TIA Portal V13 SP1；

② 1 台 CPU1516-3PN/DP；

③ 1 台 IM155-5DP；

④ 1 块 SM522 和 SM521；

⑤ 1 根 PROFIBUS 网络电缆（含两个网络总线连接器）；

⑥ 1 根以太网网线。

PROFIBUS 现场总线硬件配置图如图 7-24 所示，PLC 和远程模块接线图如图 7-25 所示。

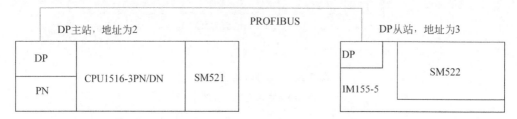

图 7-24 PROFIBUS 现场总线硬件配置图

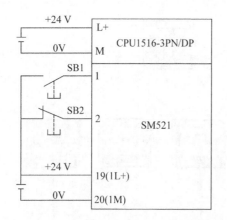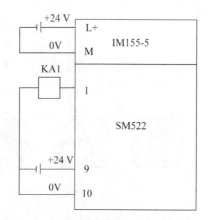

图 7-25 PROFIBUS 现场总线通信——PLC 和远程模块接线图

（2）硬件组态

① 新建项目。先打开 TIA Portal V13 SP1，再新建项目，本例命名为"ET200MP"，接着单击 "项目视图"按钮，切换到项目视图，如图 7-26 所示。本项目可用手机扫描二维码观看视频"ET200MP"。

② 主站硬件配置。如图 7-26 所示，在 TIA 博途软件项目视图的项目树中，双击"添加新设备"按钮，先添加 CPU 模块"CPU1516-3PN/DP"，配置 CPU后，再把"硬件目录"→"DI"→"DI16×24VDC BA"→"6ES7 521-1BH10-0AA0"模块拖拽到 CPU 模块右侧的 2 号槽位中，如图 7-27 所示。

③ 配置主站 PROFIBUS-DP 参数。先选中 "设备视图"选项卡，再选中紫色的 DP 接口（标号 1 处），选中"属性"（标号 2 处）选项卡，再选中"PROFIBUS 地址"（标号 3 处）选项，再单击"添加新子网"（标号 4 处），弹出"PROFIBUS 地址"参数，如图 7-28 所示，保存主站的硬件和网络配置。

④ 插入 IM155-5 DP 模块。在 TIA 博途软件项目视图的项目树中，先选中"网络视图"选项卡，再将"硬件目录"→"分布式 IO"→"ET200MP" →"接口模块"→"PROFIBUS"

→ "IM155-5 DP ST" → "6ES7 155-5BA00-0AB0" 模块拖拽到如图 7-29 所示的空白处。

⑤ 插入数字量输出模块。先选中 IM155-5 DP 模块，再选中 "设备视图"选项卡，再把"硬件目录"→"DQ"→"DQ16×24VDC" →"6ES7 522-1BH10-0AA0"模块拖拽到 IM155-5 DP 模块右侧的 3 号槽位中，如图 7-30 所示。

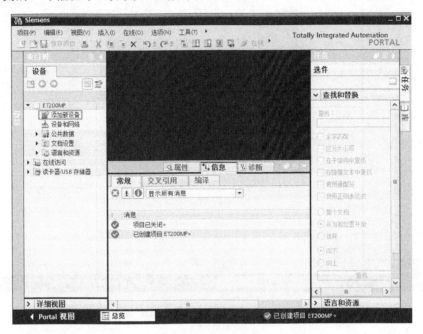

图 7-26　新建项目

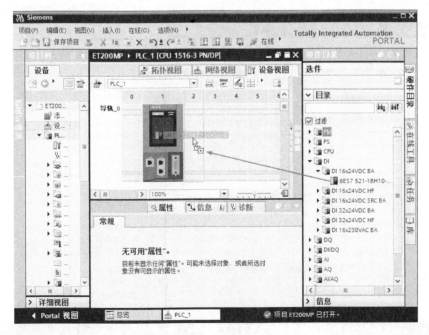

图 7-27　主站硬件配置

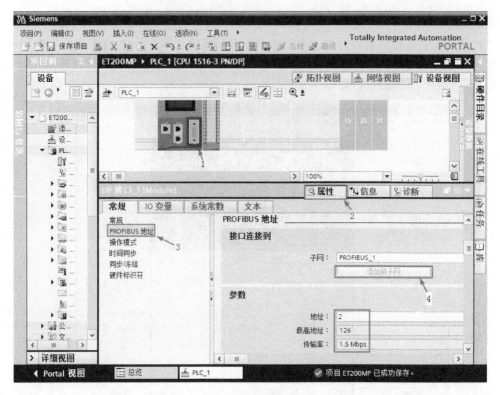

图 7-28 配置主站 PROFIBUS-DP 参数

图 7-29 插入 IM155-5 DP 模块

图 7-30　插入数字量输出模块

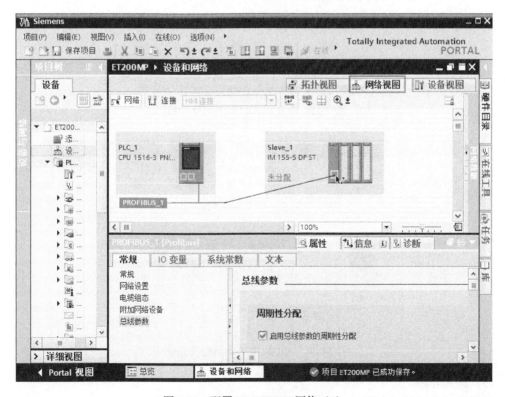

图 7-31　配置 PROFIBUS 网络（1）

⑥ PROFIBUS 网络配置。先选中"网络视图"选项卡，再选中主站的紫色 PROFIBUS 线，用鼠标按住不放，一直拖拽到 IM155-5 DP 模块的 PROFIBUS 接口处松开，如图 7-31 所示。

在图 7-32 中，选中 IM155-5 DP 模块，单击鼠标右键，弹出快捷菜单，单击"分配到新主站"命令，再选中"PLC_1.DP 接口_1"，单击"确定"按钮，如图 7-33 所示。PROFIBUS 网络配置完成，如图 7-34 所示。

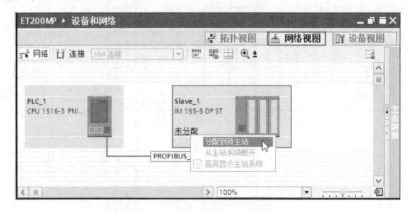

图 7-32　配置 PROFIBUS 网络（2）

图 7-33　配置 PROFIBUS 网络（3）

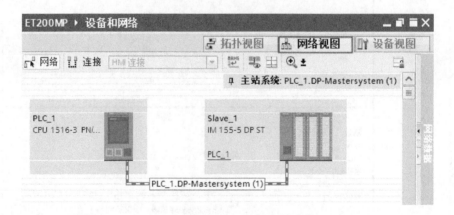

图 7-34　PROFIBUS 网络配置完成

（3）编写程序

只需要对主站编写程序，主站的梯形图程序如图 7-35 所示。

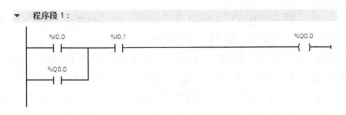

图 7-35　梯形图

7.3.4　SIMATIC S7-1500 PLC 与 SIMATIC S7-1500 PLC 间的 PROFIBUS-DP 通信

有的 SIMATIC S7-1500 PLC 的 CPU 自带有 DP 通信口（如 CPU 1516-3PN/DP），由于西门子公司主推 PROFINET 通信，目前多数 CPU1500 并没有自带 DP 通信口，没有自带 DP 通信口的 CPU 可以通过通信模块 CM1542-5 扩展通信口。以下仅以 1 台 1516-3PN/DP 和 CPU1511-1PN 之间 PROFIBUS 通信为例介绍 SIMATIC S7-1500 PLC 与 SIMATIC S7-1500 PLC 间的 PROFIBUS 现场总线通信。

【例 7-2】有两台设备，分别由 CPU1516-3PN/DP 和 CPU1511-1PN 控制，要求实时从设备 1 上的 CPU1516-3PN/DP 的 MB10 发出 1 个字节到设备 2 的 CPU1511-1PN 的 MB10，从设备 2 上的 CPU1511-1PN 的 MB20 发出 1 个字节到设备 1 的 CPU1516-3PN/DP 的 MB20，请实现此任务。

【解】

（1）主要软硬件配置

① 1 套 TIA Portal V13 SP1；

② 1 台 CPU1516-3PN/DP 和 CPU1511-1PN；

③ 1 台 CM1542-5；

④ 1 根 PROFIBUS 网络电缆（含两个网络总线连接器）；

⑤ 1 根编程电缆。

PROFIBUS 现场总线硬件配置图如图 7-36 所示。

图 7-36　PROFIBUS 现场总线硬件配置图

（2）硬件配置

① 新建项目。先打开 TIA Portal V13 SP1，再新建项目，本例命名为 "DP_SLAVE"，接着单击 "项目视图" 按钮，切换到项目视图，如图 7-37 所示。本项目可用手机扫描二维码观看视频 "DP_S7_1500"。

② 从站硬件配置。如图 7-37 所示，在 TIA 博途软件项目视图的项目树中，双击 "添加新设备" 按钮，先添加 CPU 模块 "CPU1511-1PN"，配置 CPU 后，再把 "硬件目

录"→"通信模块"→"PROFIBUS"→"CM142-5"→"6GK7 542-5DX00-0XE0"模块拖拽到 CPU 模块右侧的 2 号槽位中，如图 7-38 所示。

③ 配置从站 PROFIBUS-DP 参数。先选中 "设备视图"选项卡（标号 1 处），再选中 CM1542-5 模块紫色的 DP 接口（标号 2 处），选中"属性"（标号 3 处）选项卡，再选中 "PROFIBUS 地址"（标号 4 处）选项，再单击"添加新子网"（标号 5 处），弹出"PROFIBUS 地址参数"（标号 6 处），将从站的站地址修改为 3，如图 7-39 所示。

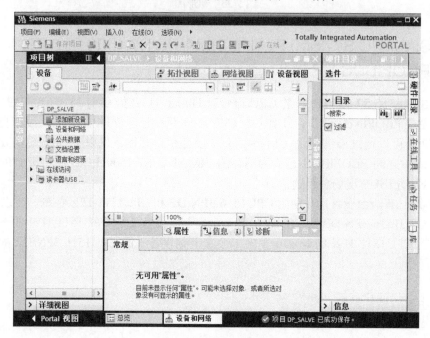

图 7-37　新建项目

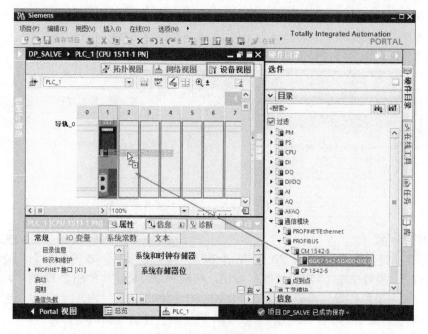

图 7-38　从站硬件配置

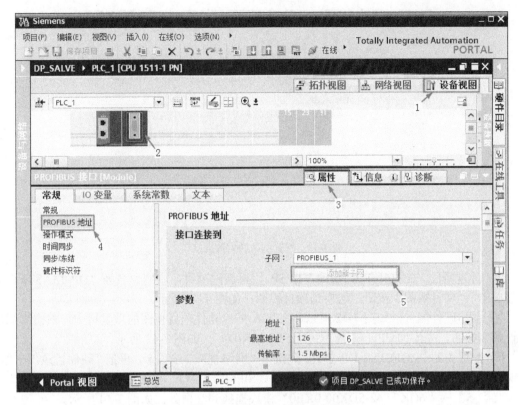

图 7-39 配置 PROFIBUS 参数

④ 设置从站操作模式。在 TIA 博途软件项目视图的项目树中，先选中"设备视图"选项卡，再选中"属性"→"操作模式"，将操作模式改为"DP 从站"，如图 7-40 所示。

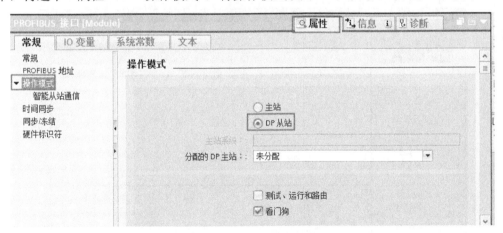

图 7-40 设置从站操作模式

⑤ 配置从站通信数据接口。选中"设备视图"选项卡，再选中"属性"→"操作模式"→"智能从站通信"，单击"新增"按钮 2 次，产生"传输区_1"和"传输区_2"，如图 7-41 所示。图中的箭头"→"表示数据的传送方向，双击箭头可以改变数据传输方向。图中的"I0"表示从站接收一个字节的数据到"IB0"中，图中的"Q0"表示从站从"QB0"中发送一个字节的数据到主站。编译保存从站的配置信息。

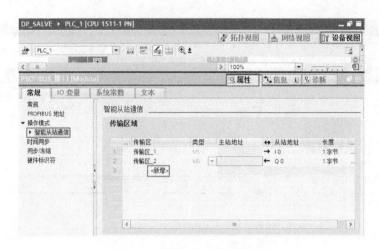

图 7-41　配置从站通信数据接口

⑥ 新建项目。先打开 TIA Portal V13 SP1，再新建项目，本例命名为"DP_MASTER"，接着单击 "项目视图" 按钮，切换到项目视图，如图 7-42 所示。

⑦ 主站硬件配置。如图 7-42 所示，在 TIA 博途软件项目视图的项目树中，双击"添加新设备"按钮，先添加 CPU 模块 "CPU1516-3PN/DP"，如图 7-43 所示。

⑧ 配置主站 PROFIBUS-DP 参数。先选中"网络视图"选项卡，再把"硬件目录"→"其他现场设备"→"PROFIBUS-DP"→"I/O"→"SIEMENS AG"→"SIMATIC S7-1500 PLC"→"CM1542-5"→"6GK7 542-5DX00-0XE0"模块拖拽到空白处，如图 7-44 所示。

如图 7-45 所示，选中主站的 DP 接口（紫色），用鼠标按住不放，拖拽到从站的 DP 接口（紫色）松开鼠标，如图 7-46 所示，注意从站上要显示"PLC_1"标记，否则需要重新分配主站。

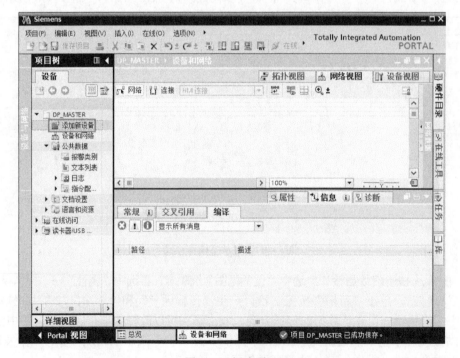

图 7-42　新建项目

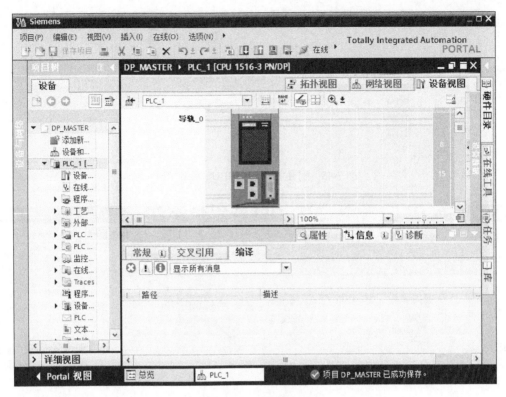

图 7-43　主站硬件配置

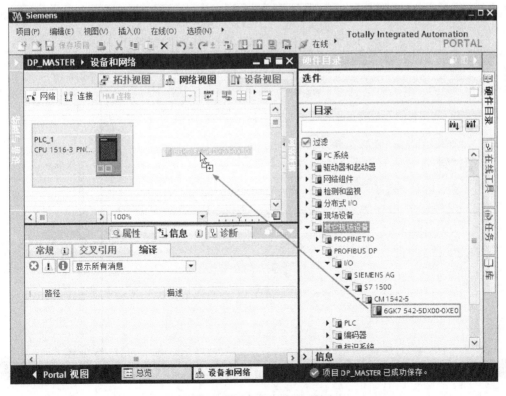

图 7-44　组态通信接口数据区

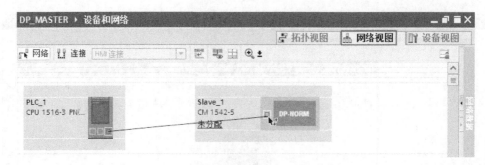

图 7-45　配置主站 PROFIBUS 网络（1）

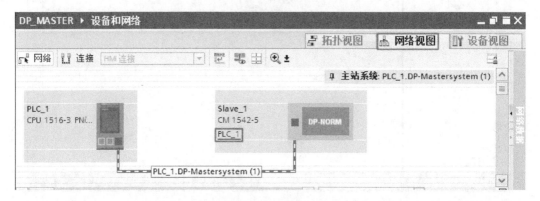

图 7-46　配置主站 PROFIBUS 网络（2）

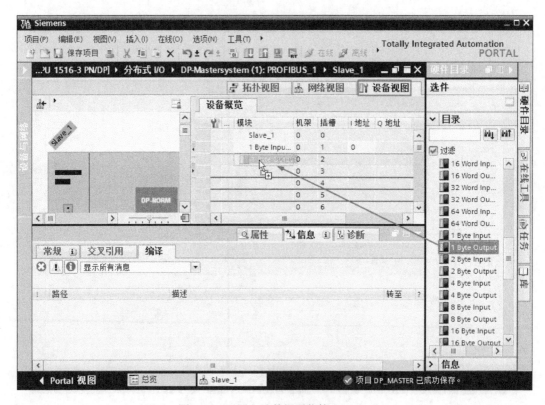

图 7-47　配置主站数据通信接口（1）

⑨ 配置主站数据通信接口。双击从站，进入"设备视图"，在"设备预览"中插入数据通信区，本例是插入一个字节输入和一个字节输出，如图 7-47 所示，只要将目录中的"1Byte Output"和"1Byte Input"拖拽到指定的位置即可，如图 7-48 所示，主站数据通信区配置完成。

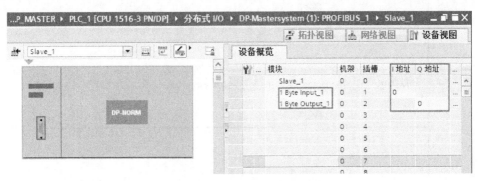

图 7-48　配置主站数据通信接口（2）

●【关键点】在进行硬件组态时，主站和从站的波特率要相等，主站和从站的地址不能相同，本例的主站地址为 2，从站的地址为 3。一般是：先对从站组态，再对主站进行组态。

(3) 编写主站程序

SIMATIC S7-1500 PLC 与 SIMATIC S7-1500 PLC 间的现场总线通信的程序编写有很多种方法，本例是最为简单的一种方法。从前述的配置，很容易看出主站 2 和从站 3 的数据交换的对应关系，也可参见表 7-3。

表 7-3　主站和从站的发送接收数据区对应关系

序　号	主站 SIMATIC S7-1500 PLC	对应关系	从站 SIMATIC S7-1500 PLC
1	QB0	→	IB0
2	IB0	←	QB0

主站程序如图 7-49 所示。

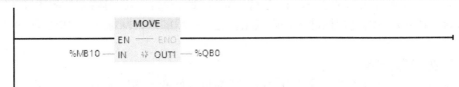

图 7-49　主站程序

（4）编写从站程序

从站程序如图 7-50 所示。

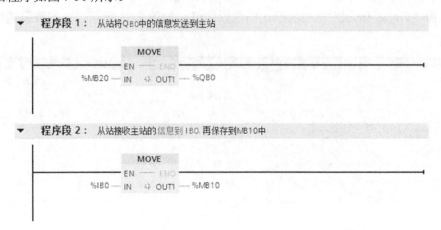

图 7-50 从站程序

7.4 以太网通信及其应用

以太网（Ethernet），指的是由 Xerox 公司创建，并由 Xerox、Intel 和 DEC 公司联合开发的基带局域网规范。以太网使用 CSMA/CD（载波监听多路访问及冲突检测技术）技术，并以 10Mbit/s 的速率运行在多种类型的电缆上。以太网与 IEEE802.3 系列标准相类似。以太网不是一种具体的网络，而是一种技术规范。

7.4.1 以太网通信基础

（1）以太网的历史

以太网的核心思想是使用公共传输信道。这个思想产生于 1968 年美国的夏威尔大学。

以太网技术的最初进展源自于施乐帕洛阿尔托研究中心的许多先锋技术项目中的一个。人们通常认为以太网发明于 1973 年，以当年罗伯特·梅特卡夫（Robert Metcalfe）给他 PARC 的老板写了一篇有关以太网潜力的备忘录为标志。

1979 年，梅特卡夫成立了 3Com 公司。3Com 联合迪吉多、英特尔和施乐（DEC、Intel 和 Xerox）共同将网络进行标准化、规范化。这个通用的以太网标准于 1980 年 9 月 30 日出台。

（2）以太网的分类

以太网分为标准以太网、快速以太网、千兆以太网和万兆以太网。

（3）以太网的拓扑结构

① 星型 管理方便、容易扩展、需要专用的网络设备作为网络的核心节点、需要更多的网线和对核心设备的可靠性要求高。采用专用的网络设备（如集线器或交换机）作为核心节点，通过双绞线将局域网中的各台主机连接到核心节点上，这就形成了星型结构。星型网络虽然需要的线缆比总线型多，但布线和连接器比总线型的要便宜。此外，星型拓扑可以通过级联的方式很方便地将网络扩展到很大的规模，因此得到了广泛的应用，被绝大部分的以太网所采用。如图 7-51 所示，1 台 ESM（Electrical Switch Module—交换机）与 2 台 PLC 和 2 台计算机组成星型网络，这种拓扑结构，在工控中很常见。

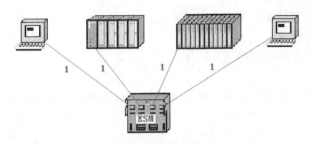

图 7-51　星型拓扑图应用

1—TP 电缆，RJ45 接口

② 总线型　如图 7-52 所示，所需的电缆较少、价格便宜、管理成本高、不易隔离故障点、采用共享的访问机制，易造成网络拥塞。早期以太网多使用总线型的拓扑结构，采用同轴缆作为传输介质，连接简单，通常在小规模的网络中不需要专用的网络设备，但由于它存在的固有缺陷，已经逐渐被以集线器和交换机为核心的星型网络所代替。如图 7-52 所示，3 台交换机组成总线网络，交换机再与 PLC、计算机和远程 IO 模块组成网络。

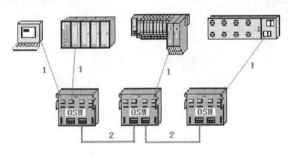

图 7-52　总线拓扑应用

1—TP 电缆，RJ45 接口；2—光缆

③ 环型　如图 7-53 所示。西门子的网络中，用 OLM（Optical Link Module）模块将网络首位相连，形成环网，也可用 OSM（Optical Switch Module）交换机组成环网。与总线型相比冗余环网增加了交换数据的可靠性。如图 7-53 所示，4 台交换机组成环网，交换机再与 PLC、计算机和远程 IO 模块组成网络，这种拓扑结构，在工控中很常见。

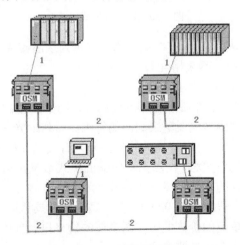

图 7-53　环型拓扑应用

1—TP 电缆，RJ45 接口；2—光缆

此外，还有网状和蜂窝状等拓扑结构。

（4）接口的工作模式

以太网卡可以工作在两种模式下：半双工和全双工。

（5）传输介质

以太网可以采用多种连接介质，包括同轴缆、双绞线、光纤和无线传输等。其中双绞线多用于从主机到集线器或交换机的连接，而光纤则主要用于交换机间的级联和交换机到路由器间的点到点链路上。同轴缆作为早期的主要连接介质已经逐渐趋于淘汰。

1）网络电缆（双绞线）接法　用于 Ethernet 的双绞线有 8 芯和 4 芯两种，双绞线的电缆连线方式也有两种，即正线（标准 568B）和反线（标准 568A），其中正线也称为直通线，反线也称为交叉线。正线接线如图 7-54 所示，两端线序一样，从上至下线序是：白绿，绿，白橙，蓝，白蓝，橙，白棕，棕。反线接线如图 7-55 所示，一端为正线的线序，另一端为反线线序，从上至下线序是：白橙，橙，白绿，蓝，白蓝，绿，白棕，棕。对于千兆以太网，用 8 芯双绞线，但接法不同于以上所述的接法，请参考有关文献。

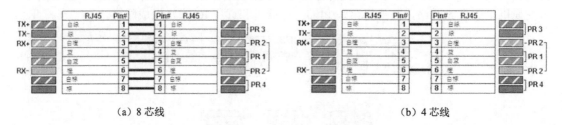

(a) 8 芯线　　　　　　　　　　　　　　　　(b) 4 芯线

图 7-54　双绞线正线接线

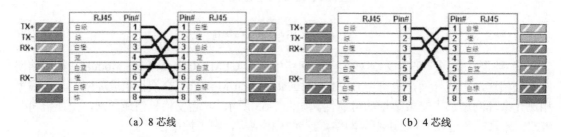

(a) 8 芯线　　　　　　　　　　　　　　　　(b) 4 芯线

图 7-55　双绞线反线接线

对于 4 芯的双绞线，只用 RJ45 连接头上的（常称为水晶接头）1、2、3 和 6 四个引脚。西门子的 PROFINET 工业以太网采用 4 芯的双绞线。

双绞线的传输距离一般不大于 100m。

2）光纤简介　光纤在通信介质中占有重要地位，特别在远距离传输中比较常用。光纤是光导纤维的简写，是一种由玻璃或塑料制成的纤维，可作为光传导工具。

① 按照光纤的材料分类　可以将光纤的种类分为石英光纤和全塑光纤。

② 按照光纤的传输模式分类　按照光纤传输的模式数量，可以将光纤的种类分为多模光纤和单模光纤。塑料光纤的传输距离一般为几十米。

单模适合长途通信（一般小于 100km），多模适合组建局域网（一般不大于 2km）。

只计算光纤的成本，单模的价格便宜，而多模的价格贵。单模光纤和多模光纤所用的设备不同，不可以混用，因此选型时要注意这点。

③ 规格　多模光纤常用规格为：62.5/125，50/125。62.5/125 是北美的标准，而 50/125

是日本和德国的标准。

④ 光纤的几个要注意的问题

a. 光纤尾纤：只有一端有活动接头，另一端没有活动接头，需要用专用设备与另一根光纤熔焊在一起。

b. 光纤跳线：两端都有活动接头，直接可以连接两台设备，跳线如图 7-56 所示。跳线一分为二还可以作为尾纤用。

c. 接口有很多种，不同接口需要不同的耦合器，在工程中一旦设备的接口（如 FC 接口）选定了，尾纤和跳线的接口也就确定下来了。常见的接口如图 7-57 所示，这些接口中，相当部分标准由日本公司制定。

图 7-56　跳线图片

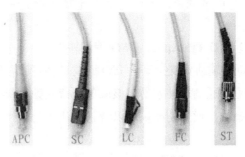

图 7-57　光纤接口图片

（6）工业以太网通信简介

所谓工业以太网，通俗地讲就是应用于工业的以太网，是指其在技术上与商用以太网（IEEE802.3 标准）兼容，但材质的选用、产品的强度和适用性方面应能满足工业现场的需要。工业以太网技术的优点表现在：以太网技术应用广泛，为所有的编程语言所支持；软硬件资源丰富；易于与 Internet 连接，实现办公自动化网络与工业控制网络的无缝连接；通信速度快；可持续发展的空间大等。

为促进 Ethernet 在工业领域的应用，国际上成立了工业以太网协会（Industrial Ethernet Association，IEA）。

7.4.2　SIMATIC S7-1500 PLC 的以太网通信方式

（1）SIMATIC S7-1500 PLC 系统以太网接口

SIMATIC S7-1500 PLC 的 CPU 最多集成 X1、X2 和 X3 三个接口，有的 CPU 只集成 X1 接口，此外通信模块 CM1542-1 和通信处理器 CP1543-1 也有以太网接口。

SIMATIC S7-1500 PLC 系统以太网接口支持的通信方式按照实时性和非实时性进行划分，不同的接口支持的通信服务见表 7-4。

表 7-4　SIMATIC S7-1500 PLC 系统以太网接口支持通信服务

接口类型	实时通信		非实时通信		
	PROFINET IO 控制器	I-Device	OUC 通信	S7 通信	Web 服务器
CPU 集成接口 X1	√	√	√	√	√
CPU 集成接口 X2	×	×	√	√	√
CPU 集成接口 X3	×	×	√	√	√
CM1542-1	√	×	√	√	√
CP1543-1	×	×	√	√	√

注：√表示有此功能，×表示没有此功能。

（2）西门子工业以太网通信方式简介

工业以太网的通信主要利用第2层（ISO）和第4层（TCP）的协议。SIMATIC S7-1500 PLC系统以太网接口支持的非实时性分为两种：Open User Comunication（OUC）通信和S7通信，而实时通信只有PROFINET IO信通。

7.4.3　SIMATIC S7-1500 PLC之间的OUC通信及其应用

7.4.3.1　OUC通信

OUC（开放式用户通信）适用于SIMATIC S7-1500/300/400 PLC之间的通信、S7-PLC与S5-PLC之间的通信、PLC与个人计算机或第三方设备之间的通信，OUC通信包含以下通信连接：

（1）ISO Transport（ISO传输协议）

ISO传输协议支持基于ISO的发送和接收，使得设备（例如SIMATIC S5或PC）在工业以太网上的通信非常容易，该服务支持大数据量的数据传输（最大64KB）。ISO数据接收由通信方确认，通过功能块可以看到确认信息。用于SIMATIC S5和SIMATIC S7的工业以太网连接。

（2）ISO-on-TCP

ISO-on-TCP支持第4层TCP/IP协议的开放数据通信。用于支持SIMATIC S7和PC以及非西门子支持的TCP/IP以太网系统。ISO-on-TCP符合TCP/IP，但相对于标准的TCP/IP，还附加了RFC 1006协议，RFC 1006是一个标准协议，该协议描述了如何将ISO映射到TCP上去。

（3）UDP

UDP（User Datagram Protocol，用户数据报协议），属于第4层协议，提供了S5兼容通信协议，适用于简单的交叉网络数据传输，没有数据确认报文，不检测数据传输的正确性。UDP支持基于UDP的发送和接收，使得设备（例如PC或非西门子公司设备）在工业以太网上的通信非常容易。该协议支持较大数据量的数据传输（最大1472字节），数据可以通过工业以太网或TCP/IP网络（拨号网络或因特网）传输。通过UDP，SIMATIC S7通过建立UDP连接，提供了发送/接收通信功能，与TCP不同，UDP实际上并没有在通信双方建立一个固定的连接。

（4）TCP/IP

TCP/IP中传输控制协议，支持第4层TCP/IP协议的开放数据通信。提供了数据流通信，但并不将数据封装成消息块，因而用户并不接收到每一个任务的确认信号。TCP支持面向TCP/IP的Socket。

TCP支持给予TCP/IP的发送和接收，使得设备（例如PC或非西门子设备）在工业以太网上的通信非常容易。该协议支持大数据量的数据传输（最大64KB），数据可以通过工业以太网或TCP/IP网络（拨号网络或因特网）传输。通过TCP，SIMATIC S7可以通过建立TCP连接来发送/接收数据。这里可用手机扫描二维码观看视频"TCP_1500to1200"。

SIMATIC S7-1500 PLC系统以太网接口支持的通信连接类型见表7-5。

表 7-5　SIMATIC S7-1500 PLC 系统以太网接口支持的通信连接类型

接口类型	连接类型			
	ISO	ISO-on-TCP	TCP/IP	UDP
CPU 集成接口 X1	×	√	√	√
CPU 集成接口 X2	×	√	√	√
CPU 集成接口 X3	×	√	√	√
CM1542-1	×	√	√	√
CP1543-1	√	√	√	√

注：√表示有此功能，×表示没有此功能。

7.4.3.2　OUC 通信实例

【例 7-3】 有两台设备，分别由一台 CPU 1511-1PN 控制，要求从设备 1 上的 CPU 1511-1PN 的 MB10 发出 1 个字节到设备 2 的 CPU 1511-1PN 的 MB10。

【解】 SIMATIC S7-1500 PLC 之间的 OUC 通信，可以采用很多连接方式，如 TCP/IP、ISO-on-TCP 和 UDP 等，以下仅介绍 ISO-on-TCP 连接方式。

SIMATIC S7-1500 PLC 间的以太网通信硬件配置如图 7-58 所示，本例用到的软硬件如下：

① 2 台 CPU 1511-1PN；
② 1 台 4 口交换机；
③ 2 根带 RJ45 接头的屏蔽双绞线（正线）；
④ 1 台个人电脑（含网卡）；
⑤ 1 套 TIA Portal V13 SP1。

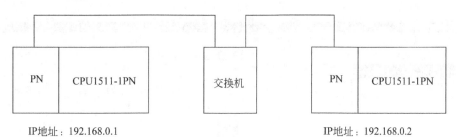

图 7-58　SIMATIC S7-1500 PLC 间的以太网通信硬件配置

（1）新建项目

先打开 TIA Portal V13 SP1，再新建项目，本例命名为"ISO_on_TCP"，接着单击 "项目视图"按钮，切换到项目视图，如图 7-59 所示。本项目可用手机扫描二维码观看视频"ISO_on_TCP"。

（2）硬件配置

如图 7-59 所示，在 TIA 博途软件项目视图的项目树中，双击"添加新设备"按钮，先添加 CPU 模块"CPU1511-1PN"两次，并启用时钟存储器字节，如图 7-60 所示。

（3）IP 地址设置

选中 PLC_1 的"设备视图"选项卡（标号 1 处），再选中 CPU1511-1PN 模块绿色的 PN 接口（标号 2 处），选中"属性"（标号 3 处）选项卡，再选中"以太网地址"（标号 4 处）选项，再设置 IP 地址（标号 5 处），如图 7-61 所示。

用同样的方法设置 PLC_2 的 IP 地址为 192.168.0.2。

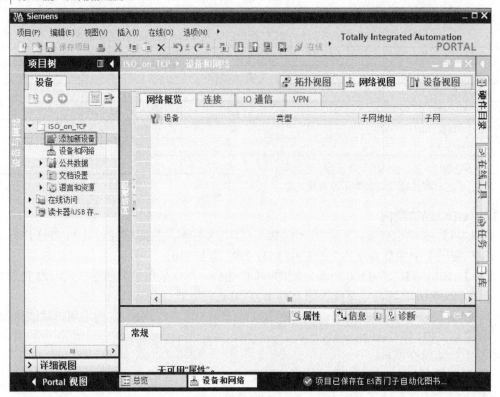

图 7-59　新建项目

图 7-60　硬件配置

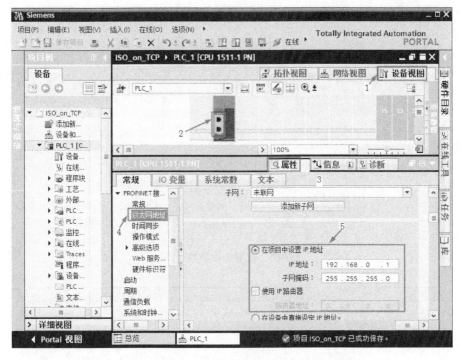

图 7-61　配置 IP 地址（客户端）

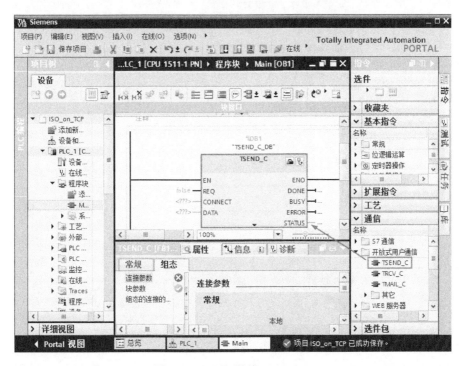

图 7-62　调用函数块 TSEND_C

（4）调用函数块 TSEND_C

在 TIA 博途软件项目视图的项目树中，打开"PLC_1"的主程序块，再选中"指令"→"通信"→"开放式用户通信"，再将"TSEND_C"拖拽到主程序块，如图 7-62 所示。

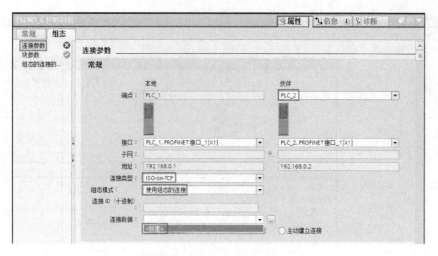

图 7-63　配置连接参数（1）

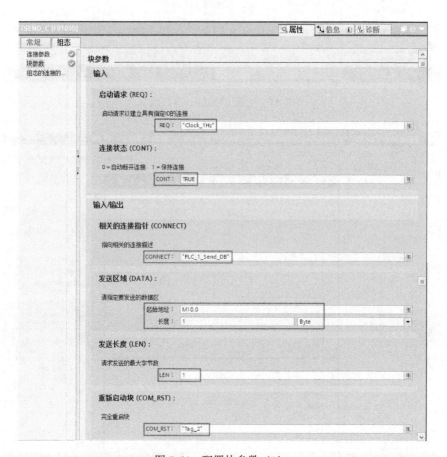

图 7-64　配置块参数（1）

（5）配置客户端连接参数

选中"属性"→"连接参数"，如图 7-63 所示。先选择连接类型为"ISO_on_TCP"，组态模式选择"使用组态的连接"，在连接数据中，单击"新建"，伙伴选择为"PLC_2"。

（6）配置客户端块参数

按照如图 7-64 所示配置参数。每一秒激活一次发送请求，每次将 MB10 中的信息发送出去。

（7）调用函数块 TRCV_C

在 TIA 博途软件项目视图的项目树中，打开"PLC_2"主程序块，再选中"指令"→"通信"→"开放式用户通信"，再将"TRCV_C"拖拽到主程序块，如图 7-65 所示。

图 7-65　调用函数块 TRCV_C

（8）配置服务器端连接参数

选中"属性"→"连接参数"，如图 7-66 所示。先选择连接类型为"ISO_on_TCP"，组态模式选择"使用组态的连接"，在连接数据选择"ISOonTCP_连接_1"，伙伴选择为"PLC_1"，且"PLC_1"为主动建立连接，也就是主控端，即客户端。

（9）配置服务器端块参数

按照如图 7-67 所示配置参数。每一秒激活一次接收操作，每次将伙伴站发送来的数据存储在 MB10 中。

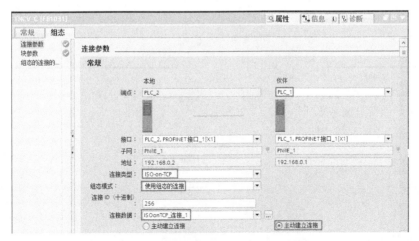

图 7-66　配置连接参数（2）

TRCV_C [FB1031]　　　　　　　　　　　　　　　　　　Ｑ属性　　性信息　i　诊断

| 常规 | 组态 |

连接参数 ✓
块参数 ✓
组态的连接的...

启用请求 (EN_R):

用于激活接收的控制参数

　　　　　　　EN_R : "Clock_1Hz"

连接状态 (CONT):

0 = 自动断开连接，1 = 保持连接

　　　　　　　CONT : TRUE

接收长度 (LEN):

请求接收的最大字节数

　　　　　　　LEN : 1

输入/输出

相关的连接指针 (CONNECT)

相关的连接指针 (CONNECT)

指向相关的连接描述

　　　　　　CONNECT : "PLC_2_Receive_DB"

接收区域 (DATA):

指定要接收的数据区域

　　　　　　起始地址 : M10.0

　　　　　　长度 : 1　　　　　　　　　　　Byte

重新启动块 (COM_RST):

完全重启块

　　　　　　COM_RST : "Tag_2"

图 7-67　配置块参数 (2)

(10) 编写程序

客户端的程序如图 7-68 所示，服务器端的程序如图 7-69 所示。

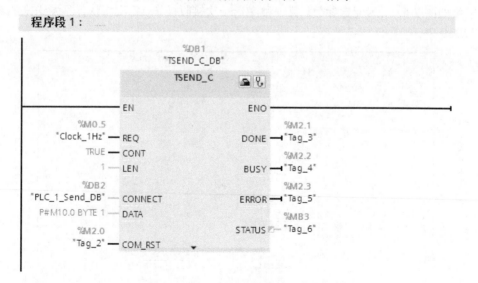

程序段 1：

图 7-68　客户端的程序

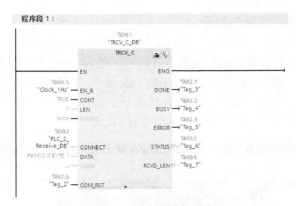

图 7-69　服务器端的程序

7.4.4　SIMATIC S7-1500 PLC 与 S7-1200PLC 之间的 OUC 通信及其应用

OUC（开放式用户通信）包含 ISO Transport（ISO 传输协议）、ISO-on-TCP、UDP 和 TCP/IP 通信方式，在前述章节已经介绍了 SIMATIC S7-1500 PLC 与 SIMATIC S7-1500 PLC 之间的 OUC 通信，采用 ISO-on-TCP 通信方式，以下将用一个例子介绍 SIMATIC S7-1500 PLC 与 S7-1200PLC 之间的 OUC 通信，采用 TCP 通信方式。

【例 7-4】有两台设备，分别由一台 CPU 1511-1PN 和一台 CPU 1211C 控制，要求从设备 1 上的 CPU 1511-1PN 的 MB10 发出 1 个字节到设备 2 的 CPU 1211C 的 MB10。

【解】　SIMATIC S7-1500 PLC 与 S7-1200PLC 间的以太网通信硬件配置如图 7-70 所示，本例用到的软硬件如下：

① 1 台 CPU 1511-1PN；
② 1 台 CPU 1211C；
③ 2 根带 RJ45 接头的屏蔽双绞线（正线）；
④ 1 台个人电脑（含网卡）；
⑤ 1 台 4 口交换机；
⑥ 1 套 TIA Portal V13 SP1。

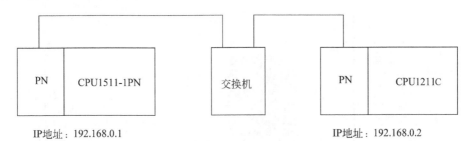

图 7-70　SIMATIC S7-1500 PLC 与 S7-1200PLC 间的以太网通信硬件配置

（1）新建项目

先打开 TIA Portal V13 SP1，再新建项目，本例命名为"TCP_1500to1200"，接着单击 "项目视图" 按钮，切换到项目视图，如图 7-71 所示。

（2）硬件配置

如图 7-71 所示，在 TIA 博途软件项目视图的项目树中，双击"添加新设备"按钮，先添加 CPU 模块"CPU1511-1PN"，并启用时钟存储器字节；再添加 CPU 模块"CPU1211C"，并启用时钟存储器字节，如图 7-72 所示。

（3）IP 地址设置

先选中 PLC_1 的 "设备视图"选项卡（标号 1 处），再选中 CPU1511-1PN 模块绿色的 PN 接口（标号 2 处），选中"属性"（标号 3 处）选项卡，再选中"以太网地址"（标号 4 处）选项，再设置 IP 地址（标号 5 处），如图 7-73 所示。

用同样的方法设置 PLC_2 的 IP 地址为 192.168.0.2。

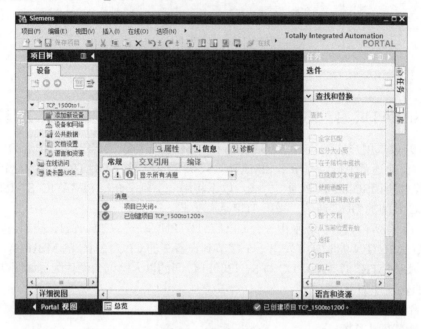

图 7-71　新建项目

图 7-72　硬件配置

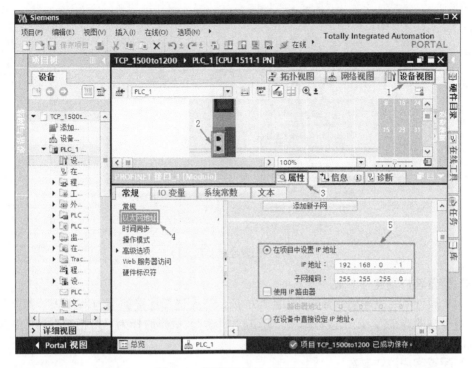

图 7-73　配置 IP 地址（客户端）

（4）调用函数块 TSEND_C

在 TIA 博途软件项目视图的项目树中，打开"PLC_1"的主程序块，再选中"指令"→"通信"→"开放式用户通信"，再将"TSEND_C"拖拽到主程序块，如图 7-74 所示。

图 7-74　调用函数块 TSEND_C

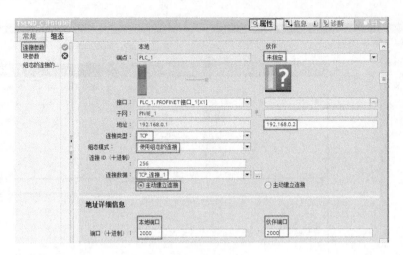

图 7-75　配置连接参数（1）

（5）配置客户端连接参数

选中"属性"→"连接参数"，如图 7-75 所示。先选择连接类型为"TCP"，组态模式选择"使用组态的连接"，在连接数据中，单击"新建"，伙伴选择为"未指定"，其 IP 地址为 192.168.0.2。本地端口和伙伴端口为 2000。

（6）配置客户端块参数

按照如图 7-76 所示配置参数。每一秒激活一次发送请求，每次将 MB10 中的信息发送出去。

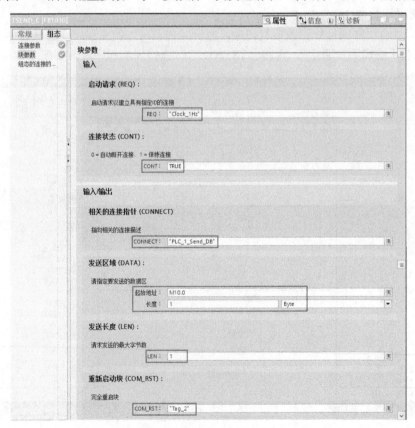

图 7-76　配置块参数（1）

（7）调用函数块 TRCV_C

在 TIA 博途软件项目视图的项目树中，打开"PLC_2"主程序块，再选中"指令"→"通信"→"开放式用户通信"，再将"TRCV_C"拖拽到主程序块，如图 7-77 所示。

图 7-77　调用函数块 TRCV_C

（8）配置服务器端连接参数

选中"属性"→"连接参数"，如图 7-78 所示。先选择连接类型为"TCP"，组态模式选择"使用组态的连接"，伙伴选择为"PLC_1"，且"PLC_1"为主动建立连接，也就是主控端，即客户端。本地端口和伙伴端口为 2000。

（9）配置服务器端块参数

按照如图 7-79 所示配置参数。每一秒激活一次接收操作，每次将伙伴站发送来的数据存储在 MB10 中。

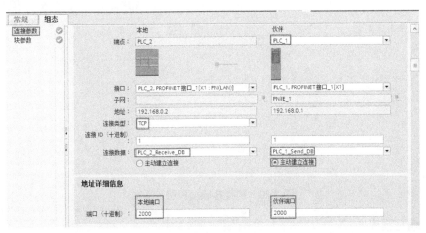

图 7-78　配置连接参数（2）

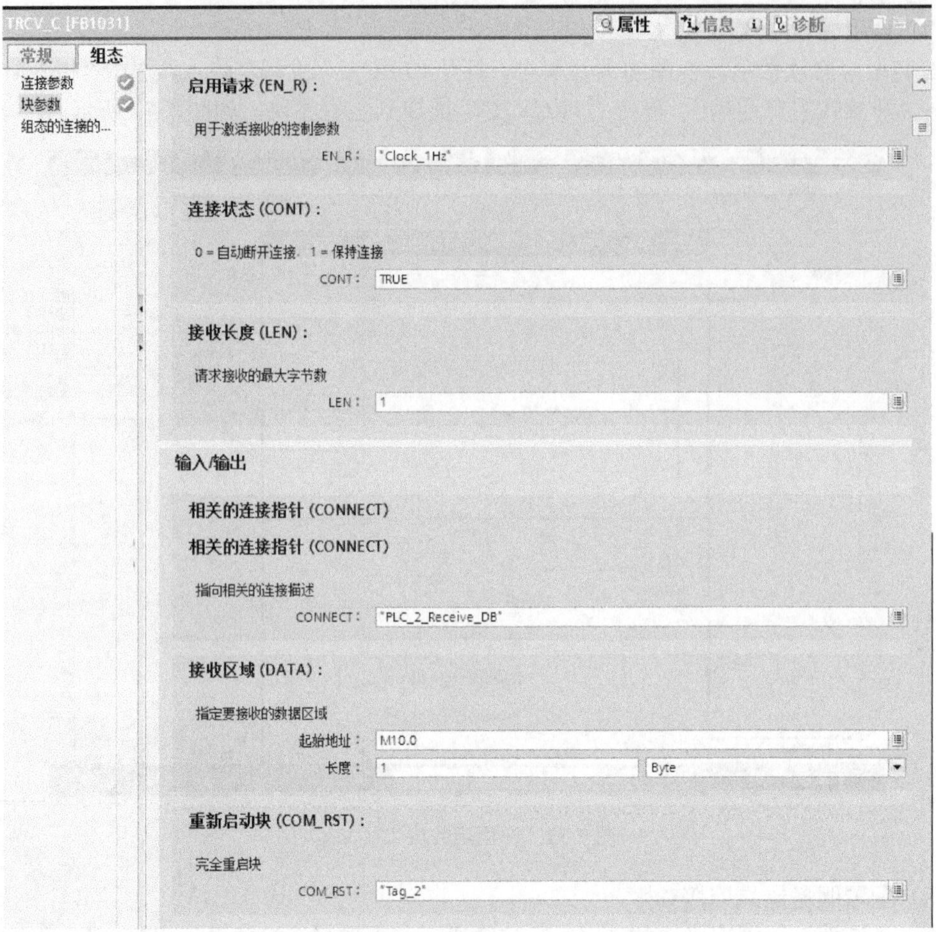

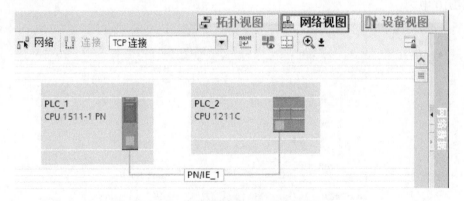

图 7-79 配置块参数（2）

（10）连接客服端和服务器端

如图 7-80 所示，选中 PLC_1 的 PN 口（绿色），用鼠标按住不放，拖至 PLC_2 的 PN 口（绿色）后释放鼠标。

图 7-80 连接客服端和服务器端

（11）编写程序

客户端的程序如图 7-81 所示，服务器端的程序如图 7-82 所示。

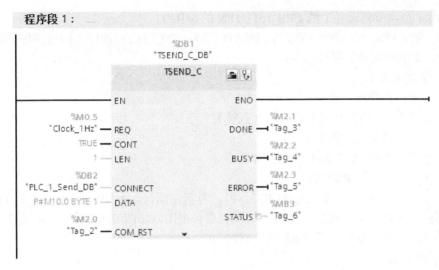

图 7-81　客户端的程序

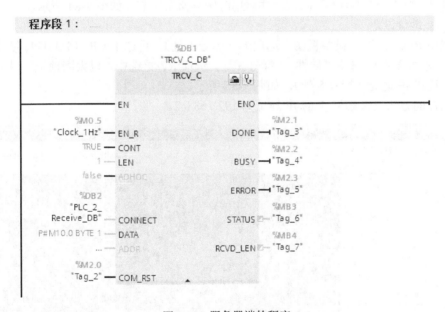

图 7-82　服务器端的程序

7.4.5　SIMATIC S7-1500 PLC 之间的 S7 通信及其应用

7.4.5.1　S7 通信简介

S7 通信（S7 Communication）集成在每一个 SIMATIC S7/M7 和 C7 的系统中，属于 OSI 参考模型第 7 层应用层的协议，它独立于各个网络，可以应用于多种网络（MPI、PROFIBUS、工业以太网）。S7 通信通过不断地重复接收数据来保证网络报文的正确。在 SIMATIC S7 中，通过组态建立 S7 连接来实现 S7 通信。在 PC 上，S7 通信需要通过 SAPI-S7 接口函数或 OPC（过程控制用对象链接与嵌入）来实现。

7.4.5.2　S7 通信应用

【例 7-5】有两台设备，分别由两台 CPU 1511-1PN 控制，要求从设备 1 上的 CPU 1511-1PN 的 MB10 发出 1 个字节到设备 2 的 CPU 1511-1PN 的 MB10，从设备 2 上的 CPU 1511-1PN 的

MB20 发出 1 个字节到设备 1 的 CPU 1511-1PN 的 MB20。

【解】 SIMATIC S7-1500 PLC 与 SIMATIC S7-1500 PLC 间的以太网通信硬件配置如图 7-58 所示，本例用到的软硬件如下：

① 2 台 CPU 1511-1PN；

② 1 台 4 口交换机；

③ 2 根带 RJ45 接头的屏蔽双绞线（正线）；

④ 1 台个人电脑（含网卡）；

⑤ 1 套 TIA Portal V13 SP1。

（1）新建项目

先打开 TIA Portal V13 SP1，再新建项目，本例命名为"S7_1500"，接着单击"项目视图"按钮，切换到项目视图，如图 7-83 所示。本项目可用手机扫描二维码观看视频"S7_1500"。

（2）硬件配置

如图 7-83 所示，在 TIA 博途软件项目视图的项目树中，双击"添加新设备"按钮，添加 CPU 模块"CPU1511-1PN"两次，并启用时钟存储器字节，如图 7-84 所示。

（3）IP 地址设置

先选中 PLC_1 的 "设备视图"选项卡（标号 1 处），再选中 CPU1511-1PN 模块绿色的 PN 接口（标号 2 处），选中"属性"（标号 3 处）选项卡，再选中"以太网地址"（标号 4 处）选项，再设置 IP 地址（标号 5 处），如图 7-85 所示。

用同样的方法设置 PLC_2 的 IP 地址为 192.168.0.2。

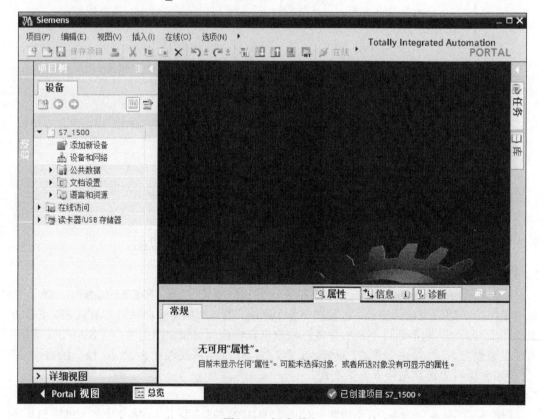

图 7-83 新建项目

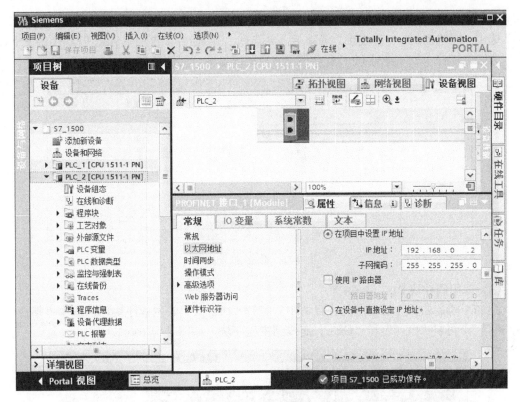

图 7-84 硬件配置

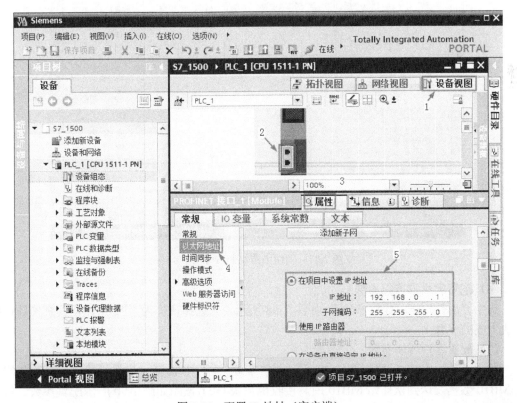

图 7-85 配置 IP 地址（客户端）

（4）建立 S7 连接

选中"网络视图"→"连接"选项卡，再选择"S7 连接"，再用鼠标把 PLC_1 的 PN（绿色）选中并按住不放，拖拽到 PLC_2 的 PN 口释放鼠标，如图 7-86 所示。

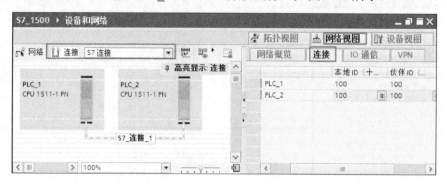

图 7-86　建立 S7 连接

（5）调用函数块 PUT 和 GET

在 TIA 博途软件项目视图的项目树中，打开"PLC_1"的主程序块，再选中"指令"→"S7 通信"，再将"PUT"和"GET"拖拽到主程序块，如图 7-87 所示。

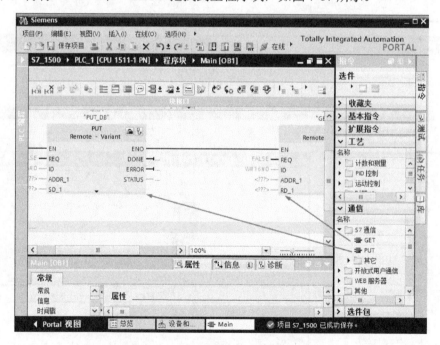

图 7-87　调用函数块 PUT 和 GET

（6）配置客户端连接参数

选中"属性"→"连接参数"，如图 7-88 所示。先选择伙伴为"PLC_2"，其余参数选择默认生成的参数。

（7）配置客户端块参数

发送函数块 PUT 按照如图 7-89 所示配置参数。每一秒激活一次发送操作，每次将客户端 MB10 数据发送到伙伴站 MB10 中。接收函数块 GET 按照如图 7-90 所示配置参数。每一秒激活一次接收操作，每次将伙伴站 MB20 发送来的数据存储在客户端 MB20 中。

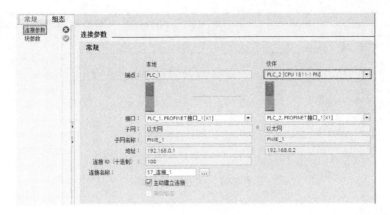

图 7-88　配置连接参数

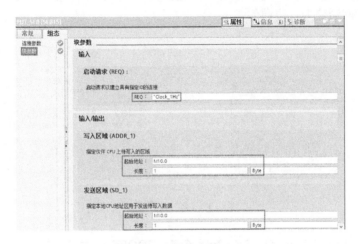

图 7-89　配置块参数（1）

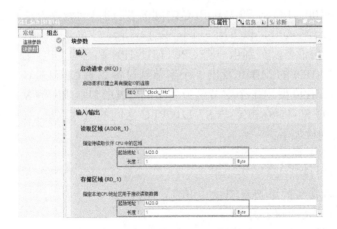

图 7-90　配置块参数（2）

（8）更改连接机制

选中"属性"→"常规"→"保护"→"连接机制"，如图 7-91 所示，勾选"允许来自远程对象"，服务器端和客户端都要进行这样的更改。

注意：这一步很容易遗漏，如遗漏则不能建立有效的通信。

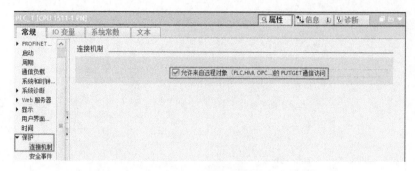

图 7-91　更改连接机制

（9）编写程序

客户端的程序如图 7-92 所示，服务器端无需编写程序，这种通信方式称为单边通信，而前述章节的以太网通信为双边通信。

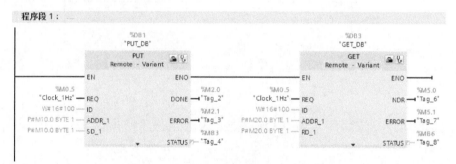

图 7-92　客户端的程序

7.4.6　SIMATIC S7-1500 PLC 与 S7-1200PLC 之间的 S7 通信及其应用

SIMATIC S7-1500 PLC 与 S7-1200PLC 之间的 S7 通信的配置方法同 SIMATIC S7-1500 PLC 之间的 S7 通信比较类似，以下用一个例子进行讲解。

【例 7-6】 有两台设备，分别由一台 CPU 1511-1PN 和一台 CPU 1211C 控制，要求从设备 1 上的 CPU 1511-1PN 的 MB10 发出 1 个字节到设备 2 的 CPU1211C 的 MB10，从设备 2 上的 CPU1211C 的 MB20 发出 1 个字节到设备 1 的 CPU 1511-1PN 的 MB20。

【解】 SIMATIC S7-1500 PLC 与 S7-1200PLC 之间的以太网通信硬件配置如图 7-70 所示，本例用到的软硬件如下：

① 1 台 CPU 1511-1PN；

② 1 台 CPU 1211C；

③ 2 根带 RJ45 接头的屏蔽双绞线（正线）；

④ 1 台个人电脑（含网卡）；

⑤ 1 台 4 口交换机；

⑥ 1 套 TIA Portal V13 SP1。

（1）新建项目

打开 TIA Portal V13 SP1，再新建项目，本例命名为"S7_1500to1200"，接着单击"项目视图"按钮，切换到项目视图，如图 7-93 所示。本项目可用手机扫描二维码观看视频"S7_1500to1200"。

（2）硬件配置

如图 7-93 所示，在 TIA 博途软件项目视图的项目树中，双击"添加新设备"按钮，先添加 CPU 模块"CPU1511-1PN"，并启用时钟存储器字节；再添加 CPU 模块"CPU1211C"，并启用时钟存储器字节，如图 7-94 所示。

（3）IP 地址设置

先选中 PLC_1 的"设备视图"选项卡（标号 1 处），再选中 CPU1511-1PN 模块绿色的 PN 接口（标号 2 处），选中"属性"（标号 3 处）选项卡，再选中"以太网地址"（标号 4 处）选项，再设置 IP 地址（标号 5 处），如图 7-95 所示。

用同样的方法设置 PLC_2 的 IP 地址为 192.168.0.2。

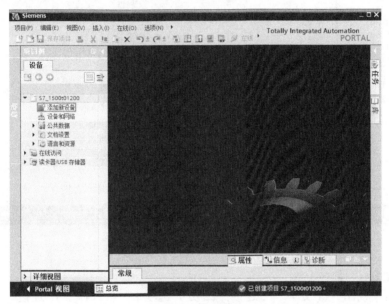

图 7-93　新建项目

图 7-94　硬件配置

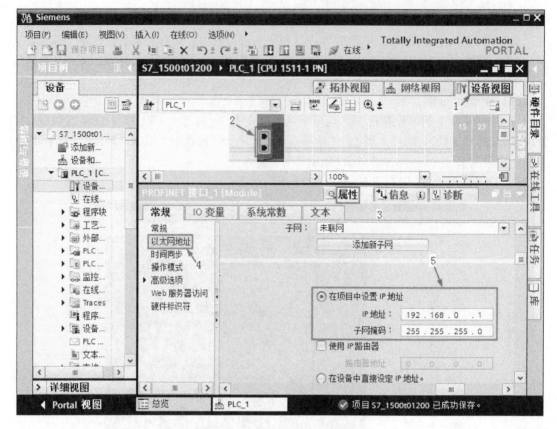

图 7-95 配置 IP 地址（客户端）

（4）建立 S7 连接

选中"网络视图"（1 处）→"连接"（2 处）选项卡，再选择"S7 连接"（3 处），再用鼠标把 PLC_1 的 PN 口（4 处）选中并按住不放，拖拽到 PLC_2 的 PN 口（5 处）释放鼠标，如图 7-96 所示。

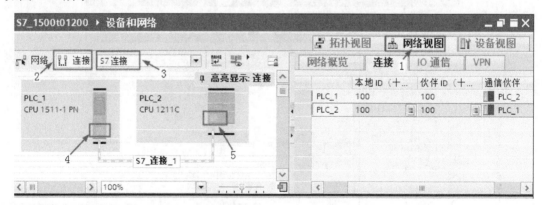

图 7-96 建立 S7 连接

（5）调用函数块 PUT 和 GET

在 TIA 博途软件项目视图的项目树中，打开"PLC_1"的主程序块，再选中"指令"→"S7 通信"，再将"PUT"和"GET"拖拽到主程序块，如图 7-97 所示。

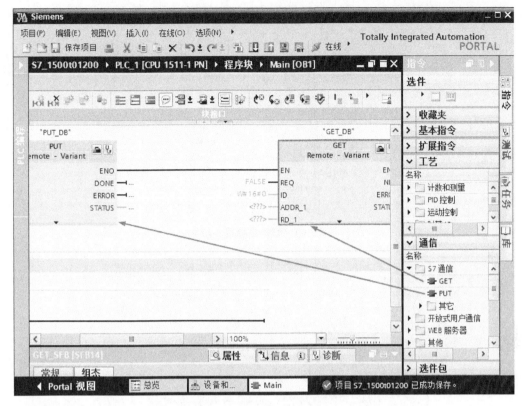

图 7-97 调用函数块 PUT 和 GET

（6）配置客户端连接参数

选中"属性"→"连接参数"，如图 7-98 所示。先选择伙伴为"PLC_2"，其余参数选择默认生成的参数。

（7）配置客户端块参数

发送函数块 PUT 按照如图 7-99 所示配置参数。每一秒激活一次发送操作，每次将客户端 MB10 数据发送到伙伴站 MB10 中。接收函数块 GET 按照如图 7-100 所示配置参数。每一秒激活一次接收操作，每次将伙伴站 MB20 发送来的数据存储在客户端 MB20 中。

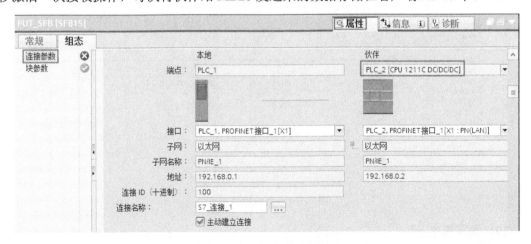

图 7-98 配置连接参数

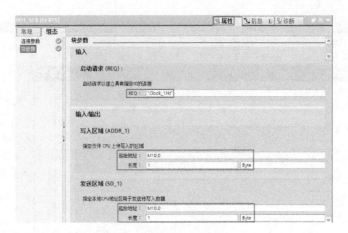

图 7-99　配置块参数（1）

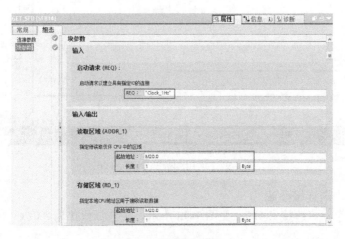

图 7-100　配置块参数（2）

（8）更改连接机制

选中"属性"→"常规"→"保护"→"连接机制"，如图 7-101 所示，勾选"允许来自远程对象"，服务器端和客户端都要进行这样的更改。

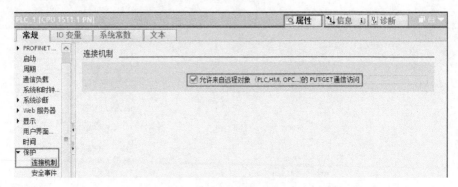

图 7-101　更改连接机制

（9）编写程序

客户端的程序如图 7-102 所示，服务器端无需编写程序。

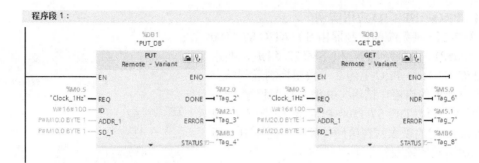

图 7-102　客户端的程序

7.4.7　SIMATIC S7-1500 PLC 与远程 IO 模块的 PROFINET IO 通信及其应用

7.4.7.1　PROFINET IO 简介

PROFINET IO 主要用于模块化、分布式控制，通过以太网直接连接现场设备（IO Device）。PROFINET IO 是全双工点到点方式。一个 IO 控制器（IO Controller）最多可以和 512 个 IO 设备进行点到点通信，按照设定的更新时间双方对等发送数据。一个 IO 设备的被控对象只能被一个控制器控制。在共享 IO 控制设备模式下，一个 IO 站点上不同的 IO 模块、同一个 IO 模块中的通道都可以被最多 4 个 IO 控制器共享，但输出模块只能被一个 IO 控制器控制，其他控制器可以共享信号状态信息。

由于访问机制是点到点的方式，SIMATIC S7-1500 PLC 的以太网接口可以作为 IO 控制器连接 IO 设备，又可以作为 IO 设备连接到上一级控制器。

7.4.7.2　PROFINET IO 的特点

① 现场设备（IO Devices）通过 GSD 文件的方式集成在 TIA 博途软件中，其 GSD 文件以 XML 格式形式保存。

② PROFINET IO 控制器可以通过 IE/PB LINK（网关）连接到 PROFIBUS-DP 从站。

7.4.7.3　PROFINET IO 三种执行水平

（1）非实时数据通信（NRT）

PROFINET 是工业以太网，采用 TCP/IP 标准通信，响应时间为 100ms，用于工厂级通信。组态和诊断信息、上位机通信等可采用。

（2）实时通信（RT）

对于现场传感器和执行设备的数据交换，响应时间约为 5～10ms 的时间（DP 满足）。PROFINET 提供了一个优化的、基于第二层的实时通道，解决了实时性问题。

实时数据优先级传递，标准的交换机可保证实时性。

（3）等时同步实时通信（IRT）

在通信中，对实时性要求最高的是运动控制。100 个节点以下要求响应时间是 1ms，抖动误差不大于 1μs。等时数据传输需要特殊交换机（如 SCALANCE X-200 IRT）。

支持 IRT 的交换机数据通道分为标准通道和 IRT 通道，标准通道用于 NRT 和 RT 的数据，而 IRT 通道用于 IRT 数据通信，网络上的其他通信不会影响 IRT 数据通信。PROFINET IO 实时通信 OSI/ISO 模型如图 7-103 所示。

7.4.7.4 PROFINET IO 应用实例

【例 7-7】 某系统的控制器由 SIMATIC S7-1500 PLC、SM521、IM155-5PN 和 SM522 组成,要用 SIMATIC S7-1500 PLC 上的 2 个按钮控制远程站上的一台电动机的启停,请组态并编写相关程序。

【解】 SIMATIC S7-1500 PLC 与远程通信模块 IM155-5PN 间的以太网通信硬件配置如图 7-104 所示,本例用到的软硬件如下:

① 1 台 CPU 1511-1PN;

② 1 台 IM155-5PN;

③ 1 台 SM521 和 SM522;

④ 1 台个人电脑(含网卡);

⑤ 1 台 4 口交换机;

⑥ 2 根带 RJ45 接头的屏蔽双绞线(正线);

⑦ 1 套 TIA Portal V13 SP1。

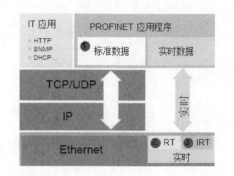

图 7-103 PROFINET 数据访问 OSI/ISO 模型

图 7-104 SIMATIC S7-1500 PLC 与 S7-1200 间的以太网通信硬件配置

SIMATIC S7-1500 PLC 和远程模块接线如图 7-105。

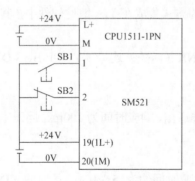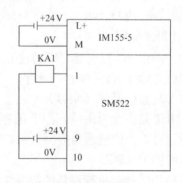

图 7-105 PROFINET 现场总线通信-S71500 和远程模块接线

(1)新建项目

先打开 TIA Portal V13 SP1,再新建项目,本例命名为"IM155_PN",接着单击 "项目视图"按钮,切换到项目视图,如图 7-106 所示。本项目可用手机扫描二维码观看视频"IM155_5PN"。

(2)硬件配置

如图 7-106 所示,在 TIA 博途软件项目视图的项目树中,双击"添加新设备"按钮,先添加 CPU 模块"CPU1511-1PN";配置 CPU 后,再把"硬件目录"→"DI"→"DI16×24VDC BA"→"6ES7 521-1BH00-0AA0"模块拖拽到 CPU 模块右侧的 2 号槽位中,如图 7-107 所示。

（3）IP 地址设置

先选中 PLC_1 的"设备视图"选项卡（标号 1 处），再选中 CPU1511-1PN 模块绿色的 PN 接口（标号 2 处），选中"属性"（标号 3 处）选项卡，再选中"以太网地址"（标号 4 处）选项，再设置 IP 地址（标号 5 处），如图 7-108 所示。

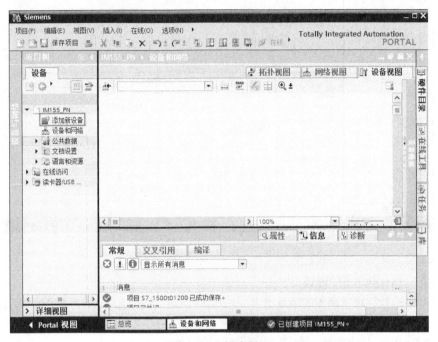

图 7-106　新建项目

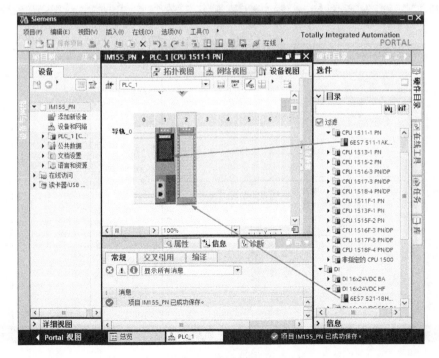

图 7-107　硬件配置

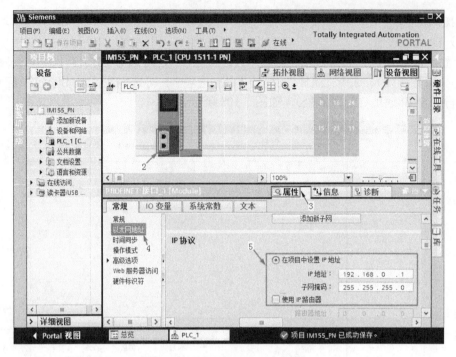

图 7-108 配置 IP 地址（客户端）

（4）插入 IM155-5 PN 模块

在 TIA 博途软件项目视图的项目树中，先选中"网络视图"选项卡，再把"硬件目录"→"分布式 IO"→"ET200MP"→"接口模块"→"PROFINET"→"IM155-5 PN ST"→"6ES7 155-5AA00-0AB0"模块拖拽到如图 7-109 所示的空白处。

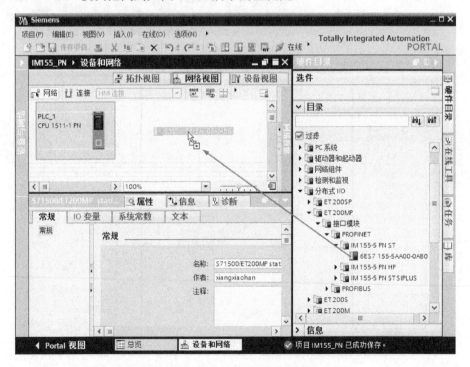

图 7-109 插入 IM155-5 PN 模块

（5）插入数字量输出模块

先选中 IM155-5 PN 模块，再选中"设备视图"选项卡，再把"硬件目录"→"DQ"→"DQ16×24VDC"→"6ES7 522-1BH00-0AB0"模块拖拽到 IM155-5 PN 模块右侧的 2 号槽位中，如图 7-110 所示。

（6）建立客户端与 IO 设备的连接

选中"网络视图"（1 处）选项卡，再用鼠标把 PLC_1 的 PN 口（2 处）选中并按住不放，拖拽到 IO device_1 的 PN 口（3 处）释放鼠标，如图 7-111 所示。

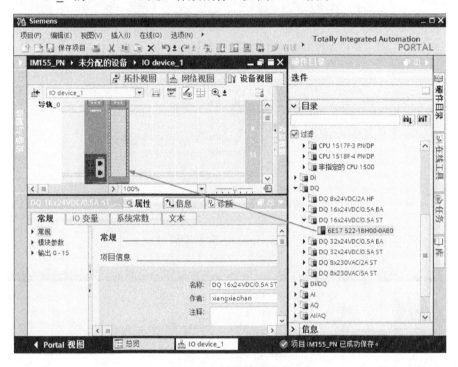

图 7-110　配置连接参数

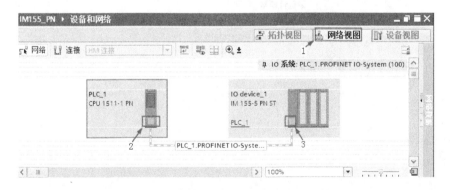

图 7-111　建立客户端与 IO 设备站的连接

（7）分配 IO 设备名称

本例的 IO 设备（IO device_1）在硬件组态，系统自动分配一个 IP 地址 192.168.0.2，这个 IP 地址仅在初始化时起作用，一旦分配完设备名称后，这个 IP 地址失效。

选中"网络视图"选项卡，再用鼠标选中 PROFINET 网络（1 处），单击鼠标右键，弹出快捷菜单，如图 7-112 所示，单击"分配设备名称"命令。

选择 PROFINET 名称为"IO device_1"，选择 PG/PC 接口的类型为"PN/IE"，选择 PG/PC 接口为"Intel Ethernet Connection 1218-V"，此处实际就是安装博途软件计算机的网卡型号，根据读者使用的计算机不同而不同，如图 7-113 所示。单击"更新列表"按钮，系统自动搜索 IO 设备，当搜索到 IO 设备后，再单击"分配名称按钮"，弹出如图 7-114 所示的界面，此界面显示状态为"确定"，表明名称分配完成。

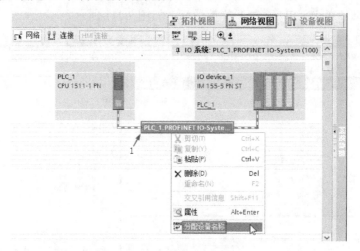

图 7-112　分配 IO 设备名称（1）

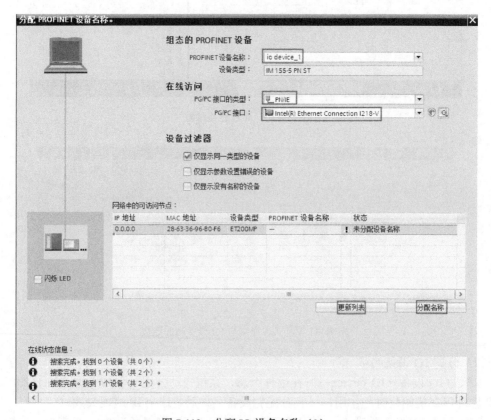

图 7-113　分配 IO 设备名称（2）

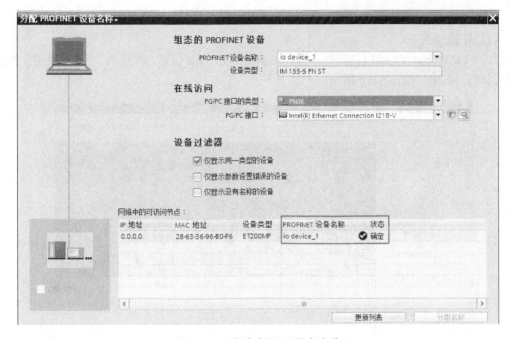

图 7-114　完成分配 IO 设备名称

（8）编写程序

只需要在 IO 控制中编写程序，如图 7-115 所示，而 IO 设备中并不需要编写程序。

图 7-115　IO 控制中的程序

7.4.8　SIMATIC S7-1500 PLC 之间的 PROFINET IO 通信及其应用

SIMATIC S7-1500 PLC CPU 不仅可以作为 IO 控制使用，而且还可以作为 IO 设备使用，即 I-Device，以下用一个例子介绍 SIMATIC S7-1500 PLC CPU 作为 IO 控制和 IO 设备的通信。

【例 7-8】有两台设备，分别由两台 CPU 1511-1PN 控制，要求从设备 1 上的 CPU 1511-1PN 的 MB10 发出 1 个字节到设备 2 的 CPU 1511-1PN 的 MB10，从设备 2 上的 CPU 1511-1PN 的 MB20 发出 1 个字节到设备 1 的 CPU 1511-1PN 的 MB20，要求设备 2 作为 I-Device。

【解】　SIMATIC S7-1500 PLC 与 SIMATIC S7-1500 PLC 间的以太网通信硬件配置如图 7-58 所示，本例用到的软硬件如下：

① 2 台 CPU 1511-1PN；

② 1 台 4 口交换机；

③ 2 根带 RJ45 接头的屏蔽双绞线（正线）；

④ 1 台个人电脑（含网卡）；

⑤ 1套 TIA Portal V13 SP1。

（1）新建项目

打开 TIA Portal V13 SP1，新建项目，本例命名为"PN_IO"，再单击 "项目视图" 按钮，切换到项目视图，如图 7-116 所示。

图 7-116　新建项目

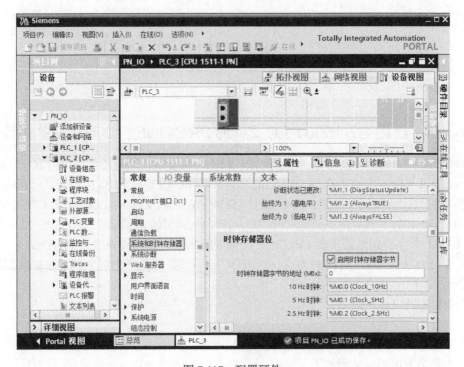

图 7-117　配置硬件

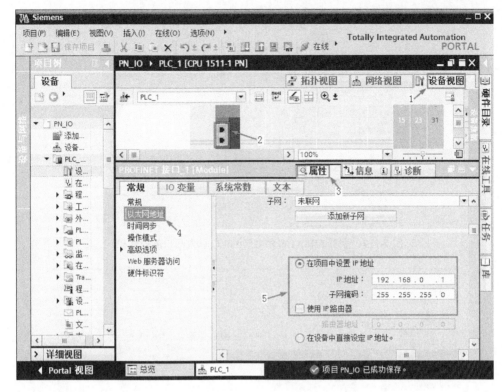

图 7-118　IP 地址设置

（2）硬件配置

如图 7-116 所示，在 TIA 博途软件项目视图的项目树中，双击"添加新设备"按钮，先添加 CPU 模块"CPU1511-1PN"，并启用时钟存储器字节；再添加 CPU 模块"CPU1511-1PN"，并启用时钟存储器字节，如图 7-117 所示。

（3）IP 地址设置

先选中 PLC_1 的 "设备视图"选项卡（标号 1 处），再选中 CPU1511-1PN 模块绿色的 PN 接口（标号 2 处），选中"属性"（标号 3 处）选项卡，再选中"以太网地址"（标号 4 处）选项，再设置 IP 地址（标号 5 处），如图 7-118 所示。

用同样的方法设置 PLC_2 的 IP 地址为 192.168.0.2。

（4）配置 SIMATIC S7-1500 PLC 以太网口的操作模式

如图 7-119 所示，先选中 PLC_2 的 "设备视图"选项卡，再选中 CPU1511-1PN 模块绿色的 PN 接口，选中"属性"选项卡，再选中"操作模式"→"智能设备通信"选项，勾选"IO 设备"，在已分配 IO 控制器选项中，选择"PLC1_PROFINET 接口_1"。

（5）配置 I-Device 通信接口数据

如图 7-120 所示，先选中 PLC_2 的 "设备视图"选项卡，再选中 CPU1511-1PN 模块绿色的 PN 接口，选中"属性"选项卡，再选中"操作模式"→"智能设备通信"选项，单击"新增"按钮两次，配置 I-Device 通信接口数据。

进行了以上配置后，分别把配置下载到对应的 PLC_1 和 PLC_2 中，PLC_1 中的 QB10 自动将数据发送到 PLC_2 的 IB10，PLC_2 中的 QB10 自动将数据发送到 PLC_1 的 IB10，并不需要编写程序。

图中的"→"表示数据传输方向，从图 7-120 中很容易看出数据流向，见表 7-6。

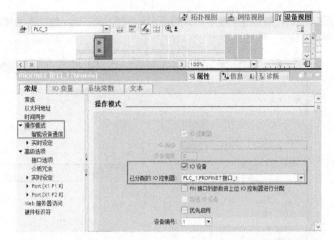

图 7-119 配置 SIMATIC S7-1500 PLC 以太网口的操作模式

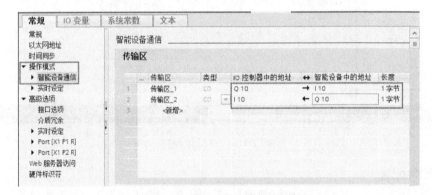

图 7-120 配置 I-Device 通信接口数据

表 7-6 PLC_1 和 PLC_2 的发送接收数据区对应关系

序　号	PLC_1	对应关系	PLC_2
1	QB10	⟶	IB10
2	IB10	⟵	QB10

（6）编写程序

PLC_1 中的程序如图 7-121 所示，PLC_2 的程序如图 7-122 所示。

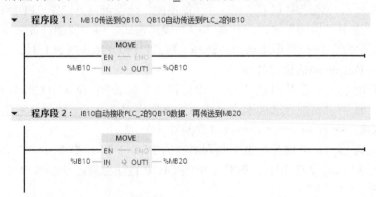

图 7-121 PLC_1 中的程序

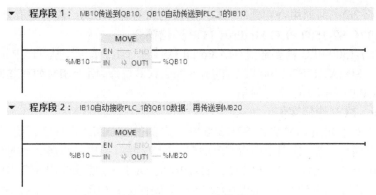

图 7-122　PLC_2 中的程序

7.4.9　SIMATIC S7-1500 PLC 之间的 MODBUS TCP 通信及其应用

MODBUS TCP 是简单的、中立厂商的用于管理和控制自动化设备的 MODBUS 系列通信协议的派生产品，它覆盖了使用 TCP/IP 协议的"Intranet"和"Internet"环境中 MODBUS 报文的用途。协议的最通用用途是为诸如 PLC、I/O 模块以及连接其他简单域总线或 I/O 模块的网关服务。

7.4.9.1　MODBUS TCP 的以太网参考模型

Modbus TCP 传输过程中使用了 TCP/IP 以太网参考模型的 5 层。

第一层：物理层，提供设备物理接口，与市售介质/网络适配器相兼容。

第二层：数据链路层，格式化信号到源/目的硬件地址数据帧。

第三层：网络层，实现带有 32 位 IP 地址的 IP 报文包。

第四层：传输层，实现可靠性连接、传输、查错、重发、端口服务和传输调度。

第五层：应用层，Modbus 协议报文。

7.4.9.2　Modbus TCP 数据帧

Modbus 数据在 TCP/IP 以太网上传输，支持 Ethernet II 和 802.3 两种帧格式，Modbus TCP 数据帧包含报文头、功能代码和数据三部分，MBAP 报文头（MBAP、Modbus Application Protocol、Modbus 应用协议）分 4 个域，共 7 个字节。

7.4.9.3　Modbus TCP 使用的通信资源端口号

在 Modbus 服务器中按缺省协议使用 Port 502 通信端口，在 Modbus 客户机程序中设置任意通信端口，为避免与其他通信协议的冲突一般建议端口号从 2000 开始可以使用。

7.4.9.4　Modbus TCP 使用的功能代码

按照使用的通途区分，共有 3 种类型。

① 公共功能代码，已定义好功能码，保证其唯一性，由 Modbus.org 认可。

② 用户自定义功能代码，有两组，分别为 65～72 和 100～110，无需认可，但不保证代码使用唯一性，如变为公共代码，需交 RFC 认可。

③ 保留功能代码，由某些公司使用某些传统设备代码，不可作为公共用途。

按照应用深浅，可分为三个类别。

① 类别 0，客户机/服务器最小可用子集：读多个保持寄存器(fc.3)；写多个保持寄存器 (fc.16)。

② 类别 1，可实现基本互易操作常用代码：读线圈(fc.1)；读开关量输入(fc.2)；读输入寄存器(fc.4)；写线圈(fc.5)；写单一寄存器(fc.6)。

③ 类别 2，用于人机界面、监控系统例行操作和数据传送功能：强制多个线圈(fc.15)；

读通用寄存器(fc.20)；写通用寄存器(fc.21)；屏蔽写寄存器(fc.22)；读写寄存器(fc.23)。

7.4.9.5　SIMATIC S7-1500 PLC Modbus TCP 通信简介

SIMATIC S7-1500 PLC 需要通过 TIA Portal 软件进行组态配置，从 TIA Portal V12 SP1 开始软件中增加了 SIMATIC S7-1500 PLC 的 Modbus TCP 块库，用于 SIMATIC S7-1500 PLC 与支持 ModbusTCP 的通信伙伴进行通信。

7.4.9.6　Modbus TCP 通信实例

以下用一个例子介绍 SIMATIC S7-1500 PLC 之间的 MODBUS TCP 通信。

【例 7-9】有两台设备，分别由两台 CPU 1511-1PN 控制，要求从设备 2 上的 CPU 1511-1PN 的 DB1 发出 20 个字节到设备 1 的 CPU 1511-1PN 的 DB1 中，要求使用 MODBUS TCP 信通。

【解】 SIMATIC S7-1500 PLC 间的以太网通信硬件配置如图 7-58 所示，本例用到的软硬件如下：

①　2 台 CPU 1511-1PN；

②　1 台 4 口交换机；

③　2 根带 RJ45 接头的屏蔽双绞线（正线）；

④　1 台个人电脑（含网卡）；

⑤　1 套 TIA Portal V13 SP1。

（1）新建项目

先打开 TIA Portal V13 SP1，再新建项目，本例命名为"MODBUS_TCP_1500"，接着单击"项目视图"按钮，切换到项目视图，如图 7-123 所示。

（2）硬件配置

如图 7-123 所示，在 TIA 博途软件项目视图的项目树中，双击"添加新设备"按钮，先添加 CPU 模块"CPU1511-1PN"两次，如图 7-124 所示。

（3）IP 地址设置

先选中 PLC_1 的 "设备视图"选项卡（标号 1 处），再选中 CPU1511-1PN 模块绿色的 PN 接口（标号 2 处），选中"属性"（标号 3 处）选项卡，再选中"以太网地址"（标号 4 处）选项，再设置 IP 地址（标号 5 处），如图 7-125 所示。

用同样的方法设置 PLC_2 的 IP 地址为 192.168.0.2。

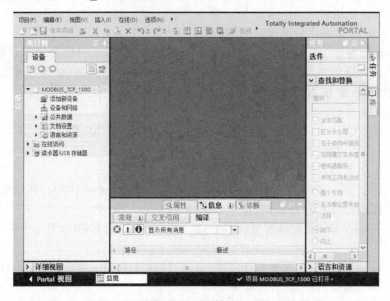

图 7-123　新建项目

图 7-124 硬件配置

（4）新建数据块

在项目树的 PLC_1 中，单击"添加新块"按钮，弹出如图 7-126 所示的界面，块名称为"Receive"，再单击"确定"按钮，"Receive"数据块新建完成。再新添加数据块"DB2"，并创建 10 个字的数组。

用同样的方法，在项目树的 PLC_2 中，新建数据块"Send"。

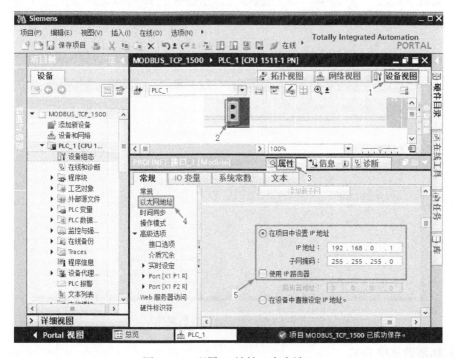

图 7-125 配置 IP 地址（客户端）

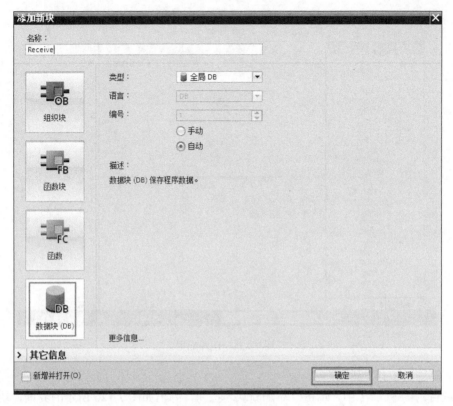

图 7-126 新建数据块

（5）更改数据块属性

选中新建数据块 "Receive"，右击鼠标，弹出快捷菜单，再单击"属性"命令，弹出如图 7-127 所示的界面，选中 "属性"选项卡，去掉"优化的块访问"前面的"√"，单击"确定"按钮。

用同样的方法，更改数据块"Send"的属性，去掉"优化的块访问"前面的"√"。

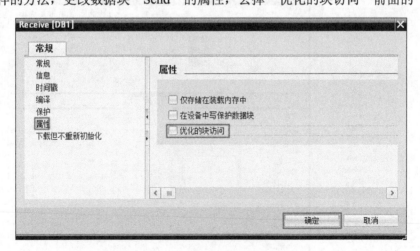

图 7-127 更改数据块的属性

（6）创建数据块 DB2

在 PLC_1 中，新添加数据块"DB2"，打开"DB2"，新建变量名称"RECEIVE"，再将变量的数据类型选为"TCON_IP_v4"，如图 7-128 所示，点击"RECEIVE"前面的三角符号，展开如图 7-129 所示，并按照图中修改启动值。

展开 DB 块后其"TCON_IP_v4"的数据类型的各参数设置见表 7-7。

图 7-128　创建 DB2

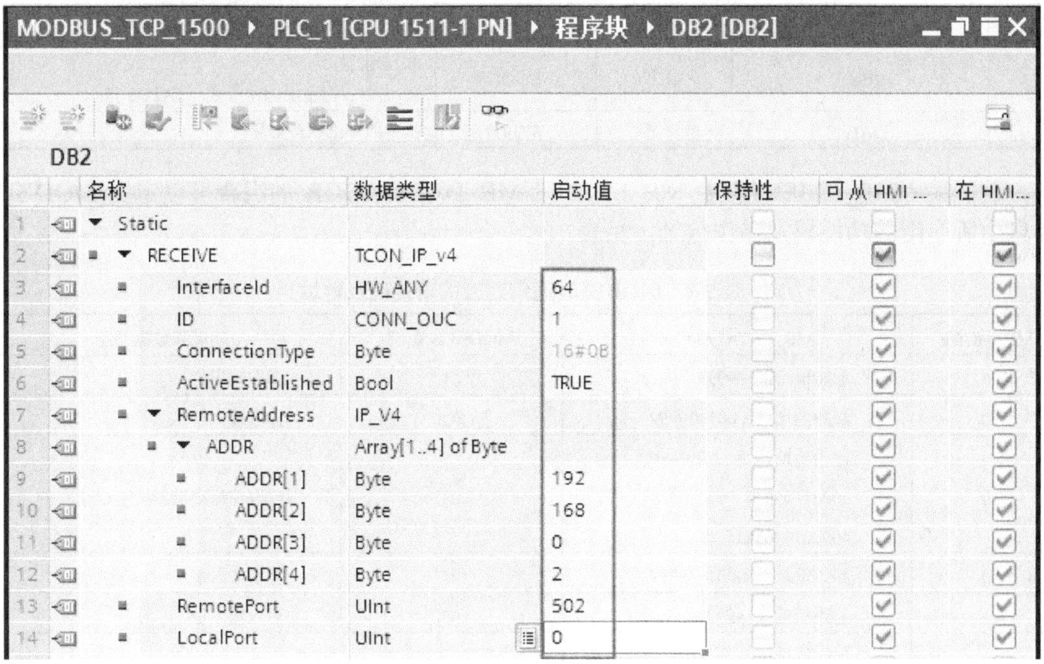

图 7-129　修改 DB2 的启动值

表 7-7　客户端"TCON_IP_v4"数据类型的各参数设置

序号	TCON_IP_v4 数据类型管脚定义	含义	本例中的情况
1	Interfaced	接口，固定为 64	64
2	ID	连接 ID，每个连接必须独立	1
3	ConnectionType	连接类型，TCP/IP=16#0B；UDP=16#13	16#0B
4	ActiveEstablished	是否主动建立连接，TRUE=主动	TRUE
5	RemoteAddress	通信伙伴 IP 地址	192.168.0.2
6	RemotePort	通信伙伴端口号	502
7	LocalPort	本地端口号，设置为 0 将由软件自己创建	0

（7）编写客户端程序

① 在编写客户端的程序之前，先要掌握功能块"MB_CLIENT"，其参数管脚含义见表 7-8。

表7-8 功能块"MB_CLIENT"参数管脚含义

序号	"MB_CLIENT"的管脚参数	管脚类型	数据类型	含义
1	REQ	输入	BOOL	与 Modbus TCP 服务器之间的通信请求，常1有效
2	DISCONNECT	输入	BOOL	0：与通过 CONNECT 参数组态的连接伙伴建立通信连接 1：断开通信连接
3	MB_MODE	输入	USINT	选择 Modbus 请求模式（0=读取，1=写入或诊断）
4	MB_DATA_ADDR	输入	UDINT	由"MB_CLIENT"指令所访问数据的起始地址
5	MB_DATA_LEN	输入	UINT	数据长度：数据访问的位数或字数
6	DONE	输出	BOOL	只要最后一个作业成功完成，立即将输出参数DONE的位置位为"1"
7	BUSY	输出	BOOL	0：无 Modbus 请求在进行中； 1：正在处理 Modbus 请求
8	ERROR	输出	BOOL	0：无错误； 1：出错。出错原因由参数 STATUS 指示
9	STATUS	输出	WORD	指令的详细状态信息

功能块"MB_CLIENT"中 MB_MODE、MB_DATA_ADDR 的组合可以定义 MODBUS 消息中所使用的功能码及操作地址，见表7-9。

表7-9 MODBUS 通信对应的功能码及地址

MB_MODE	MB_DATA_ADDR	MODBUS 功能	功能和数据类型
0	起始地址：1~9999	01	读取输出位
0	起始地址：10001~19999	02	读取输入位
0	起始地址： 40001~49999 400001~465535	03	读取保持存储器
0	起始地址：30001~39999	04	读取输入字
1	起始地址：1~9999	05	写入输出位
1	起始地址： 40001~49999 400001~465535	06	写入保持存储器
1	起始地址：1~9999	15	写入多个输出位
1	起始地址： 40001~49999 400001~465535	16	写入多个保持存储器
2	起始地址：1~9999	15	写入一个或多个输出位
2	起始地址： 40001~49999 400001~465535	16	写入一个或多个保持存储器

② 插入功能块"MB_CLIENT"。选中"指令"→"通信"→"其他"→"MODBUS_TCP"，再把功能块"MB_CLIENT"拖拽到程序编辑器窗口，如图7-130所示。

③ 编写完整梯形图程序如图7-131所示。

当 REQ 为1（即 M10.0=1），MB_MODE=0 和 MB_DATA_ADDR=40001 时，客户端读

取服务器的数据到 DB1.DBW0 开始的 10 个字中存储。

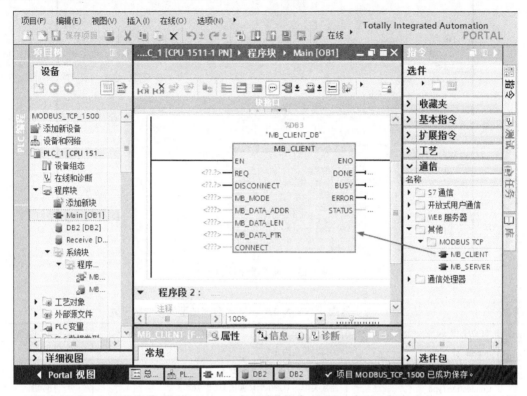

图 7-130　插入功能块 "MB_CLIENT"

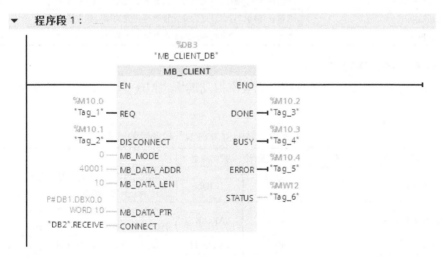

图 7-131　客户端的程序

（8）创建数据块 DB1 和 DB2

在 PLC_2 中，新添加数据块 "DB1"，并创建 10 个字的数组。新添加数据块 "DB2"，打开 "DB2"，新建变量名称 "SEND"，再将变量的数据类型选为 "TCON_IP_v4"，点击 "SEND" 前面的三角符号，展开如图 7-132 所示，并按照图中修改启动值。

展开 DB 块后其 "TCON_IP_v4" 的数据类型的各参数设置见表 7-10。

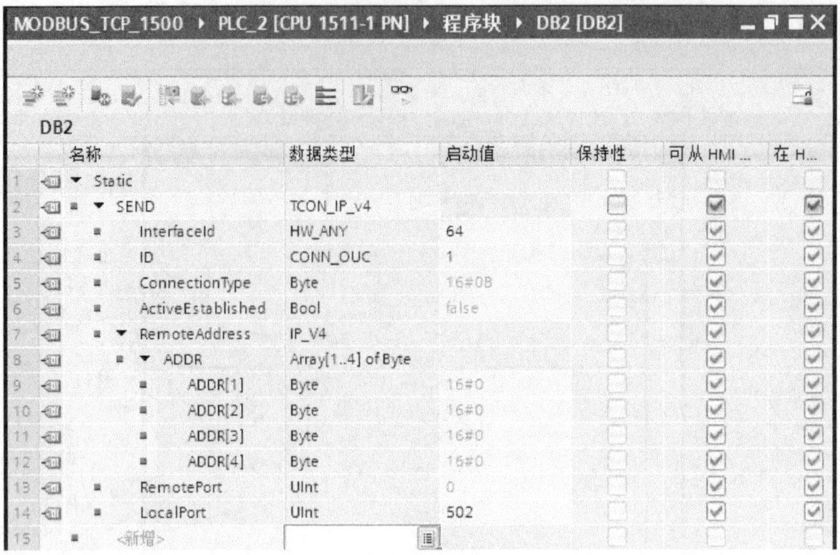

图 7-132　创建数据块 DB2

表 7-10　服务器端"TCON_IP_v4"的数据类型的各参数设置

序号	TCON_IP_v4 数据类型管脚定义	含　义	本例中的情况
1	Interfaced	接口，固定为 64	64
2	ID	连接 ID，每个连接必须独立	1
3	ConnectionType	连接类型，TCP/IP=16#0B; UDP=16#13	16#0B
4	ActiveEstablished	是否主动建立连接，True=主动	0
5	RemoteAddress	通信伙伴 IP 地址，设置为 0 允许远程任意的 IP 建立连接	0
6	RemotePort	通信伙伴端口号，设置为 0 允许远程任意的端口建立连接	0
7	LocalPort	本地端口号，缺省的 Modbus TCP Server 为 502	502

（9）编写服务器端程序

① 在编写服务器端的程序之前，先要掌握功能块"MB_SERVER"，其参数管脚含义见表 7-11。

表 7-11　功能块"MB_SERVER"的参数管脚含义

序号	"MB_SERVER" 的管脚参数	管脚类型	数据类型	含　义
1	DISCONNECT	输入	BOOL	0:在无通信连接时建立被动连接 1: 终止连接初始化
2	MB_HOLD_REG	输入	VARIANT	指向"MB_SERVER"指令中 Modbus 保持寄存器的指针，存储保持寄存器的通信数据
3	CONNECT	输入	VARIANT	指向连接描述结构的指针，参考表 7-10
4	NDR	输出	BOOL	0: 无新数据 1: 从 Modbus 客户端写入的新数据
5	DR	输出	BOOL	0: 未读取数据 1: 从 Modbus 客户端读取的数据
6	ERROR	输出	BOOL	0: 无错误； 1: 出错。出错原因由参数 STATUS 指示
7	STATUS	输出	WORD	指令的详细状态信息

② 编写服务器端的程序，如图 7-133 所示。

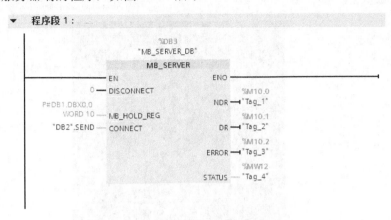

图 7-133　服务器端的程序

图 7-133 中，MB_HOLD_REG 参数对应的 MODBUS 保持寄存器地址区见表 7-12。

表 7-12　MB_HOLD_REG 参数对应的 MODBUS 保持寄存器地址区

MODBUS 地址	MB_HOLD_REG 参数对应的地址区	
40001	MW100	DB1DW0（DB1.A（0））
40002	MW102	DB1DW2（DB1.A（1））
40003	MW104	DB1DW4（DB1.A（2））
40004	MW106	DB1DW6（DB1.A（3））
...	...	...

7.4.10　SIMATIC S7-1500 PLC 与 S7-1200PLC 之间的 MODBU TCP 通信及其应用

在上一节介绍了 SIMATIC S7-1500 PLC 间的 MODBUS_TCP 通信（客户端读操作），以下用一个例子介绍 SIMATIC S7-1500 PLC 与 S7-1200PLC 之间的 MODBUS TCP 通信（客户端读操写）。

【例 7-10】　有两台设备，分别由一台 CPU 1511-1PN 和一台 CPU 1211C 控制，要求从设备 1 上的 CPU 1511-1PN 的 DB2 发出 20 个字节到设备 2 的 CPU 1211C 的 DB2 中，要求使用 MODBUS TCP 通信。

【解】　SIMATIC S7-1500 PLC 与 S7-1200PLC 间的以太网通信硬件配置如图 7-90 所示，本例用到的软硬件如下：

① 1 台 CPU 1511-1PN；

② 1 台 CPU 1211C；

③ 2 根带 RJ45 接头的屏蔽双绞线（正线）；

④ 1 台个人电脑（含网卡）；

⑤ 1 台 4 口交换机；

⑥ 1 套 TIA Portal V13 SP1。

（1）新建项目

先打开 TIA Portal V13 SP1，再新建项目，本例命名为"MODBUS_TCP_1500to1200"，接着单击 "项目视图" 按钮，切换到项目视图，如图 7-134 所示。

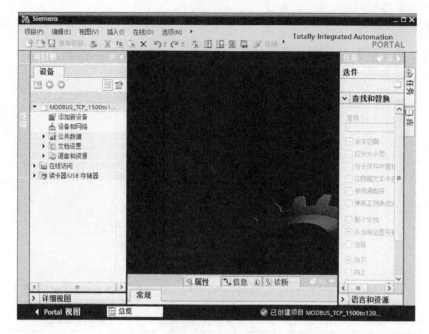

图 7-134　新建项目

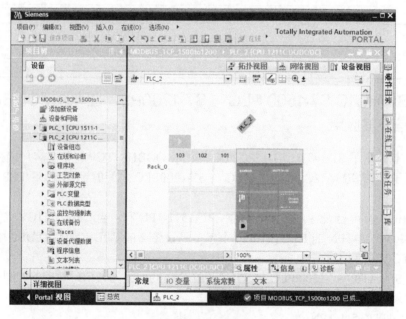

图 7-135　硬件配置

（2）硬件配置

如图 7-134 所示，在 TIA 博途软件项目视图的项目树中，双击"添加新设备"按钮，先添加 CPU 模块"CPU1511-1PN"，再添加 CPU 模块"CPU1211C"，如图 7-135 所示。

（3）IP 地址设置

先选中 PLC_1 的 "设备视图"选项卡（标号 1 处），再选中 CPU1511-1PN 模块绿色的 PN 接口（标号 2 处），选中"属性"（标号 3 处）选项卡，再选中"以太网地址"（标号 4 处）选项，再设置 IP 地址（标号 5 处），如图 7-136 所示。

用同样的方法设置 PLC_2 的 IP 地址为 192.168.0.2。

(4) 新建数据块

在项目树的 PLC_1 中，单击"添加新块"按钮，弹出如图 7-137 所示的界面，块名称为"SEND"，再单击"确定"按钮，"SEND"数据块新建完成。再新添加数据块"DB2"，并创建 10 个字的数组。

用同样的方法，在项目树的 PLC_2 中，新建数据块"RECEIVE"。

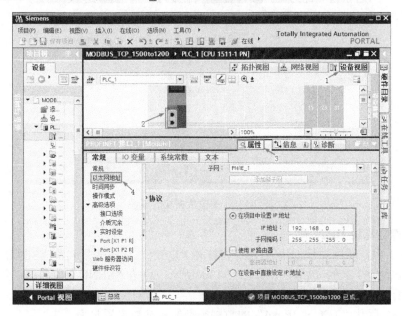

图 7-136　配置 IP 地址（客户端）

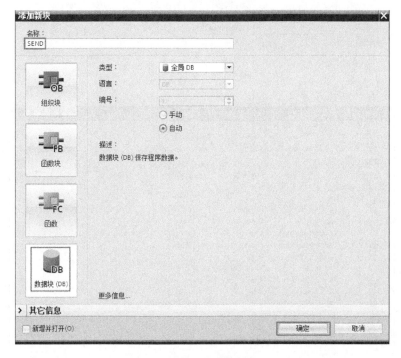

图 7-137　新建数据块

（5）更改数据块属性

选中新建数据块 "SEND"，右击鼠标，弹出快捷菜单，再单击"属性"命令，弹出如图 7-138 所示的界面，选中 "属性"选项卡，去掉"优化的块访问"前面的"√"，单击"确定"按钮。

用同样的方法，更改数据块 "RECEIVE" 的属性，去掉"优化的块访问"前面的"√"。

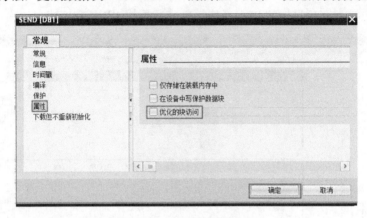

图 7-138　更改数据块的属性

（6）创建数据块 DB2

在 PLC_1 中，新添加数据块 "DB2"，打开 "DB2"，新建变量名称 "SEND"，再将变量的数据类型选为 "TCON_IP_v4"，如图 7-139 所示，点击 "SEND"前面的三角符号，展开如图 7-140 所示，并按照图中修改启动值。

展开 DB2 后其 "TCON_IP_v4" 的数据类型的各参数设置见表 7-7。

图 7-139　创建 DB2

DB2					
	名称	数据类型	启动值	保持性	可从 HMI…	在 HMI…
1	▼ Static					
2	▼ SEND	TCON_IP_v4		□	☑	☑
3	■ InterfaceId	HW_ANY	64		☑	☑
4	■ ID	CONN_OUC	1		☑	☑
5	■ ConnectionType	Byte	16#08		☑	☑
6	■ ActiveEstablished	Bool	TRUE		☑	☑
7	■ RemoteAddress	IP_V4			☑	☑
8	■ ▼ ADDR	Array[1..4] of Byte			☑	☑
9	■ ADDR[1]	Byte	192		☑	☑
10	■ ADDR[2]	Byte	168		☑	☑
11	■ ADDR[3]	Byte	0		☑	☑
12	■ ADDR[4]	Byte	2		☑	☑
13	■ RemotePort	UInt	502		☑	☑
14	■ LocalPort	UInt	0		☑	☑

图 7-140　修改 DB2 的启动值

（7）编写客户端程序

① 在编写客户端的程序之前，先要掌握功能块"MB_CLIENT"，其参数管脚含义见表 7-8。

功能块"MB_CLIENT"中 MB_MODE、MB_DATA_ADDR 的组合可以定义 MODBUS 消息中所使用的功能码及操作地址，见表 7-9。

② 插入功能块"MB_CLIENT"。选中"指令"→"通信"→"其他"→"MODBUS_TCP"，再把功能块"MB_CLIENT"拖拽到程序编辑器窗口，如图 7-141 所示。

图 7-141　插入功能块"MB_CLIENT"

③ 编写完整梯形图程序如图 7-142 所示。

当 REQ 为 1（即 M10.0=1），MB_MODE=0 和 MB_DATA_ADDR=40001 时，客户端读取服务器的数据到 DB1.DBW0 开始的 10 个字中存储。

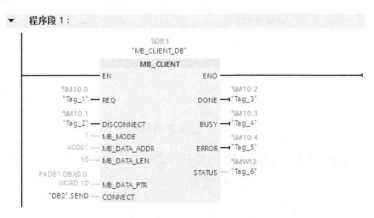

图 7-142　客户端的程序

（8）创建数据块 DB1 和 DB2

在 PLC_2 中，新添加数据块"DB1"，并创建 10 个字的数组。新添加数据块"DB2"，打开"DB2"，新建变量名称"SEND"，再将变量的数据类型选为"TCON_IP_v4"，点击"SEND"前面的三角符号，展开如图 7-143 所示，并按照图中修改启动值。

展开 DB 块后其"TCON_IP_v4"的数据类型的各参数设置见表 7-10。

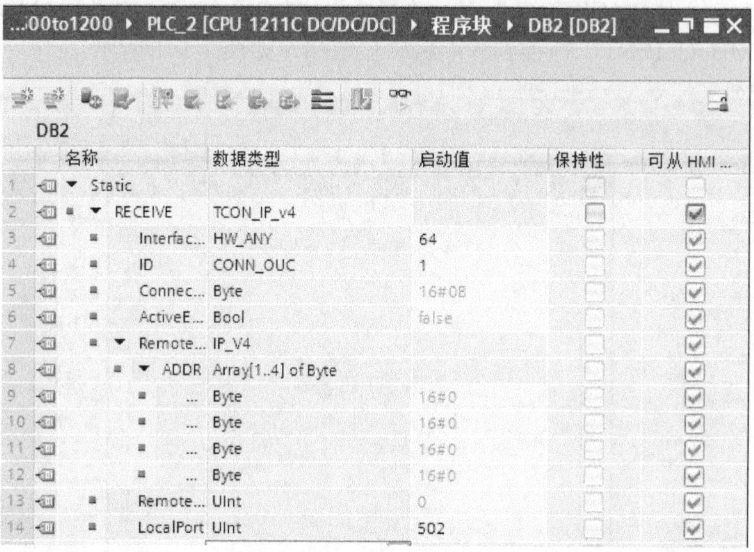

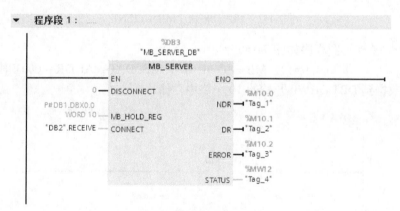

图 7-143　创建数据块 DB2

（9）编写服务器端程序

① 在编写服务器端的程序之前，先要掌握功能块"MB_SERVER"，其参数管脚含义见表 7-11。

② 编写服务器端的程序，如图 7-144 所示。

图 7-144　服务器端的程序

图 7-144 中，MB_HOLD_REG 参数对应的 MODBUS 保持寄存器地址区见表 7-12。

第8章

西门子 PLC 的 SCL 和 GRAPH 编程

本章介绍 S7-SCL 和 S7-GRAPH 的应用场合和语言特点等，并最终使读者掌握 S7-SCL 和 S7-GRAPH 的程序编写方法。西门子 S7-300/400、S7-1200、S7-1500 的 S7-SCL 语言具有共性，但针对 S7-1500 的 S7-SCL 语言有其特色，本章主要针对 S7-1500 讲解 S7-SCL 语言。

8.1 西门子 PLC 的 SCL 编程

8.1.1 S7-SCL 简介

（1）S7-SCL 概念

S7-SCL（Structured Control Language）结构化控制语言是一种类似于计算机高级语言的编程方式，它的语法规范接近计算机中的 PASCAL 语言。SCL 编程语言实现了 IEC 61131-3 标准中定义的 ST 语言（结构化文本）的 PLCopen 初级水平。

（2）S7-SCL 特点

① 它符合国际标准 IEC 61131-3。

② 获得了 PLCopen 基础级认证。

③ 一种类似于 PASCAL 的高级编程语言。

④ 适用于 SIMATIC S7-300（推荐用于 CPU314 以上 CPU）、S7-400、C7 、S7-1500 和 WinAC 产品。S7-SCL 为 PLC 作了优化处理，它不仅仅具有 PLC 典型的元素（例如输入/输出，定时器、计数器、符号表），而且具有高级语言的特性，例如循环、选择、分支、数组和高级函数。

⑤ S7-SCL 可以编译成 STL，虽然其代码量相对于 STL 编程有所增加，但程序结构和程序的总体效率提高了。类似于计算机行业的发展，汇编语言已经被舍弃，取而代之的是 C/C++ 等高级语言。S7-SCL 对工程设计人员要求较高，需要其具有一定的计算机高级语言的知识和编程技巧。

（3）S7-SCL 应用范围

由于 S7-SCL 是高级语言，所以其非常适合于如下任务：

① 复杂运算功能；

② 复杂数学函数；

③ 数据管理；

④ 过程优化。

由于 S7-SCL 具备的优势，其将在编程中应用越来越广泛，有的 PLC 厂家已经将结构化文本作为首推编程语言（以前首推梯形图）。

8.1.2 S7-SCL 程序编辑器

(1) 打开 SCL 编辑器

在博途项目视图中，单击"添加新块"，新建程序块，把编程语言选中为"SCL"，再单击"确定"按钮，如图 8-1 所示，即可生成主程序 OB123，其编程语言为 SCL。在创建新的组织块、函数块和函数时，均可将其编程语言选定为 SCL。

在博途项目视图的项目树中，双击"Main_1"，弹出的视图就是 SCL 编辑器，如图 8-2 所示。

图 8-1 添加新块-选择编程语言为 SCL

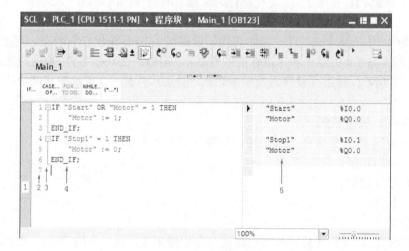

图 8-2 SCL 编辑器

（2）SCL 编辑器的界面介绍

如图 8-2 所示，SCL 编辑器的界面分 5 个区域， SCL 编辑器的各部分组成及含义见表 8-1。

表 8-1 SCL 编辑器的各部分组成及含义

对应序号	组成部分	含义
1	侧栏	在侧栏中可以设置书签和断点
2	行号	行号显示在程序代码的左侧
3	轮廓视图	轮廓视图中将突出显示相应的代码部分
4	代码区	在代码区，可对 SCL 程序进行编辑
5	绝对操作数的显示	列出了赋值给绝对地址的符号操作数

8.1.3 S7-SCL 编程语言基础

8.1.3.1 S7-SCL 的基本术语

（1）字符集

S7-SCL 使用 ASCII 字符子集：字母 A～Z（大小写），数字 0～9，空格和换行符等。此外，还包含特殊含义的字符，见表 8-2。

表 8-2 S7-SCL 的特殊含义字符

+	-	*	/	=	<	>	[	]	(	)
:	;	$	#	"	'	{	}	%	.	,

（2）保留字（Reserved Words）

保留字是用于特殊目的关键字，不区分大小写。保留字在编写程序中要用到，不能作为变量使用。保留字见表 8-3。

表 8-3 S7-SCL 的保留字

AND	END_CASE	ORGANIZATION_BLOCK
ANY	END_CONST	POINTER
ARRAY	END_DATA_BLOCK	PROGRAM
AT	END_FOR	REAL
BEGIN	END_FUNCTION	REPEAT
BLOCK_DB	END_FUNCTION_BLOCK	RETURN
BLOCK_FB	END_IF	S5TIME
BLOCK_FC	END_LABEL	STRING
BLOCK_SDB	END_TYPE	STRUCT
BLOCK_SFB	END_ORGANIZATION_BLOCK	THEN
BLOCK_SFC	END_REPEAT	TIME
BOOL	END_STRUCT	TIMER
BY	END_VAR	TIME_OF_DAY
BYTE	END_WHILE	TO
CASE	ENO	TOD
CHAR	EXIT	TRUE
CONST	FALSE	TYPE
CONTINUE	FOR	VAR
COUNTER	FUNCTION	VAR_TEMP

续表

DATA_BLOCK	FUNCTION_BLOCK	UNTIL
DATE	GOTO	VAR_INPUT
DATE_AND_TIME	IF	VAR_IN_OUT
DINT	INT	VAR_OUTPUT
DIV	LABEL	VOID
DO	MOD	WHILE
DT	NIL	WORD
DWORD	NOT	XOR
ELSE	OF	
ELSIF	OK	
EN	OR	

（3）标识符（Identifiers）

标识符分配给 S7-SCL 语言对象的名称，即是给变量、或块等分配的名称。标识符可以最多由 24 个字母或者数字组成，其第一个必须是字母或者下划线，不区分大小写，但标识符不可为关键字或者标准标识符。

如：X1、_001、Value1 都是合法的标识符，而 001R（第一个字符是数字）、Array（Array 是关键字）、X Value（字符间不能有空格）是非法的标识符。由于不区分大小写，Y1 和 y1 是同一个标识符。

S7-SCL 中定义了标准的标识符，分为四大类：块标识符、地址标识符、定时器标识符和计数器标识符。以下详细说明。

① 块标识符（Block Identifier） 块标识符用于块的绝对寻址，与 STEP7 中的一致，块标识符见表 8-4 所示。

表 8-4 S7-SCL 的块标识符

SIMATIC 标识符	IEC 标识符	含　义
DBx	DBx	数据块，DB0 为 S7-SCL 保留
FBx	FBx	函数块
FCx	FCx	函数
OBx	OBx	组织块
SDBx	SDBx	系统数据块
SFCx	SFCx	系统函数
SFBx	SFBx	系统函数块
Tx	Tx	定时器
UDTx	UDTx	自定义数据类型
Zx	Cx	计数器

② 地址标识符（Address Identifier） 在程序的任何位置，都要用地址标识符对 CPU 的存储器进行寻址。地址标识符，如%I0.0、%Q0.0、%M0.1 等，与 STEP7 中定义的存储器一致，请参考前述的章节。

定时器标识符（Timer Identifier）和计数器标识符（Counter Identifier）都与 STEP 7 中基本一致。其表示方法：如 T1 和 C1 等。

（4）数字（Numbers）

在 S7-SCL 中，有多种表达数字的方法，其表达规则如下。

① 数字可以有正负、小数点或者指数表达。

② 数字间不能有空格、逗号。

③ 为了便于阅读可以用下划线分隔符，如 16#11FF_AAFF 与 16#11FFAAFF 相等。

④ 数字前面可以有正号（+）和负号（-），没有正负号，默认为正数。

⑤ 数字不可超出范围，如整数范围是-32768～+32767。

数字中有整数和实数。

整数分为 INT（范围是-32768～+32767）和 DINT（范围是-2147483648～+2147483647），合法的整数表达举例：-18，+188。

实数也称为浮点数，即带小数点的数，合法的实数表达如：2.3、-1.88 和 1.1e+3（就是 1.1×10^3）。

（5）字符串（Character Strings）

字符串就是按照一定顺序排列的字符和数字，字符串用单引号标注，如 'QQ&360'。

（6）注释（Comment Section）

注释用于解释程序，帮助读者理解程序，不影响程序的执行，下载程序时，对于 S7-300/400 PLC，注释不会下载到 CPU 中去。对程序详细地注释是良好的习惯。

注释从 "*（" 开始，到 "*）" 结束，注释的例子如下：

TEMP1：=1；

（*这是一个临时变量，

用于存储中间结果*）

TEMP2=3；

（7）变量（Variables）

在 S7-SCL 中，每个变量在使用前必须声明其变量的类型，以下是根据不同区域将变量分为三类：局域变量、全局变量和允许预定义的变量。

局域变量在逻辑块中（FC、FB、OB）中定义，只能在块内有效访问，见表 8-5。

表 8-5　S7-SCL 的局域变量

序　号	变　量	说　明
1	静态变量	静态变量是变量值在块执行期间和执行后保留在背景数据块中，用于保存函数块值，FB 和 SFB 均有，而 FC 和 SFC 均无
2	临时变量	属于逻辑块，不占用静态内存，其值只在执行期间保留。可以同时作为输入变量和输出变量使用
3	块参数	是函数块和函数的形式参数，用于在块被调用时传递实际参数。包括输入参数、输出参数和输入/输出参数等

全局变量是指可以在程序中任意位置进行访问的数据或数据域。

8.1.3.2　运算符

一个表达式代表一个值，它可以由单个地址（单个变量）或者几个地址（几个变量）利用运算符结合在一起组成。

运算符有优先级，遵循一般算术运算的规律。S7-SCL 中的运算符见表 8-6。

表 8-6　S7-SCL 的运算符

序　号	类　别	名　称	运　算　符	优　先　级
1	赋值	赋值	:=	11

续表

序　号	类　别	名　称	运算符	优先级
2	算术运算	幂运算	**	3
		一元加（符号）	+	2
		一元减（符号）	−	2
		乘	*	4
		除	/	4
		模运算	MOD	4
		除	DIV	4
		加、减	+、−	5
3	比较运算	小于	<	6
		大于	>	6
		小于等于	<=	6
		大于等于	>=	6
		等于	=	7
		不等于	<>	7
4	逻辑运算	非	NOT	3
		与	AND、&	8
		异或	XOR	9
		或	OR	10
5	（表达式）	（，）	()	1

8.1.3.3　表达式

表达式是为了计算一个终值所用的公式，它由地址（变量）和运算符组成。表达式的规则如下。

① 两个运算符之间的地址（变量）与优先级高的运算结合。

② 按照运算符优先级进行运算。

③ 具有相同的运算级别，从左到右运算。

④ 表达式前的减号表示该标识符乘以−1。

⑤ 算数运算不能两个或者两个以上连用。

⑥ 圆括号用于越过优先级。

⑦ 算数运算不能用于连接字符或者逻辑运算。

⑧ 左圆括号与右圆括号的个数应相等。

举例如下：

```
A1 AND (A2)          //逻辑运算表达式
(A3) < (A4)          //比较表达式
3+3*4/2              //算术运算表达式
```

（1）简单表达式（Simple Expression）

在 S7-SCL 中，简单表达式就是简单的加减乘除的算式。举例如下：

SIMP_EXPRESSION:= A * B + D / C - 3 * VALUE1;

（2）算术运算表达式（Arithmetic Expressions）

算术表达式是由算术运算符构成的，允许处理数值数据类型。S7-SCL 的算术运算符及其地址和结果的数据类型见表 8-7。

表 8-7　S7-SCL 的算术运算符及其地址和结果的数据类型

序号	运　算	标识符	第一个地址	第二个地址	结　果	优先级
1	幂	**	ANY_NUM	ANY_NUM	REAL	3
2	一元加	++	ANY_NUM	—	ANY_NUM	2
			TIME	—	TIME	2
3	一元减	--	ANY_NUM	—	ANY_NUM	3
			TIME	—	TIME	3
4	乘法	*	ANY_NUM	ANY_NUM	ANY_NUM	4
			TIME	ANY_INT	TIME	4
5	除法	/	ANY_NUM	ANY_NUM	ANY_NUM	4
			TIME	ANY_INT	TIME	4
6	整除	DIV	ANY_INT	ANY_INT	ANY_INT	4
			TIME	ANY_INT	TIME	4
7	模运算	MOD	ANY_INT	ANY_INT	ANY_INT	4
8	加法	+	ANY_NUM	ANY_NUM	ANY_NUM	5
			TIME	TIME	TIME	5
			TOD	TIME	TOD	5
			DT	TIME	DT	5
9	减	–	ANY_NUM	ANY_NUM	ANY_NUM	5
			TIME	TIME	TIME	5
			TOD	TIME	TOD	5
			DATE	DATE	TIME	5
			TOD	TOD	TIME	5
			DT	TIME	DT	5
			DT	DT	TIME	5

注：表中，ANY_INT 指 INT 和 DINT，而 ANY_NUM 指 INT、DINT 和 Real 的数据类型。

（3）比较运算表达式（Comparison Expressions）

比较运算表达式就是比较两个地址中的数值，结果为布尔数据类型。如果布尔运算的结果为真，则结果为 TRUE，如果布尔运算的结果为假，则结果为 FALSE。比较表达式的规则如下。

① 可以进行比较的数据类型有：INT、DINT、REAL、BOOL、BYTE、WORD、DWORD、CHAR 和 STING 等。

② 对于 DT、TIME、DATE、TOD 等时间数据类型，只能进行同数据类型的比较。

③ 不允许 S5TIME 型的比较，如要进行时间比较，必须使用 IEC 的时间。

④ 比较表达式可以与布尔规则相结合，形成语句。例如：Value_A > 20 AND Value_B < 20。

（4）逻辑运算表达式（Logical Expressions）

逻辑运算表达式是指逻辑运算符 AND、 &、 XOR 和 OR 与逻辑地址（布尔型）或数据类型为 BYTE、WORD、DWORD 型的变量结合而构成的逻辑表达式。S7-SCL 的逻辑运算符及其地址和结果的数据类型见表 8-8。

表 8-8　S7-SCL 的逻辑运算符及其地址和结果的数据类型

序号	运算	标识符	第一个地址	第二个地址	结果	优先级
1	非	NOT	ANY_BIT	-	ANY_BIT	3
2	与	AND	ANY_BIT	ANY_BIT	ANY_BIT	8

序号	运算	标识符	第一个地址	第二个地址	结果	优先级
3	异或	XOR	ANY_BIT	ANY_BIT	ANY_BIT	9
4	或	OR	ANY_BIT	ANY_BIT	ANY_BIT	10

8.1.3.4　赋值

通过赋值，一个变量接受另一个变量或者表达式的值。在赋值运算符"：=" 左边的是变量，该变量接受右边的地址或者表达式的值。

（1）**基本数据类型的赋值**（Value Assignments with Variables of an Elementary Data Type）

每个变量、每个地址或者表达式都可以赋值给一个变量或者地址。赋值举例如下：

```
// 给变量赋值常数
SWITCH_1 := -17 ;
SETPOINT_1 := 100.1 ;
QUERY_1 := TRUE ;
TIME_1 := T#1H_20M_10S_30MS ;
TIME_2 := T#2D_1H_20M_10S_30MS ;
DATE_1 := D#1996-01-10 ;
// 给变量赋值变量
SETPOINT_1 := SETPOINT_2 ;
SWITCH_2 := SWITCH_1 ;
// 给变量赋值表达式
SWITCH_2 := SWITCH_1 * 3 ;
```

（2）**结构和 UDT 的赋值**（Value Assignments with Variables of the Type STRUCT and UDT）

结构和 UDT 是复杂的数据类型，但很常用。可以对其赋值同样的数据类型变量、同样数据类型的表达式、同样的结构或者结构内的元素。应用举例如下：

```
//把一个完整的结构赋值给另一个结构
MEASVAL := PROCVAL ;
//结构的一个元素赋值给另一个结构的元素
MEASVAL.VOLTAGE := PROCVAL.VOLTAGE ;
//将结构元素赋值给变量
AUXVAR := PROCVAL.RESISTANCE ;
//把常数赋值给结构元素
MEASVAL.RESISTANCE := 4.5;
//把常数赋值给数组元素
MEASVAL.SIMPLEARR[1,2] := 4;
```

（3）**数组的赋值**（Value Assignments with Variables of the Type ARRAY）

数组的赋值类似于结构的赋值，数组元素的赋值和完整数组赋值。数组元素赋值就是对单个数组元素进行赋值，这比较常用。当数组元素的数据类型、数组下标、数组上标都相同时，一个数组可以赋值给另一个数组，这就是完整数组赋值。应用举例如下：

```
// 把一个数组赋值给另一个数组
SETPOINTS := PROCVALS ;
```

```
// 数组元素赋值
CRTLLR[2] := CRTLLR_1 ;
//数组元素赋值
CRTLLR [1,4] := CRTLLR_1 [4] ;
```

8.1.4　寻址

寻址可分为直接寻址和间接寻址，以下分别介绍。

（1）直接寻址

直接寻址就是操作数的地址直接给出而不需要经过某种变换，图 8-3 所示是直接寻址的实例。

```
1   #In1:="模拟量输入";              "模拟量输入"        %IW2
2   #In2 := "启停";                  "启停"              %I0.0
3   "启停" := TRUE;                  "启停"              %I0.0
4   "模拟量输入" := %DB1.DBW0;    ▶  "模拟量输入"        %IW2
```

图 8-3　直接寻址实例

（2）间接寻址

间接寻址提供寻址在运行之前不计算地址的操作数的选项。使用间接寻址，可以多次执行程序部分，且在每次运行可以使用不同的操作数。SIMATIC S7-1500 间接寻址与 S7-300/400 有较大区别，需要用到 PEEK/POKE 指令，PEEK 指令的参数含义见表 8-9。

表 8-9　PEEK 指令的参数含义

参　数	声　明	数据类型	存　储　区	说　明
AREA	Input	BYTE	I、Q、M、D、L	可以选择以下区域： ● 16#81: Input ● 16#82: Output ● 16#83: 位存储区 ● 16#84: DB ● 16#1: I/O 输入
DBNUMBER	Input	DINT, DB_ANY		如果 AREA = DB，则为数据块数量，否则为 "0"
BYTEOFFSET	Input	DINT		待读取的地址，仅使用 16 个最低有效位
RET_VAL	Output	位字符串		指令的结果

掌握 PEEK 指令有一定难度，以下用几个例子，介绍其应用。

① 位存储区的间接寻址。当参数 area 为 16#83 时，代表位存储区的间接寻址，这种情况 dbNumber 参数为 0，而 byteOffset 代表字的序号，如图 8-4 所示，运行的结果为 MW2=88，本例 byteOffset=2。

```
1   #myInt := 2;                           #myInt              2
2   #myWord := PEEK(area := 16#83,    ▶    #myWord             16#0000
3                   dbNumber := 0,
4                   byteOffset := #myInt);  #myInt             2
5   "Tag_1" := 88;                         "Tag_1"      %MW2   16#0058
```

图 8-4　位存储区的间接寻址实例

② 数据块（DB）的间接寻址。当参数 area 为 16#84 时，代表数据块的间接寻址，dbNumber 参数为 1，代表 DB1，而 byteOffset 代表字的序号，如图 8-5 所示，运行的结果为 DB1.DW2=88，本例 byteOffset=2。DB1.DW2 就是 "DB1".a。

图 8-5　数据块（DB）的间接寻址实例

8.1.5 控制语句

S7-SCL 提供的控制语句可分为三类：选择语句、循环语句和跳转语句。

（1）选择语句（Selective Statements）

选择语句有 IF 和 CASE，其使用方法和 C 语言等高级计算机语言的用法类似，其功能说明见表 8-10。

表 8-10　S7-SCL 的选择语句功能说明

序　　号	语　　句	说　　明
1	IF	是二选一的语句，判断条件是 "TRUE" 或者 "FALSE" 控制程序进入不同的分支进行执行
2	CASE	是一个多选语句，根据变量值，程序有多个分支

① IF 语句　IF 语句是条件，当条件满足时，按照顺序执行，不满足时跳出，其应用举例如下：

```
IF "START1" THEN      //当 START1=1 时，将 N、SUM 赋值为 0，将 OK 赋值为 FALSE
   N := 0 ;
   SUM := 0 ;
   OK := FALSE ;
ELSIF "START" = TRUE THEN
   N := N + 1 ;            // 当 START= TRUE 时，执行 N := N + 1 ;
   SUM := SUM + N ;        // 当 START= TRUE 时，执行 SUM := SUM + N ;
ELSE
   OK := FALSE ;           // 当 START=FALSE 时，执行 OK := FALSE ;
END_IF ;                   // 结束 IF 条件语句
```

② CASE 语句　当需要从问题的多个可能操作中选择其中一个执行时，可以选择嵌套 IF 语句来控制选择执行，但是选择过多会增加程序的复杂性，降低了程序的执行效率。这种情况下，使用 CASE 语句就比较合适。其应用举例如下：

```
CASE TW OF
   1 : DISPLAY:= OVEN_TEMP;  //当 TW=1 时，执行 DISPLAY:= OVEN_TEMP;
   2 : DISPLAY:= MOTOR_SPEED; //当 TW=2 时，执行 DISPLAY:=MOTOR_SPEED;
   3 : DISPLAY:= GROSS_TARE; //当 TW=3 时，执行 DISPLAY:= GROSS_TAR;
QW4:= 16#0003;
       QW4:= 16#0003;
   4..10: DISPLAY:= INT_TO_DINT (TW); //当 TW=4..10 时，执行 DISPLAY:=
```

```
INT_TO_DINT (TW);
        QW4:= 16#0004;                //当TW=4..10时，执行QW4:= 16#0004;
    11,13,19: DISPLAY:= 99;
    QW4:= 16#0005;
    ELSE:
    DISPLAY:= 0;                      //当TW不等于以上数值时，执行DISPLAY:=0;
    TW_ERROR:= 1;                     //当TW不等于以上数值时，执行TW_ERROR:=1;
    END_CASE ;                        //结束CASE语句
```

(2) 循环语句（Loops）

S7-SCL 提供的循环语句有三种：FOR 语句、WHILE 语句和 REPEAT 语句。其功能说明见表 8-11。

表 8-11 S7-SCL 的循环语句功能说明

序　号	语　句	说　明
1	FOR	只要控制变量在指定的范围内，就重复执行语句序列
2	WHILE	只要一个执行条件满足，某一语句就周而复始地执行
3	REPEAT	重复执行某一语句，直到终止该程序的条件满足为止

① FOR 语句　FOR 语句的控制变量必须为 INT 或者 DINT 类型的局部变量。FOR 循环语句定义了：指定的初值和终值，这两个值的类型必须与控制变量的类型一致。其应用举例如下：

```
FOR INDEX := 1 TO 50 BY 2 DO   // INDEX初值为1，终止为50，步长为2
    IF IDWORD [INDEX] = 'KEY' THEN
        EXIT;
    END_IF;
END_FOR;                            //结束FOR语句
```

② WHILE 语句　WHILE 语句通过执行条件来控制语句的循环执行。执行条件是根据逻辑表达式的规则形成的。其应用举例如下：

```
WHILE INDEX <= 50 AND IDWORD[INDEX] <> 'KEY' DO
INDEX := INDEX + 2;//当INDEX <= 50 AND IDWORD[INDEX] <> 'KEY'时，
                   //执行INDEX := INDEX + 2;
END_WHILE ;        //终止循环
```

③ REPEAT 语句　在终止条件的满足之前，使用 REPEAT 语句反复执行 REPEAT 语句与 UNTIL 之间的语句。终止的条件是根据逻辑表达式的规则形成的。REPEAT 语句的条件判断在循环体执行之后进行。就是终止条件得到满足，循环体仍然至少执行一次。其应用举例如下：

```
REPEAT
    INDEX := INDEX + 2 ;  //循环执行INDEX := INDEX + 2 ;
    UNTIL INDEX > 50 OR IDWORD[INDEX] = 'KEY' // 直到INDEX > 50 或
IDWORD[INDEX] ='KEY'
    END_REPEAT ;              //终止循环
```

(3) 程序跳转语句（Program Jump）

在 S7-SCL 中的跳转语句有四种：CONTINUE 语句、EXIT 语句、GOTO 语句和 RETURN

语句。其功能说明见表 8-12。

表 8-12 S7-SCL 的程序跳转语句功能说明

序 号	语 句	说 明
1	CONTINUE	用于终止当前循环反复执行
2	EXIT	不管循环终止条件是否满足，在任意点退出循环
3	GOTO	使程序立即跳转到指定的标号处
4	RETURN	使得程序跳出正在执行的块

① CONTINUE 语句的应用举例 用一个例子说明 CONTINUE 语句的应用。

```
INDEX := 0 ;
WHILE INDEX <= 100 DO
    INDEX := INDEX + 1 ;
    IF ARRAY[INDEX] = INDEX THEN
        CONTINUE ;   //当ARRAY[INDEX] = INDEX时，退出循环
    END_IF ;
    ARRAY[INDEX] := 0 ;
END_WHILE ;
```

② EXIT 语句的应用举例 用一个例子说明 EXIT 语句的应用。

```
FOR INDEX_1 := 1 TO 51 BY 2 DO
  IF IDWORD[INDEX_1] = 'KEY' THEN
    INDEX_2 := INDEX_1 ;//当IDWORD[INDEX_1] = 'KEY'，执行 INDEX_2 := INDEX_1;
    EXIT ;                    //当IDWORD[INDEX_1] = 'KEY'，执行退出循环
  END_IF ;
END_FOR ;
```

③ GOTO 语句的应用举例 用一个例子说明 GOTO 语句的应用。

```
IF A > B THEN
    GOTO LAB1 ;   //当 A > B 跳转到 LAB1
ELSIF A > C THEN
    GOTO LAB2 ;   //当 A > C 跳转到 LAB2
END_IF ;
LAB1: INDEX := 1 ;
    GOTO LAB3 ;   //当 INDEX := 1 跳转到 LAB3
LAB2: INDEX := 2 ;
```

8.1.6 SCL 块

函数和函数块在西门子的大中型 PLC 编程中，应用十分广泛，前述章节中讲解到函数和函数块，其编程采用的是 LAD 语言，而本节采用 SCL 语言编程，以下仅用一个例子介绍函数，函数块使用方法也类似。

【例 8-1】 用 S7-SCL 语言编写一个程序，当常开触点 I0.0 闭合时，三个数字取平均值输出，当常开触点 I0.0 断开时，输出值清零，并报警。

【解】 ① 新建项目。新建一个项目"平均值"，在博途项目视图的项目树中，单击"添

加新块"，新建程序块，把编程语言，选中为"SCL"，再单击 "确定"按钮，如图 8-6 所示，即可生成函数"平均值"，其编程语言为 SCL。

图 8-6 添加新块-选择编程语言为 SCL

② 填写变量表。在博途项目视图的项目树中，双击打开 PLC 变量表，并填写变量表，如图 8-7 所示。

	名称	变量表	数据类型	地址	保持	在 H...
1	START	默认变量表	Bool	%I0.0		☑
2	LAMP	默认变量表	Bool	%Q0.0		☑
3	加数1	默认变量表	Int	%MW0		☑
4	加数2	默认变量表	Int	%MW2		☑
5	加数3	默认变量表	Int	%MW4		☑
6	和	默认变量表	Int	%MW6		☑

PLC 变量

图 8-7 变量表

③ 创建函数 FC1。打开 FC1，并在参数表中，输入输入参数"In1"、"In2"和"In3"，输入输出参数"Error"，如图 8-8 所示。在程序编辑区，写入如图 8-9 所示的程序。注意：本例中的平均值就是返回值。

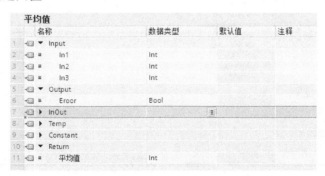

	名称	数据类型	默认值	注释
1	▼ Input			
2	In1	Int		
3	In2	Int		
4	In3	Int		
5	▼ Output			
6	Eroor	Bool		
7	▶ InOut			
8	▶ Temp			
9	▶ Constant			
10	▼ Return			
11	平均值	Int		

平均值

图 8-8 FC1 的参数表

```
1  IF "START"=1 THEN
2      #平均值:=(#In1+#In2+#In3)/3 ;
3      #Eroor := FALSE;
4  ELSE
5      #平均值 := 0;
6      #Eroor:= TRUE;
7  END_IF;
8
```
| | "START" | %I0.0 |

图 8-9 FC1 中的 SCL 程序

④ 编写主程序。主程序如图 8-10 所示。

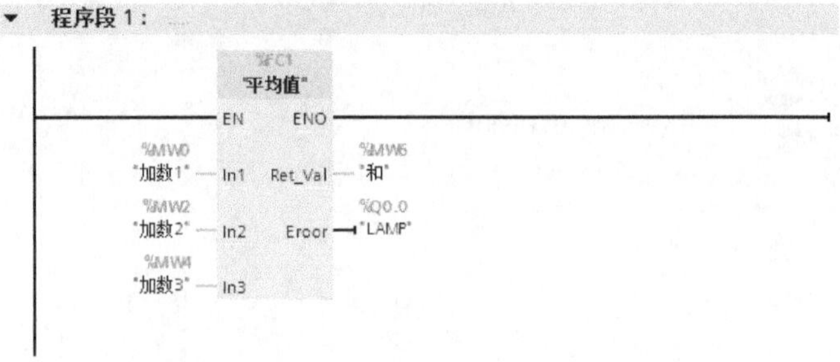

图 8-10 OB1 中的程序

8.1.7 S7-SCL 应用举例

在前述内容中，用较大的篇幅介绍 S7-SCL 的基础知识，以下用 4 个例子介绍 S7-SCL 的具体应用。第一个例子比较简单。

【例 8-2】 用 S7-SCL 语言编写一个主程序，实现对一台电动机的启停控制。

【解】 ① 新建项目。新建一个项目"SCL"，在博途项目视图的项目树中，单击"添加新块"，新建程序块，把编程语言选中为"SCL"，再单击"确定"按钮，如图 8-11 所示，即可生成主程序 OB123，其编程语言为 SCL。

图 8-11 添加新块-选择编程语言为 SCL

② 新建变量表。在博途项目视图项目树中，双击"添加新变量表"，弹出变量表，输入和输出变量与对应的地址，如图 8-12 所示。注意：这里的变量是全局变量。

③ 编写 SCL 程序。在博途项目视图的项目树中，双击"Main_1"，弹出视图就是 SCL 编辑器，在此界面中输入程序，如图 8-13 所示。运行此程序可实现启停控制。

图 8-12　创建变量表

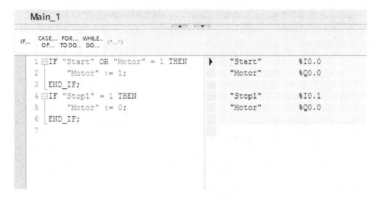

图 8-13　SCL 程序

【例 8-3】　设计一段程序，实现一盏灯灭 3s，亮 3s，不断循环，且能实现启停控制。

【解】　① 创建新项目，并创建 PLC 变量，如图 8-14 所示。

图 8-14　创建 PLC 变量表

② 编写主程序，如图 8-15 所示。

```
1 ☐IF "START" OR "FLAG" THEN                              ▶   "START"              %I0.0
2     "FLAG" := TRUE;                                         "FLAG"               %M0.0
3  END_IF;
4 ☐IF "STOP1" THEN                                           "STOP1"              %I0.1
5     "FLAG" := FALSE;                                        "FLAG"               %M0.0
6  END_IF;
7 ☐"IEC_Timer_0_DB".TON(IN:="FLAG" AND NOT "FLAG1",      ▶   "IEC_Timer_0_DB"     %DB1
8                 PT:=T#3S,
9                 Q=>"MOTOR");                                "MOTOR"              %Q0.0
10 ☐"IEC_Timer_0_DB_1".TON(IN:="MOTOR",                  ▶   "IEC_Timer_0_DB_1"   %DB2
11                 PT:=T#3S,
12                 Q=>"FLAG1" );                             "FLAG1"              %M0.1
13
```

图 8-15　SCL 程序

【例 8-4】　有一个控制系统，要求采集一路温度信号，温度信号的范围 0～100℃，高于

100℃的温度，视作干扰信号，仍然按照 100℃输出，低于 0℃的温度，视作干扰信号，仍然按照 0℃输出，要求显示实时温度和历史最高温度 2 个温度数值。请用 SCL 编写函数实现以上功能。

【解】 ① 新建项目。新建一个项目"SCL1"，在博途项目视图的项目树中，单击"添加新块"，新建程序块，块名称为"温度采集"，把编程语言选中为"SCL"，块的类型是"函数FC"，再单击 "确定"按钮，如图 8-16 所示，即可生成函数 FC1，其编程语言为 SCL。

② 定义函数块的变量。打开新建的函数"FC1"，定义函数 FC1 的输入变量（Input）、输出变量（Output）和临时变量（Temp），如图 8-17 所示。注意：这些变量是局部变量，只在本函数内有效。

③ 插入指令 SCALE。单击"指令"→"基本指令"→"原有"→"SCALE"，插入 SCALE 指令。

④ 编写函数 FC1 的 SCL 程序如图 8-18 所示。

图 8-16 添加新块-选择编程语言为 SCL

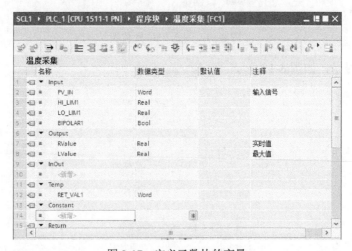

图 8-17 定义函数块的变量

⑤ 设置块的专有技术保护。保护知识产权是必要的,当一个块的具体程序不希望被他人阅读时,可以采用设置块的专有技术保护进行处理。以下将对 FC1 进行专有技术保护。

a. 先打开函数 FC1,在菜单栏中,单击"编辑"→"专有技术保护"(know-how protection) 命令,弹出如图 8-19 所示的界面,单击"定义"按钮,弹出如图 8-20 所示的界面,在"新密码"和"确认密码"中输入相同密码,最后单击"确定"按钮,函数 FC1"设置块的专有技术保护"成功。

```scl
1  IF #PV_IN1<0 THEN
2      #RValue := #LO_LIM1;
3  END_IF;
4  IF #PV_IN1 > 27648 THEN
5      #RValue := #HI_LIM1;
6  END_IF;
7  #RET_VAL1:=SCALE(IN:=#PV_IN1,
8                   HI_LIM:=#HI_LIM1,
9                   LO_LIM:=#LO_LIM1,
10                  BIPOLAR:=#BIPOLAR1,
11                  OUT=>#RValue);
12 IF #RValue>#LValue THEN
13     #LValue:=#RValue;
14 END_IF;
15
```

图 8-18 函数 FC1 的 SCL 程序

b. 如图 8-21 所示,设置块的专有技术保护后,如没有密码,此块不能打开。而且 FC1 的左侧有锁形标识,并且有文字"由于该块受专有技术保护,因此为只读块"警示。

图 8-19 设置块的专有技术保护(1)

图 8-20 设置块的专有技术保护(2)

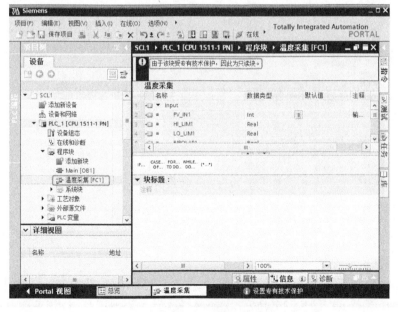

图 8-21 设置块的专有技术保护(3)

⑥ 编写主程序,如图 8-22 所示。FC1 的管脚与指令中的 SCALE 类似,但 FC1 中多了 LValue(最高温度参数),而且采集的温度变量范围在 0~100℃内。

程序段 1:

注释

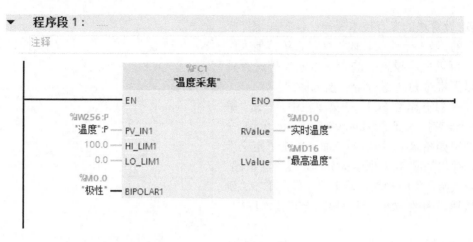

图 8-22 OB1 中的程序

【例 8-5】 将一个实数型的输入值，依次输入（按一次按钮输入一个）到包含 9 个元素的数组中。请用 SCL 编写函数实现以上功能。

【解】 ① 新建项目。新建一个项目"SCL2"，在博途项目视图的项目树中，单击"添加新块"，新建程序块，块名称为"FB1"，把编程语言选中为"SCL"，块的类型是"函数 FB"，再单击 "确定"按钮，如图 8-23 所示，即可生成函数 FB1，其编程语言为 SCL。

图 8-23 添加新块-选择编程语言为 SCL

② 定义函数块的变量。打开新建的函数"FB1"，定义函数 FB1 的输入变量（Input）、输出变量（Output）、临时变量（Temp）和静态变量（Static），如图 8-24 所示。

FB1						
	名称	数据类型	默认值	保持性	可从 HMI ...	在 HMI ...
1	▼ Input					
2	■ Request	Bool	false	非保持	☑	☑
3	■ Value	Real	0.0	非保持	☑	☑
4	▼ Output					
5	▶ Store	Array[1..9] of Real		非保持	☑	☑
6	▶ InOut					
7	▼ Static					
8	■ Index	Int	1	非保持	☑	☑
9	▼ Temp					
10	■ Trige_Out	Bool				
11	▶ Constant					

图 8-24　定义函数块的变量

③ 编写函数 FB1 的 SCL 程序，如图 8-25 所示。

```
1  "R_TRIG_DB"(CLK:= #Request,              #Request
2              Q=>#Trige_Out);    //产生上升沿    #Trige_Out
3  IF #Trige_Out THEN                        #Trige_Out
4      #Store[#Index]:=#Value;          ▶    #Store
5      IF #Index<9 THEN                       #Index
6          #Index:=#Index+1;  //自加1     ▶   #Index
7      ELSE                                  #Index
8          #Index := 1;                      #Index
9      END_IF;
10 END_IF;
```

图 8-25　函数块 FB1 的 SCL 程序

④ 先新建全局数据块 DB2，并在数据块中创建一个包含 9 个元素的数组，再编写主程序 OB1 的 LAD 程序，如图 8-26 所示。

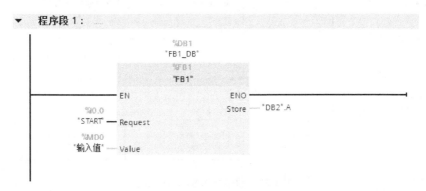

图 8-26　OB1 中的程序

8.2　西门子 PLC 的 GRAPH 编程

实际的工业生产的控制过程中，顺序逻辑控制占有相当大的比例。所谓顺序逻辑控制，就是按照生产工艺预先规定的顺序，在各个输入信号的作用下，根据内部状态和时间顺序，在生产过程中的各个执行机构自动地、有秩序地进行操作。S7-GRAPH 是一种顺序功能图编程语言，它能有效地应用于设计顺序逻辑控制程序。

8.2.1 S7-GRAPH 简介

S7-GRAPH 是一种顺序功能图编程语言,适合用于顺序逻辑控制。S7-GRAPH 有如下特点。

① 适用于顺序控制程序。

② 符合国际标准 IEC 61131-3。

③ 通过了 PLCopen 基础级认证。

④ 适用于 SIMATIC S7-300（推荐用于 CPU314 以上 CPU）、S7-400、C7、WinAC 和 S7-1500。

S7-GRAPH 针对顺控程序作了相应优化处理,它不仅具有 PLC 典型的元素（例如输入/输出、定时器、计数器）,而且增加了如下一些概念。

多个顺控器（最多 8 个）；步骤（每个顺控器最多 250 个）；每个步骤的动作（每步最多 100 个）；转换条件（每个顺控器最多 250 个）；分支条件（每个顺控器最多 250 个）；逻辑互锁（最多 32 个条件）；监控条件（最多 32 个条件）；事件触发功能；切换运行模式（手动、自动及点动模式）。

8.2.2 S7-GRAPH 的应用基础

8.2.2.1 S7 程序构成

在博途软件（STEP7）中,只有 FB 函数块可以使用 S7-GRAPH 语言编程。S7-GRAPH 编程界面为图形界面,包含若干个顺控器。当编译 S7-GRAPH 程序时,其生成的块以 FB 的形式出现,此 FB 可以被其他程序调用,例如 OB1、OB35。顺序控制 S7 程序构成如图 8-27 所示。

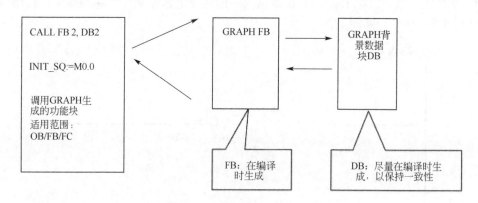

图 8-27 顺序控制 S7 程序构成

8.2.2.2 S7-GRAPH 的编辑器

（1）打开 S7-GRAPH 的编辑器

新建一个项目"GRAPH",在博途项目视图的项目树中,单击"添加新块",新建程序块,块名称为"FB1",把编程语言选中为"GRAPH",块的类型是"函数块 FB",再单击"确定"按钮,如图 8-28 所示,即可生成函数块 FB1,其编程语言为 GRAPH。

（2）S7-GRAPH 编辑器的组成

S7-GRAPH 编辑器由生成和编辑程序的工作区、工具条、导航视图和块接口四部分组成,如图 8-29 所示。

图 8-28　添加新块 FB1

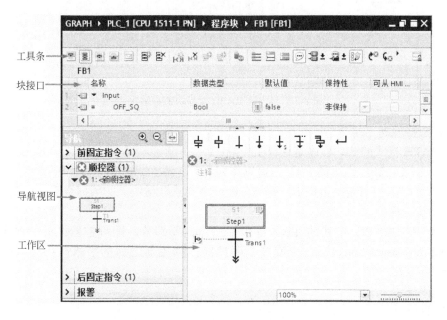

图 8-29　GRAPH 编辑器

① 工具条　工具条中可以分为三类功能，具体如下。

视图功能：调整显示作用，如是否显示符号名等。

顺控器：包含顺控器元素，如分支、跳转和步等。

LAD/FBD：可以为每步添加 LAD/FBD 指令。

② 工作区 在工作区内可以对顺控程序的各个元素进行编程。可以在不同视图中显示 GRAPH 程序。还可以使用缩放功能缩放这些视图。

③ 导航视图 导航视图中包含视图有：前永久指令、顺序视图、后永久指令和报警视图。

④ 块接口 创建 S7-GRAPH 时，可以选择最小接口参数、标准接口参数和最大接口参数，每一个参数集都包含一组不同的输入和输出参数。

打开 S7-GRAPH 编辑器，本例打开 FB1 就是打开 S7-GRAPH 编辑器，在菜单栏中，单击"选项"→"设置"，弹出"属性"选项卡，在"常规"→"PLC 编程"→"GRAPH"→"接口"下，有三个选项可以供选择，如图 8-30 所示，"默认接口参数"就是标准接口参数。

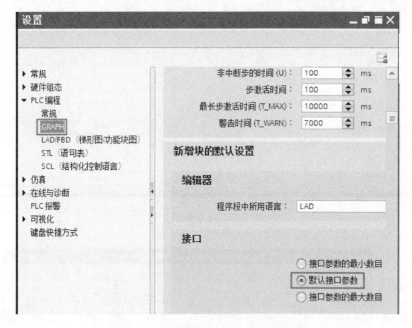

图 8-30 设置 GRAPH 接口块的参数集

8.2.2.3 顺控器规则

S7-GRAPH 格式的 FB 程序是这样工作的：

- 每个 S7-GRAPH 格式的 FB，都可以作为一个普通 FB 被其他程序调用；
- 每个 S7-GRAPH 格式的 FB，都被分配一个背景数据块，此数据块用来存储 FB 参数设置，当前状态等；
- 每个 S7-GRAPH 格式的 FB，都包括三个主要部分，即顺控器之前的前永久指令（permanent pre-instructions），一个或多个顺控器，顺控器之后的后永久指令（permanent post-instructions）。

（1）顺控器执行规则

① 步的开始。

每个顺控器都以一个初始步或者多个位于顺控器任意位置的初始步开始。

只要某个步的某个动作（action）被执行，则认为此步被激活（active），如果多个步被同时执行，则认为是多个步被激活（active）。

② 一个激活的步的退出。

任意激活的干扰（active disturbs），例如互锁条件或监控条件的消除或确认，并且至后续步的转换条件（transition）满足时，激活步退出。

③ 满足转换条件的后续步被激活。

④ 在顺控器的结束位置的处理。

- 如有一个跳转指令（jump），指向本顺控器的任意步，或者 FB 的其他顺控器。此指令可以实现顺控器的循环操作。
- 如有分支停止指令，顺控器的步将停止。

⑤ 激活的步（Active Step）。

激活的步是一个当前自身的动作正在被执行的步。一个步在如下任意情况下，都可被激活：

- 当某步前面的转换条件满足；
- 当某步被定义为初始步（initial step），并且顺控器被初始化；
- 当某步被其他基于事件的动作调用（event-dependent action）。

（2）顺控器的结构

顺控器主要结构有：简单的线性结构顺控器[如图 8-31(a)所示]、选择结构及并行结构顺控器[如图 8-31(b)所示]和多个顺控器[如图 8-31(c)所示]。

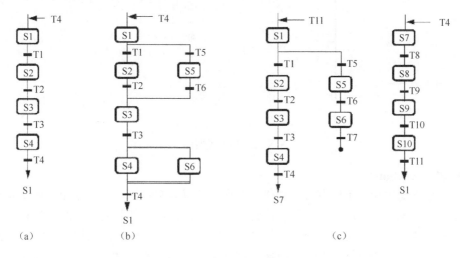

图 8-31　顺控器的结构

（3）顺控器元素

在工具栏中有一些顺控器元素，这是创建程序所必需的，必须掌握，顺控器元素详细介绍见表 8-13。

表 8-13　顺控器元素的含义

序　号	元　　素	中 文 含 义
1	⊥	步和转换条件
2	⊤	添加新步
3	⊥	添加转换条件
4	⊥	顺控器结尾
5	⊥ₛ	指定顺控器的某一步跳转到另一步

续表

序号	元素	中文含义
6	⫫	打开选择分支
7	⫯	打开并行分支
8	↵	关闭分支

8.2.2.4　条件与动作的编程

(1) 步的构成及属性

一个 S7-GRAPH 的程序由多个步组成，其中每一步由步序、步名、转换编号、转换名、转换条件、动作命令组成，如图 8-32 所示。步序、步名、转换名由系统自动生成，一般无需修改，也可以自己修改，但必须是唯一的。步的动作由命令和操作数地址组成，左边的框中输入命令，右边的框中输入操作数地址。

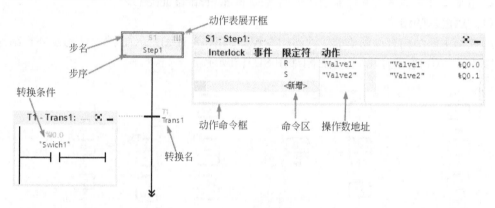

图 8-32　步的说明图

(2) 动作 (action)

动作有标准动作和与事件有关的动作，动作中可以为定时器、计数器和算数运算等。步的动作在 S7-GRAPH 的 FB 中占有重要位置，用户大部分控制任务要由步的动作来完成，编程者应当熟练掌握所有的动作指令。添加动作很容易，选中动作框，在相应的区域中输入命令和动作即可，添加动作只要单击"新增"按钮即可，如图 8-33 所示。

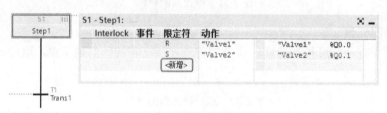

图 8-33　添加动作

标准动作在编写程序中较为常用，常用的标准动作的含义见表 8-14。

表 8-14　常用的标准动作的含义

序号	命令	含义
1	N	输出，当该步为激活步时，对应的操作数输出为 1；当该步为非激活步时，对应的操作数输出为 0
2	S	置位，当该步为激活步时，对应的操作数输出为 1；当该步为非激活步时，对应的操作数输出为 1，除非遇到某一激活步将其复位

序号	命　令	含　义
3	R	复位，当该步为激活步时，对应的操作数输出为 0，并一直保持
4	D	延迟，当该步为激活步时，开始倒计时，计时时间到，对应的操作数输出为 1；当该步为非激活步时，对应的操作数输出为 0
5	L	脉冲限制，当该步为激活步时，对应的操作数输出为 1，并开始倒计时，计时时间到，输出为 0；当该步为非激活步时，对应的操作数输出为 0
6	CALL	块调用，当该步为激活步时，指定的块会被调用

（3）动作中的定时器

事件出现时，定时器将被执行，联锁功能也能用于定时器。

TL 为扩展脉冲定时器命令，该命令的下面一行是定时器时间，定时器没有闭锁功能。

TD 命令用于实现有闭锁功能的延迟。一旦事件发生，定时器被启动。联锁条件 C 仅仅在定时器启动的时刻起作用。

（4）动作中的计数器

动作中的计数器的执行与指定的计数事件有关，对于有联锁功能的计数器，只有联锁条件满足和指定的事件出现时，动作中的计数器才会计数。计数器命令和联锁组合时，命令后面要加"C"。

事件发生时，计数器指令 CS 将初值装入计数器。CS 的下面一行是要装入的计数器的初始值。事件发生时，CU、CD 和 CR 指令，分别使得计数器加 1、减 1 和复位。

（5）动作中的算数运算

在动作中可以使用如下简单的算数运算语句：

① A：=B。

② A：=函数（B），可以使用 S7-GRAPH 内置的函数。

③ A：=B<运算符>C，例如 A：=B + C。

算数运算必须使用英文符号，不允许使用中文符号。

8.2.2.5　转换条件

转换条件可以是事件，例如退出激活步，也可以是状态变化。条件可以在转换、联锁、监控和永久性指令中出现。

8.2.2.6　S7-GRAPH 的函数块参数

在 S7-GRAPH 编辑器中编写程序后，生成函数块，本例为 FB1，如图 8-34 所示。在 FB 函数有 4 个参数设置区，有 4 个参数集选项，分别介绍如下。

① Minimum（最小参数集）　FB 只包括 INIT_SQ 启动参数，如图 8-34（a）所示，如果用户的程序仅仅会运行在自动模式，并且不需要其他的控制及监控功能。

② Standard（标准参数集）　FB 包括默认参数，如图 8-34（b）所示，如果用户希望程序运行在各种模式，并提供反馈及确认消息功能。

③ Maximum（最大参数集）　FB 包括默认参数和扩展参数，提供更多的控制和监控参数，如图 8-34（c）所示。

④ User-defined（用户定义参数集）　包括默认参数和扩展参数，可提供更多的控制和监控参数。

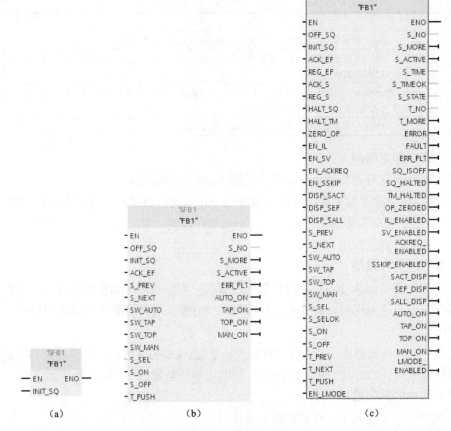

图 8-34   函数块 FB1

S7-GRAPH FB 的部分参数及其含义见表 8-15。

表 8-15   S7-GRAPH FB 的部分参数及其含义

序　号	FB 参数	数据类型	含　义
1	ACK_EF	BOOL	故障信息得到确认
2	INIT_SQ	BOOL	激活初始步，顺控器复位
3	OFF_SQ	BOOL	停止顺控器，例如使所有步失效
4	SW_AUTO	BOOL	模式选择：自动模式
5	SW_MAN	BOOL	模式选择：手动模式
6	SW_TAP	BOOL	模式选择：单步调节
7	SW_TOP	BOOL	模式选择：自动或切换到下一个
8	S_SEL	INT	选择用于输出参数 S_ON 指定的步，在 S_ON 中显示手动模式 在 S_ON 参数中指定的下一步
9	S_ON	BOOL	手动模式：激活步显示
10	S_OFF	BOOL	手动模式：去使能步显示
11	T_PUSH	BOOL	单步调节模式：如果传送条件满足
12	ERROR	BOOL	错误显示："互锁"
13	FAULT	BOOL	错误显示："监视"
14	EN_SSKIP	BOOL	激活步的跳转
15	EN_ACKREQ	BOOL	使能确认需求

续表

序 号	FB 参数	数 据 类 型	含 义
16	SQ_HALTED	BOOL	暂停顺序控制器
17	TM_HALTED	BOOL	停止所有步的激活运行时间和块运行和重新激活临界时间
18	ZERO_OP	BOOL	复位所有在激活步 N、D、L 操作到 0
19	EN_IL	BOOL	复位/重新使能步互锁
20	EN_SV	BOOL	复位/重新使能步监视

8.2.3 S7-GRAPH 的应用举例

以下用一个简单的例子来讲解 S7-GRAPH 编程应用的全过程。

【例 8-6】 用一台 PLC 控制 4 盏灯, 实现如下功能:

初始状态时所有的灯都不亮; 按下按钮 SB1, 灯 HL1 亮; 按下 SB2 按钮, 灯 HL2 亮, HL1 灭; 2s 后, 灯 HL2 和灯 HL3 亮; 再 2s 后, 灯 HL2 和灯 HL3 熄灭, 灯 HL1 亮。如此循环。

程序要求用 S7-GRAPH 语言编写函数块实现。

【解】 ① 根据题意, 先绘制流程图如图 8-35 所示。

② 新建一个项目 "GRAPH1", 并进行硬件组态, 再编译和保存该项目。

③ 在博途项目视图的项目树中, 单击 "添加新块", 新建程序块, 块名称为 "FB1", 把编程语言选中为 "GRAPH", 块的类型是 "函数块 FB", 再单击 "确定" 按钮, 如图 8-36 所示, 即可生成函数块 FB1, 其编程语言为 GRAPH。

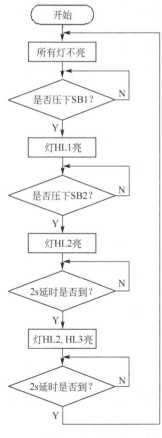

图 8-35 流程图

图 8-36 FB1 的属性对话框

④ 编辑 GRAPH 程序。

选中 FB1，双击 FB1，打开 GRAPH 编辑器，弹出编辑界面，选中"1"处，右击鼠标，单击快捷菜单的"插入元素"→"步和转换条件"，插入"步和转换条件"如图 8-37 所示。

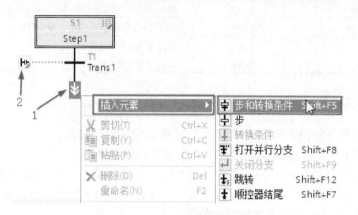

图 8-37 插入"步和转换条件"

选中如图 8-37 中的标记"2"处，再单击左侧的工具栏的"常开触点"按钮┤├，并在"常开触点"上面输入 I0.0，如图 8-38 所示。

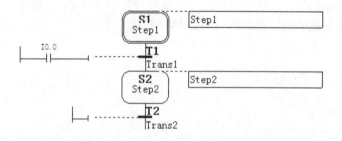

图 8-38 插入"常开触点"

如图 8-39 所示的"Step2"处，单击 "动作表展开框"，插入"动作"。

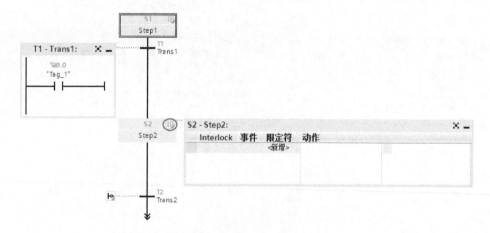

图 8-39 插入"动作"

在动作命令框的左侧输入命令 N，右侧输入操作数 Q0.0，如图 8-40 所示。

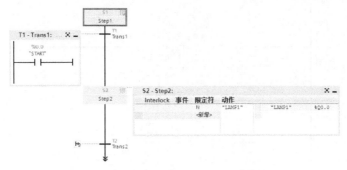

图 8-40　输入"动作"命令和操作数

编写完整的 GRAPH 程序如图 8-41 所示。之后，单击标准工具栏中的"保存"按钮🖫，这个步骤非常重要。

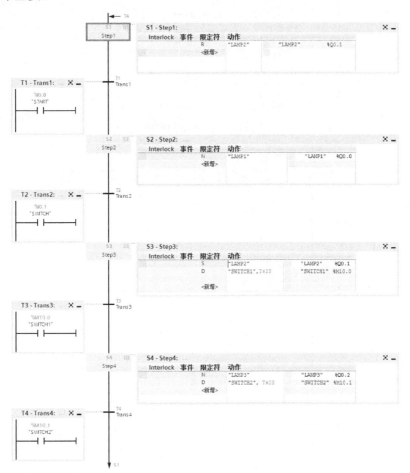

图 8-41　FB1 中完整的 GRAPH 程序

⑤ 编写 OB1 中的程序。将函数块 FB1 拖拽到程序编辑区，编写程序如图 8-42 所示。

⑥ 运行仿真。

把程序下载到仿真器 S7-PLCSIM 中，将"I0.0"置为"1"。再切换到 S7-GRAPH 编辑器界面，单击工具栏中的"启用/禁用监视"按钮🔍，处于监控状态下 FB1 中的 GRAPH 程序如图 8-43 所示。

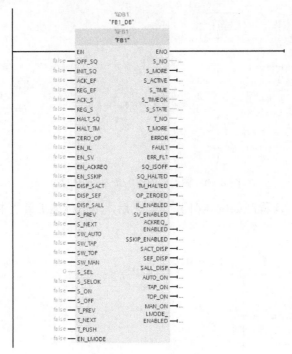

图 8-42 OB1 中的程序

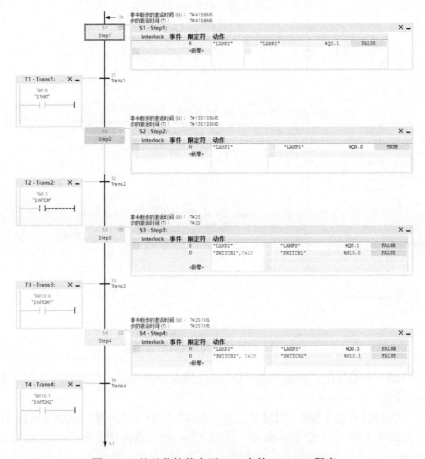

图 8-43 处于监控状态下 FB1 中的 GRAPH 程序

第**9**章

西门子人机界面（HMI）应用

本章主要介绍人机界面的入门知识，并介绍如何用 WinCC Comfort (TIA 博途软件)完成一个简单人机界面项目的过程。

9.1 人机界面简介

9.1.1 初识人机界面

人机界面（Human Machine Interface）又称人机接口，简称 HMI，在控制领域，HMI 一般特指用于操作员与控制系统之间进行对话和相互作用的专用设备，中文名称触摸屏。触摸屏技术是起源于 20 纪 70 年代出现的一项新的人机交互作用技术。利用触摸屏技术，用户只需轻轻触碰计算机显示屏上的文字或图符就能实现对主机的操作，部分取代或完全取代键盘和鼠标。它作为一种新的计算机输入设备，是目前最简单、自然和方便的一种人机交互方式。目前，触摸屏已经在消费电子（如手机、平板电脑）、银行、税务、电力、电信和工业控制等部门得到了广泛的应用。

（1）触摸屏的工作原理

触摸屏工作时，用手或其他物体触摸触摸屏，然后系统根据手指触摸的图标或文字的位置来定位选择信息输入。触摸屏由触摸检测器件和触摸屏控制器组成。触摸检测部件安装在显示器的屏幕上，用于检测用户触摸的位置，接收后送至触摸屏控制器，触摸屏控制器将接收到的信息转换成触点坐标，再送给 PLC，它同时接收 PLC 发来的命令，并加以执行。

（2）触摸屏的分类

触摸屏主要有电阻式触摸屏、电容式触摸屏、红外线式触摸屏和表面声波触摸屏等。

9.1.2 西门子常用触摸屏的产品简介

西门子触摸屏的产品比较丰富，从低端到高端，品种齐全。目前在售的产品有：精彩系列面板（SMART Line）、按键面板、微型面板、移动面板、精简面板（Basic Line）、精智面板（Comfort Line）、多功能面板和瘦客户端。以下仅对其中几款主流使用的产品系列进行介绍。

（1）精彩系列面板（SMART Line）

西门子顺应市场需求推出的 SIMATIC 精彩系列面板（SMART Line），准确地提供了人机界面的标准功能，经济适用，具备高性价比。现在，全新一代精彩系列面板——SMART Line V3 的功能得到了大幅度提升，与 S7-200 SMART PLC 组成完美的自动化控制与人机交互平台，为便捷操控提供了理想的解决方案。其特点如下。

① 宽屏 7in、10in（1in=25.4mm，下同）两种尺寸，支持横向和竖向安装。

② 高分辨率：800×480（7in）、1024×600（10in）、64K 色和 LED 背光。

③ 集成以太网口可与 S7-200 SMART PLC 以及 LOGO! 进行通信（最多可连接 4 台）。

④ 隔离串口（RS422/485 自适应切换），可连接西门子、三菱、施耐德、欧姆龙以及台达部分系列 PLC。

⑤ 支持 Modbus RTU 协议。

⑥ 支持硬件实时时钟功能。

⑦ 集成 USB 2.0 host 接口，可连接鼠标、键盘、Hub 以及 USB 存储。

这个系列的触摸屏，价格较低，部分功能进行了删减，还不能直接与 SIMATIC S7-300/400/1500 PLC 进行通信。

（2）精简面板（Basic Line）

该系列面板可以有 4in、6in、10in 或者 15in 显示屏，键盘或触摸控制。每个 SIMATIC Basic Panel 都设计采用了 IP65 防护等级，可以用在简单的可视化任务中甚至是恶劣的环境中。其他优点包括集成了软件功能，如报告系统、配方管理，以及图形功能。

适用于中等性能范围的任务的 HMI，根据所选的版本可用于 PROFIBUS 或 PROFINET 网络；可以与 SIMATIC S7-1200 控制器或其他控制器组合使用。

这个系列的触摸屏价格适中，部分功能进行了删减，但功能比精彩系列面板完善，读者在选型时要特别注意。

（3）精智面板（Comfort Line）

SIMATIC HMI Comfort Panel 是高端 HMI 设备，用于 PROFIBUS 中先进的 HMI 任务以及 PROFINET 环境。由于可以在触摸和按键面板中 4、7、9 到 12（in）自由选择显示尺寸，可以横向和竖向安装触摸面板，几乎可以将它们安装到任何机器上，发挥最高的性能。其优点如下。

① 连续的功能性确保自由选择理想的显示屏。

② 具有开孔完全相同框架的宽屏，最多可为客户增加 40%的显示尺寸；空间增加后增加了可在显示屏中可视化的应用部分。可实现其他新的操作概念，例如，在显示屏侧面上符合人体工程学放置的菜单栏。

③ 可调光的显示屏提供节能潜力以及新应用，例如在造船方面。

④ 在空闲时间，规范化的 PROFIenergy 外形允许对设备进行协调而集中关闭。

⑤ 由于在一个框架中映射具有 TIA 门户的 HMI 和控制器，减少了工程量。

9.1.3 触摸屏的通信连接

触摸屏的图形界面是在计算机的专用软件[如 SIMATIC WinCC (TIA 博途)]上设计和编译的，需要通过通信电缆下载到触摸屏；触摸屏要与 PLC 交换数据，它们之间也需要通信电缆。西门子不同产品系列人机界面的使用方法类似，以下以精智面板（Comfort Line）为例介绍。

（1）计算机与西门子触摸屏之间的通信连接

计算机上通常至少有一个 USB 接口，西门子触摸屏有一个 RS-422/485 接口，个人计算机与触摸屏就通过这两个接口进行通信，通常采用 PROFIBUS-DP 通信（也可以采用 PPI、MPI、以太网通信等，具体根据型号不同而不同），市场上有专门的 PC/Adapter 电缆（此电缆也用于计算机与 SIMATIC S7-200/300/400 PLC 的通信）出售。计算机与触摸屏通信连接如图 9-1 所示。

如果触摸屏有以太网接口，PC 和触摸屏采用以太网通信是最为便捷的方式。

计算机与西门子触摸屏之间的联机还有其他方式，例如在计算中安装一块通信卡，通信卡自带一根通信电缆，将两者连接即可。如西门子的 CP5621 通信卡是 PCI 卡，安装在计算机主板的 PCI 插槽中，可以提供 PPI、MPI 和 PROFIBUS 等通信方式。

（2）触摸屏与 PLC 的通信连接

西门子触摸屏有一个 RS-422/485 接口，西门子 SIMATIC S7-200/300/400 可编程控制器有一个编程口（PPI/MPI 口），两者互联实现通信采用的通信电缆，接线如图 9-2 所示。

如果触摸屏和 PLC 上有以太网接口，PLC 和触摸屏采用以太网通信是最为便捷的方式。

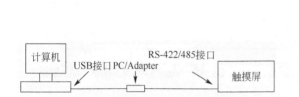

图 9-1　计算机与触摸屏通信连接　　　图 9-2　触摸屏与 SIMATIC S7-200/300/400 的通信连接

9.2　使用变量与系统函数

9.2.1　变量分类与创建

触摸屏中使用的变量类型和选用的控制器的变量是一致的，例如读者若选用西门子的 SIMATIC S7-1500 PLC，那么触摸屏中使用的变量类型就和 SIMATIC S7-1500 PLC 的变量类型基本一致。

（1）HMI 变量的分类

变量（Tag）分为外部变量和内部变量，每个变量都有一个符号名称和数据类型，外部变量是人机界面和 PLC 进行数据交换的桥梁，是 PLC 中定义的存储单元的映像，其值随着 PLC 程序的执行而改变。可以在 HMI 设备和 PLC 中访问外部变量。

内部变量存储在 HMI 设备的存储器中，与 PLC 没有连接关系，只有 HMI 设备能访问内部变量。内部变量用于 HMI 设备内部的计算或者执行其他任务。内部变量用名称区分。

（2）创建变量

① 创建内部变量。在 TIA 博途软件项目视图的项目树中，选中"HMI 变量"→"显示所有变量"，创建内部变量，名称为"X"，如图 9-3 所示。

② 创建外部变量。在 TIA 博途软件项目视图项目树中，选中"HMI 变量"→"显示所有变量"，创建外部变量，名称为"M01"，如图 9-4 所示，点击"连接"栏目下面的■按钮，选择与 HMI 通信的 PLC 设备，本例的连接为"HMI_连接_1"；再单击"PLC 变量"栏目下的■按钮，弹出"HMI 变量"窗口，选择"PLC_1" → "PLC 变量" → "默认变量表" → "M01"，单击" √ "按钮，"PLC_1"的变量 M01 与 HMI 的 M01 关联在一起了。

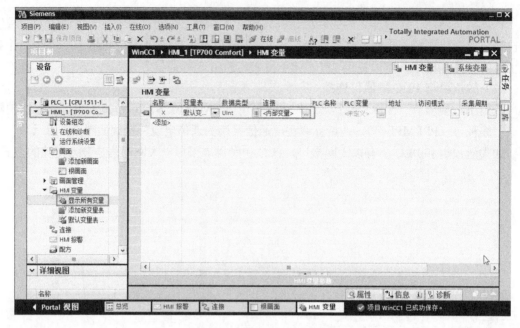

图 9-3　创建 HMI 内部变量

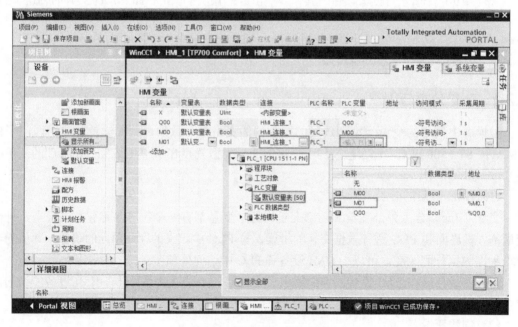

图 9-4　创建 HMI 外部变量

9.2.2　系统函数

西门子精智面板（Comfort Line）有丰富的系统函数，可分为报警函数、编辑位函数、打印函数、画面函数、画面对对象的键盘操作函数、计算脚本函数、键盘函数、历史数据函数、配方函数、用户管理函数、设置函数、系统函数和其他函数。一般而言越高档的人机界面函数越丰富，使用越方便。以下介绍几个常用的函数。

9.2.2.1　编辑位函数

（1）InvertBit（对位取反）

其作用是对给定的"Bool"型变量的值取反。如果变量现有值为 1（真），它将被设置为 0（假）；如果变量现有值为 0（假），它将被设置为 1（真）。

- 在函数列表中使用：

对位取反（变量）。

- 在用户自定义函数中使用：

InvertBit (Tag)。

（2）ResetBit（复位）

将"Bool"型变量的值设置为 0（假）。

- 在函数列表中使用：

复位（变量）。

- 在用户自定义函数中使用：

ResetBit (Tag)。

（3）SetBit（置位）

将"Bool"型变量的值设置为 1（真）。

- 在函数列表中使用：

置位（变量）。

- 在用户自定义函数中使用：

SetBit (Tag)。

（4）SetBitWhileKeyPressed（按下键时置位）

只要用户按下已组态的键，给定变量中的位即设置为 1（真）。在改变了给定位之后，系统函数将整个变量传送回 PLC。但是并不检查变量中的其他位是否同时改变。在变量被传送回 PLC 之前，操作员和 PLC 只能读该变量。

9.2.2.2　计算脚本函数

（1）Increase Tag（增加变量）

将给定值添加到变量值上，用方程表示为：$X = X + a$。

系统函数使用同一变量作为输入和输出值。当该系统函数用于转换数值时，必须使用辅助变量。可以使用"SetTag"系统函数为辅助变量指定变量值。

如果在报警事件中组态了该系统函数但变量未在当前画面中使用，则无法确保在 PLC 中使用实际的变量值。通过设置"连续循环"采集模式可以改善这种情况。

- 在函数列表中使用：

增加变量（变量，值）。

- 在用户自定义函数中使用：

IncreaseTag (Tag, Value)。

（2）SetTag（设置变量）

将新值赋给给定的变量。该系统函数可用于根据变量类型分配字符串和数字。

- 在函数列表中使用：

设置变量（变量，值）。

- 在用户自定义函数中使用：

SetTag (Tag, Value)。

9.2.2.3　画面函数

（1）ActivateScreen（激活画面）

使用"激活画面"系统函数可以将画面切换到指定的画面。

在函数列表中使用：

- 激活画面（画面名称，对象编号）。

在用户自定义函数中使用：

- ActivateScreen (Screen_name, Object_number)。

（2）ActivatePreviousScreen（激活前一画面）

将画面切换到在当前画面之前激活的画面。如果先前没有激活任何画面，则画面切换不执行。最近调用的 10 个画面被保存。当切换到不再保存的画面时，会输出系统报警。

- 在函数列表中使用：

激活前一画面。

- 在用户自定义函数中使用：

ActivatePreviousScreen。

9.2.2.4　用户管理函数

（1）Logoff（注销）

在 HMI 设备上注销当前用户。

- 在函数列表中使用：

注销。

- 在用户自定义函数中使用：

Logoff。

（2）Logon（登录）

在 HMI 设备上登录当前用户。

- 在函数列表中使用：

登录（密码，用户名）。

- 在用户自定义函数中使用：

Logon (Password, User_name)。

（3）GetUserName（获取用户名）

在给定的变量中写入当前登录到 HMI 设备用户的用户名。如果给出的变量具有控制连接，则用户名在 PLC 上也可用。该系统函数将使诸如执行某些功能与用户有关的版本成为可能。

- 在函数列表中使用：

获取用户名（变量）。

- 在用户自定义函数中使用：

GetUserName (Tag)。

（4）GetPassword（获取密码）

在给定的变量中写入当前登录到 HMI 设备的用户的密码。确保给定变量的值未显示在项目中的其他位置。

- 在函数列表中使用：

获取密码（变量）。

- 在用户自定义函数中使用：

GetPassword (Tag)。

9.2.2.5　报警函数

（1）EditAlarm（编辑报警）

为选择的所有报警触发"编辑"事件。如果要编辑的报警尚未被确认，则在调用该系统函数时自动确认。

- 在函数列表中使用：

编辑报警。

- 在用户自定义函数中使用：

EditAlarm。

（2）ShowAlarmWindow（显示报警窗口）

隐藏或显示 HMI 设备上的报警窗口。

- 在用户自定义函数中使用：

显示报警窗口（对象名称，布局）。

- 在用户自定义函数中使用：

ShowAlarmWindow (Object_name, Display_mode)。

（3）ClearAlarmBuffer（清除报警缓冲区）

删除 HMI 设备报警缓冲区中的报警。尚未确认的报警也被删除。

- 在函数列表中使用：

清除报警缓冲区（报警类别编号）。

- 在用户自定义函数中使用：

ClearAlarmBuffer (Alarm_class_number)。

（4）ShowSystemAlarm（显示系统报警）

显示作为系统事件传递到 HMI 设备的参数的值。

- 在函数列表中使用：

显示系统报警（文本/值）。

- 在用户自定义函数中使用：

ShowSystemAlarm (Text/value)。

9.3　画面组态

9.3.1　按钮组态

按钮的主要功能是：在点击它的时候执行事先组态好的系统函数，使用按钮可以完成很多的任务。以下介绍按钮的几个应用。

（1）用按钮增减变量值

先新建一个项目，打开画面，选中"工具箱"中的"元素"，将其中的"按钮"拖拽到画面的工作区，选中按钮。在按钮属性视图的"常规"对话中，设置按钮模式为"文本"。设置"未按下"状态为"＋10"，如图 9-5 所示。如果未选中"按下"复选框，按钮在按下时和弹起时的文本相同。如果选中它，按钮在按下时和弹起时，文本的设置可以不相同。

打开按钮属性视图的"事件"内的"单击"对话框，如图 9-6 所示，单击按钮时，执行系统函数列表"计算脚本"文件夹中的系统函数"增加变量"，被增加的整型变量是"X"，增加值是 10。

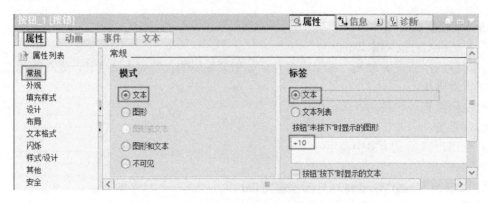

图9-5 按钮的属性组态

在按钮的下方拖入一个5位整数的输出I/O域，如图9-7所示，将变量"X"与此I/O域关联。当按下工具栏的仿真按钮"🖳"，仿真器开始模拟运行。每单击一次按钮，I/O域中的数值增加10。

图9-6 按钮触发事件组态　　　　　　　　图9-7 按钮和I/O域的画面

（2）用按钮设定变量的值

先新建一个项目，打开画面，选中"工具箱"中的"元素"，将其中的"按钮"拖拽到画面的工作区，选中按钮。在按钮的属性视图的"常规"对话中，设置按钮模式为"文本"。设置"未按下"状态为"1"，方法与以上例子相同。

打开按钮属性视图 "事件"内的"单击"对话框，如图9-8所示，单击按钮时执行系统函数列表"计算脚本"文件夹中的系统函数"设置变量"，被设置的整型变量是"Y"，Y数值变成1。

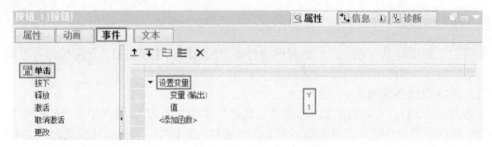

图9-8 按钮触发事件组态

在按钮的下方拖入一个5位整数的输出I/O域，如图9-9所示，将变量"Y"与此I/O域关联。当按下工具栏的仿真按钮"🖳"，开始模拟运行。每次单击按钮，I/O 域中的数值均为1。

9.3.2　I/O 域组态

I 是输入（Input）的简称，O 是输出（Output）的简称，输入域和输出域统称 I/O 域。I/O 域在触摸屏中的应用比较常见。

图 9-9　按钮和 I/O 域的画面

（1）I/O 域的分类

① 输入域：用于操作员输入要传送到 PLC 的数字、字母或符号，将输入的数值保存到变量中。

② 输出域：只显示变量数据。

③ 输入输出域：同时具有输入和输出功能，操作员可以用它来修改变量的数值，并将修改后的数值显示出来。

（2）I/O 域的组态

先建立连接"HMI_连接_1"，就是 PLC 与 HMI 的连接，再在变量表中建立整型（Int）变量"MW10"、"MW12"和"MW14"，如图 9-10 所示。再添加和打开"I/O 域"画面，选中工具箱中的"元素"，将"I/O 域"对象拖到画面编辑器的工作区。在画面上建立 3 个 I/O 域对象，如图 9-11 所示。分别在 3 个 I/O 域的属性视图的"常规"对话框中，设置模式为"输入"、"输出"和"输入/输出"，如图 9-12 所示。

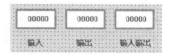

图 9-10　新建变量	图 9-11　I/O 域组态

输入域显示五位整数，为此组态"移动小数点"（小数部分的位数）为 0，"格式样式"为"99999"，表示整数为五位。

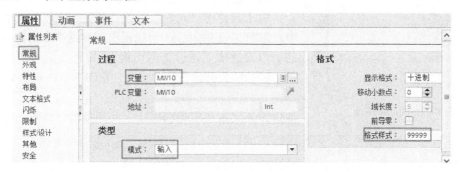

图 9-12　输入域的常规属性组态

9.3.3　开关组态

开关是一种用于布尔（Bool）变量输入、输出的对象，它有两项基本功能：一是用图形或者文本显示布尔变量的值（0 或者 1）；二是点击开关时，切换连接的布尔变量的状态。如果原来是 1 则变为 0，如果原来是 0 则变为 1，这一功能集成在对象中，不需要用户组态，发生"单击"事件时执行函数。

（1）切换模式的开关组态

将"工具箱"的"元素"中的"开关"拖放到画面的编辑器中。切换模式开关如图 9-13

所示，方框的上部是文字标签，下部是带滑块的推拉式开关，中间是打开和关闭对应的文本。

在开关属性视图的"常规"对话框中，选择开关模式为"开关"，如图 9-14 所示，开关与变量"启停"连接，将标签"Switch"改为"变频器"，ON 和 OFF 状态的文本由"ON"和"OFF"改为"启"和"停"。

当按下工具栏的仿真按钮"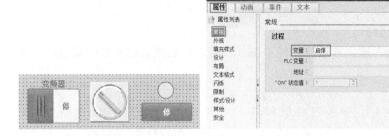"时，仿真器开始模拟运行。

图 9-13　开关画面　　　　　　　　　　图 9-14　开关常规属性

（2）通过图形切换模式的开关组态

图 9-15　图形库路径

TIA 博途软件的图形库中有大量的控件可供用户使用。在库的"全局库"组中，选中"Buttons-and-Switches"→"主模板"→"RotarySwitches"→"Rotary_N"，如图 9-15 所示。再将 Rotary_N 旋钮拖拽到画面，如图 9-13 所示。

如图 9-16 所示，在常规视图的对话框中，将组态开关的类型设置成"通过图形切换"，内部变量与"启停"连接。这样两个开关就组态完成。

（3）通过文本切换模式的开关组态

将工具箱的"元素"中的"开关"拖放到画面编辑器中，如图 9-13 所示。在常规视图的对话框中，将组态开关的类型设置成"通过文本切换"，过程变量与"启停"连接，将 ON 状态设置为"启"，将 OFF 状态设置为"停"，如图 9-17 所示。当按下工具栏的""时，仿真器开始模拟运行。文本在启动和停止之间切换时，灯随之亮或灭。

图 9-16　图形切换开关组态

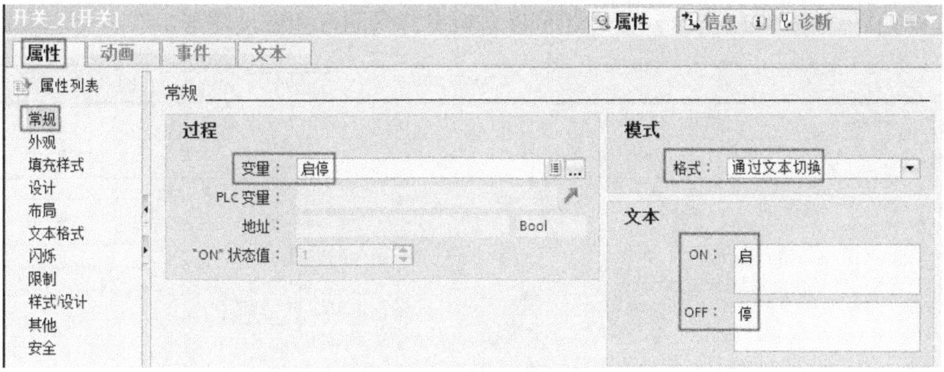

图 9-17　开关常规属性

9.3.4　图形输入输出对象组态

（1）棒图的组态

棒图以带刻度的棒图形式表示控制器的值。通过 HMI 设备，操作员可以立即看到当前值与组态的限制值相差多少或者是否已经达到参考值。棒图可以显示诸如填充量（水池的水量、温度数值）或批处理数量等值。

在变量表中创建整型（INT）变量"温度"，只要单击工具栏中"元素"中的"棒图"，用鼠标拖动即可得到如图 9-18 所示的棒图（图的左边是拖动过程中，图的右边是拖动完成的棒图）。

在属性的"常规"对话框中，设置棒图连接的整型变量为"温度"，如图 9-19 所示，温度的最大值和最小值分别是 100 和 0，这两个数值是可以修改的。当温度变化时，棒图画面中的填充色随之变化，就像温度计一样。

图 9-18　棒图画面

图 9-19　棒图常规属性组态

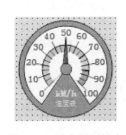

图 9-20　量表画面组态

（2）量表的组态

量表是一种动态显示对象。量表通过指针显示模拟量数值。例如，通过 HMI 设备，操作员一眼就能看出锅炉压力是否处于正常范围之内。以下是量表的组态方法。

添加和打开"量表"画面，如图 9-20 所示，将工具箱 "元素"中的"量表"图标，拖到画面中，在量表属性视图的"常规"对话框中，可以设置显示物理量的单位，本例为 "kM/h"，"标签"在量表圆形表盘的下部显示，可以选择是否显示峰值（一条沿半径方向的红线，本例在刻度 0 处），如图 9-21 所示。读者还可以自定义背景图形和表盘图形。

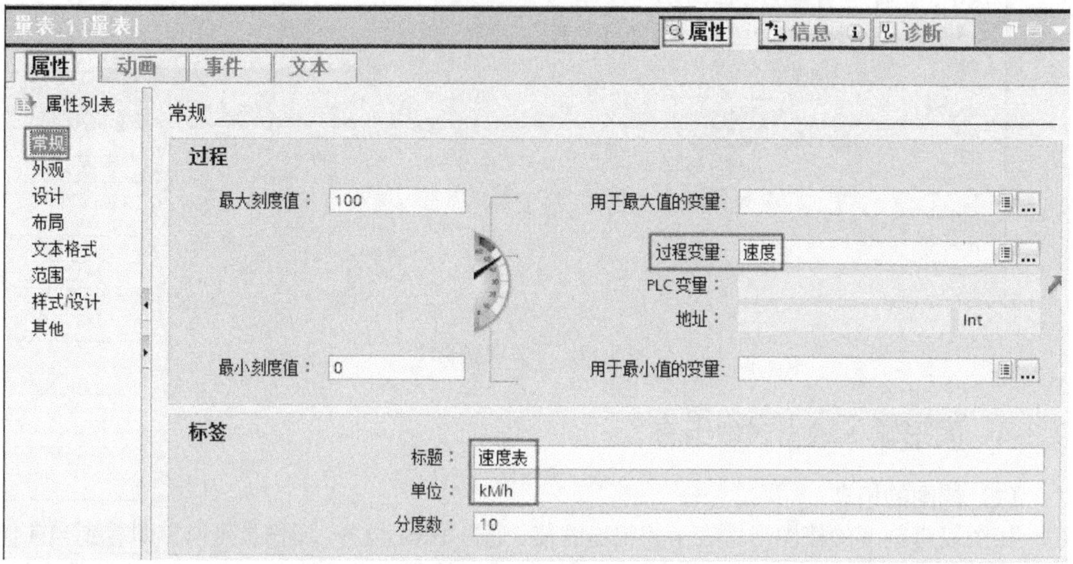

图 9-21 量表常规属性组态

量表除了有"常规"属性和"刻度"属性外，还有"外观"属性（主要设置背景颜色、钟表颜色和表盘样式等），"文本格式"属性（主要设置字体大小和颜色等），"布局"属性（主要是表盘画面的位置和尺寸），这些属性都比较简单，在此不再赘述。

9.3.5 时钟和日期的组态

添加和打开"日期时间"的画面，如图 9-22 所示，将工具箱中"元素"组中的"时钟"图标拖至画面中。

运行 HMI，则此控件显示 HMI 中的系统时间。

9.3.6 符号 I/O 域组态

符号 I/O 域的组态相对前述对象的组态要复杂一些，以下用一个例子说明其组态过程。此例子用符号 I/O 域控制一盏灯的亮灭。

图 9-22 "日期时间"的画面组态

选中工具箱"元素"中的"符号 I/O 域"，用鼠标拖拽到 HMI 的画面。用同样的方法，将工具箱"基本对象"中的"圆"也拖拽到画面。

在 TIA 博途软件项目视图项目树中，选中"文本和图形列表"选项，单击"添加"按钮，在文本列表中，添加一个"Text_list_1"文本，如图 9-23 所示。再在文本列表中添加两个项目，其中"0"对应"停止"，"1"对应"启动"。

如图 9-24 所示，将符号 I/O 域过程变量与位变量 "QT"关联，文本列表与前述创建的"Text_list_1"文本关联。

选中"圆"→"属性"→"动画"，双击"添加新动画"选项，在弹出的选项中，选择"外观"，将变量与"QT"关联，最后将"0"与红色背景颜色关联，将"1"与白色背景颜色关联，如图 9-25 所示。

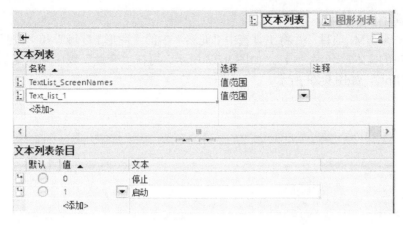

图 9-23　"符号 I/O 域"的文本列表

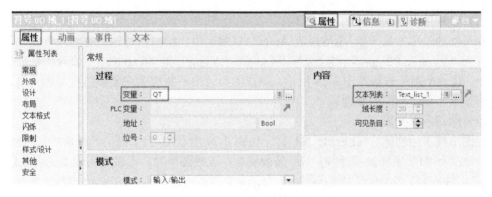

图 9-24　"符号 I/O 域"的常规组态

当按下工具栏的仿真按钮"▣"，仿真器开始模拟运行，如图 9-26 所示。操作员从文本列表中选择文本"启动"或"停止"。根据选择，随后将启动或关闭灯。符号 I/O 域显示灯的相应状态。

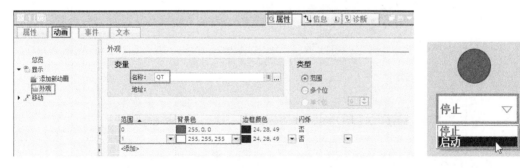

图 9-25　"圆"的动画组态　　　　　　　　　　图 9-26　运行

9.3.7　图形 I/O 域组态

前述的文本 I/O 域，可以用位变量实现文本的切换，而图形 I/O 域和图形列表的功能是切换多幅图形，从而实现丰富多彩的动画效果。图形 I/O 域有输入、输出、输入/输出和双状态四种。以下用一个例子来讲解图形 I/O 域的使用方法，其步骤如下。

（1）新建项目和画面

先新建一个 HMI 项目，并将工具箱中"元素"中的"图形 I/O 域"和"按钮"拖拽到画面，并将按钮的文本改名为"+1"，如图 9-27 所示。再在"变量"表中创建变量"NB"，数据类型为"UInt"，如图 9-28 所示。

HMI 变量

名称 ▲	变量表	数据类型	连接	PLC 名称
NB	默认变量表	UInt	<内部变量>	

图 9-27 图形画面 　　　　　　　　　图 9-28 新建变量

（2）绘制用于动画叶片图

在其他的绘图工具（如 Visio 或者 AutoCAD 等）中，绘制叶片转动时的六个状态，并将其保存为"1.gpg"、"2.gpg"、"3.gpg"、"4.gpg"、"5.gpg"和"6.gpg"，存放到计算机的某个空间上。这六个图形外观如图 9-29 所示，当在图形域中不断按顺序装载这六幅图片时，就产生动画效果（类似电影的原理）。

（3）编辑图形列表

在图形列表中创建 "Graphic_list_1"，如图 9-29 所示的"1"处，再单击"2"处（单击之前，并没有"1"字样），将图形"1"装载到位，装载图形时，读者要明确事先将"1.gpg"、"2.gpg"、"3.gpg"、"4.gpg"、"5.gpg"和"6.gpg"存放在计算机中的确切位置。

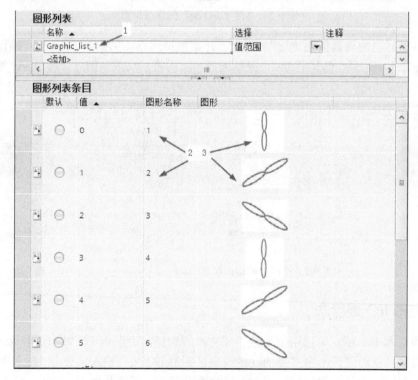

图 9-29 图形列表

（4）组态图形 I/O 域

在画面中选中"图形 I/O 域"，单击"属性"→"属性"→"常规"，将"变量"与"NB"关联，模式改为"输出"，再将"图形列表"与"Graphic_list_1"关联，设置如图 9-30 所示。

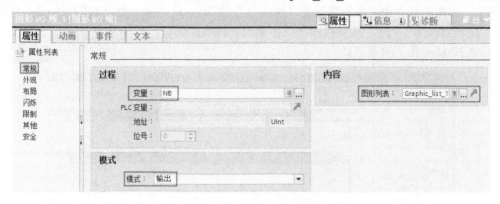

图 9-30 图形 I/O 域常规属性组态

（5）组态按钮

在画面中选中按钮，单击"属性"→"事件"→"单击"，选择函数为"增加变量"，将"变量"与"NB"关联，值为"1"，画面如图 9-31 所示。这样当单击"加 1"按钮时，换一幅画面，产生动画效果。

值"0"与"1.gpg"关联，值"1"与"2.gpg"关联，依次类推，值"5"与"6.gpg"关联，当值（NB）大于等于 6 时，没有图片加载。函数 VBFunction_1 是脚本函数，其功能是当 NB 大于等于 6 时，使 NB 复位为 0。

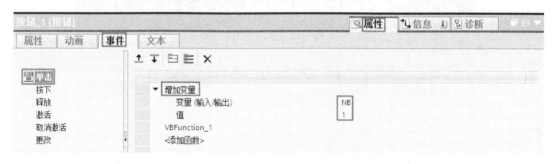

图 9-31 按钮组态画面

（6）仿真运行

当按下工具栏的仿真按钮"🖥"时，仿真器开始模拟运行，如图 9-32 所示。当单击"加 1"按钮一次，换一幅画面，产生动画效果是逆时针旋转。

9.3.8 画面的切换

画面的切换在工程中十分常用，但并不复杂，以下用一个例子介绍三个画面的相互切换。其实施步骤如下。

（1）添加新画面

在 TIA 博途软件项目树中，双击"画面"下的"添加新画面"，新建"画面_1"和"画面_2"，如图 9-33 所示。选中"根画面"，拖入三个按钮，分别命名为"跳转到画面 1"、"跳转到画面 2"和

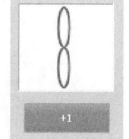

图 9-32 图形 I/O 域运行画面

"停止实时运行"。

（2）根画面中的按钮组态

在根画面中，选中按钮"跳转到画面_1"，再选中事件中的"单击"，选中函数中的"激活屏幕"，选择激活画面函数的参数为"画面_1"，如图 9-34 所示。此步骤的目的是：当单击按钮"跳转到画面 1"时，从当前画面（根画面）转到画面_1。如图 9-35 所示，其含义是退出运行在 HMI 设备上的项目。

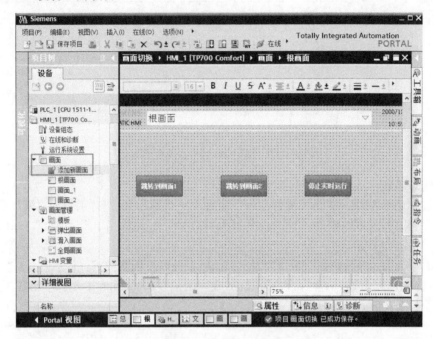

图 9-33　新建画面

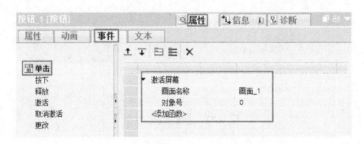

图 9-34　按钮"单击"事件组态（1）

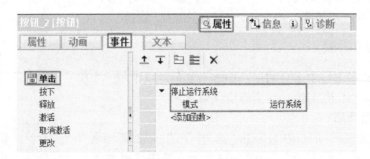

图 9-35　按钮"单击"事件组态（2）

（3）画面_2中的按钮组态

画面_1和画面_2的组态类似，因此只介绍画面_2的组态。先选中"画面_2"，拖入三个按钮，分别命名为"跳转到画面1"、"跳转到前一画面"和"返回根画面"，如图9-36所示。

图9-36 画面_2

在如图9-36中，选中按钮"跳转到前一画面"，再选中事件中的"单击"，选中函数中的"激活前一屏幕"，无参数，如图9-37所示。此步骤的目的是当单击按钮"跳转到前一画面"时，从当前画面（画面_2）转到前一个画面。

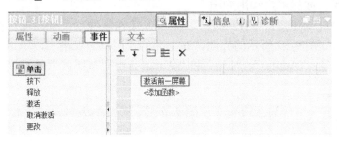

图9-37 按钮"单击"事件组态（3）

在图9-36中，选中按钮"返回根画面"，再选中事件中的"单击"，选中函数中的"根据编号激活屏幕"，画面号为"NB"，如图9-38所示。此步骤的目的是当单击按钮"返回根画面"时，从当前画面（画面_2）返回根画面。当NB为1时，跳转到根画面。当NB为2时，跳转到画面_2。

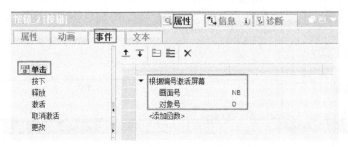

图9-38 按钮"单击"事件组态（4）

9.4 用户管理

9.4.1 用户管理的基本概念

（1）应用领域

控制系统在运行时，有时需要修改某些重要的参数，例如修改温度、压力和时间等参数，修改 PID 控制器的参数值等。很显然这些重要的参数只允许某些指定的人员才能操作，必须防止某些未授权的人员对这些重要数据的访问和修改，而造成某些不必要的损失。通常操作工只能访问指定输入域和功能键，权限最低，而调试工程师则可以不受限制地访问所有的变量，其权限较高。

（2）用户组和用户

用户管理主要涉及两类对象：用户组和用户。

用户组主要设置某一类用户的组具有的特定的权限。用户属于某一个特定的用户组，一个用户只能分配给一个用户组。

在用户管理中，访问权限不能直接分配给用户，而是分配给特定的用户组，某一特定用户被分配到特定的用户组以获得权限，这样，对待特定用户的管理就和对权限的组态分离开来了，方便编程人员组态。

9.4.2 用户管理的组态

以下用一个例子介绍用户管理组态的步骤，实现用户登录、用户注销等功能。

（1）新建项目，创建用户和用户组

新建 HMI 项目，本例为"用户管理"。在 TIA 博途软件项目视图项目树中，双击"用户管理"选项，弹出如图 9-39 所示的界面，在上面的"用户"表格中，单击"添加"按钮，新建三个用户，分别是："Admin"、"Liu"和"Wang"，密码按照读者的习惯设定，本例的三个密码均为"123"。

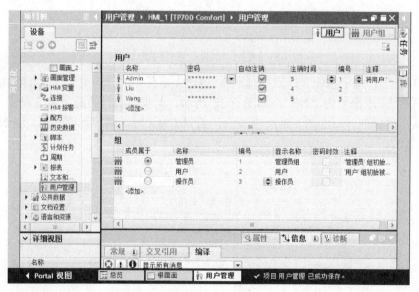

图 9-39 用户选项区

在下面的"组"表格中，单击"添加"按钮，新建三个组，分别是"管理员"、"用户"和"操作员"。当选中上方的"用户"表格中"Admin"时，下面的"组"表格中，对应选择"管理员"；当选中上方的"用户"表格中"Liu"时，下面的"组"表格中，对应选择"用户"；当选中上方的"用户"表格中"Wang"时，下面的"组"表格中，对应选择"操作员"。

如图 9-40 所示，当选中上方的"组"表格中"管理员"时，下面的"权限"表格中，对应选择三项权限；当选中上方的"组"表格中"用户"时，下面的"权限"表格中，对应选择"监视"和"操作"两项权限；当选中上方的"组"表格中"操作员"时，下面的"权限"表格中，对应选择 "操作"一项权限。

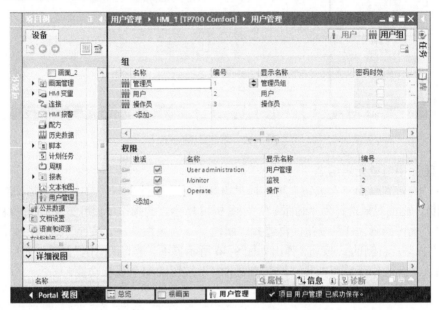

图 9-40　用户组选项区

（2）新建变量

新建内部变量 Tag1，数据类型是 WString，如图 9-41 所示。

图 9-41　新建变量

（3）新建计划任务

在 TIA 博途软件项目视图项目树中，双击"计划任务"选项，弹出如图 9-42 所示的界面，单击"添加"按钮，新建计划任务"Task_1"，触发器选为"用户更改"。

再选择"属性"→"事件"→"更新"选项，选择用户函数"获取用户名"，函数的变量为 Tag1。

（4）新建画面

在 TIA 博途软件项目视图项目树中，双击"添加新画面"选项，添加"画面_1"，在根画面中拖入三个按钮、一个文本框和一个 I/O 域，并修改其属性中的文本，如图 9-43 所示。

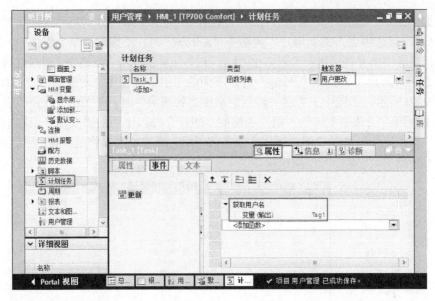

图 9-42　新建计划任务

（5）画面中对象元素组态

选中"跳转到画面 1"按钮，再选择"属性"→"事件"→"单击"选项，选择"激活屏幕"函数，画面对象选择为"画面1"，如图 9-44 所示。此操作步骤可实现画面的跳转功能。

选中"跳转到画面 1"按钮，再选择"属性"→"属性"→"安全"选项，如图 9-45 所示，单击"权限"右侧的 ... 按钮，弹出如图 9-46 所示界面，选择"操作"选项，最后单击"√"按钮以确认。此操作步骤可实现"跳转到画面 1"按钮的安全授权功能。

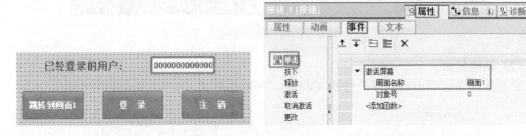

图 9-43　根画面　　　　　图 9-44　"跳转到画面 1"按钮组态（1）

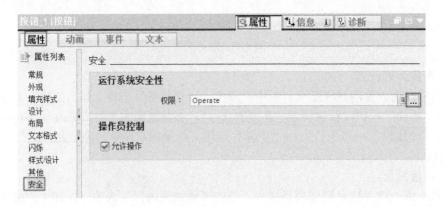

图 9-45　"跳转到画面 1"按钮组态（2）

图 9-46　"跳转到画面 1"按钮组态（3）

选中"登录"按钮，再选择"属性"→"事件"→"单击"选项，选择"显示登录对话框"函数，如图 9-47 所示。

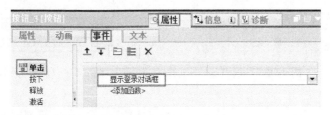

图 9-47　"登录"按钮组态

选中"注销"按钮，再选择"属性"→"事件"→"单击"选项，选择"注销"函数，如图 9-48 所示。

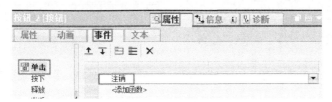

图 9-48　"注销"按钮组态

（6）I/O 域组态

选中 I/O 域，再选择"属性"→"属性"→"常规"选项，将过程变量与"Tag1"关联，如图 9-49 所示。

图 9-49　I/O 域组态

（7）画面_1组态

打开画面_1，拖拽按钮和用户视图控件到画面_1，如图9-50所示。

（8）运行项目

当按下工具栏的"🔲"按钮时，仿真器开始模拟运行。单击"登录"按钮，弹出"登录"对话框如图9-51所示，输入用户名和对应的密码，单击"确定"按钮，登录对话框消失，I/O域中显示的是已经登录的用户名，本例为"Liu"，如图9-52所示。

单击"跳转到画面1"按钮，弹出用户管理视图界面，如图9-53所示，在此视图中可以修改已经登录用户的密码。

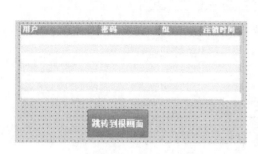

图9-50　画面_1

图9-51　登录对话框界面

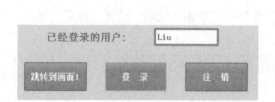

图9-52　登录界面

图9-53　用户管理视图界面

9.5　报警组态

9.5.1　报警组态简介

通过报警可以快速检测自动化系统中的过程控制错误，并准确定位和清除这些错误，从而使得工厂停机时间大幅降低。在输出报警前，需要进行组态。

报警分为：用户定义的报警和系统定义的报警。具体介绍如下。

（1）用户定义的报警

用户定义的报警：用户组态的报警，用来在HMI上显示过程状态，或者测量和报告从PLC接收的过程数据。用户定义的报警分三种。

① 离散量报警：离散量有两种相反的状态，即1和0，1代表触发离散量报警，0代表离散量报警的消失。

② 模拟量报警：模拟量的值（如压力）超出上限或者下限时，触发模拟量报警。

③ PLC 报警：自定义控制器报警是由控制系统工程师在 STEP 7 中创建的。状态值（如时间戳）和过程值被映射到控制器报警中。如果在 STEP 7 中组态了控制器报警，则系统在与 PLC 建立连接后立即将其加入集成的 WinCC 操作中。

在 STEP 7 中，将控制器报警分配给一个报警类别。可以将包含上述控制器报警的报警类别作为公共报警类别导入。

（2）系统定义的报警

系统定义的报警：系统报警用来显示 HMI 设备或者 PLC 中特定的系统状态，系统报警是在这些设备中预定义的。用户定义的报警和系统定义的报警都可以由 HMI 设备或者 PLC 触发，在 HMI 设备上显示。系统定义的报警有两种类型。

① HMI 设备触发的系统定义的报警：如果出现某种内部状态，或者与 PLC 通信时出现错误，由 HMI 设备触发 HMI 系统报警。

② PLC 设备触发的系统定义的报警：这类报警由 PLC 触发，不需要在 WinCC 中组态。

9.5.2 离散量报警组态

以下用一个例子介绍离散量报警的组态过程。

（1）新建项目

新建项目，命名为"报警"，并进行硬件组态，如图 9-54 所示。

图 9-54　网络视图

（2）新建变量

在 TIA 博途软件项目视图项目树的"PLC 变量"中，选中并打开"显示所有变量"，新建变量，如图 9-55 所示。

图 9-55　新建 PLC 变量

在 TIA 博途软件项目视图项目树的"HMI 变量"中，选中并打开"显示所有变量"，新建变量，如图 9-56 所示。

图 9-56　新建 HMI 变量

（3）离散量报警组态

在 TIA 博途软件项目视图项目树中，选中并打开"HMI 报警"，在"离散量报警"选项卡中，设置报警文本为"温度过高"，触发变量为"MW10"，触发位为第 0 位，即地址为 M11.0，如图 9-57 所示。注意：触发位为第 8 位，地址为 M10.0。

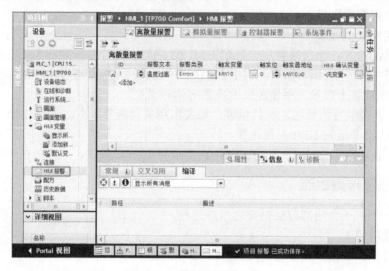

图 9-57　离散量报警组态

（4）组态根画面

打开根画面，将"工具箱"→"控件"中的报警控件视图拖拽到根画面，如图 9-58 所示。

（5）运行仿真

① 先保存和编译项目，选中 PLC 项目，单击工具栏的仿真器"🖳"按钮，启动 PLC 仿真器，再将 PLC 程序下载到仿真器中，然后运行仿真器。

② 选中 HMI 项目，单击工具栏的仿真器"🖳"按钮，HMI 处于模拟运行状态，开始模拟运行。

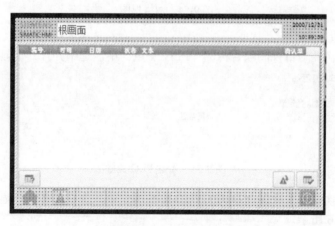

图 9-58　组态根画面

③ 在 PLC 仿真器中，先选中"SIM 表_1"，再在表格中输入要监控的变量"MW10"，单击工具栏中"启用/禁用非输入修改"🖳按钮，将 MW10 的数值改为"16#0001"，最后单击"修改所有选定值"🖋按钮，如图 9-59 所示。此步骤的操作结果实际就是使得 M11.0=1，

也就是激活离散量报警。HMI 中弹出如图 9-60 所示的报警。

图 9-59　修改变量值

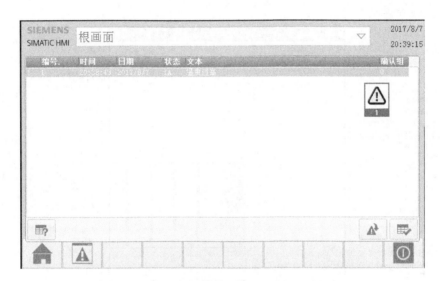

图 9-60　报警画面

9.6　创建一个简单的 HMI 项目

9.6.1　一个简单的 HMI 项目技术要求描述

一个简单的 HMI 项目的技术要求描述如下：

利用一台西门子 TP700 精致面板监控西门子 PLC 系统（CPU1511-1PN、SM521、SM531 和 SM522），要求实现如下功能。

① 控制和显示电动机的启动和停止，显示测量温度。

② 当采样的温度值高于设定数值时，报警。

③ 当模块 SM521 断线时，显示其断线的通道。

④ 创建 3 个画面，能自由切换。

⑤ 显示系统时间，并能实现 PLC 与 HMI 时间同步。

9.6.2　一个简单的 HMI 项目创建步骤

以下将详细介绍此简单 HMI 项目的创建步骤。

（1）新建项目，并组态硬件

① 启动计算机中的 TIA 博途软件，新建项目，命名为"MyFirstProject"。

② 在 TIA 博途软件项目视图项目树中，选中并双击"添加新设备"选项，选中"控制器"→"SIMATIC S7-1500"→"CPU"→"CPU 1511-1 PN"→"6ES7 511-1AK00-0AB0"，最后单击"确定"按钮，CPU 模块添加完成。

在 TIA 博途软件项目视图项目树中，选中并双击"设备组态"选项，选中"硬件目录"→"DI"→"DI 16×24VDC HF"→"6ES7 521-1BH00-0AB0"，将其拖拽到第 2 槽位，如图 9-61 所示。用同样的方法，添加模块"SM522"和"SM531"。

选中"DI 16×24VDC HF"模块，再选中"属性"→"常规"→"输入 0-15"→"通道 0"，勾选"断路"，这样设置的目的是当该通道的接线断路时，发出信息到 HMI，HMI 上显示诊断故障信息。

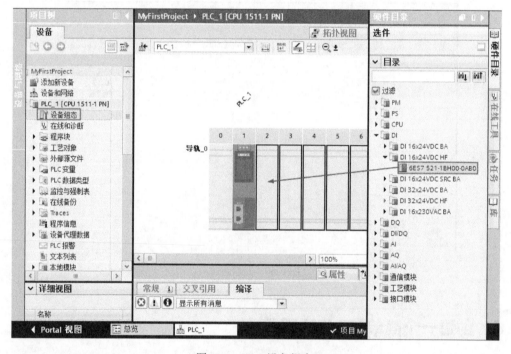

图 9-61　PLC 设备组态

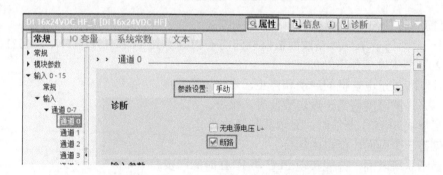

图 9-62　"DI 16×24VDC HF"模块诊断设置

③ 在 TIA 博途软件项目视图项目树中，选中并双击"添加新设备"选项，选中"HMI"→"HMI"→"SIMATIC 精智面板"→"7" 显示屏"→"TP700 精智面板"→"6AV2

124-0GC01-0AX0"，最后单击"确定"按钮，弹出 HMI 设备向导界面，如图 9-63 所示，单击"浏览"按钮，在弹出的界面中选择"PLC_1"，单击"√"按钮，最后单击"完成"按钮，PLC 和 HMI 的连接创建完成。

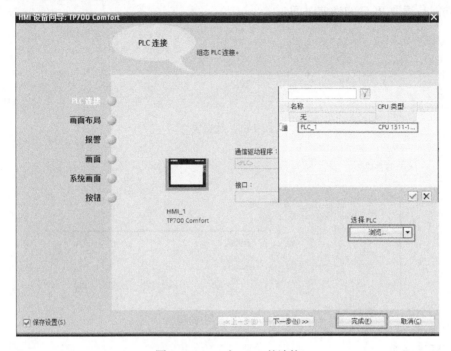

图 9-63　PLC 与 HMI 的连接

（2）新建变量

在 TIA 博途软件项目视图项目树的"PLC 变量"中，选中并打开"显示所有变量"，新建变量，如图 9-64 所示。

	名称	变量表	数据类型	地址	保持
1	Start	默认变量表	Bool	%M0.0	
2	Stop1	默认变量表	Bool	%M0.1	
3	Motor	默认变量表	Bool	%Q0.0	
4	Temperature	默认变量表	Int	%MW2	
5	Alarm	默认变量表	UInt	%MW4	
6	<添加>				

图 9-64　新建 PLC 变量

在 TIA 博途软件项目视图项目树的"HMI 变量"中，选中并打开"显示所有变量"，新建变量，如图 9-65 所示。

名称	连接	PLC 名称	PLC 变量	地址
Motor	HMI_连接_1	PLC_1	Motor	
Temperature	HMI_连接_1	PLC_1	Temperature	
Alarm	HMI_连接_1	PLC_1	Alarm	
Tag_ScreenNumber	<内部变量>		<未定义>	
Start	HMI_连接_1	PLC_1	Start	
Stop1	HMI_连接_1	PLC_1	Stop1	
<添加>				

图 9-65　新建 HMI 变量

（3）编写程序

在 TIA 博途软件项目视图项目树的"程序块"中，双击"添加新块"，新建数据块"数据块_1"和 循环组织块"OB30"。"数据块_1"如图 9-66 所示。OB30 中的程序如图 9-67 所示，其功能是读取 PLC 的当前时间。

	名称		数据类型	启动值	保持性	可从 HMI …	在 HMI …	设置…
1		▼ Static						
2		■ NowTime	Date_And_Time	DT#1990-01-01-0	☐	☑	☑	☐
3		■ Value	DWord	16#0	☐	☑	☑	☐
4		■ <新增>			☐			☐

图 9-66　数据块_1

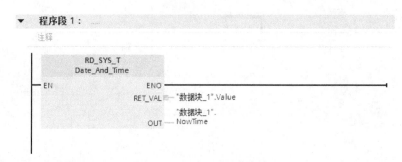

图 9-67　OB30 中的程序

（4）新建画面

① 在 TIA 博途软件项目视图项目树的"画面"中，选中并双击"添加新画面"，新建"画面 1"和"画面 2"。

② 将四个按钮、一个文本框、两个矩形框和一个 I/O 域拖拽到根画面，并修改其文本属性，如图 9-68 所示。

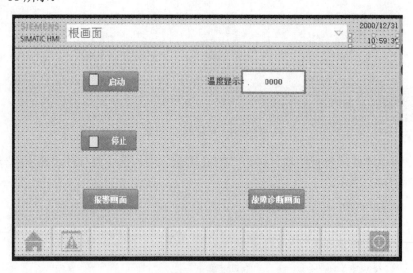

图 9-68　根画面组态

（5）画面中控件组态

① 选中"启动"按钮，再选中"属性"→"事件"→"按下"，系统函数为"置位位"，

变量为"Start"和"Motor"，如图9-69所示，也就是按下启动按钮，变量"Start"和"Motor"置位。

　　选中"启动"按钮，再选中"属性"→"事件"→"释放"，系统函数为"复位位"，变量为"Start"，如图9-70所示，也就是释放启动按钮，变量"Start"复位。

　　选中"启动"按钮上的矩形框，再选中"属性"→"动画"，双击"添加新动画"选项，选择"外观"，如图9-71所示，将变量与"Motor"关联。当"Motor"值为0时，其背景颜色为红色，代表没有启动；当"Motor"值为1时，其背景颜色为绿色，代表启动。

图9-69　启动按钮组态——按下

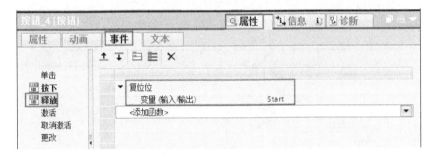

图9-70　启动按钮组态——释放

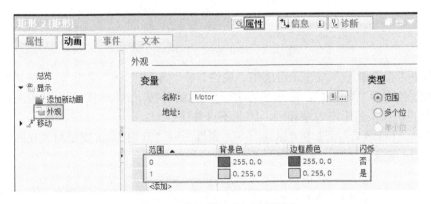

图9-71　启动按钮上矩形框组态

　　② 选中"停止"按钮，再选中"属性"→"事件"→"按下"，系统函数为"置位位"，变量为"Stop1"；系统函数为"复位位"，变量为"Motor"。如图9-72所示，也就是按下启动按钮，变量"Stop1"置位，"Motor"复位。

　　选中"停止"按钮，再选中"属性"→"事件"→"释放"，系统函数为"复位位"，变量为"Stop1",如图 9-73 所示,也就是释放启动按钮,变量"Stop1"复位。

选中"停止"按钮上的矩形框,再选中"属性"→"动画",双击"添加新动画"选项,选择"外观",如图 9-74 所示,将变量与"Motor"关联。当"Motor"值为 1 时,其背景颜色为红色,代表停止;当"Motor"值为 0 时,其背景颜色为绿色,代表启动。

图 9-72　停止按钮组态——按下

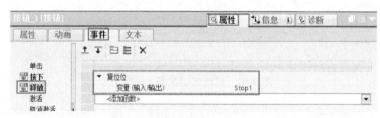

图 9-73　停止按钮组态——释放

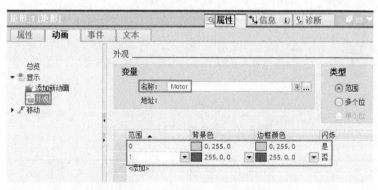

图 9-74　停止按钮上矩形框组态

③ 选中"报警画面"按钮,再选中"属性"→"事件"→"单击",系统函数为"激活屏幕",画面名称为"画面 1",如图 9-75 所示,也就是按下此按钮,画面从根画面切换到画面 1。其余的切换按钮组态方法相同,因此不再赘述。

④ 选中"I/O 域",再选中"属性"→"属性"→"常规",将变量与"Temperature"关联,如图 9-76 所示。

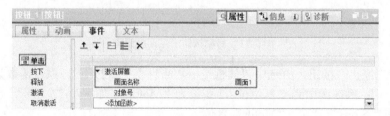

图 9-75　画面切换按钮组态

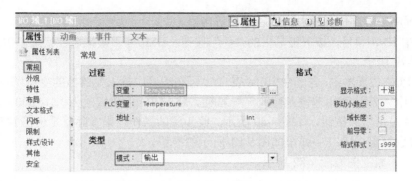

图 9-76 I/O 域组态

⑤ 打开画面 1，将"报警视图"控件 📋 拖拽到画面中；再打开画面 2，将"系统诊断视图"控件 📋 拖拽到画面中。

（6）离散量报警组态

在 TIA 博途软件项目视图项目树中，选中并打开"HMI 报警"，在"离散量报警"选项卡中，设置报警文本为"温度过高"，触发变量为"Alarm"，触发位为第 0 位，即地址 M5.0，如图 9-77 所示。

图 9-77 离散量报警组态

（7）设置区域指针

在 TIA 博途软件项目视图项目树的"HMI 变量"中，选中并打开"连接"，选择"区域指针"选项卡，按照图 9-78 所示设置。这样设置的目的是把从 PLC 中读出的系统时间用于同步 HMI。

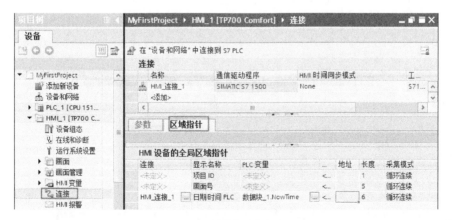

图 9-78 设置区域指针

（8）仿真运行

① 先保存和编译项目，选中 PLC 项目，按下工具栏的"🖥"按钮，启动 PLC 仿真器，

再将 PLC 程序下载到仿真器中，然后运行仿真器。

② 选中 HMI 项目，按下工具栏的"⊒"按钮，HMI 处于模拟运行状态，仿真器模拟运行，如图 9-79 所示。

③ 在 PLC 仿真器中，先选中"SIM 表_1"，再在表格中输入要监控的变量"Temperature"，单击工具栏中"启用/禁用非输入修改"⊒按钮，将 MW4 的数值改为"16#0001"，最后单击"修改所有选定值"♪按钮，如图 9-80 所示。此步骤的操作结果实际就是使得 M5.0=1，也就是激活离散量报警。HMI 中弹出如图 9-81 所示的报警。

④ 故障诊断视图如图 9-82 所示。

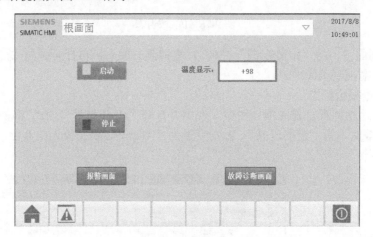

图 9-79 HMI 根画面

图 9-80 PLC 仿真器

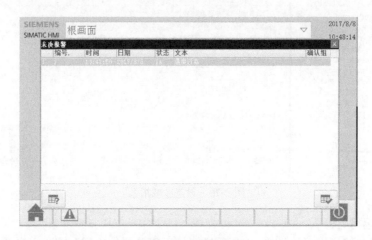

图 9-81 报警视图

图 9-82　故障诊断视图

第10章

SIMATIC S7-1500 PLC 的故障诊断技术

本章介绍 PLC 的故障诊断方法，重点介绍西门子 SIMATIC S7-1500 PLC 常用故障诊断方法。

10.1 PLC 控制系统的故障诊断概述

PLC 是运行在工业环境中的控制器，一般而言可靠性比较高，出现故障的概率较低，但是，出现故障也是难以避免的。一般引发故障的原因有很多，故障的后果也有很多种。

引发故障的原因虽然不能完全控制，但是可以通过日常的检查和定期的维护来消除多种隐患，把故障率降到最低。故障的后果轻的可能造成设备停机，影响生产量；重的可能造成财产损失和人员伤亡，如果是一些特殊的控制对象，一旦出现故障可能会引发更严重的后果。

故障发生后，对于维护人员来说最重要的是找到故障的原因，迅速排除故障，尽快恢复系统的运行。对于系统设计人员来说，在设计时要考虑到系统出现故障后的自我保护措施，力争使故障的停机时间最短，故障产生的损失最小。

一般 PLC 的故障主要是由外部故障或内部错误造成。外部故障是由外部传感器或执行机构故障等引发 PLC 产生故障，可能会使整个系统停机，甚至烧坏 PLC。

而内部错误是 PLC 内部的功能性错误或编程错误造成的，可以使系统停机。SIMATIC S7-1500 PLC 具有很强的错误（或称故障）检测和处理能力，CPU 检测到某种错误后，操作系统调用对应的组织块，用户可以在组织块中编程，对发生的错误采取相应的措施。对于大多数错误，如果没有给组织块编程，出现错误时 CPU 将进入 STOP 模式。

10.1.1 引发 PLC 故障的外部因素

（1）外部电磁感应干扰

PLC 外部存在干扰源，通过辐射或者电源线侵入 PLC 内部，引发 PLC 误动作，或者造成 PLC 不能正常工作或者停机，严重时，甚至烧毁 PLC。常见的措施如下。

① PLC 周围有接触器等感性负载，可加冲击电压吸收装置，如 RC 灭弧器。

② 缩短输入和输出线的距离，并与动力线分开。

③ 模拟量、通信线等信号应采用屏蔽线。线路较长时，可以采用中继方式。

④ PLC 的接地端子不能和动力线混用接地。

⑤ PLC 的输入端可以接入滤波器，避免从输入端引入干扰。

（2）外部环境

① 对于振动大的设备，安装电柜需要加橡胶垫等防振垫。

② 潮湿、腐蚀和多尘的场合容易造成生锈、接触不良、绝缘性能降低和短路等故障。这种情况应使用密封控制柜，有时还要采用户外型电器等特殊电器。

③ 对于温度高的场合，应加装排风扇，过高的场合则要加装空调。温度过低场合则要加装加热器。

（3）电源异常

主要有缺相、电压波动、停电等，这些故障多半由风、雪和雷电造成。常见措施如下。

① 直接启动电机而造成回路电压下降，PLC 回路应尽量与其分离。

② PLC 的供电回路采用独立的供电回路。

③ 选用 UPS 供电电源，提高供电可靠性和供电质量。

（4）雷击、感应电

雷击、感应电形成的冲击电压有时也会造成 PLC 损毁。常见措施如下。

① 在 PLC 的输入端加压敏电阻等吸收元件。

② 加装浪涌吸收器或者氧化锌避雷器。

10.1.2　PLC 的故障类型和故障信息

（1）PLC 故障类型

PLC 控制系统的硬件包括电源模块、I/O 模块、现场输入/输出元器件，以及一些导线、接线端子和接线盒。

PLC 控制系统的故障是 PLC 故障和外围故障的总和。外围故障也会造成 PLC 故障。PLC 控制系统的故障也可分为软件故障和硬件故障，其中硬件故障占 80%。

PLC 控制系统的故障分布：

CPU 模块故障占 5%；

单元故障占 15%；

系统布线故障占 5%；

输出设备故障占 30%；

输入设备故障占 45%。

控制系统故障中，20%是由恶劣环境造成，80%是由用户使用不当造成的。

（2）PLC 控制系统故障的分布与分层

PLC 的外设故障占 95%，外设故障主要是继电器、接触器、接近开关、阀门、安全保护、接线盒、接线端子、螺纹连接、传感器、电源、电线和地线等。

PLC 自身故障占 5%，其中 90%为 I/O 模块的故障，仅有 10%是 CPU 模块的故障。首先将故障分为三个层次，第一层（是外部还是内部故障），第二层（是 I/O 模块还是控制器内部），第三层（是软件还是硬件故障）。

① 第一层　利用 PLC 输入、输出 LED 灯判断是否为第一层故障。

② 第二层　利用上位监控系统判断第二层次的故障，例如：I0.0 是输入，显示为 ON，Q0.0 显示为 ON，表示输入和输出都有信号，但 PLC 无输出，则判断 PLC 的外围有故障。

③ 第三层　例如清空 PLC 中的程序，下载一个最简单的程序到 PLC 中，如 PLC 正常运行，则大致判断 PLC 正常。

（3）PLC 控制系统最易发生故障的部分

① 电源和通信系统　PLC 的电源是连续工作的，电压和电流的波动造成冲击是不可避免的，据 IBM 统计大约有 70%以上的故障，归根结底源自工作电源。

外部的干扰是造成通信故障的主要原因，此外经常插拔模块，印刷电路板的老化和各种环境因素都会影响内部总线通信。

② PLC 的 I/O 端口　I/O 模块的损坏是 PLC 控制系统中较为常见的，减少 I/O 模块的损

坏首先要正确设计外部电路，不可随意减少外部保护设备，其次对外部干扰因素进行有效隔离。

③ 现场设备　现场设备的故障比较复杂，不在本书讲解范围。

10.1.3　PLC 故障诊断方法

（1）PLC 故障的分析方法

通常全局性的故障一般会在上位机上显示多处元件不正常，这通常是 CPU、存储器、通信模块和公共电源等发生故障。PLC 故障分析方法如下。

① 根据上位机的故障信息查找，准确而且及时。

② 根据动作顺序诊断故障，比较正常和不正常动作顺序，分析和发现可疑点。

③ 根据 PLC 的输入/输出口状态诊断故障。如果是 PLC 自身故障，则不必查看程序即可查询到故障。

④ 通过程序查找故障。

（2）电源故障的分析方法

PLC 的电源为 DC24V，范围是 24V±5%，而电源是 AC220V，范围是 220V±10%。

当主机接上电源，指示灯不亮，可能的原因有：如拔出+24V 端子，指示灯亮，表明 DC 负载过大，这种情况，不要使用内部 24V 电源；如拔出+24V 端子，指示灯不亮，则可能熔体已经烧毁，或者内部有断开的地方。

当主机接上电源，指示灯 POWER 闪亮，则说明+24V 和 COM 短路了。

BATF 灯亮表明锂电池寿命结束，要尽快更换电池。

（3）PLC 电源的抗干扰

PLC 电源的抗干扰处理的方法如下。

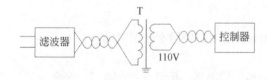

图 10-1　PLC 电源的抗干扰

① 把控制器、I/O 电源和其他设备电源分别用不同的隔离变压器供电会更好。

② 控制器的 CPU 用一个开关电源，外部负载用一个开关电源。

PLC 电源的抗干扰处理典型例子如图 10-1 所示。

10.1.4　PLC 外部故障诊断方法

（1）输入给 PLC 信号出错的原因

① 信号线的短路或者断路，主要原因是老化、拉扯、压砸线路或振动。

② 机械触头抖动。机械抖动压下一次，PLC 可能认为抖动了几次，硬件虽然加了滤波或者软件增加了微分，但由于 PLC 扫描周期短，仍然会影响计数、移位等。

③ 现场传感器、继电器等损坏。

（2）执行机构出错的可能原因

① 输出负载没有可靠工作，如 PLC 已经发出信号，但继电器没有工作。

② PLC 自身故障，因此负载不动作。

③ 电动阀该动作没动作，或者没到位。

（3）PLC 控制系统布线抗干扰措施

1）电源的接线和接地

① 电源隔离器两端尽量采用双绞线，或者屏蔽电缆；电源线和 I/O 线要尽量分开布置。

②　交流和直流线要分别使用不同的电缆，分开捆扎，最好分槽走线。

③　共同接地是传播干扰的常见措施。应将动力线的接地和控制接地分开，动力线的接地应接在地线上，PLC 的接地接在机柜壳体上。要保证 PLC 控制系统的接地线和动力线的屏蔽线尽量等电位。

2）输入和输出布线　PLC 的输入线指外部传感器、按钮等与 PLC 的输入接口的接线。开关量信号一般采用普通电缆，如距离较远则要采用屏蔽电缆。高速信号和模拟量信号应采用屏蔽电缆。不同的信号线，最好不要共用同一接插件，以减少相互干扰。

尽量减少配线回路的距离。输入和输出信号电缆穿入专用的电缆管，或者独立的线槽中敷设。当信号距离较远时，如 300m，可以采用中间继电器转接信号。通常布线要注意以下几点。

①　输入线的长度一般不长于 30m。良好的工作环境，距离可以适当加长。

②　输入线和输出线不能使用同一电缆，应分开走线，开关量和模拟量要分开敷设。

③　输入和输出回路配线时，必须使用压接端子或者单股线，多股线直接与 PLC 端子压接时，容易产生火花。

（4）外部故障的排除方法详细说明和处理

PLC 有很强的自诊断能力，当 PLC 自身故障或外围设备发生故障，都可用 PLC 上具有诊断指示功能的发光二极管的亮灭来诊断。

①　故障查找　根据总体检查流程图找出故障点的大方向，逐渐细化，以找出具体故障，如图 10-2 所示。

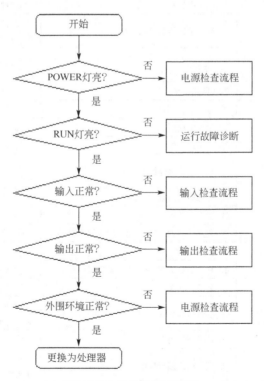

图 10-2　总体检查流程图

②　故障的处理　不同故障产生的原因不同，它们也有不同的处理方法，CPU 装置、I/O 扩展装置故障处理见表 10-1。

表 10-1 CPU 装置、I/O 扩展装置故障处理

序号	异 常 现 象	可 能 原 因	处 理
1	[POWER]LED 灯不亮	① 电压切换端子设定不良 ② 保险丝熔断	① 正确设定切换端子 ② 更换保险丝
2	保险丝多次熔断	① 电压切换端子设定不良 ② 线路短路或烧坏	① 正确设定切换端子 ② 更换电源单元
3	[RUN]LED 灯不亮	① 程序错误 ② 电源线路不良 ③ I/O 单元号重复 ④ 远程 I/O 电源关	① 修改程序 ② 更换 CPU 单元 ③ 修改 I/O 单元号 ④ 接通电源
4	运行中输出端没闭合（[POWER]灯亮）	电源回路不良	更换 CPU 单元
5	编号以后的继电器不动作	I/O 总线不良	更换基板单元
6	特定的继电器编号的输出（入）接通	I/O 总线不良	更换基板单元
7	特定单元的所有继电器不接通	I/O 总线不良	更换基板单元

输入单元故障处理见表 10-2。

表 10-2 输入单元故障处理

序号	异 常 现 象	可 能 原 因	处 理
1	输入全部不接通（动作指示灯也灭）	① 未加外部输入电压 ② 外部输入电压低 ③ 端子螺钉松动 ④ 端子板连接器接触不良	① 供电 ② 加额定电源电压 ③ 拧紧 ④ 把端子板重新插入、锁紧。更换端子板连接器
2	输入全部断开（输入指示灯也灭）	输入回路不良	更换单元
3	输入全部不关断	输入回路不良	更换单元
4	特定继电器编号的输入不接通	① 输入器件不良 ② 输入配线断线 ③ 端子螺钉松弛 ④ 端子板连接器接触不良 ⑤ 外部输入接触时间短 ⑥ 输入回路不良 ⑦ 程序的 OUT 指令中用了输入继电器编号	① 更换输入器件 ② 检查输入配线 ③ 拧紧 ④ 把端子板重新插入、锁紧。更换端子板连接器 ⑤ 调整输入组件 ⑥ 更换单元 ⑦ 修改程序
5	特定继电器编号的输入不关断	① 输入回路不良 ② 程序的 OUT 指令中用了输入继电器编号	① 更换组件 ② 修改程序
6	输入出现不规则的 ON/OFF 现象	① 外部输入电压低 ② 噪声引起的误动作 ③ 端子螺钉松动 ④ 端子板连接器接触不良	① 使外部输入电压在额定值范围 ② 抗干扰措施：安装绝缘变压器、安装尖峰抑制器、用屏蔽线配线等 ③ 拧紧 ④ 把端子板重新插入、锁紧。更换端子板连接器
7	异常动作的继电器编号为 8 点单位	① COM 端螺钉松动 ② 端子板连接器接触不良 ③ CPU 不良	① 拧紧 ② 把端子板重新插入、锁紧。更换端子板连接器 ③ 更换 CPU 单元

序号	异常现象	可能原因	处理
8	输入动作指示灯不亮（动作正常）	LED 灯坏	更换单元

输出单元故障处理见表 10-3。

表 10-3　输出单元故障处理

序号	异常现象	可能原因	处理
1	输出全部不接通	① 未加负载电源	① 加电源
		② 负载电源电压低	② 使电源电压为额定值
		③ 端子螺钉松动	③ 拧紧
		④ 端子板连接器接触不良	④ 把端子板重新插入、锁紧。更换端子板连接器
		⑤ 保险丝熔断	⑤ 更换保险丝
		⑥ I/O 总线接触不良	⑥ 更换单元
		⑦ 输出回路不良	⑦ 更换单元
		⑧ 输出点烧毁	⑧ 更换输出模块
2	输出全部不关断	输出回路不良	更换单元
3	特定继电器编号的输出不接通（动作指示灯灭）	① 输出接通时间短	① 更换单元
		② 程序中指令的继电器编号重复	② 修改程序
		③ 输出回路不良	③ 更换单元
4	特定继电器编号的输出不接通（动作指示灯亮）	① 输出器件不良	① 更换输出器件
		② 输出配线断线	② 检查输出线
		③ 端子螺钉松动	③ 拧紧
		④ 端子接触不良	④ 端子充分插入、拧紧
		⑤ 继电器输出不良	⑤ 更换继电器
		⑥ 输出回路不良	⑥ 更换单元
5	特定继电器编号的输出不关断（动作指示灯灭）	① 输出继电器不良	① 更换继电器
		② 由于漏电流或残余电压而不能关断	② 更换负载或加负载电阻
6	特定继电器编号的输出不关断（动作指示灯亮）	① 程序 OUT 指令的继电器编号重复	① 修改程序
		② 输出回路不良	② 更换单元
7	输出出现不规则的 ON/OFF 现象	① 电源电压低	① 调整电压
		② 程序 OUT 指令的继电器编号重复	② 修改程序
		③ 噪声引起的误动作	③ 抗噪声措施：装抑制器、装绝缘变压器、用屏蔽线配线等
		④ 端子螺钉松动	④ 拧紧
		⑤ 端子接触不良	⑤ 端子充分插入、拧紧
8	异常动作的继电器编号为8点单位	① COM 端子螺钉松动	① 拧紧
		② 端子接触不良	② 端子充分插入、拧紧
		③ 保险丝熔断	③ 更换保险丝
		④ CPU 不良	④ 更换 CPU 单元
9	输出指示灯不亮（动作正常）	LED 灯坏	更换单元

10.1.5　SIMATIC S7-1500 PLC 诊断简介

SIMATIC S7-1500 PLC 的故障诊断功能相较于 S7-300/400 PLC 而言，更加强大，其系统诊断功能集成在操作系统中，使用者甚至不需要编写程序就可很方便地诊断出系统故障。

（1）SIMATIC S7-1500 PLC 的系统故障诊断原理

SIMATIC S7-1500 PLC 的系统故障诊断原理如图 10-3 所示，一共分为五个步骤，具体如下。

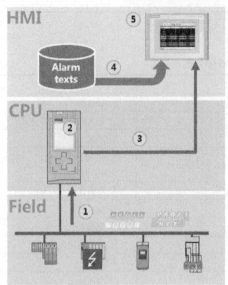

① 当设备发生故障时，识别及诊断事件发送到 CPU。

② CPU 的操作系统分析错误信息，并调用诊断功能。

③ 操作系统的诊断功能自动生成报警，并将报警发送至 HMI（人机界面）、PC（如安装 WinCC）和 WebServer 等。

④ 在 HMI 中，自动匹配报警文本到诊断事件。

⑤ 报警信息显示在报警控件中，便于使用者诊断故障。

（2）SIMATIC S7-1500 PLC 系统诊断的优势

① 系统诊断是 PLC 操作系统的一部分，无需额外编辑。

图 10-3 SIMATIC S7-1500 PLC 的系统故障诊断原理

② 无需外部资源。

③ 操作系统已经预定义报警文本，减少了设计者编辑工作量。

④ 无需大量测试。

⑤ 错误最小化，降低了开发成本。

（3）SIMATIC S7-1500 PLC 故障诊断的方法

SIMATIC S7-1500 PLC 故障诊断的方法很多，归纳有如下几种。

① 通过模块或通道的 LED 灯诊断故障。

② 通过 TIA 博途软件 PG/PC 诊断故障。

③ 通过 PLC 系统的诊断功能诊断故障。

④ 通过 PLC 的 Web 服务器诊断故障。

⑤ 通过 PLC 的显示屏诊断故障。

⑥ 通过用户程序诊断故障。

⑦ 通过自带诊断功能的模块诊断故障。

⑧ 通过 HMI 或者上位机软件诊断故障。

实际工程应用中是以上一种或者几种方法组合应用。在后续章节将详细介绍以上的故障诊断方法。

10.2 通过模块或者通道的 LED 灯诊断故障

10.2.1 通过模块的 LED 灯诊断故障

与 SIMATIC S7-300/400 PLC 相比，SIMATIC S7-1500 PLC 的 LED 灯较少，只有三盏 LED

灯，用于指示当前模块的工作状态。对于不同类型的模块，LED 指示的状态可能略有不同。模块无故障时，运行 LED 为绿色，其余指示灯熄灭。以 CPU1511-1PN 模块为例，其顶部的三盏 LED 灯，分别是 RUN/STOP（运行/停止）、ERROR（错误）和 MAINT（维护），这三盏 LED 灯不同组合对应不同含义，见表 10-4。

表 10-4　CPU1511-1PN 模块的故障对照表

LED 指示灯			含义
RUN/STOP	ERROR	MAINT	
灭	灭	灭	CPU 电源电压过小或不存在
灭	红色闪烁	灭	发生错误
绿色亮	灭	灭	CPU 处于 RUN 模式
绿色亮	红色闪烁	灭	诊断事件不确定
绿色亮	灭	黄色亮	设备需要维护，必须在短时间内检查/更换故障硬件
			激活了强制作业
			PROFenergy 暂停
绿色亮	灭	黄色闪烁	设备需要维护，必须在短时间内检查/更换故障硬件
			组态错误
黄色亮	灭	黄色闪烁	固件更新已成功完成
黄色亮	灭	灭	CPU 处于 STOP 模式

10.2.2　通过模块通道的 LED 灯诊断故障

对于模拟量模块不仅有模块 LED 指示灯，而且有的模拟量模块（如带诊断功能的模拟量模块），每个通道的 LED 指示灯都是双色的，即可以显示红色或者绿色，这些颜色代表了对应通道的工作状态。以模拟量输入模块 AI 8xU/I HS（SE7531-7NF10-0AB0）为例，其每个通道的 LED 指示灯含义见表 10-5。

表 10-5　模拟量输入模块 AI 8xU/I HS 通道 LED 指示灯的含义

LEDCHx	灯熄灭	绿灯亮	红灯亮
含义	通道禁用	通道已组态，并且组态正确	通道已组态，但有错误

通过 LED 诊断故障简单易行，这是其优势，但这种方法往往不能精确定位故障，因此在工程实践中通常需要其他故障诊断方法配合使用，以达到精确诊断故障。

10.3　通过 TIA 博途软件的 PG/PC 诊断故障

当 PLC 有故障时，可以通过安装了 TIA 博途软件的 PG/PC 进行诊断。在项目视图中，先单击"在线"按钮 ，使得 TIA 博途软件与 SIMATIC S7-1500 PLC 处于在线状态。再单击项目树下的 CPU 的"在线和诊断"菜单，即可查看"诊断"→"诊断缓冲区"的消息。如图 10-4 所示，双击任何一条信息，其详细信息将显示在下方"事件详细信息"的方框中。此处用手机扫描二维码可观看视频"通过 TIA 博途软件的 PG/PC 诊断故障"。

查看"诊断"→"诊断状态"的消息，如图 10-5 所示，可以查看到故障信息，本例为：加载的组态和离线项目不完全相同。

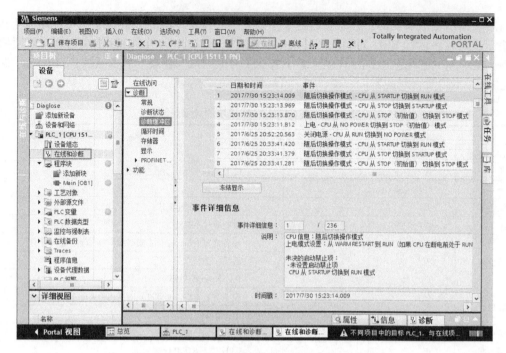

图 10-4　通过 TIA 博途软件查看诊断信息（1）

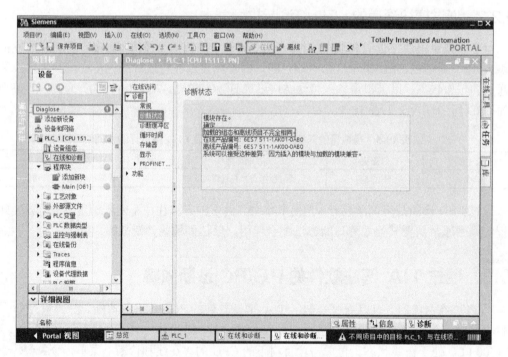

图 10-5　通过 TIA 博途软件查看诊断信息（2）

在项目视图中，单击"在线"按钮 ，使得 TIA 博途软件 与 SIMATIC S7-1500 PLC 处于在线状态。单击"设备视图"选项卡，如图 10-6 所示，可以看到"1"的两个模块上有绿色的"√"，表明前两个模块正常。而"2"处的模块上有红色的"×"，表明此模块缺失或者有故障，经过检查，发现该硬件实际不存在。在硬件组态中，删除此模块，编译后下载，不再显示故障信息。

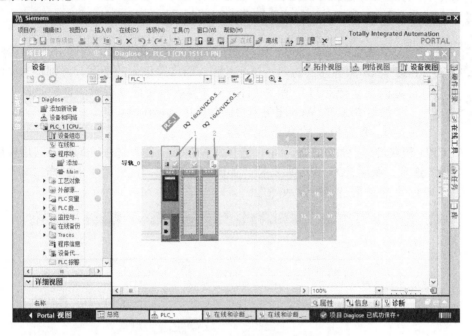

图 10-6　通过 TIA 博途软件查看设备状态

在项目视图中，单击"在线"按钮，使得 TIA 博途软件与 SIMATIC S7-1500 PLC 处于在线状态。单击"网络视图"选项卡，如图 10-7 所示，可以看到"1"处有红色扳手形状的标识，表明此处有网络故障，检查后发现第二个 CPU1511-1PN 模块的电源没有供电，导致网络断开。

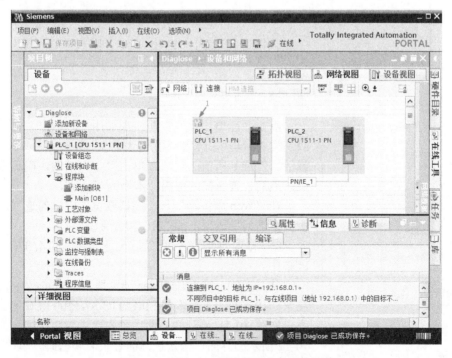

图 10-7　通过 TIA 博途软件查看网络状态

10.4 通过 PLC 的 Web 服务器诊断故障

SIMATIC S7-1500 CPU 内置了 Web 服务器，可以通过 IE 浏览器实现对 PLC Web 服务器的访问，这为故障诊断带来很大的便利，特别是当操作者的计算机没有安装 TIA 博途软件或者未掌握使用此软件时，更是如此。

通过 PLC 的 Web 服务器诊断故障的具体步骤如下。

① 激活 PLC 的 Web 服务器。

选中 CPU 模块，在设备视图选项中，选择"Web 服务器"选项，勾选"启用模块上的 Web 服务器"选项，激活 PLC Web 服务器，如图 10-8 所示。此处用手机扫描二维码可观看视频"通过 PLC 的 Web 服务器诊断故障"。

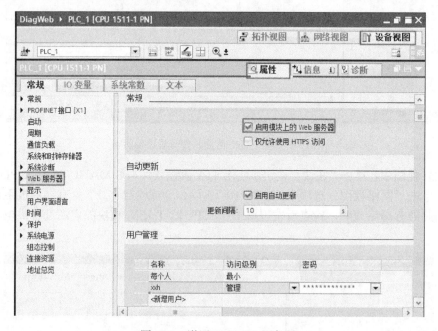

图 10-8 激活 PLC Web 服务器

图 10-9 激活"用户已授权"选项

点击"新增用户"按钮，添加用户"xxh"。选择其访问级别为"管理"，弹出"用户已授权"界面如图 10-9 所示，激活（勾选）所需的权限，单击"√"按钮，确认激活的权限。最后设置所需的密码，本例为"xxh"。

在"Web 服务器"→"接口概览"中，勾选"启用 Web 服务器访问"选项，如图 10-10 所示。

② 将项目编译和保存后，下载到 SIMATIC S7-1500 PLC 中。

③ 打开 Internet Explorer 浏览器，输入http://192.168.0.1，注意：192.168.0.1 是本例 SIMATIC S7-1500 PLC 的 IP 地址。弹出如图 10-11 所示的界面，单击"进入"按钮，弹出如图 10-12 所示的界面，输入正确的登录名和密码，单击"登录"按钮，即可进入主画面。

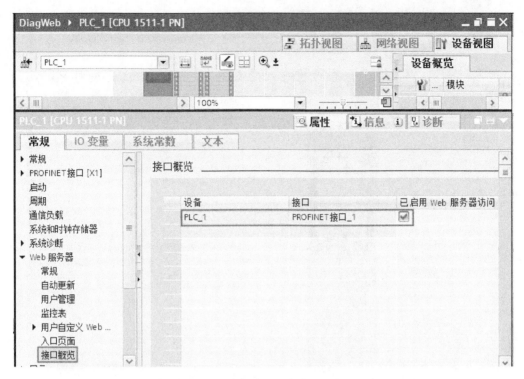

图 10-10　启用 Web 服务器访问

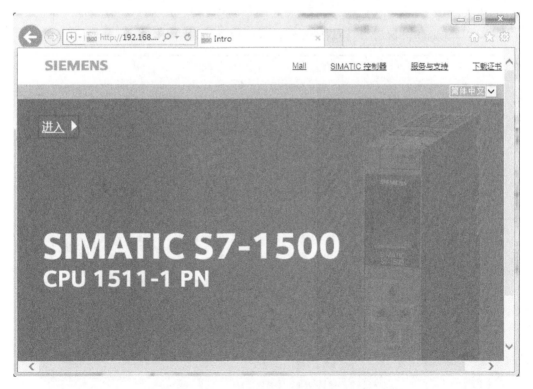

图 10-11　SIMATIC S7-1500 Web 服务器进入画面

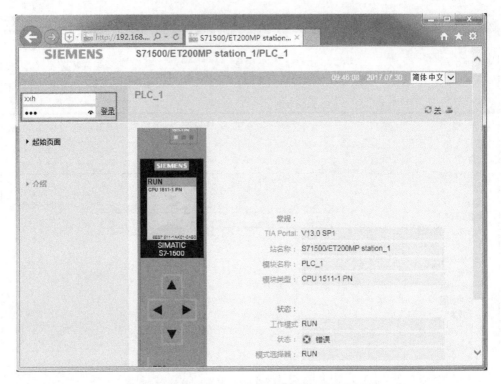

图 10-12　SIMATIC S7-1500 Web 服务器登录画面

④ 查看信息。

a. 单击"诊断缓冲区",可查看诊断缓冲区的信息,如图 10-13 所示。

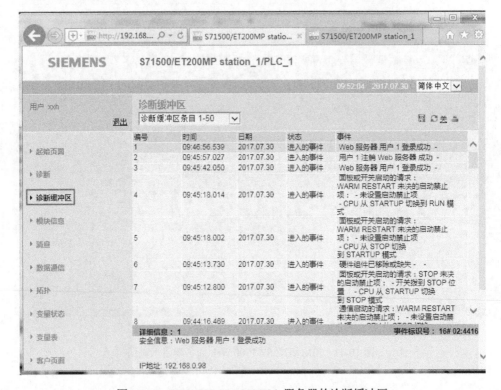

图 10-13　SIMATIC S7-1500 Web 服务器的诊断缓冲区

b. 单击"消息"，可以看到消息文本，如图 10-14 所示，显示本例的错误是"硬件组态已移除或缺失"。

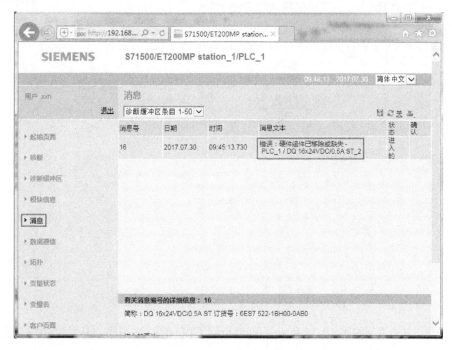

图 10-14　SIMATIC S7-1500 Web 服务器的消息

c. 单击"模块信息"，可以看到三个模块信息，如图 10-15 所示，插槽 1 和插槽 3 中的模块均有故障或者错误显示，而插槽 2 中正常。具体故障或者错误信息可以单击右侧的"详细信息"按钮获得。

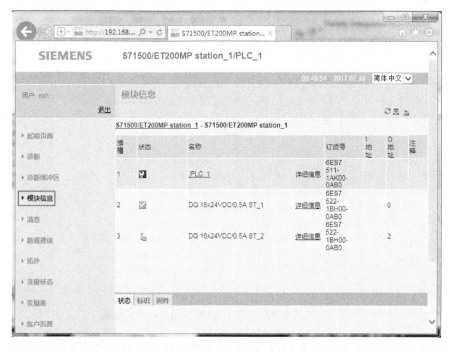

图 10-15　SIMATIC S7-1500 Web 服务器的模块信息

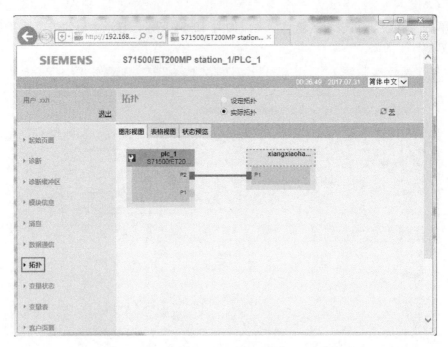

图 10-16　SIMATIC S7-1500 Web 服务器的拓扑

　　d. 单击"拓扑"，如图 10-16 所示，可以查看 CPU 的网络拓扑，从此图中可以查看到设备之间的网络连接关系。

　　e. 单击"变量表"，如图 10-17 所示，可以查看 CPU 的变量表，从此图中可以查看到程序中变量的状态。

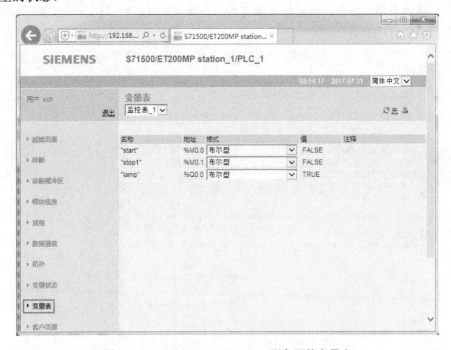

图 10-17　SIMATIC S7-1500 Web 服务器的变量表

　　注意：如需要在显示屏中查看监控表，必须首先创建一个监控表，然后在"属性"→"常规"→"Web 服务器"→"监控表"中，插入"监控表"（本例为监控表_1），如图 10-18 所示。最后这些组态信息还要下载到 CPU 的存储卡中。

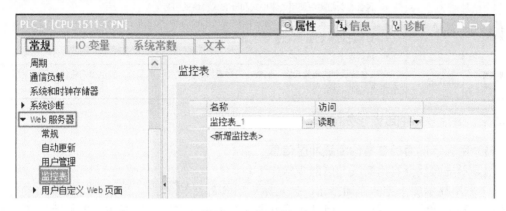

图 10-18　插入监控表

10.5　通过 PLC 的显示屏诊断故障

每个标准的 SIMATIC S7-1500 PLC 都自带一块彩色的显示屏，通过此显示屏，可以查看 PLC 的诊断缓冲区，也可以查看模块和分布式 IO 模块的当前状态和诊断消息。

10.5.1　显示屏面板简介

在介绍故障诊断前，先对显示屏面板上的菜单图标进行介绍，其主界面如图 10-19 所示，共有五个菜单图标，功能见表 10-6。

图 10-19　显示屏面板主界面

表 10-6　显示屏面板菜单的含义

菜单图标	名　称	含　义
ⓘ	概述	包含有关 CPU 和插入的 SIMATIC 存储卡属性的信息，是否有专有技术保护，是否链接有序列号的信息
〜	诊断	<ul><li>显示诊断消息</li><li>读/写访问强制表和监控表</li><li>显示循环时间</li><li>显示 CPU 存储器使用情况</li><li>显示中断</li></ul>
🔧	设置	<ul><li>指定 CPU 的 IP 地址和 PROFINET 设备名称</li><li>设置每个 CPU 接口的网络属性</li><li>设置日期、时间、时区、操作模式 (RUN/STOP) 和保护等级</li><li>通过显示密码禁用/启用显示</li><li>复位 CPU 存储器</li><li>复位为出厂设置</li><li>格式化 SIMATIC 存储卡</li><li>删除用户程序</li><li>通过 SIMATIC 存储卡，备份和恢复 CPU 组态</li><li>查看固件更新状态</li><li>将 SIMATIC 存储卡转换为程序存储卡</li></ul>

续表

菜单图标	名　称	含　义
	模块	<ul><li>包含有关组态中使用的集中式和分布式模块的信息</li><li>外围部署的模块可通过 PROFINET 和/或 PROFIBUS 连接到 CPU</li><li>可在此设置 CPU 或 CP/CM 的 IP 地址</li><li>将显示 F 模块的故障安全参数</li></ul>
	显示屏	可组态显示屏的相关设置，例如，语言设置、亮度和省电模式。省电模式将使显示屏变暗，待机模式将显示屏关闭

10.5.2　用显示屏面板诊断故障

（1）用显示屏面板查看诊断缓冲区信息

用显示屏面板查看诊断缓冲区的步骤如下。

① 先用显示屏下方的方向按钮，把光标移到诊断菜单 上，当移到此菜单上时，此菜单图标明显比其他菜单图标大，而且在下方显示此菜单的名称，如图 10-19 所示，表示光标已经移动到诊断菜单上。单击显示屏下方的"OK"键，即可进入诊断界面，如图 10-20 所示。

② 如图 10-20 所示，点击显示屏下方的方向按钮，把光标移到子菜单"诊断缓冲区"，浅颜色代表光标已经移到此处，在实际操作中颜色对比度并不强烈，所以读者要细心区分。之后，单击显示屏下方的"OK"按钮，弹出如图 10-21 所示的界面，显示了诊断缓冲区的信息。

（2）用显示屏面板查看监控表信息

用显示屏面板查看监控表信息的步骤如下。

如图 10-20 所示，点击显示屏下方的方向按钮，把光标移到子菜单"监视表"，浅颜色代表光标已经移到此处。之后，单击显示屏下方的"OK"按钮，弹出如图 10-22 所示的界面，显示了监控表的信息。监控表显示了各个参数的运行状态，可以借助此参数诊断故障。

注意：如需在显示屏中查看监控表，必须首先创建一个监控表，然后在"属性"→"常规"→"显示"→"监控表"中，插入"监控表"（本例为监控表_1），如图 10-23 所示。最后这些组态信息还要下载到 CPU 的存储卡中。

图 10-20　诊断界面

图 10-21　诊断缓冲区界面

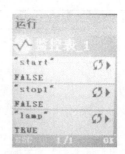
图 10-22　监控表信息界面

图 10-23　插入监控表

10.6　通过用户程序诊断故障

SIMATIC S7-1500 PLC 有多条用于诊断故障的专用指令，因此 SIMATIC S7-1500 PLC 也支持通过编写用户程序实现对系统的诊断，以下用几个例子介绍具体诊断方法。

10.6.1　用 LED 指令诊断故障

（1）LED 指令简介

在 PLC 中调用 LED 指令，可以查询 STOP/RUN、ERROR 和 MAINT 三只 LED 指示灯的状态。LED 指令的参数含义见表 10-7。

表 10-7　LED 指令的参数含义

LAD	名　称	数 据 类 型	含　　义
	LADDR	HW_IO	CPU 或接口的硬件标识符 此编号是自动分配的，并存储在硬件配置的 CPU 或接口属性中（CPU 名称+～Common）
	LED	UINT	LED 的标识号： 1：STOP/RUN 2：ERROR 3：MAINT（维护） 4：冗余 5：Link（绿色） 6：Rx/Tx（黄色）
	Ret_Val	INT	LED 的状态

（2）LED 指令应用

① 创建全局数据块 DB1。在 TIA 博途软件项目视图的程序块中，添加新块 "DB1"，其类型为 "全局 DB"，数据块有三项，注意其数据类型与 LED 指令三个参数的数据类型对应，如图 10-24 所示。此处用手机扫描二维码可观看视频 "用 LED 指令诊断故障"。

图 10-24　创建全局数据块 DB1

② 编写程序。编写程序如图 10-25 所示，并使程序处于监视状态，可以看到返回值为 1。因为 LED 管脚赋值为 2，代表需要监控 ERROR 指示灯的状态，返回值为 1，代表 ERROR 指示灯熄灭，这说明系统无故障。

10.6.2　用 DeviceStates 指令诊断故障

（1）DeviceStates 指令简介

在 PLC 中调用 DeviceStates 指令，可以读出 PROFINET IO 或者 PROFIBUS-DP 网络中 IO 设备或者 DP 从站的故障信息，该指令可以在循环中断（如 OB30）或者诊断中断（如 OB82）

中调用。DeviceStates 指令的参数含义见表 10-8。

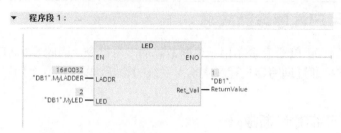

图 10-25 程序

表 10-8 DeviceStates 指令的参数含义

LAD	名 称	数据类型	含 义
	LADDR	HW_IOSYSTEM	PROFINET IO 或 DP 主站系统的硬件标识符 硬件标识符位于 PROFINET IO 或 DP 主站系统属性的网络视图中。或数据类型为 HW_IOSYSTEM 的所列系统常量的 PLC 变量表中
	MODE	UINT	选择要读取的状态信息。 1: IO 设备/DP 从站已组态 2: IO 设备/DP 从站故障 3: IO 设备/DP 从站已禁用 4: IO 设备/DP 从站存在 5: 出现问题的 IO 设备/DP 从站
	Ret_Val	INT	指令的状态（参见软件帮助）
	STATE	VARIANT	IO 设备或 DP 从站的状态缓冲区 输出由 MODE 参数选择的 IO 设备/DP 从站的状态。如果使用 MODE 选择的状态适用于 IO 设备/DP 从站，则在 STATE 参数中将下列位设置为 "1"。 位 0 =1：组显示。至少有一个 IO 设备/DP 从站的第 n 位设置为 "1" 位 n =1：通过 MODE 选择的状态将应用到 IO 设备/DP 从站

（2）DeviceStates 指令应用

① 新建项目"DeviceStates"并组态硬件。系统的配置如图 10-26 所示，选中"1"处，单击鼠标右键，弹出快捷菜单，单击"属性"命令，弹出如图 10-27 所示的界面，显示此硬件的硬件标识符是 258，即 DeviceStates 指令中的 LADDR。此处用手机扫描二维码可观看视频"DeviceStates"。

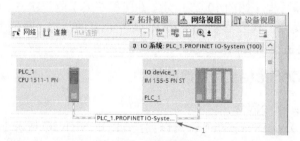

图 10-26 系统配置图

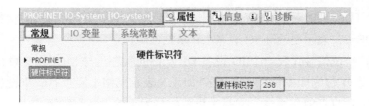

图 10-27　查看硬件标识符

② 创建全局数据块 DB1。在 TIA 博途软件项目视图的程序块中，添加新块"DB1"，其类型为"全局 DB"，数据块有四项，注意其数据类型与 DeviceStates 指令四个参数的数据类型对应，如图 10-28 所示。myLADDR 的启动值是 258，实际就是硬件标识符。

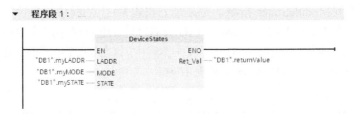

图 10-28　创建全局数据块 DB1

③ 在循环组织块 OB30 中，编写程序，如图 10-29 所示。

▼　程序段 1：

```
                    DeviceStates
                EN              ENO
"DB1".myLADDR — LADDR      Ret_Val — "DB1".returnValue
"DB1".myMODE — MODE
"DB1".mySTATE — STATE
```

图 10-29　OB30 中的程序

将数据块 DB1 置于监视状态，如图 10-30 所示。

	名称	数据类型	启动值	监视值
1	▼ Static			
2	myLADDR	HW_IOSYSTEM	258	16#0102
3	myMODE	UInt	2	2
4	returnValue	Int	0	0
5	▼ mySTATE	Array[0..1023] of B...		
6	mySTATE[0]	Bool	false	TRUE
7	mySTATE[1]	Bool	false	TRUE
8	mySTATE[2]	Bool	false	FALSE
9	mySTATE[3]	Bool	false	FALSE
10	mySTATE[4]	Bool	false	FALSE
11	mySTATE[5]	Bool	false	FALSE

图 10-30　监视数据块 DB1

从表 10-8 可知：通过对 MODE 赋值不同，可以对分布式 IO 站的不同状态进行诊断，例如本例中 MODE=2，表示要诊断 IO 设备/DP 从站故障。

STATE 的每一位信号代表一个 IO 设备/DP 从站的状态，与 MODE 参数有关。例如本例中 MODE=2，第 0 位为 1（mySTATE[0]=TRUE）表示网络上至少有一个设备有故障，第 1 位为 1（mySTATE[1]=TRUE）表示网络上设备编号为 1 的设备有故障。

在同一网络中设备编号是唯一的，选中该网络设备后，单击"属性"→"常规"→"PROFINET 接口"→"以太网地址"，可以查看到本设备的编号是 1，如图 10-31 所示。

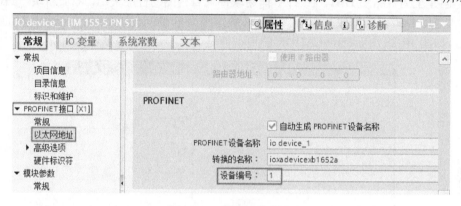

图 10-31　查看设备编号

10.6.3　用 ModuleStates 指令诊断故障

（1）ModuleStates 指令简介

在 PLC 中调用 ModuleStates 指令，对某个分布式 IO 上的模块进行诊断，例如可以读出 PROFINET IO 或者 PROFIBUS-DP 网络中 IO 设备或者 DP 从站中的模块被拔出时的当前信息，或者该模块存在的故障信息。该指令可以在循环中断（如 OB30）或者诊断中断（如 OB82）中调用。ModuleStates 指令的参数含义见表 10-9。

表 10-9　ModuleStates 指令的参数含义

LAD	名　称	数 据 类 型	含　义
ModuleStates EN　　　ENO LADDR　Ret_Val MODE STATE	LADDR	HW_DEVICE	站的硬件标识符。 使用 LADDR 参数通过站硬件标识符选择 IO 设备或 DP 从站。 硬件标识符位于： IO 设备或 DP 从站属性的网络视图中 或数据类型为 HW_DEVICE（对于 IO 设备）或 HW_DPSLAVE（对于 DP 从站）的所列系统常量的 PLC 变量表中
	MODE	UINT	选择要读取的状态信息。 1：模块已组态 2：模块故障 3：模块禁用 4：模块存在 5：模块中存在故障
	Ret_Val	INT	指令的状态（参见软件帮助）

续表

LAD	名　称	数 据 类 型	含　义
	STATE	VARIANT	IO 设备或 DP 从站的状态缓冲区 STATE 参数输出使用 MODE 参数选择的模块状态。 如果使用 MODE 选择的状态适用于某个模块，那么下列位将设置为 "1"。 位 0 =1：组显示。至少一个模块的第 n 位设置为 "1" 位 n =1：使用 MODE 选择的状态将应用到插槽 n-1（例如：位 3 对应插槽 2）中的模块

（2）ModuleStates 指令应用

① 新建项目 "ModuleStates" 并组态硬件。系统的配置如图 10-32 所示。

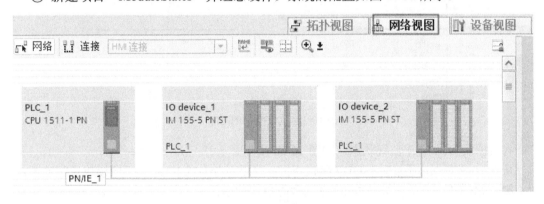

图 10-32　系统配置图

② 在 "PLC 变量"→"显示所有的变量"→"系统常量" 中，可以看到 IODevice 字样，数据类型为 "Hw_Device"。在本例中，IODevice1 的硬件标识数值是 263，而 IODevice2 硬件标识数值是 267，如图 10-33 所示。

49	IO_device_1~Proxy	Hw_SubModule	265
50	IO_device_1~IODevice	Hw_Device	263
51	IO_device_1~PROFINET_接口	Hw_Interface	266
52	IO_device_1~PROFINET_接口~Port_1	Hw_Interface	259
53	IO_device_1~PROFINET_接口~Port_2	Hw_Interface	260
54	IO_device_1~Head	Hw_SubModule	261
55	IO_device_1~DI_16x24VDC_HF_1	Hw_SubModule	262
56	IO_device_2~Proxy	Hw_SubModule	269
57	IO_device_2~IODevice	Hw_Device	267
58	IO_device_2~PROFINET_接口	Hw_Interface	270

图 10-33　查看硬件标识符

③ 创建全局数据块 DB2。在 TIA 博途软件项目视图的程序块中，添加新块 "DB2"，其类型为 "全局 DB"。数据块有四项，注意其数据类型与 ModuleStates 指令四个参数的数据类型对应，如图 10-34 所示。myLADDR 的启动值是 263，实际就是硬件标识符。

DB2							
		名称	数据类型	启动值	保持性	可从 HMI …	在 HMI …
1		▼ Static					
2		myLADDR	HW_DEVICE	263	☐	☑	☑
3		myMODE	UInt	4	☐	☑	☑
4		returnValue	Int	0	☐	☑	☑
5		▼ mySTATE	Array[0..1023] of Bool		☐	☑	☑
6		mySTATE[0]	Bool	false	☐	☑	☑
7		mySTATE[1]	Bool	false		☑	☑
8		mySTATE[2]	Bool	false		☑	☑
9		mySTATE[3]	Bool	false		☑	☑
10		mySTATE[4]	Bool	false		☑	☑
11		mySTATE[5]	Bool	false		☑	☑

图 10-34　创建全局数据块 DB2

④ 在循环组织块 OB30 中，编写程序，如图 10-35 所示。

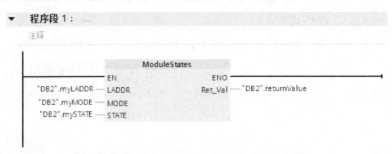

图 10-35　OB30 中的程序

将数据块 DB2 置于监视状态，如图 10-36 所示。

从表 10-9 可知：通过对 MODE 赋值不同，可以对分布式 IO 站上不同模块进行诊断，例如本例中 MODE=2，表示要诊断 IO 站的故障模块的槽位。

STATE 的每一位信号代表一个 IO 设备/DP 从站模块槽位的状态，与 MODE 参数有关。例如本例中 MODE=2，第 0 位为 1（mySTATE[0]=TRUE）表示该站点（硬件标识符 263）上至少有一个模块有故障，第 2 位为 1（mySTATE[2]=TRUE），表示该站点上 1（2-1=1）号模块有故障。第 3 位为 1（mySTATE[3]=TRUE），表示该站点上 2（3-1=2）号模块有故障。

DB2						
		名称	数据类型	启动值	监视值	保持性
1		▼ Static				
2		myLADDR	HW_DEVICE	263	16#0107	☐
3		myMODE	UInt	2	2	☐
4		returnValue	Int	0	0	☐
5		▼ mySTATE	Array[0..1023] of Bool			☐
6		mySTATE[0]	Bool	false	TRUE	☐
7		mySTATE[1]	Bool	false	FALSE	☐
8		mySTATE[2]	Bool	false	TRUE	☐
9		mySTATE[3]	Bool	false	TRUE	☐
10		mySTATE[4]	Bool	false	FALSE	☐
11		mySTATE[5]	Bool	false	FALSE	☐

图 10-36　监视数据块 DB2

10.7　通过报警指令诊断故障

（1）使用 Program_Alarm 指令产生系统诊断信息的原理

首先用户程序中触发一个报警事件，Program_Alarm 指令生成程序报警信息，最后将该报警信息发布到 STEP 7、HMI、PLC Web 服务器和 SIMATIC S7-1500 CPU 的显示屏，如图 10-37 所示。

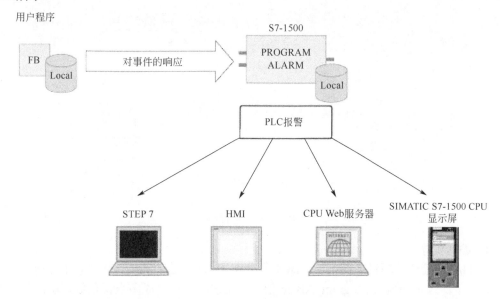

图 10-37　使用 Program_Alarm 指令产生系统诊断信息的原理

（2）Program_Alarm 指令简介

Program_Alarm 指令的功能是："生成具有相关值的程序报警"，将监视信号在程序报警参数 SIG 处生成信号。当信号从 0 变为 1 时，将生成一个到达的程序报警；而信号从 1 变为 0 时，则生成一个离去的程序报警。在程序的执行过程中，将同步触发该程序报警。Program_Alarm 指令只能在函数块 FB 中调用。Program_Alarm 指令的参数含义见表 10-10。

表 10-10　Program_Alarm 指令的参数含义

LAD	名　称	数 据 类 型	含　　义
Program_Alarm EN　ENO 　Error SIG　Status TIMESTAMP SD_1	SIG	BOOL	要监视的信号。 信号上升沿：　生成一个到达的程序报警 信号下降沿：　生成一个离去的程序报警
	TIMESTAMP	LDT	通过一个带有分布式时间戳的输入信号，为报警指定一个时间戳。必须始终在系统时间（即 UTC）中指定该时间值。
	SD_i	VARIANT	第 i 个相关值 $(1 \leqslant i \leqslant 10)$ 可以使用二进制数、整数、浮点数或字符串作为关联值。
	Error	BOOL	Error = TRUE 表示处理过程中出错。可能的错误原因将通过 Status 参数显示。
	Status	WORD	显示错误信息

（3）Program_Alarm 指令应用

以下用一个例子介绍 Program_Alarm 指令的应用，其具体步骤如下。

① 创建项目"Program_Alarm"。创建一个项目"Program_Alarm"，并进行硬件配置，如图 10-38 所示。

图 10-38 硬件配置

② 编写程序。

在 TIA 博途软件项目视图中，新添加程序块"FB1"。在"指令"→"扩展指令"→"报警"目录下，选中并插入 Program_Alarm 指令，系统将自动生成多重背景数据块，编写如图 10-39 所示的程序。再在 OB1 中调用 FB1，程序如图 10-40 所示。

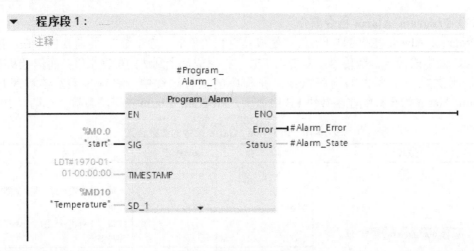

图 10-39 FB1 中的程序

图 10-40 OB1 中的程序

③ 设置报警类别和报警文本。

在项目树中，选中并双击"PLC 报警"选项，打开"PLC 报警"界面，如图 10-41 所示，在"报警文本"的下方，输入"温度过高，当前温度为:"，单击鼠标右键，弹出快捷菜单，单击"插入动态参数（变量）..."，弹出如图 10-42 所示的界面，选取过程变量为"Temperature"，数据显示类型为"浮点"，最后单击"确认"按钮✓即可。

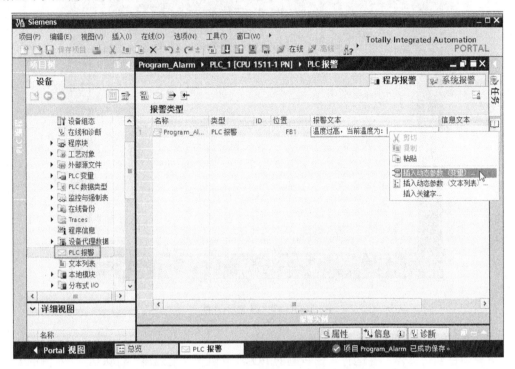

图 10-41　PLC 报警——设置报警类别和报警文本（1）

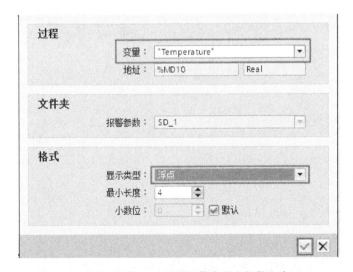

图 10-42　PLC 报警——设置报警类别和报警文本（2）

④ 配置 HMI。

在项目树中，单击"添加新画面"，新添加一个画面，并把"工具箱"→"控件"目录

中的"报警视图"控件添加到画面中，用同样的方法，把"工具箱"→"元素"目录中的"I/O
域"控件添加到画面中，如图 10-43 所示。

将左侧的 I/O 域与变量 M0.0 关联，右侧的 I/O 域与变量 MD10 关联。编译和保存整个
项目。

图 10-43　添加新画面

⑤ 运行仿真。

下载项目到仿真器，并运行。在右侧的 I/O 域中输入当前温度 98.0000，在左侧的 I/O 域
输入 1，激活报警，HMI 的报警视图如图 10-44 所示。

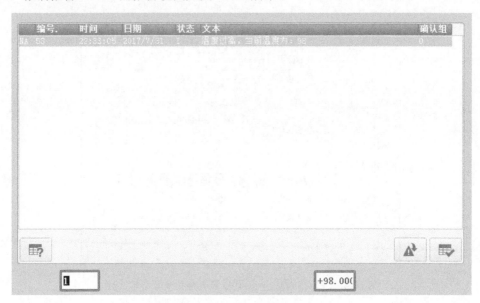

图 10-44　报警视图画面

10.8　在 HMI 上通过调用诊断控件诊断故障

（1）故障诊断原理简介

与 SIMATIC S7-300/400 PLC 不同，SIMATIC S7-1500 PLC 的系统诊断功能已经作为 PLC 操作系统的一部分，并在 CPU 固件中集成，无需单独激活，也不需要生成和调用相关的程序块。PLC 系统进行硬件编译时，TIA 博途软件根据当前的固件自动生成系统报警消息源，该消息源可以在项目树下的"PLC 报警"→"系统报警"中查看，也可以通过 CPU 的显示屏、Web 浏览器、TIA 博途软件在线诊断方式显示。

由于系统诊断功能通过 CPU 的固件实现，所以即使 CPU 处于停止模式，仍然可以对 PLC 系统进行系统诊断。如果配上 SIMATIC HMI，可以更加直观地在 HMI 上显示 PLC 的诊断信息。使用此功能，要求在同一项目中配置 PLC 和 HMI，并建立连接。非西门子公司的 HMI 不能实现以上功能。

（2）在 HMI 上通过调用诊断控件诊断故障应用

以下用一个例子介绍在 HMI 上通过调用诊断控件诊断故障的应用，其具体步骤如下。

① 创建项目"Diag_Control"。创建一个项目"Diag_Control"，并进行硬件配置，硬件配置的网络视图如图 10-45 所示，PLC_1 硬件配置的硬件视图如图 10-46 所示。

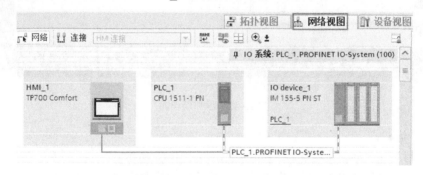

图 10-45　硬件配置——网络视图

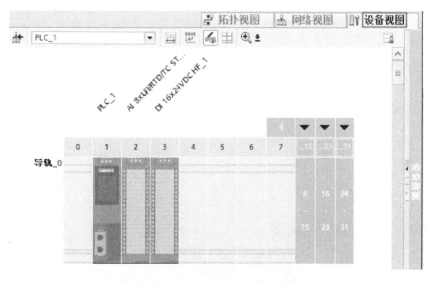

图 10-46　硬件配置——硬件视图

② 配置 HMI。

在项目树中，单击"添加新画面"，新添加一个画面，并把"工具箱"→"控件"目录中的"系统诊断视图"控件添加到画面中，如图 10-47 所示。

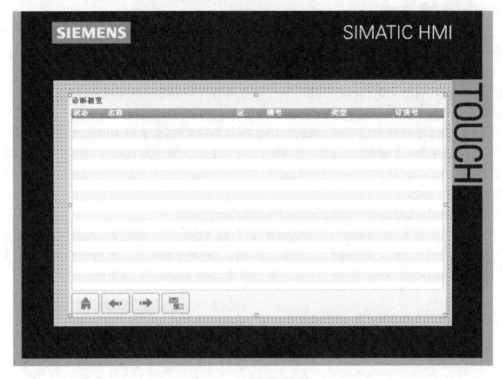

图 10-47　添加新画面

③ 运行仿真。

下载项目到仿真器，并运行。HMI 的视图如图 10-48 所示，单击"1"处，弹出如图 10-49 所示的界面，可以看到"station_1"上的三个模块。模块前面都是绿色对号"√"，表明无故障，如有故障则有红色扳手形状的故障标记 弹出。

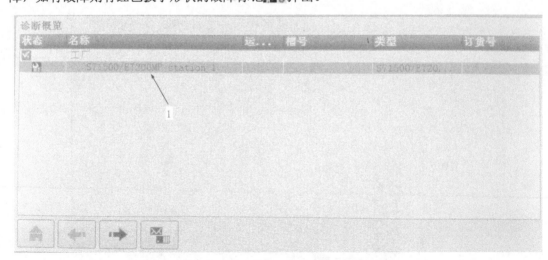

图 10-48　HMI 运行画面（1）

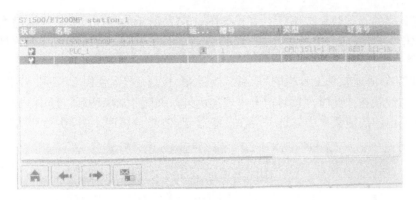

图 10-49　HMI 运行画面（2）

10.9　利用 WinCC 诊断故障

WinCC 是西门子公司联合微软公司开发的一款优秀的组态软件。它安装在上位机上可对 PLC 等进行监控和数据采集，且具有故障诊断功能。

以下用一个实例介绍利用 WinCC 诊断故障的过程。

① 新建项目。

打开 TIA 博途软件，新建项目，本例为 "Diagnose"，在左侧的硬件目录中，拖拽硬件 "CPU1511-1 PN" 到硬件视图中，如图 10-50 所示。

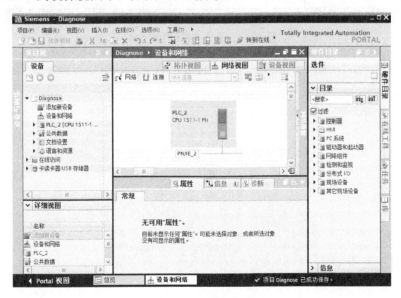

图 10-50　新建项目

② 设置 CPU 的 IP 地址。

在项目树中选中 "设备和网络"，再选中设备视图中的 "网口"，然后选中 "属性" 选项卡，选中 "以太网地址"，输入 IP 地址，本例为 "192.168.0.1"，如图 10-51 所示。最后，单击工具栏的 "编译" 按钮，编译项目，单击工具栏的 "保存" 按钮，保存此项目。

③ 打开仿真器，下载程序到仿真器。

打开 S7-PLCSIM V13 仿真器，新建仿真器项目，本例项目名称为 "Diagnose"。单击 TIA

博途软件工具栏的"下载"按钮![img], 弹出如图 10-52 所示的界面, 先按照标记"1"处选择选项, 再单击"开始搜索"按钮, 当搜索到 CPU 后, 单击"下载"按钮, 下载程序到仿真器中。

　④ 设置接收报警。

先单击 TIA 博途软件工具栏的"在线"按钮![img] 转到在线, 使得 CPU 和 S7-PLCSIM V13 仿真器处于在线状态, 此时, 项目树上出现橙色条, 如图 10-53 所示。选中 PLC_2, 单击鼠标右键, 在弹出的快捷菜单中勾选"接收报警"。当 PLC 停机时, 图 10-53 下方有报警显示。

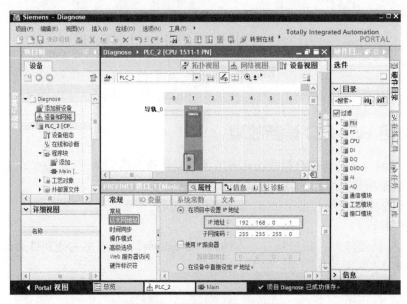

图 10-51　设置 CPU 的 IP 地址

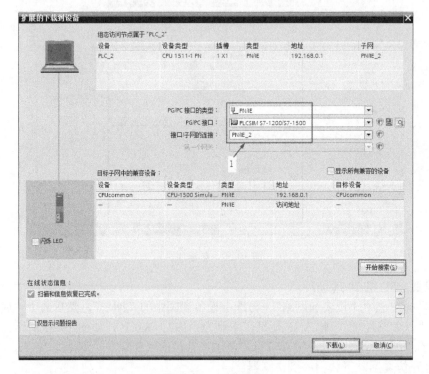

图 10-52　下载设置

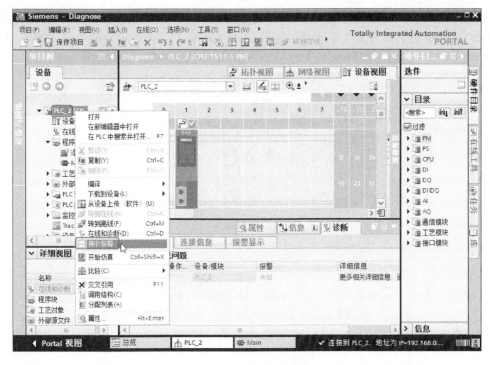

图 10-53　设置接收报警

⑤ 新建 WinCC 项目和连接。

新建 WinCC 项目，本例项目名为 "S7-1500"。打开变量管理器，添加驱动程序 "SIMATIC S7-1200，S7-1500 Channel"，再新建连接，本例为 "s7_1500"，如图 10-54 所示。

图 10-54　新建连接

⑥ 新建画面。

打开 WinCC 的图形编辑器，新建画面，本例为 "Main.Pdl"，再将报警控件 "WinCC AlarmControl" 拖入画面。双击报警控件 "WinCC AlarmControl"，弹出其属性，选中消息列表选项卡，使能 "选定消息块" 选项，如图 10-55 所示，单击 "确定" 按钮。

⑦ 运行 TIA 博途软件、S7-PLCSIM V13 仿真器和 WinCC 运行系统。

先运行 TIA 博途软件和 S7-PLCSIM V13 仿真器，再勾选 WinCC 的 "启动项" 的 "报警记录运行系统"和"图形运行系统",最后运行 WinCC,确保 WinCC 与 S7-PLCSIM V13 仿真器处于连接状态。打开变量管理器,如图 10-56 所示,可以看到:连接"s7_1500"前面有绿色的对号"√",这表明 WinCC 与 S7-PLCSIM V13 仿真器处于连接状态。

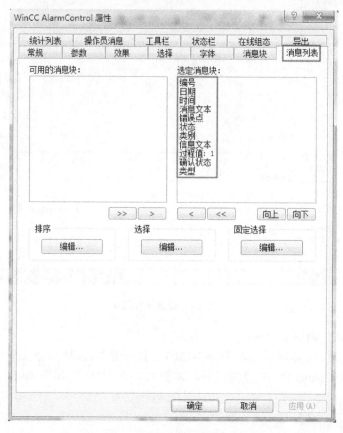

图 10-55　消息列表的"选定消息块"

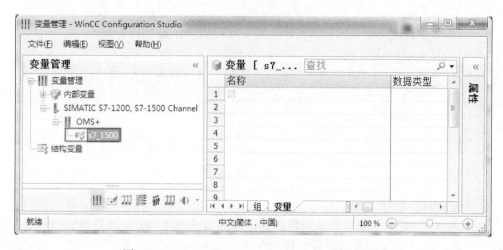

图 10-56　WinCC 和 S7-PLCSIM V13 仿真器的连接

⑧ 从 AS 加载消息。

打开 WinCC 的报警记录管理器,如图 10-57 所示,选中"s7_1500",单击鼠标右键,弹出快捷菜单，单击"从 AS 加载"命令，消息加载到右侧的表格中。

在 S7-PLCSIM V13 仿真器中，单击"STOP"按钮，如图 10-58 所示，可以看到，"诊断"选项卡中的报警显示为：STOP。

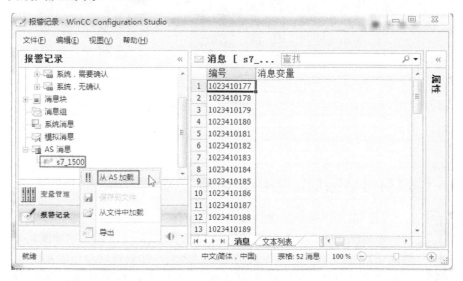

图 10-57　从 AS 加载消息

图 10-58　TIA 博途软件中的报警显示

如图 10-59 所示，WinCC 运行系统中的报警显示为：CPU 不处于 RUN 状态。

由此可见，整个组态过程没有编写程序，仅仅做了一些必要的组态，PLC 的信息就传递到 WinCC，并显示在 WinCC 的报警界面，整个过程非常简单高效。

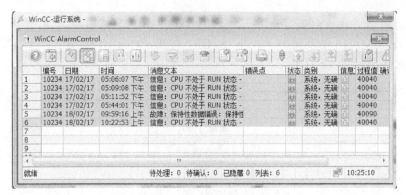

图 10-59　WinCC 中的报警显示

10.10　通过自带诊断功能的模块诊断故障

（1）自带诊断功能模块及其诊断简介

可以激活带诊断功能模块的诊断选项，从而实现相关的诊断功能。在这种情况下，PLC 自动生成报警消息源，之后，如果模块中出现系统事件，对应的系统报警消息就可以通过 SIMATIC S7-1500 PLC 的 Web 服务器、CPU 显示屏和 HMI 诊断控件等多种方式显示出来。

SIMATIC S7-1500/ET200 MP 和 ET200 SP 模块分为四大系列，以尾部的字母区分，分别是：BA（基本型）、ST（标准型）、HF（高性能型）和 HS（高速型）。基本型不支持诊断功能；标准型支持的诊断类型是组诊断或者模块诊断；高性能型和高速型支持通道级诊断。

（2）自带诊断功能的模块诊断故障应用

以下用一个例子介绍自带诊断功能的模块诊断故障应用。

① 创建一个项目"Diaglose1"。

创建一个项目"Diaglose1"，并进行硬件配置，硬件配置的硬件视图如图 10-60 所示，两个模块是 CP1511-1PN 和 DI16×24VDC HF，数字量输入模块具有通道诊断功能。此处用手机扫描二维码可观看视频"通过自带诊断功能的模块诊断故障"。

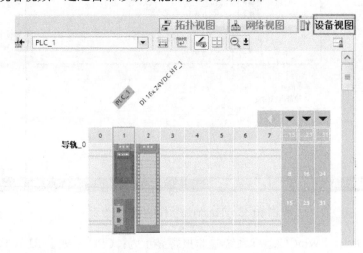

图 10-60　硬件配置——硬件视图

② 激活通道的诊断功能。

在"设备视图"中，选中"DI16×24VDC HF 模块"，再选中"属性"→"常规"→"输入"→"通道 0-7"→"通道 0"，把参数设置改为"手动"，激活"断路"选项，如图 10-61 所示。采用同样的方法激活通道 1 的诊断功能。

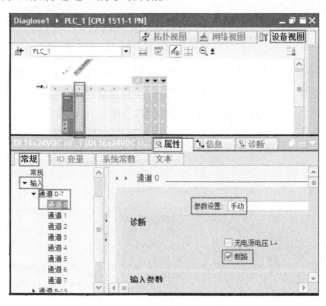

图 10-61　激活通道 0 诊断功能

③ 启用 Web 服务器。

在前面已经介绍过，故障可以用 Web 服务器、CPU 显示屏和 HMI 诊断控件等多种方式显示，本例采用 Web 服务器显示。

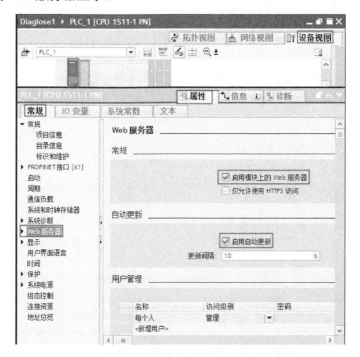

图 10-62　启用 Web 服务器

在"设备视图"中，选中"CPU1511-1PN 模块"，再选中"属性"→"常规"→"Web 服务器"，激活"启用模块上的 Web 服务器"和"启用自动更新"选项，如图 10-62 所示。

再点击"用户管理"中的"访问级别"，把弹出界面中的可选项全部选中，单击"√"按钮。

④ 下载和运行。

将项目编译和保存后，下载到 SIMATIC S7-1500 PLC 中，并运行 PLC。

⑤ 显示故障。

打开 Internet Explorer 浏览器，输入 http://192.168.0.2，注意：192.168.0.2 是 SIMATIC S7-1500 PLC 的 IP 地址。单击"模块信息"按钮，弹出如图 10-63 所示界面，状态栏下有故障标识。点击"1"处，弹出如图 10-64 所示的界面，可以看到，数字量模块的通道 0 和 1 处于断路状态。

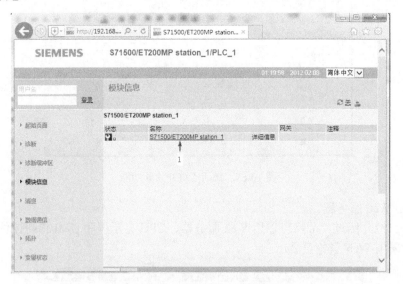

图 10-63 在 Web 服务器上显示故障（1）

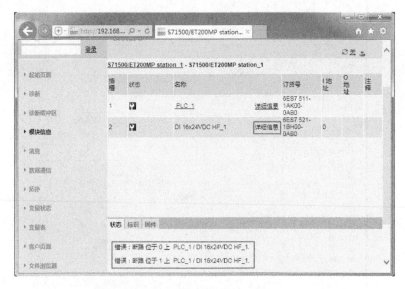

图 10-64 在 Web 服务器上显示故障（2）

第11章

SIMATIC S7-1500 PLC 工程应用

本章是前面章节内容的综合应用，将介绍两个典型的 PLC 控制系统集成过程的案例，供读者模仿学习。由于在工程中用到 SIMATIC S7-1500 PLC 时，程序都较大，因此第二个实例是工程项目的一部分。

11.1　啤酒灌装线系统的 PLC 控制

【例 11-1】　有两条啤酒生产线，由一台 SIMATIC S7-1500 PLC 控制。如果啤酒线启动运行时，当啤酒瓶到位后，传送带停止转动，开始灌装啤酒，定时一段时间灌装满啤酒瓶，传送带传动，当啤酒瓶到达灌装线尾部时，系统自动计数，并显示。1 号线示意图如图 11-1 所示。

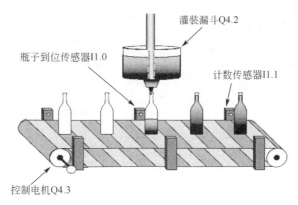

图 11-1　1 号线示意图

2 号线示意图如图 11-2 所示。

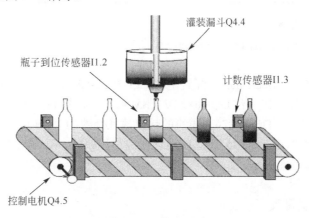

图 11-2　2 号线示意图

面板示意图如图 11-3 所示。请设计此系统，并编写程序。

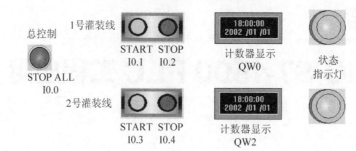

图 11-3 面板示意图

11.1.1 系统软硬件配置

（1）系统的软硬件

① 1 套 TIA Portal V13 SP1；

② 1 台 CPU1511-1PN；

③ 1 台 SM521；

④ 2 台 SM522（16 点和 32 点各一台）。

（2）PLC 的 I/O 分配

PLC 的 I/O 分配见表 11-1。

表 11-1 PLC 的 I/O 分配

名 称	符 号	输 入 点	名 称	符 号	输 出 点
总控制按钮	SB1	I0.0	1 号线计数		QW0
1 号线启动按钮	SB2	I0.1	2 号线计数		QW2
1 号线停止按钮	SB3	I0.2	1 号线显示	HL1	Q4.0
2 号线启动按钮	SB4	I0.3	2 号线显示	HL2	Q4.1
2 号线停止按钮	SB5	I0.4	1 号线电磁阀	KA1	Q4.2
1 号线瓶子到位传感器	SQ1	I1.0	1 号线电动机	KA2	Q4.3
1 号线计数传感器	SQ2	I1.1	2 号线电磁阀	KA3	Q4.4
2 号线瓶子到位传感器	SQ3	I1.2	2 号线电动机	KA4	Q4.5
2 号线计数传感器	SQ4	I1.3			

（3）控制系统的接线

控制系统接线，按照如图 11-4 所示的原理图执行。

（4）硬件组态

新建项目，命名为"BeerLine"，配置 1 台 CPU1511-1PN、1 台 DI 16×24V（SM521）、1 台 DQ 32×24V（SM522）和 1 台 DQ 16×24V（SM522），如图 11-5 所示。DI 16×24V 模块的输入地址为"IB0～IB1"；DQ 32×24V 模块的输出地址修改为"QB0～QB3"；DQ 16×24V 模块的输出地址修改为"QB4～QB5"。这些地址在编写程序时，必须与之一一对应。

11.1.2 编写程序

（1）输入 PLC 变量表

按照图 11-6 所示，输入 PLC 变量表，在实际工程中，这项工作不能省略。

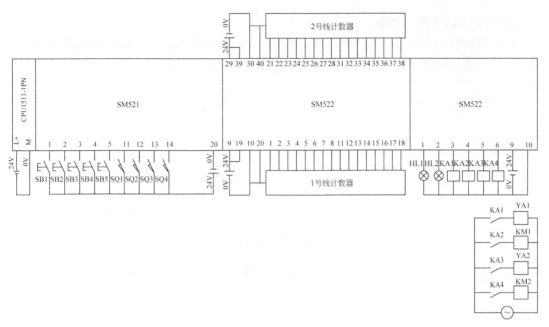

图 11-4　原理图

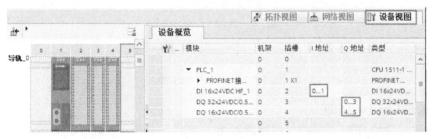

图 11-5　硬件组态

	名称	变量表	数据类型	地址	保持	在 H...	可从 ...	注释
1	Stop_L1	默认变量表	Bool	%I0.2		✓	✓	Line1 Stop Signal
2	Filling_Status_1	默认变量表	Bool	%M0.0		✓	✓	Line1 Bottling Status
3	Cntr_2	默认变量表	Counter	%C2		✓	✓	Line2 Bottling Counter
4	Sensor_Full_1	默认变量表	Bool	%I1.1		✓	✓	Line1 Bottling Full Sensor
5	Start_L1	默认变量表	Bool	%I0.1		✓	✓	Line1 Start Signal
6	Stop_All	默认变量表	Bool	%I0.0		✓	✓	Stop All Lines
7	Motor_2	默认变量表	Bool	%Q4.5		✓	✓	Line2 Motor Control
8	Fill_2	默认变量表	Bool	%Q4.4		✓	✓	Line2 Bottling Control
9	Motor_1	默认变量表	Bool	%Q4.3		✓	✓	Line1 Motor Control
10	Fill_1	默认变量表	Bool	%Q4.2		✓	✓	Line1 Bottling Control
11	Line2_Status	默认变量表	Bool	%Q4.1		✓	✓	Line2 Status(Run/Stop)
12	Line1_Status	默认变量表	Bool	%Q4.0		✓	✓	Line1 Status(Run/Stop)
13	Timer_2	默认变量表	Timer	%T2		✓	✓	Line2 Bottling Timer
14	Timer_1	默认变量表	Timer	%T1		✓	✓	Line1 Bottling Timer
15	Display_2	默认变量表	Word	%QW2		✓	✓	Line2 Count Display
16	Display_1	默认变量表	Word	%QW0		✓	✓	Line1 Count Display
17	Sensor_Fill_1	默认变量表	Bool	%I1.0		✓	✓	Line1 Bottling Sensor
18	Sensor_Full_2	默认变量表	Bool	%I1.3		✓	✓	Line2 Bottling Full Sensor
19	Start_L2	默认变量表	Bool	%I0.3		✓	✓	Line2 Start Signal
20	Cntr_1	默认变量表	Counter	%C1		✓	✓	Line1 Bottling Counter
21	Sensor_Fill_2	默认变量表	Bool	%I1.2		✓	✓	Line2 Bottling Sensor
22	Stop_L2	默认变量表	Bool	%I0.4		✓	✓	Line2 Stop Signal
23	Filling_Status_2	默认变量表	Bool	%M0.1		✓	✓	Line2 Bottling Status
24	<添加>					✓	✓	

图 11-6　PLC 变量表

(2) 编写 FC1 的梯形图

① 新建函数 FC1，再在程序编辑器中声明三个输入参数（Input）：Start、Stop1 和 Stop_All，输入输出参数（InOut）：Plant_On，如图 11-7 所示。

		名称	数据类型	默认值	注释
		FC1			
1	▼	Input			
2	▪	Start	Bool		启动
3	▪	Stop1	Bool		停止
4	▪	Stop_All	Bool		总停
5	▶	Output			
6	▼	InOut			
7	▪	Plant_On	Bool		灌装线的运行状态

图 11-7　声明 FC1 的参数

② 编写 FC1 的 SCL 程序，如图 11-8 所示，其功能实际就是启停控制。

```
1 ⊟IF   #Start=1 OR #Plant_On=1   THEN
2 |       #Plant_On:= 1;
3 └END_IF;
4 ⊟IF   #Stop1=1 OR  #Stop_All=1 THEN
5 |       #Plant_On :=0;
6 └END_IF;
7
8
```

图 11-8　FC1 中的 SCL 程序

(3) 编写 FB1 的梯形图

① 新建函数块 FB1，再在程序编辑器中，声明五个输入参数（Input），一个输出参数（Output），两个输入输出参数（InOut），一个静态参数（Static）和两个临时参数（Temp），要特别注意变量的数据类型，如图 11-9 所示。

		名称	数据类型	默认值	保持性	可从 HMI ...	在 HMI ...	设置值	注释
		FB1							
1	▼	Input							
2	▪	Plant_On	Bool	false	非保持	☑	☑	☐	灌装线的运行状态
3	▪	Bot_Counter	Counter	0	非保持	☑	☑	☐	灌装计数器
4	▪	Bot_Timer	Timer	0	非保持	☑	☑	☐	灌装定时器
5	▪	Sensor_Full	Bool	false	非保持	☑	☑	☐	计数传感器
6	▪	Sensor_Fill	Bool	false	非保持	☑	☑	☐	灌装传感器
7	▼	Output							
8	▪	Display	UInt	0	非保持	☑	☑	☐	
9	▼	InOut							
10	▪	Filling_Active	Bool	false	非保持	☑	☑	☐	灌装状态
11	▪	Filling_Flag	Bool	false	非保持	☑	☑	☐	
12	▼	Static							
13	▪	Filling_Time	S5Time	S5T#10s	非保持	☑	☑	☐	灌装时间
14	▼	Temp							
15	▪	Rest_Time	S5Time						
16	▪	Display1	UInt						

图 11-9　声明 FB1 的参数

② 编写 FB1 的 SCL 程序，如图 11-10 所示。

```
1 ⊟IF #Plant_On=1 AND #Sensor_Fill=1 THEN
2 │     #Filling_Active:=1;
3 │END_IF;
4 ⊟IF #Plant_On=0 OR #Sensor_Fill=0 OR #Filling_Flag=1 THEN
5 │     #Filling_Active := 0;
6 │END_IF;
7 #Rest_Time:=S_ODT(
8 ⊟          T_NO := #Bot_Timer,
9 │          S := #Filling_Active,
10 │         TV := #Filling_Time,
11 │         Q =>  #Filling_Flag);
12 #Display:=S_CU(
13 ⊟          C_NO := #Bot_Counter,
14 │          CU := #Plant_On AND #Sensor_Full,
15 │         CV =>#Display1);
```

图 11-10　FB1 中的 SCL 程序

（4）编写 FC2 的梯形图

① 新建函数 FC2，再在程序编辑器中声明两个输入参数（Input）和两个输出参数（Output），如图 11-11 所示。

	名称	数据类型	默认值	注释
1 ▼	Input			
2 ▪	Run_Status	Bool		
3 ▪	Filling_Status	Bool		
4 ▼	Output			
5 ▪	Motor_Contol	Bool		电动机
6 ▪	Fill_Control	Bool		电磁阀

图 11-11　声明 FC2 的参数

② 编写 FC2 的 SCL 程序，如图 11-12 所示。

```
1 ⊟IF #Run_Status=1  AND #Filling_Status=0 THEN
2 │     #Motor_Contol:=1 ;
3 │END_IF;
4 ⊟IF #Run_Status = 1 AND #Filling_Status = 1 THEN
5 │     #Fill_Control := 1;
6 │END_IF;
```

图 11-12　FC2 中的 SCL 程序

（5）编写 OB1 的梯形图

主程序梯形图如图 11-13 所示。

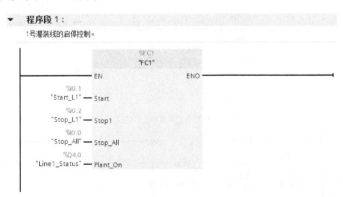

图 11-13

▼ **程序段 2 :**

2号灌装线的启停控制。

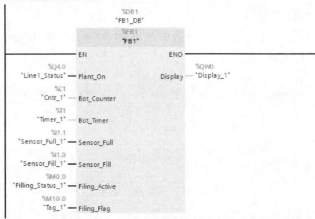

▼ **程序段 3 :**

1号线计数输出和灌装信号输出

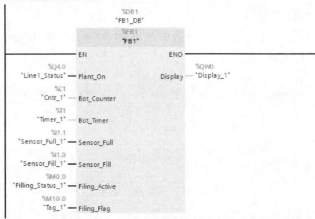

▼ **程序段 4 :**

2号线计数输出和灌装信号输出

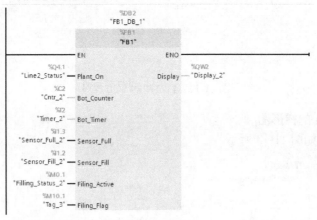

▼ **程序段 5 :**

1号线电动机和灌装电磁阀动作

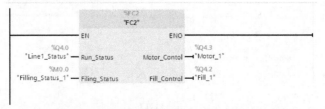

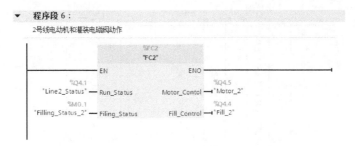

图 11-13 OB1 中的梯形图

11.2 刨床的 PLC 控制

【例 11-2】 已知某刨床的控制系统主要由 PLC 和变频器组成，PLC 对变频器进行通信速度给定，变频器的运动曲线如图 11-14 所示，变频器以 20Hz、30Hz、50Hz、0Hz 和反向 50Hz 运行，每种频率运行的时间都是 8s，而且减速和加速时间都是 2s（这个时间不包含在 8s 内），如此工作 2 个周期自动停止。要求如下：

① 试设计此系统，画出原理图；
② 正确设置变频器的参数；
③ 编写程序。

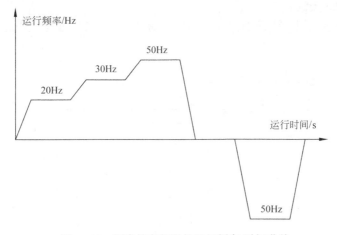

图 11-14 刨床的变频器的运行频率-时间曲线

11.2.1 系统软硬件配置

（1）系统的软硬件

① 1 套 TIA Portal V13 SP1；
② 1 台 CPU1511-1PN；
③ 1 台 SM521；
④ 2 台 SM522；
⑤ 1 台 G120 变频器（含 PN 通信接口）。

系统的硬件组态如图 11-15 所示。

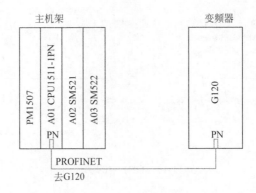

图 11-15 系统的硬件组态

（2）PLC 的 I/O 分配

PLC 的 I/O 分配见表 11-2。

表 11-2 PLC 的 I/O 分配

名　称	符　号	输入点	名　称	符　号	输出点
启动按钮	SB1	I0.0	接触器	KM1	Q0.0
停止按钮	SB2	I0.1	指示灯	HL1	Q0.1
前限位	SQ1	I0.2			
后限位	SQ2	I0.3			

（3）控制系统的接线

控制系统的接线，按照图 11-16 和图 11-17 所示执行。图 11-16 是主电路原理图，图 11-17 是控制电路原理图。

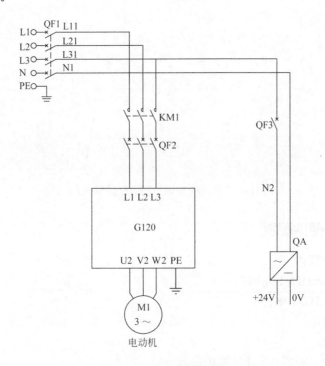

图 11-16 主电路原理图

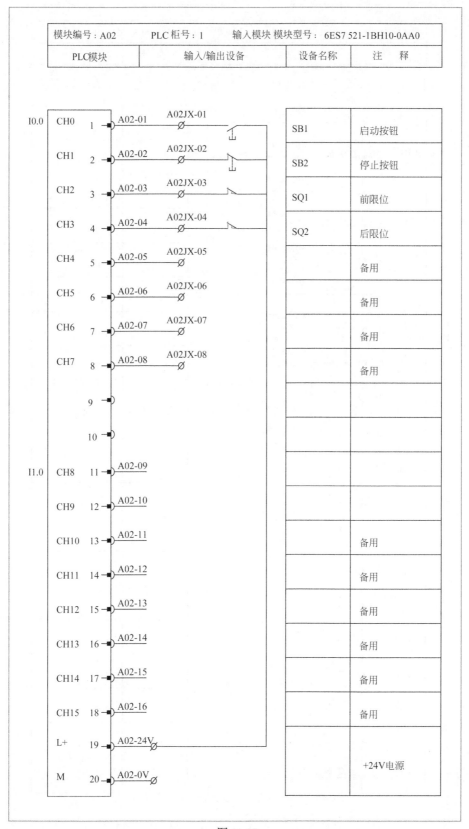

模块编号：A02	PLC柜号：1	输入模块 模块型号： 6ES7 521-1BH10-0AA0
PLC模块	输入/输出设备	设备名称	注 释

图 11-17

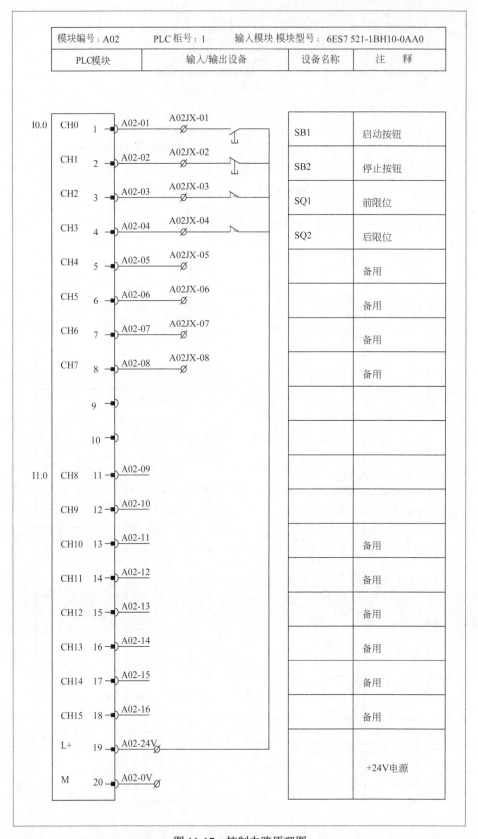

图 11-17 控制电路原理图

（4）硬件组态

① 创建项目，组态主站。创建项目，命名为"Planer"，先组态主站。添加"CPU1511-1PN"、"SM521"和"SM522"模块，SM521 模块（DI 16×24VDC）的输入地址是"IB0～IB1"，SM522 模块（DQ 16×24VDC）的输出地址是"QB0～QB1"，如图 11-18 所示。

② 设置"CPU1511-1PN"的 IP 地址是"192.168.0.1"，子网掩码是"255.255.255.0"，如图 11-19 所示。

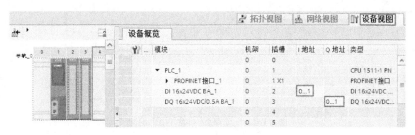

图 11-18　主站的硬件组态

图 11-19　设置 CPU 的 IP 地址

③ 组态变频器。

选中"其他现场设备"→"PROFINET IO"→"Drives"→"SIEMENS AG"→"SINAMICS"→"SINAMICS G120S"，并将"SINAMICS G120S"拖拽到如图 11-20 所示位置。

④ 设置"SINAMICS G120S"的 IP 地址是"192.168.0.2"，子网掩码是"255.255.255.0"，如图 11-21 所示。

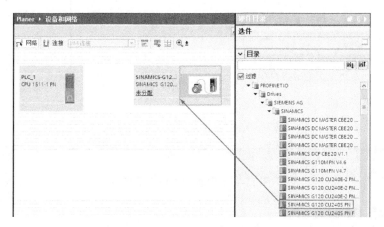

图 11-20　变频器的硬件组态

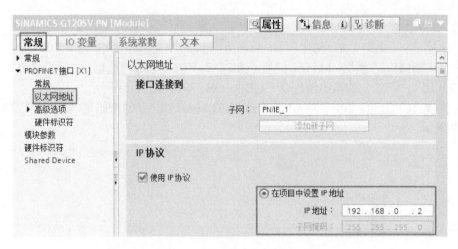

图 11-21　设置变频器的 IP 地址

⑤ 创建 CPU 和变频器连接。用鼠标左键选中图 11-22 所示的"1"处，按住不放，拖至"2"，这样主站 CPU 和从站变频器创建起 PROFINET 连接。

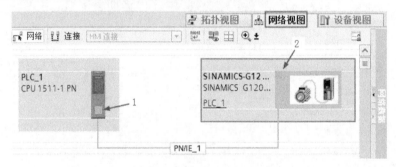

图 11-22　创建 CPU 和变频器连接

⑥ 组态 PROFINET PZD。将硬件目录中的"Standard telegram 1,PZD-2/2"拖拽到"设备预览"视图的插槽中，自动生成输出数据区为"QW2～QW4"，输入数据区为"IW2～IW4"，如图 11-23 所示。这些数据在编写程序时都会用到。

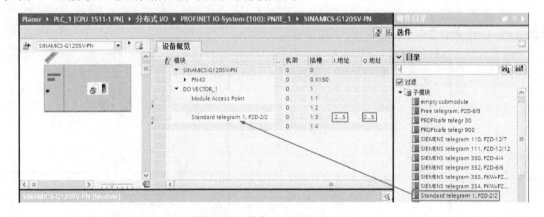

图 11-23　组态 PROFINET PZD

（5）变频器参数设定

G120 变频器自动设置的参数见表 11-3。

表 11-3　G120 变频器自动设置的参数

序　号	参　数　号	参　数　值	说　明	参　数　组
1	P1070[0]	r2050.1	变频器接收的第二个值作为速度设定值	CDS0
2	P2051[0]	r2089.0	变频器发送第一个过程值为状态字	
3	P2051[1]	r63.1	变频器发送的第二个值作为速度实际值	

11.2.2　编写程序

（1）编写主程序和初始化程序

在编写程序之前，先填写变量表如图 11-24 所示。

从图 11-14 可看到，一个周期的运行时间是 52s，上升和下降时间直接设置在变频器中，也就是 P1120=P1121=2s，编写程序不用考虑上升和下降时间。编写程序时，可以将两个周期当作一个工作循环考虑，编写程序更加方便。OB1 的梯形图如图 11-25 所示。OB100 的 SCL 程序如图 11-26 所示，其功能是初始化。

PLC 变量

		名称	变量表	数据类型	地址	保持	在 H...	可从 ...	注释
1		Start	默认变量表	Bool	%I0.0		☑	☑	启动
2		Stop1	默认变量表	Bool	%I0.1		☑	☑	停止1
3		PushOn	默认变量表	Bool	%Q0.0		☑	☑	上电
4		Limit_Front	默认变量表	Bool	%I0.2		☑	☑	前限位
5		Limit_Back	默认变量表	Bool	%I0.3		☑	☑	后限位
6		Lamp	默认变量表	Bool	%Q0.1		☑	☑	报警灯
7		FreDir	默认变量表	Word	%QW2		☑	☑	运行方向
8		FreVal	默认变量表	Word	%QW4		☑	☑	主设定值
9		State_Inventor	默认变量表	Word	%IW2		☑	☑	状态字
10		NowTime	默认变量表	Time	%MD100		☑	☑	当前时间
11		Flag_1	默认变量表	Bool	%M10.0		☑	☑	标识1
12		Flag_2	默认变量表	Bool	%M10.1		☑	☑	标识2
13		Eroor	默认变量表	Bool	%I3.3		☑	☑	故障
14		Alarm	默认变量表	Bool	%I3.7		☑	☑	报警

图 11-24　PLC 变量表

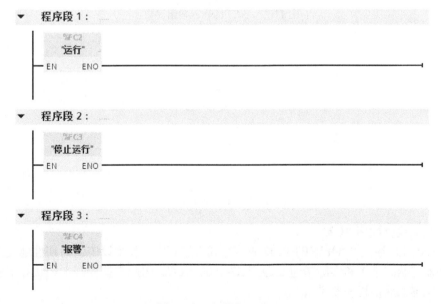

▼　程序段 1：

```
      %FC2
      "运行"
  —  EN    ENO  —
```

▼　程序段 2：

```
      %FC3
     "停止运行"
  —  EN    ENO  —
```

▼　程序段 3：

```
      %FC4
      "报警"
  —  EN    ENO  —
```

图 11-25　主程序（OB1）

(2) 编写规格化程序 FC1

① 规格化的算法　在变频的通信中，主设定值 16#4000 是十六进制，变换成十进制就是 16384，代表的是 50Hz，因此设定变频器的时候，需要规格化。例如要将变频器设置成 40Hz，主设定值为：

```
1  "FreDir" := 16#47E;
2  "FreVal" := 0;
```

图 11-26　OB100 的 SCL 程序

$$f = \frac{40}{50} \times 16384 = 13107.2$$

而 13107 对应的 16 进制是 16#3333，所以设置时，应设置数值是 16#3333，实际就是规格化。FC1 的功能是通信频率给定的规格化。

② 编写函数 FC1　FC1 的输入输出参数如图 11-27 所示，FC1 的 SCL 程序如图 11-28 所示。

		名称	数据类型	默认值	注释
1	▼	Input			
2	■	Push_On	Bool		上电
3	■	Fre_In	Real		频率输入
4	■	Dir_In	Word		方向
5	▼	Output			
6	■	Fre_Out	Word		频率输出
7	■	Dir_Out	Word		方向
8	▼	InOut			
9	■	<新增>			
10	▼	Temp			
11	■	Temp_1	Real		
12	■	Temp_2	DInt		
13	▼	Constant			
14	■	<新增>			
15	▼	Return			
16	■	规格化	Void		

图 11-27　FC1 的输入输出参数

```
1 IF #Push_On = 1 THEN
2     #Temp_1 := 16384.0 * #Fre_In / 50.0;
3     #Temp_2 := ROUND(#Temp_1);
4     #Fre_Out := DINT_TO_WORD(#Temp_2);
5     #Dir_Out := #Dir_In;
6 END_IF;
7
8
```

图 11-28　FC1 的 SCL 程序

(3) 编写运行程序 FC2

S7-1500 PLC 通过 PROFINET PZD 通信方式将控制字 1 和主设定值周期性地发送至变频器，变频器将状态字 1 和实际转速发送到 S7-1500 PLC。因此掌握控制字和状态字的含义对于编写变频器的通信程序非常重要。

① 控制字　控制字各位的含义见表 11-4。可见：在 S7-1500 PLC 与变频器的 PROFINET 通信中，16#47E 代表停止；16#47F 代表正转；16# C7F 代表反转。

表 11-4　控制字各位的含义

控制字位	含　义	参数设置
0	ON/OFF1	P840=r2090.0
1	OFF2 停车	P844=r2090.1
2	OFF3 停车	P848=r2090.2
3	脉冲使能	P852=r2090.3
4	使能斜坡函数发生器	P1140=r2090.4
5	继续斜坡函数发生器	P1141=r2090.5
6	使能转速设定值	P1142=r2090.6
7	故障应答	P2103=r2090.7
8,9	预留	
10	通过 PLC 控制	P854=r2090.10
11	反向	P1113=r2090.11
12	未使用	
13	电动电位计升速	P1035=r2090.13
14	电动电位计降速	P1036=r2090.14
15	CDS 位 0	P0810=r2090.15

② 状态字

状态字各位的含义见表 11-5。可见当状态字的第 3 位为 1，表示变频器有故障，第 7 位为 1 表示变频器报警。

表 11-5　状态字各位的含义

状态字位	含　义	参数设置
0	接通就绪	r899.0
1	运行就绪	r899.1
2	运行使能	r899.2
3	故障	r2139.3
4	OFF2 激活	r899.4
5	OFF3 激活	r899.5
6	禁止合闸	r899.6
7	报警	r2139.7
8	转速差在公差范围内	r2197.7
9	控制请求	r899.9
10	达到或超出比较速度	r2199.1
11	I、P、M 比较	r1407.7
12	打开抱闸装置	r899.12
13	报警电机过热	r2135.14
14	正反转	r2197.3
15	CDS	r836.0

运行程序 FC2 如图 11-29 所示，停止运行程序 FC3 如图 11-30 所示，报警程序 FC4 如图 11-31 所示。

```
 1 ┌IF "Start" =1 OR "PushOn"=1   THEN
 2 │      "PushOn":=1 ;
 3 └END_IF;
 4 ┌IF NOT "Stop1"  THEN
 5 │      "PushOn" := 0;
 6 └END_IF;
 7 ┌IF "PushOn"=1 THEN
 8 │      "IEC_Timer_0_DB".TON(IN:="Flag_2",
 9 │                           PT:=t#104s,
10 │                           Q=>"Flag_1",
11 │                           ET=>"NowTime");
12 │      "Flag_2":=NOT "Flag_1";
13 └END_IF;
14 ┌IF("NowTime" >= T#0s AND "NowTime" < T#10s) OR("NowTime" >= T#52s AND "NowTime" < T#62s) THEN
15 │      #Temp1 := 1;
16 │      IF #Temp1 = 1 THEN
17 ┌│         "R_TRIG_DB"(CLK := #Temp1,
18 │                       Q => #Temp2);
19 │      END_IF;
20 ┌│      IF #Temp2 = 1 THEN
21 │           "FreDir" := 16#47e;
22 │      END_IF;
23 │
24 ┌│      "规格化"(Push_On:="PushOn",
25 │              Fre_In:=20.0,
26 │              Dir_In:=16#47f,
27 │              Fre_Out=>"FreVal",
28 │              Dir_Out=>"FreDir");
29 └END_IF;
30
31 ┌IF ("NowTime" >= T#10s AND "NowTime" < T#20s) OR("NowTime" >= T#62s AND "NowTime" < T#72s) THEN
32 │      #Temp3 := 1;
33 │      IF #Temp3 = 1 THEN
34 ┌│         "R_TRIG_DB_1"(CLK := #Temp3,
35 │                         Q => #Temp4);
36 │      END_IF;
37 ┌│      IF #Temp4 = 1 THEN
38 │           "FreDir" := 16#47e;
39 │      END_IF;
40 ┌│      "规格化"(Push_On := "PushOn",
41 │              Fre_In := 30.0,
42 │              Dir_In := 16#47f,
43 │              Fre_Out => "FreVal",
44 │              Dir_Out => "FreDir");
45 └END_IF;
46
47 ┌IF("NowTime" >= T#20s AND "NowTime" < T#30s) OR("NowTime" >= T#72s AND "NowTime" < T#82s) THEN
48 │      #Temp5 := 1;
49 ┌│      IF #Temp5 = 1 THEN
50 ┌│         "R_TRIG_DB_2"(CLK := #Temp5,
51 │                         Q => #Temp6);
52 │      END_IF;
53 ┌│      IF #Temp6 = 1 THEN
54 │           "FreDir" := 16#47e;
55 │      END_IF;
56 ┌│      "规格化"(Push_On := "PushOn",
57 │              Fre_In := 50.0,
58 │              Dir_In := 16#47f,
59 │              Fre_Out => "FreVal",
60 │              Dir_Out => "FreDir");
61 └END_IF;
62
63 ┌IF ("NowTime" >= T#30s AND "NowTime" < T#40s) OR("NowTime" >= T#82s AND "NowTime" < T#92s) THEN
64 │
65 ┌│      "规格化"(Push_On := "PushOn",
66 │              Fre_In := 0.0,
67 │              Dir_In := 16#47e,
68 │              Fre_Out => "FreVal",
69 │              Dir_Out => "FreDir");
70 └END_IF;
71
72 ┌IF ("NowTime" >= T#40s AND "NowTime" < T#52s) OR("NowTime" >= T#92s AND "NowTime" < T#104s) THEN
73 │      #Temp7 := 1;
74 ┌│      IF #Temp7 = 1 THEN
75 ┌│         "R_TRIG_DB_3"(CLK := #Temp7,
76 │                         Q => #Temp8);
77 │      END_IF;
78 ┌│      IF #Temp8 = 1 THEN
79 │           "FreDir" := 16#47e;
80 │      END_IF;
81 ┌│      "规格化"(Push_On := "PushOn",
82 │              Fre_In := 50.0,
83 │              Dir_In := 16#c7f,
84 │              Fre_Out => "FreVal",
85 │              Dir_Out => "FreDir");
86 └END_IF;
```

图 11-29   FC2 的 SCL 程序

```
1 ⊟IF NOT "Stop1" OR NOT "Limit_Back" OR NOT "Limit_Front" THEN
2 |     "FreDir" := 16#47e;
3 |     "FreVal":=0;
4 └END_IF;
```

图 11-30　FC3 的 SCL 程序

```
1 ⊟IF "Eroor" OR "Alarm" OR "Limit_Back" OR "Limit_Front" THEN
2 |     "Lamp" := 1;
3 | "停止运行"();
4 └END_IF;
```

图 11-31　FC4 的 SCL 程序

第**12**章

TIA 博途软件的其他常用功能

本章主要介绍移植和库功能。移植主要是把早期的经典 STEP 7 项目或者 WinCC Flexible 2008 SP2/SP3 项目移植到 TIA 博途软件中。库功能主要是把反复用到对象存储在库中，以便需要时调用。移植和库功能都能大幅度提高工程效率。

12.1 移植

如果要在 TIA 博途的新项目中，最大限度地使用早期 S7-300/400 PLC 的项目或者 WinCC Flexible 2008 SP2/SP3 项目，以缩短新项目的开发周期，可以将早期 S7-300/400 PLC 的项目或者 WinCC Flexible 2008 SP2/SP3 项目移植到 TIA 博途软件中。

12.1.1 移植 S7-300/400 PLC 项目到 TIA 博途软件的必要条件

（1）软件需求

在希望执行项目移植的计算机上，必须安装以下软件：

- TIA 博途软件 V11 或更高版本；
- STEP 7 V5.4+SP5 或更高版本及相关许可证；
- 被移植项目中，必须安装 STEP 7 需要用到的选项包（如 S7-SCL、S7-Graph 等）和授权。

（2）项目一致性

一个完整的 STEP7 V5.x 项目（包括 S7 程序，硬件和网络组态）必须是一致的。每种情况下执行检查一致性的相应功能，以便检查并保证一致性。

对于早期 STEP7 版本编译的项目，如果需要移植早期 STEP7 版本（例如 V5.3）项目到 TIA 博途软件，必须在 STEP7 V5.4+SP5（或更高版本）中重新编译项目。

（3）硬件组件

默认移植过程中只移植软件，并为原项目中的每个设备在目标项目中创建非指定的设备。硬件和网络组态以及网络连接不移植。

如果希望移植 STEP7 V5.x 项目中的硬件组件，必须在"移植项目"对话框里勾选"包含硬件组态"选项。

如果进行硬件组态移植，STEP7 V5.x 项目中所有的硬件组件必须包含在 TIA 博途硬件对话框中。能够订购并且到 2007 年 10 月 1 日之前没有停止供货的模块，可以被 TIA 博途支持，并存储在 TIA 博途软件的硬件对话框中。如果项目包含 TIA 博途软件硬件对话框中没有的硬件组件，移植操作会被终止。

（4）可移植的和不可移植的组件/软件工具

可移植或不可移植到 TIA 博途软件的组件/软件工具见表 12-1。

表 12-1　可移植或不可移植到 TIA 博途软件的组件/软件工具

可 移 植	不 可 移 植
LAD	S7-HiGraph（块可以移植，但是标识为不支持）
FBD	iMap
STL	FMS 连接
S7-Graph 和 S7-SCL 块必须保持一致性，并且在移植到 TIA 博途后重新编译。必须重新下载项目。只有在重新编译下载后才能在线浏览块	用 STEP7 V5.x 创建的库 补救方法：拷贝块到 STEP7 V5.x 项目。移植后在 TIA 博途中为块创建库
	S7-PDIAG 块（FB44,DB44,…）可以移植但是被标识为不支持。只能下载这些块但不能编辑。消息文本和地址监视实例在 TIA 博途项目中不再被支持
	冗余系统
单项目	多项目

12.1.2　从 S7-300/400 PLC 的项目移植到 SIMATIC S7-1500 项目

以下用一个例子介绍，具体步骤如下。

（1）在 STEP7 V5.5 SP4 中，对原项目进行检查

① 对块进行一致性检查。用 STEP7 V5.5 SP4 打开需要移植的项目，如图 12-1 所示，选中"块"→"检查块的一致性…"，打开"检查块的一致性…"命令，弹出如图 12-2 所示的界面，单击工具栏中的"编译"按钮，开始重新编译块，编译结果显示在"编译"窗口中，本例为"0 个错误，0 个警告"。此处用手机扫描二维码可观看视频"从 S7-300/400 PLC 的项目移植到 SIMATIC S7-1500 项目"。

图 12-1　对块进行一致性检查

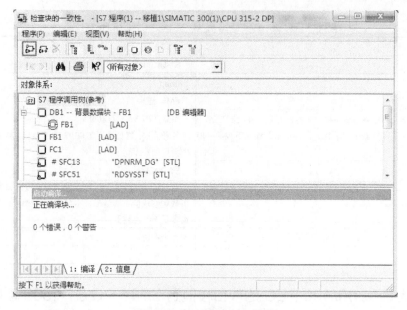

图 12-2　重新编译所有的块

② 确保所有消息基于 CPU 的类型。重新编译块后，如图 12-3 所示，选中"块"→"特殊的对象属性"，打开"特殊的对象属性"命令，弹出"设置消息范围"界面，单击"选项"按钮，弹出如图 12-4 所示的界面，选中"始终分配面向 CPU 的唯一消息号"选项，单击"确定"按钮。

图 12-3　检查消息号属性

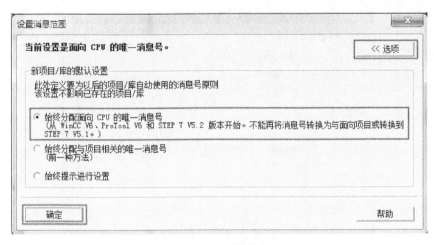

图 12-4　设置消息范围

③ 重新编译项目。在 SIMATIC Manager 的菜单栏中，单击"文件"→"另存为"，弹出如图 12-5 所示的界面，勾选"通过重新组织（慢速）（W）"选项，填写要另存的路径和名称，单击"确定"按钮。

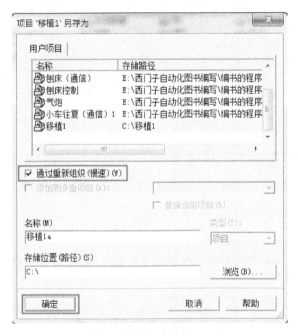

图 12-5　项目进行另存

（2）把 S7-300/400 PLC 项目移植到 TIA 博途软件

① 项目移植。打开 TIA 博途软件，切换到项目视图，单击菜单栏中的"项目"→"移植项目"，弹出如图 12-6 所示的界面，单击目标路径右侧的 ... 按钮，在需要移植项目路径下，打开此项目文件夹，如图 12-7 所示，选中有".s7p"后缀的文件，单击"打开"按钮，弹出如图 12-8 所示的界面，选择"包含硬件组态"，单击"移植"按钮，程序开始移植。

移植正在进行如图 12-9 所示，移植结束如图 12-10 所示，单击"确定"按钮，移植完成。

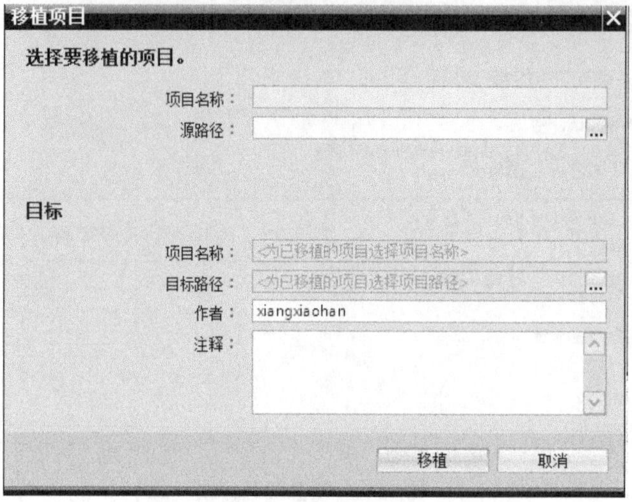

图 12-6 选择要移植的项目（1）

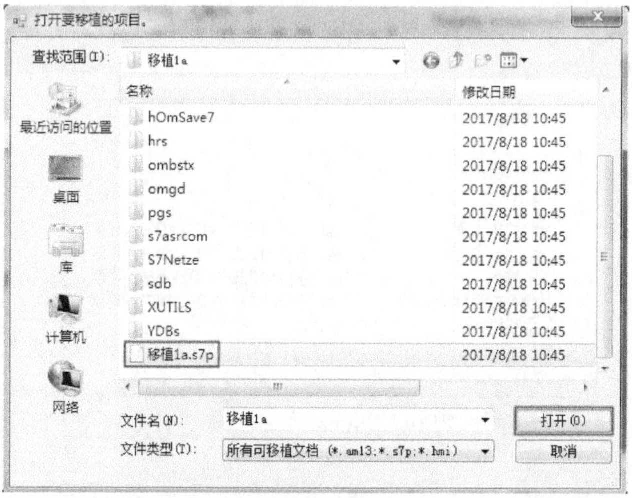

图 12-7 打开要移植的项目

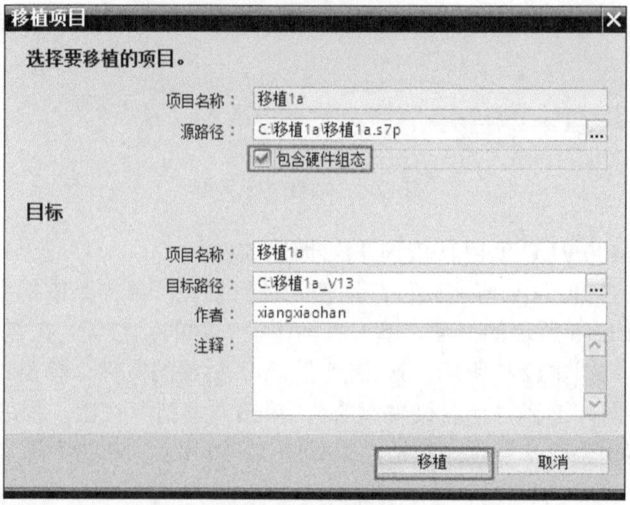

图 12-8 选择要移植的项目（2）

图 12-9　移植进行中

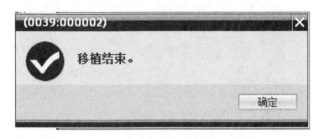

图 12-10　移植结束

② 编译和保存项目。项目移植完成后，如图 12-11 所示，在 TIA 博途软件项目视图的工具栏中，单击"编译"按钮 🔩 进行编译，在"信息"视图中查看有无错误，如有错误需要进行修改，如无错误，则单击工具栏的"保存项目"按钮 💾，保存此项目。

图 12-11　编译和保存

（3）把 TIA 博途软件中的 S7-300/400 PLC 项目移植到 SIMATIC S7-1500

① 项目移植。在 TIA 博途软件的设备视图中，如图 12-12 所示，选中 CPU 模块（本例为 CPU315-2DP），点击鼠标右键，在弹出的快捷菜单中，选择并单击"移植到 S7-1500"命

令，弹出如图 12-13 所示的界面，选择新的 CPU 替代 S7-300/400 CPU，本例选择"6ES7 511-1AK00-0AB0"，单击"确定"按钮，弹出如图 12-14 所示的界面，选择 SIMATIC S7-1500 使用的串行通信命令，本例选择"对于 S7-1500 的集成通信模块，使用新的 PtP 指令"，单击 "确定"按钮即可。

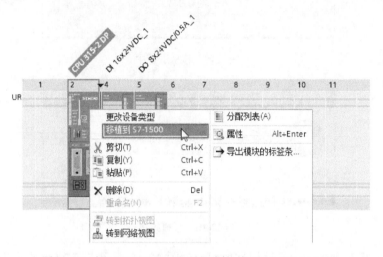

图 12-12 把 S7-300/400PLC 项目移植到 SIMATIC S7-1500

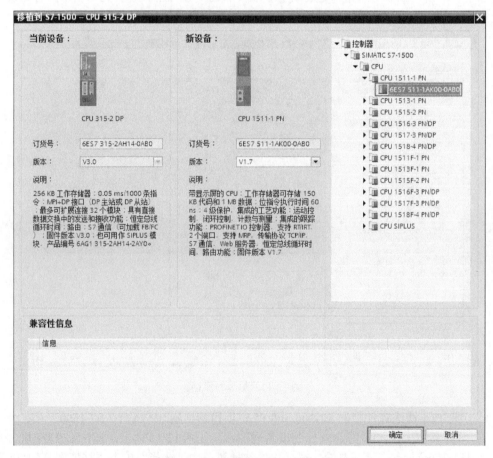

图 12-13 选择新的 CPU（S7-1500）

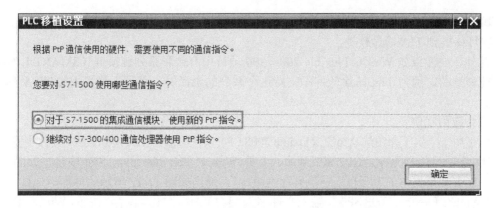

图 12-14　选择 SIMATIC S7-1500 使用的串行通信命令

② 编译和保存项目。项目移植完成后，如图 12-15 所示，在 TIA 博途软件项目视图的工具栏中，单击"编译"按钮 ![icon] 进行编译，在"信息"视图中查看有无错误，如有错误需要进行修改，如无错误，则单击工具栏的"保存项目"按钮 ![icon]，保存此项目。

对比图 12-11 和图 12-15，可以看到，移植之前的项目中有 OB87，而移植后的项目中没有 OB87，这是因为 SIMATIC S7-1500 项目不支持 OB87，OB87 的功能已经并入 OB82 中。

图 12-15　移植完成的项目

12.1.3　从 WinCC Flexible 2008 项目移植到 TIA 博途软件

（1）移植条件

只能直接从 WinCC Flexible 2008 SP2/SP3 项目移植到 TIA 博途软件，其他版本不能直接移植。例如不能直接将 WinCC Flexible 2008 SP4 项目移植到 TIA 博途软件，一般先将 WinCC

Flexible 2008 SP4 项目另存为 WinCC Flexible 2008 SP3 项目，然后再将 WinCC Flexible 2008 SP3 项目移植到 TIA 博途软件。

此外，要注意如 WinCC Flexible 2008 SP4 项目中有精彩系列触摸屏（SMART LINE），是不能移植的，因为 TIA 博途软件不支持这个系列的触摸屏，必须先替换成如 TP 系列等触摸屏。

（2）应用实例

以下用一个例子介绍从 WinCC Flexible 2008 SP4 项目移植到 TIA 博途软件，具体步骤如下。

① 将项目版本另存为 SP2/SP3 版本。打开 WinCC Flexible 2008 SP4 项目，如图 12-16 所示，单击菜单栏中的"项目"→"另存为版本"，弹出如图 12-17 所示的界面，选择文件类型为"WinCC Flexible 2008 SP3"，输入文件名为"移植 2a"，单击"保存"按钮，WinCC Flexible 2008 SP4 项目另存为"WinCC Flexible 2008 SP3 项目"。

图 12-16　另存为版本（1）

图 12-17　另存为版本（2）

② 移植项目。运行 TIA 博途软件，如图 12-18 所示，选择"启动"→"移植项目"，点击"源路径"右侧的 ... 按钮，弹出如图 12-19 所示的界面，选择要打开的项目，本例为"移植 2a"，再单击"打开"按钮，弹出如图 12-20 所示的界面，单击"移植"按钮，移植开始，如图 12-21 所示显示正在移植项目，这个过程需要一段时间。

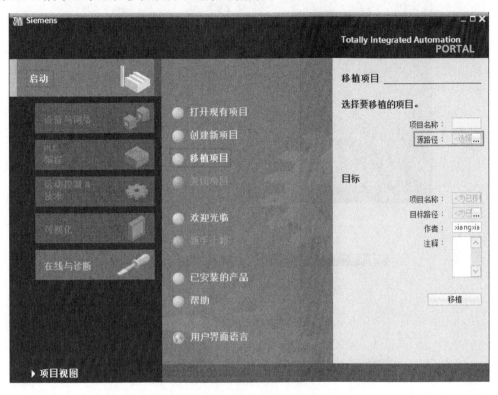

图 12-18　运行 TIA 博途软件

图 12-19　打开要移植的项目

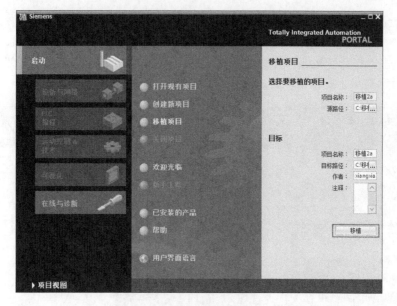

图 12-20 移植项目

图 12-21 正在移植项目

③ 编译和保存项目。移植完成后如图 12-22 所示，在 TIA 博途软件项目视图的工具栏中，单击"编译"按钮进行编译，在"信息"视图中查看有无错误，如有错误需要进行修改，如无错误，则单击工具栏的"保存项目"按钮，保存此项目。

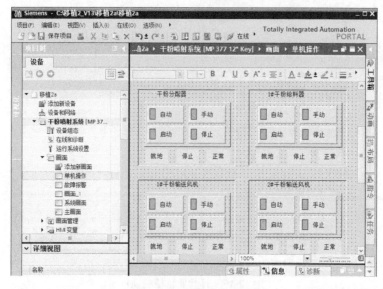

图 12-22 移植后的项目

12.2　库功能

12.2.1　库的概念

TIA 博途软件提供强大的库功能，可以将需要重复使用的对象存储在库中。此对象可以是一个程序块、PLC 数据类型、一个分布式 I/O 站或者一整套 PLC 系统，还可以是 HMI 的画面，或者画面上的几个元素的组合，几乎所有的对象都可以成为库元素。掌握 TIA 博途软件的库功能，能显著提高工程开发的效率。

在 TIA 博途软件中，每个项目都连接一个项目库，项目库跟随着项目打开、关闭和保存。此外，还有全局库。全局库独立于项目数据，存储在扩展名为*.al13 的文件中。一个项目可以访问多个全局库。一个全局库可以同时用于多个项目中。如果在一个项目中更改了某个库对象，则在所有打开了该库的项目中，该库都会随之更改。如果项目库的库对象要用在其他对象中，可将该库对象移动或复制到全局库。

项目库和全局库中都包含以下两种不同类型的对象。

（1）主模板

基本上所有对象都可保存为主模板。主模板是用于创建常用元素的标准副本。可以创建所需数量的元素，并将其插入到基于主模板的项目中。这些元素都将具有主模板的属性。

主模板既可以位于项目库中，也可以位于全局库中。项目库中的主模板只能在本项目中使用。在全局库中创建主模板时，主模板可用于不同的项目中。

主模板没有版本号，也不能进行二次开发。

（2）类型

运行用户程序所需的元素（例如程序块、PLC 数据类型和画面等）可作为类型。类型有版本号，可以进行二次开发。

在 TIA 博途软件中，单击右侧工具栏的"库"，即可打开库界面，如图 12-23 所示。

12.2.2　项目库类型的使用

以下用一个例子介绍项目库类型的使用方法。

① 添加新类型。如图 12-24 所示，先展开"库"→"项目库"→"类型"，再选中项目树中的函数"规格化[FC1]"，并将函数"规格化[FC1]"拖拽到箭头所指的位置，松开鼠标后，弹出如图 12-25 所示的界面，修改新类型的名称、版本号和注释，单击"确定"按钮，新类型成功添加到项目库中，如图 12-26 所示。

图 12-23　库任务栏

注意：如图 12-26 所示，在项目树下，可以看到函数"规格化[FC1]"的右上角有一个黑色的三角符号，代表该程序是库中的一个类型。

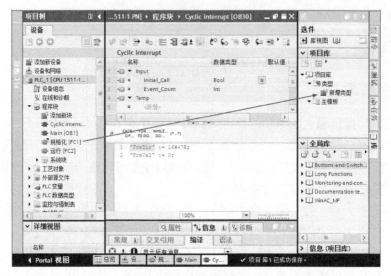

图 12-24　添加新类型（1）

图 12-25　添加新类型（2）

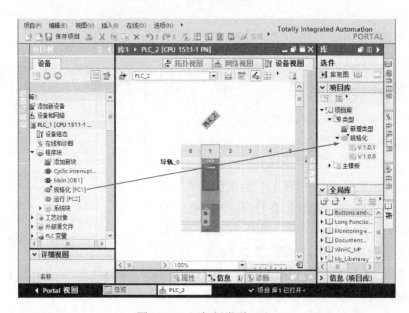

图 12-26　添加新类型（3）

② 调用项目库中的类型。本例中，在 PLC_1 中创建了函数"规格化[FC1]"，并将其添加到项目库的类型中，现需要在 PLC_2 中调用，只要选中类型中的"规格化"，用鼠标将其拖拽到箭头所指的位置即可，如图 12-27 所示。

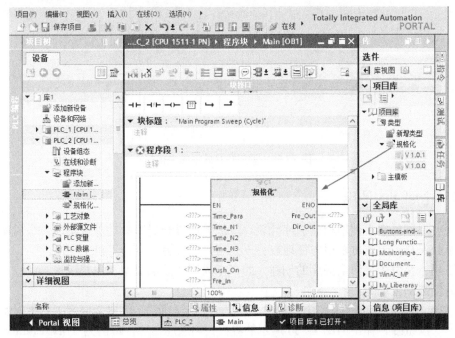

图 12-27　调用项目库中的类型

12.2.3　项目库主模板的使用

主模板是对象的一个拷贝，没有版本控制，也不支持二次开发。所有可以添加到类型的对象，均可以添加到主模板，反之不成立，因为除了程序块外，硬件也可以添加到主模板，因此主模板的对象范围更加广泛。

以下用一个例子介绍主模板的使用方法。

（1）添加对象到主模板

如图 12-28 所示，先展开"库"→"项目库"→"主模板"，再选中网络中的硬件对象"SINAMICS-G120SV-PN"，并将"SINAMICS-G120SV-PN"拖拽到箭头所指的位置，松开鼠标即可。

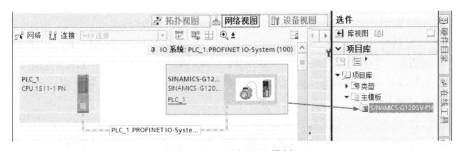

图 12-28　添加新主模板

（2）调用项目库中的主模板

本例中，在 PLC_1 中组态了硬件"SINAMICS-G120SV-PN"，并将其添加到项目库的主模板中，现需要在 PLC_2 中也组态"SINAMICS-G120SV-PN"，只要选中主模板中的"SINAMICS-G120SV-PN"，用鼠标将其拖拽到箭头所指的位置即可，如图 12-29 所示，而不需要进行组态，节省了开发工程的时间，提高了工作效率。

图 12-29　调用项目库中的主模板

12.2.4　全局库的使用

如果在不同的库中使用相同的库元素，就需要通过全局库的功能来实现。全局库中的文件可以单独保存，因此可以很方便地在另一个项目或者另一台计算机上使用。

以下用一个例子介绍全局库的创建，并在全局库中添加类型和主模板。

（1）创建新全局库

在 TIA 博途软件项目视图中，选中"库"→"全局库"，单击全局库工具栏中的"创建新全局库"按钮，弹出如图 12-30 所示的界面，输入库名称，本例为"My_Library"，注释可有可无，本例为"我的库"，单击"创建"按钮，即可创建一个新的全局库。

图 12-30　创建新全局库

（2）添加新类型

在 TIA 博途软件项目视图中，展开"库"→"项目库"→"类型"，选中"规格化"，并用鼠标将其拖拽到 "全局库"→"My_Library"→"类型"中，如图 12-31 所示。

在"库 1"项目中，创建的新类型"规格化"可以在其他的项目中调用。

（3）添加新主模板

在 TIA 博途软件项目视图中，展开"库"→"项目库"→"主模板"，选中"SINAMICS-G120SV-PN"，并用鼠标将其拖拽到"全局库"→"My_Library"→"主模板"中，如图 12-32 所示。

在"库 1"项目中，创建的新主模板"SINAMICS-G120SV-PN"可以在其他的项目中调用。

图 12-31 向全局库添加新类型

图 12-32 向全局库添加新主模板

（4）全局库另存为其他路径

全局库不仅能在本计算机上使用，也可以在其他计算机上使用，一般先将全局库保存到容易找到的路径，再拷贝到其他计算机中。全局库另存为其他路径的方法如下：

选中需要全局库另存为其他路径的对象，本例选中"My_Library"，如图 12-33 所示，单击鼠标右键，弹出快捷菜单，单击"将库另存为"命令，弹出如图 12-34 所示的界面，单击"确定"按钮即可。

图 12-33 将全局库另存为其他路径（1）　　　　　　图 12-34 将全局库另存为其他路径（2）

参 考 文 献

[1] 向晓汉. 西门子 S7-300/400 PLC 完全精通教程[M]. 北京: 化学工业出版社, 2015.

[2] 崔坚. SIMATIC S7-1500 PLC 与 TIA 博途软件使用指南[M]. 北京: 机械工业出版社, 2016.

[3] 刘长清. S7-1500 PLC 项目设计与实践[M]. 北京: 机械工业出版社, 2016.

[4] 廖常初. S7-300/400 PLC 应用技术[M]. 北京: 机械工业出版社, 2013.

[5] 向晓汉. 西门子 PLC 工业网络完全精通教程[M]. 北京: 化学工业出版社, 2013.